Basiskonzepte als Grundlage des Fachwissens. Der Umfang des Fachwissen in der Chemie wächst heute schneller an als je zuvor: Weltweit werden täglich rund 1000 Forschungsarbeiten aus den verschiedensten Teilbereichen der Chemie veröffentlicht.
Im Chemieunterricht kann es deshalb nicht um den aktuellen Stand der Forschung gehen, sondern um einige wenige grundlegende und gut überschaubare Fragestellungen. Dazu werden die Eigenschaften wichtiger Stoffe und ihr Reaktionsverhalten zunächst auf einfache Weise erklärt. Später werden sie dann in neuen Zusammenhängen aufgegriffen und mit weiteren Erkenntnissen verknüpft. Die dabei zu beantwortenden Fragen können einigen wichtigen Basiskonzepten zugeordnet werden.
Die folgende Übersicht zeigt, um welche Basiskonzepte es sich handelt.

Wichtige Stoffe und ihre Eigenschaften

Die Bedeutung von Stoffen für Natur und Technik hängt von Eigenschaften ab, die der Stoff hat.

Wir fragen zum Beispiel:
- Aus welchen Stoffen ist Luft zusammengesetzt?
- Wie lässt sich Luft verflüssigen?
- Welche Stoffe aus der Luft werden technisch genutzt?
- Wie unterscheidet sich Trinkwasser von destilliertem Wasser?
- Welche Eigenschaften machen Wasser zu einem außergewöhnlichen Stoff?
- Welche Eigenschaften haben Metalle?
- Welche Eigenschaften bestimmen die Verwendung von Metallen?
- Welche Stoffe gefährden die Gesundheit oder die Umwelt?

Stoffe und ihr Aufbau aus Teilchen

Die Eigenschaften der Stoffe hängen mit der Art der Teilchen zusammen, aus denen sie aufgebaut sind.

Wir fragen zum Beispiel:
- Warum lassen sich aus einem Reaktionsprodukt die Ausgangsstoffe zurückgewinnen?
- Welche verschiedenen Arten von Teilchen gibt es?
- Wie hängt die Art der Teilchen mit dem Aufbau von Atomen zusammen?
- Wie lassen sich die außergewöhnlichen Eigenschaften von Wasser erklären?
- Welche Symbole verwendet man, um den Aufbau von Teilchen und Stoffen zu beschreiben?
- Nach welchen Gesichtspunkten kann man die Elemente ordnen?

Chemische Reaktionen

Stoffe lassen sich durch chemische Reaktionen in andere Stoffe umwandeln.

Wir fragen zum Beispiel:
- Woran erkennt man chemische Reaktionen?
- Warum unterscheidet man zwischen Elementen und Verbindungen?
- Wie beschreibt man chemische Reaktionen in Kurzform?
- Welche Produkte entstehen bei der Verbrennung verschiedener Stoffe?
- Wie lassen sich Metalle gewinnen?
- Wie kann man Wasserstoff herstellen?

Energieumwandlung bei chemischen Reaktionen

Bei Stoffumwandlungen wird Energie frei oder es muss Energie hinzugeführt werden.

Wir fragen zum Beispiel:
- Was versteht man unter exothermen Reaktionen bzw. endothermen Reaktionen?
- Welche R[illegible] von Energ[illegible]
- Wie kann[illegible] tionen ge[illegible]
- Welche S[illegible] Gewinnur[illegible] Reaktionen?

Chemie heute Teilband 2

Herausgegeben von
Wolfgang Asselborn, Manfred Jäckel, Dr. Karl T. Risch

Bearbeitet von
Bernd Fredelake, Stephan Holzamer, Bernhard Sieve, Liane Soetebier

Dieses Werk ist eine Bearbeitung von Chemie heute,
ISBN 978-3-507-86016-2, 978-3-507-86043-8,
978-3-507-86060-5, 978-3-507-86063-6,
978-3-507-86095-7, 978-3-507-86105-3,
978-3-507-86107-7, 978-3-507-86165-7,
978-3-507-86167-1, 978-3-507-86190-9,
978-3-507-86192-3

Druck A [3] / Jahr 2009
Alle Drucke der Serie A sind im Unterricht parallel verwendbar.

Redaktion: Marcel Tiffert, Dr. Mario Puchner
Fotos: Hans Tegen, Klaus Kohn
Grafik: Peter Langner, Liselotte Lüddecke, Karin Mall, Dr. Winfried Zemann
Satz: typotext, Dortmund
Druck und Bindung:
westermann druck GmbH, Braunschweig

ISBN 978-3-507-**86044**-5

Hinweise zum Aufbau des Chemiebuchs
Die Hauptkapitel beginnen mit „Zentralen Fragen" die das neue Lerngebiet erschließen. Auf den folgenden Informationsseiten werden die neuen Themen behandelt. Merksätze am Ende der Lerneinheiten fassen die wichtigsten Inhalte zusammen. Es schließen sich Aufgaben aus verschiedenen Kategorien an: „Rote Aufgaben" dienen zur Wiederholung der neuen Inhalte. „Schwarze Aufgaben" verknüpfen neues Wissen mit früher Erlerntem und „blaue Aufgaben" verbinden die Chemie mit dem Alltag.

Im Rechenbeispiel werden typische Aufgaben in nachvollziehbaren Schritten vorgerechnet. **Rechenbeispiel**

Exkurse vermitteln einen Eindruck von den vielfältigen Bezügen der Chemie zu Alltag und Technik. **Exkurs**

Systematische Zusammenhänge lassen sich am besten durch übersichtliche Darstellungen erfassen. **Übersicht**

Hier werden theoretische Grundlagen beschrieben, die helfen, komplexe Inhalte besser zu verstehen. **Theorie**

Steckbriefe stellen die wichtigsten Informationen zu einem Stoff oder einer Stoffgruppe zusammen. **Steckbrief**

Auf diesen Seiten werden Zusatzinformationen, Bilder und Aufgaben zum behandelten Thema angeboten. **Chemie-Recherche**

Im Praktikum üben Schülerinnen und Schüler das experimentelle Arbeiten in der Chemie. **Praktikum**

Projektaufträge werden in Gruppen bearbeitet. Jede Gruppe stellt am Ende ihre Ergebnisse vor. **Projekt**

Methodenseiten geben praktische Hilfestellungen für die Bearbeitung von Materialien. **Methode**

Am Ende jeden Kapitels werden die neuen Inhalte in kurzer und übersichtlicher Form dargestellt. **Basiswissen**

Diese Aufgabenseite dient zur Wiederholung und Vertiefung und führt die „Wichtigsten Begriffe" auf. **Prüfe dein Wissen**

Materialgebundene Aufgaben erlauben eine Überprüfung und Sicherung der gelernten Inhalte und erschließen übergeordnete Zusammenhänge. **Wissen im Kontext**

Inhaltsverzeichnis

Anhang

Sofern nicht anderes angegeben beziehen sich alle Angaben im Buch auf 20 °C und normalen Luftdruck.

Übersicht Sicher experimentieren

Gefahrensymbole. Von vielen Stoffen, die im Chemieunterricht verwendet werden, gehen Gefahren aus. Die Gefahrensymbole weisen daraufhin.

Stoffe, die beim Verschlucken oder Einatmen oder bei Aufnahme durch die Haut schwere Gesundheitsschäden oder gar den Tod bewirken können.

T: Giftig
T+: Sehr giftig

Stoffe, die beim Verschlucken oder Einatmen oder bei Aufnahme durch die Haut beschränkte Gesundheitsschäden hervorrufen können.

Xn: Gesundheitsschädlich

Stoffe, die das Hautgewebe an der betroffenen Stelle innerhalb weniger Minuten vollständig zerstören können.

C: Ätzend

Stoffe, die auf der Haut nach mehrstündiger Einwirkung deutliche Entzündungen hervorrufen können.

Xi: Reizend

Stoffe, die brennbare Materialien entzünden können oder mit diesen explosive Gemische ergeben.

O: Brandfördernd

Stoffe, die schon durch kurzzeitige Einwirkung einer Zündquelle entzündet werden können oder sich an der Luft von alleine entzünden.

F: Leichtentzündlich
F+: Hochentzündlich

Stoffe, die explodieren können.

E: Explosionsgefährlich

Stoffe, die selbst oder in Form ihrer Umwandlungsprodukte geeignet sind, sofort oder später Gefahren für die Umwelt herbeizuführen.

N: Umweltgefährlich

Sicherheitshinweise. Wegen der besonderen Gefahren sind im Chemieunterricht besondere Sicherheitshinweise zu beachten:

1. Schülerinnen und Schüler dürfen Geräte und Chemikalien nur auf Anweisung verwenden. Die Anlagen für elektrische Energie, Gas und Wasser dürfen nur nach Aufforderung eingeschaltet werden.
2. In Experimentierräumen darf weder gegessen noch getrunken werden.
3. Versuchsanleitungen und Hinweise müssen genau befolgt werden. Die Geräte müssen in sicherem Abstand von der Tischkante standfest aufgebaut werden. Der Versuch darf erst dann durchgeführt werden, wenn dazu aufgefordert wurde.
4. Werden Schutzbrillen oder Schutzhandschuhe ausgehändigt, so müssen sie beim Experimentieren getragen werden.
5. Geschmacks- und Geruchsproben dürfen nur dann vorgenommen werden, wenn die Lehrerin oder der Lehrer dazu auffordert. Chemikalien sollen nicht mit den Händen berührt werden.
6. Pipettieren mit dem Mund ist verboten.
7. Chemikalien dürfen nicht in Gefäße umgefüllt werden, die nicht eindeutig und dauerhaft beschriftet sind. Auf keinen Fall dürfen Gefäße benutzt werden, die üblicherweise zur Aufnahme von Speisen und Getränken bestimmt sind.
8. Die Haare sind so zu tragen, dass sie nicht in die Brennerflamme geraten können.
9. Der Arbeitsplatz muss stets sauber gehalten werden. Nach Beendigung des Versuchs sind die Geräte zu reinigen.
10. Chemikalienreste müssen vorschriftsmäßig entsorgt werden.

Sicherheitsleiste. Die im Buch beschriebenen Praktikumsversuche sind mit einer Sicherheitsleiste versehen, die mithilfe von acht Symbolkästchen Hinweise zu den Gefahren und zur Entsorgung gibt.

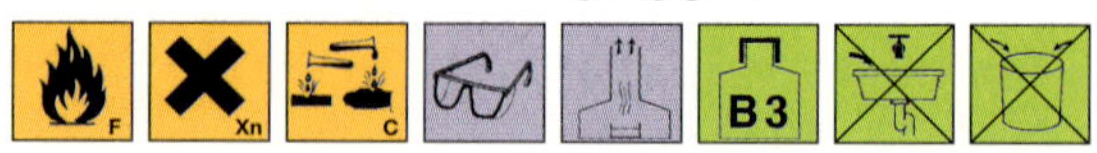

Die ersten drei Kästchen enthalten die *Gefahrensymbole* der verwendeten Stoffe. Die Kästchen 4 und 5 geben Hinweise auf *Sicherheitsvorkehrungen* beim Experimentieren: Dazu gehört das Tragen einer Schutzbrille. Das Symbol „Abzug“ bedeutet, dass der Versuch unter dem Abzug durchgeführt werden muss. Die letzten drei Kästchen beschreiben die *korrekte Entsorgung*.
Die genaue Zuordnung der Symbole zu bestimmten Stoffen lässt sich der Stoffliste im Anhang entnehmen.

Richtig entsorgen

Wir wissen alle, dass man Chemikalienreste nicht ohne weiteres in den Abfluss oder den Abfalleimer geben darf. Gefährliche Stoffe müssen vielmehr ordnungsgemäß entsorgt werden. Das gilt besonders für Stoffe, die bei chemischen Experimenten anfallen. Um möglichst wenig Sorgen mit solchen Stoffen zu haben, sollte man folgende Regeln beachten:

Gefährliche Abfälle vermeiden. Zu den wichtigsten Regeln für einen verantwortungsbewussten Umgang mit Chemikalien gehört es, *die Entstehung von unnötigen Abfällen oder unnötig großen Mengen an Abfällen zu vermeiden.* Die Anwendung dieser Regel setzt eine sorgfältige Planung der experimentellen Arbeit im Hinblick auf Art und Menge der verwendeten Stoffe voraus.

Gefährliche Abfälle umwandeln. Nicht vermeidbare gefährliche Abfallstoffe sollen in weniger gefährliche Stoffe umgewandelt werden: Säuren und Basen werden neutralisiert. Lösliche Stoffe können zu schwerlöslichen umgesetzt werden.
Es ist zweckmäßig, saure und alkalische Lösungen in einem gemeinsamen Behälter zu sammeln. Sie brauchen dann nicht portionsweise neutralisiert zu werden. Dies entspricht der ersten Regel, denn auf diese Weise bleiben die Abfallmengen klein.

Gefährliche Abfälle sammeln. Abfälle, die nicht an Ort und Stelle in ungefährliche Produkte umgewandelt werden können, sind zu sammeln. Von Zeit zu Zeit werden die Abfallbehälter dann durch ein *Entsorgungsunternehmen* abgeholt. Durch das Sammeln in getrennten Behältern wird zum einen die endgültige Beseitigung erleichtert und zum anderen eine Wiederaufbereitung ermöglicht.
Der Fachhandel bietet für das Sammeln gefährlicher Abfälle geeignete Behälter an; es können auch entsprechend beschriftete leere Chemikalienflaschen verwendet werden.

Entsorgungskonzept. Abfallchemikalien müssen nach Stoffklassen getrennt gesammelt werden, damit die ordnungsgemäße endgültige Entsorgung vereinfacht wird. Der folgende Sortiervorschlag ist einfach und übersichtlich und er garantiert eine angemessene endgültige Entsorgung:

Behälter 1 (B1):	Säuren und Laugen
Behälter 2 (B2):	giftige anorganische Stoffe
Behälter 3 (B3):	halogenfreie organische Stoffe
Behälter 4 (B4):	halogenhaltige organische Stoffe

Im **Behälter 1** werden *saure* und *alkalische Lösungen* gesammelt. Der Inhalt von Behälter 1 sollte neutralisiert werden, bevor der Behälter ganz gefüllt ist. Der neutralisierte Inhalt kann dann in den Ausguss geschüttet werden. Deshalb dürfen giftige Verbindungen wie saure oder alkalische Chromat-Lösungen *nicht* in diese Behälter gegeben werden.

Im **Behälter 2** werden *giftige anorganische Stoffe* wie Schwermetallsalze und Chromate gesammelt.

Die endgültige Entsorgung erfolgt hier durch ein Entsorgungsunternehmen.

Im **Behälter 3** werden *wasserunlösliche* und *wasserlösliche halogenfreie organische Stoffe* gesammelt. Das gemeinsame Sammeln wasserunlöslicher und wasserlöslicher Stoffe erspart ein weiteres Sammelgefäß und vereinfacht damit das Entsorgungskonzept. Damit sich kein zu großes Volumen an leicht entzündlichen Flüssigkeiten ansammelt, ist durchaus zu erwägen, *geringe Mengen* nicht giftiger wasserlöslicher organischer Abfälle wie Ethanol oder Aceton in den Ausguss zu geben und mit viel Wasser nachzuspülen.

Behälter 3 muss von einem Entsorgungsunternehmen ordnungsgemäß entsorgt werden.

In den **Behälter 4** gehören alle *Halogenkohlenwasserstoffe,* alle sonstigen halogenhaltigen organischen Stoffe sowie die Abfälle aus Halogenierungsreaktionen organischer Stoffe.

Behälter 4 muss von einem Entsorgungsunternehmen ordnungsgemäß entsorgt werden.

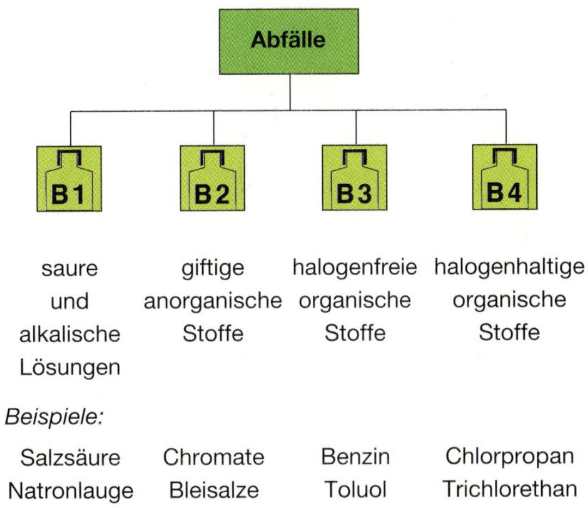

Methode Recherchieren im Internet

> **Klimakiller Kohlenstoffdioxid?**
> Erschreckende Nachrichten gehen um die Welt: der Nordpol ist eisfrei! Schuld daran ist – so die Experten – der Treibhauseffekt durch den hohen Ausstoß an Kohlenstoffdioxid …

Immer wieder stößt man in Zeitungen oder beim Fernsehen auf interessante Aussagen, zu denen man gern mehr wissen möchte. Auch zum Thema eines Referats im Unterricht oder für eine Projektarbeit müssen Informationen beschafft werden.

Wo kannst du sie am besten finden? Außer Lexika, Fachbüchern und Fachzeitschriften liefern Experten, die sich mit dem Thema beschäftigen, verlässliche Informationen. Am schnellsten geht es oft über das Internet. Unabhängig von der Art der Quellen ist das Verfahren ähnlich. Bei einer Internet-Recherche gehst du am besten folgendermaßen vor:

Suchbegriffe festlegen:
- Notiere alle Stichwörter, die mit dem Thema zusammenhängen.
- Überlege dazu genau, mit welchen Begriffen du suchen willst. Welche Begriffe interessieren nicht?

Tipp: Gibt man nur ein Stichwort ein, dann werden oft Tausende von Seiten angezeigt. Schließt du Begriffe aus oder kombinierst du verschiedene Begriffe, wird die Trefferanzahl überschaubar.

Suche durchführen:
- Rufe eine Suchmaschine auf.
- Gib die Suchbegriffe ein. Du kannst dabei Begriffe miteinander verbinden (+) oder ausschließen (–). Informiere dich mit der Hilfe-Funktion über weitere Suchmöglichkeiten. Nutze auch die „erweiterte Suche“.
- Öffne von den angezeigten Ergebnissen nur die Seiten, die wirklich zum Thema passen.
- Prüfe, ob die Seiten das enthalten, was du suchst.
- Nutze die auf den Internetseiten angegebenen Links zu anderen Seiten, um weitere Informationen zu finden.

> Suchmaschinen
> www.google.de
> www.yahoo.de
> www.blinde-kuh.de
> www.altavista.de

Tipp: Oft ist es hilfreich, mehrere Suchen mit verschiedenen Kombinationen der Suchbegriffe durchzuführen.
Manchmal musst du auch mehrere Suchmaschinen ausprobieren, da nicht alle Suchmaschinen für Fachbegriffe gleich gut geeignet sind.

Ergebnisse sichten, bewerten und auswerten:
- Lies die Dokumente genau und kopiere die wichtigsten Abschnitte in ein Textdokument. Notiere dir unbedingt die Internetadressen der Texte.
- Drucke die ausgewählten Texte aus, notiere die wesentlichen Fakten stichpunktartig und stelle die Zusammenhänge schematisch dar.
- Überprüfe, ob die Suchergebnisse von verschiedenen Seiten übereinstimmen. Verlasse dich nie auf nur eine Quelle.
- Hinterfrage die Informationsquellen immer kritisch. Im Internet gibt es niemanden, der die Angaben auf den verschiedenen Seiten überprüfen könnte.
- Stelle die wichtigsten Ergebnisse der Recherche kurz und übersichtlich dar.
- Beachte, dass du fremde Texte und Bilder nicht als deine eigenen ausgeben darfst. Gib daher die Quelle an.

Tipp: Achte besonders darauf, wie alt und wie verlässlich die Informationen sind: Interessenverbände oder Firmen machen meist Werbung. Die Angaben sind dabei manchmal nicht sicher belegt oder Argumente sind nicht nachvollziehbar. Texte aus wissenschaftlichen Quellen geben die Information unverfälscht wieder; sie sind aber häufig auch schwer verständlich. Zeitungsartikel für Laien werden dagegen oft so vereinfacht, dass fachliche Informationen nicht richtig wiedergegeben werden oder ein falsches Bild entsteht.

Recherche im Internet

1. Lege die Suchbegriffe und mögliche Kombinationen fest.
2. Starte die Suche mit einer gut bekannten Suchmaschine.
3. Wähle passende Seiten aus und kopiere die Adresse und wichtige Abschnitte. Folge den Links.
4. Sichte und bewerte die Ergebnisse, fasse zusammen.
5. Gib bei fremden Texten und Bildern die Quelle an.

Übung 1: Recherchiere im Internet die Eigenschaften und Verwendung von Edelgasen. Vergleiche diese mit den Informationen aus diesem Buch.
Übung 2: Recherchiere die Wirkung und die Verwendung von Sorbinsäure im Alltag.

Rückblick

Die Chemie ist eine Naturwissenschaft. Sie erforscht die Eigenschaften und den Aufbau von Stoffen sowie Stoffumwandlungen.

Wer die Welt der Stoffe verstehen will, muss sich mit einigen grundlegenden Vorstellungen der Chemie vertraut machen. Charakteristisch für die Denkweise der Chemiker ist ein ständiger Wechsel zwischen zwei Ebenen – der Ebene der Stoffe (makroskopischer Bereich) und der Ebene der Teilchen (submikroskopischer Bereich).

Phänomene im makroskopischen Bereich können mit den Sinnesorganen wahrgenommen und durch Messungen genauer erfasst werden. Erklärungen für die beobachteten Erscheinungen ergeben sich mithilfe von Modellen für den submikroskopischen Bereich.

Modelle lassen sich als vereinfachte Darstellungen der Wirklichkeit auffassen, die einige der tatsächlichen Zusammenhänge korrekt darstellen, andere dagegen nicht. Welches Modell am besten geeignet ist, hängt davon ab, was man gerade erklären möchte und wie umfassend die Erklärung sein soll.

Zur Erklärung der Aggregatzustände und ihrer Übergänge reicht es beispielsweise völlig aus, den Aufbau von Stoffen als Anordnung von kleinen, kugelförmigen Teilchen zu beschreiben, ohne dabei die Eigenschaften dieser Teilchen näher zu betrachten. In anderen Fällen benötigt man dagegen Modelle über den Aufbau der Teilchen aus Atomen.

Die für ein Verständnis von Stoffeigenschaften und Stoffumwandlungen benötigten Grundvorstellungen lassen sich einigen wenigen Basiskonzepten zuordnen:

- Stoff-Teilchen-Konzept
- Struktur-Eigenschafts-Konzept
- Konzept der chemischen Reaktion
- Energie-Konzept

Diese sich teilweise überlappenden Basiskonzepte ziehen sich wie ein roter Faden durch alle Teilgebiete der Chemie und verknüpfen die Welt der Stoffe mit der Welt der Teilchen. Gleichzeitig vernetzen und strukturieren sie die Inhalte der Chemie und erleichtern so den Überblick und auch den Rückblick auf Bekanntes.

Stoffe und ihre Teilchen

1. Stoffeigenschaften

Sinneseindrücke. Farbe, Geruch und Geschmack sind Stoffeigenschaften, die man einfach mit den Sinnen wahrnehmen kann. Diese Eigenschaften allein reichen jedoch meist nicht aus, um Stoffe eindeutig zu identifizieren.

Elektrische Leitfähigkeit, Wärmeleitfähigkeit. Metalle, Säuren und Salzlösungen sind elektrisch leitfähig. Porzellan, Glas und viele Kunststoffe leiten den Strom nicht, sie sind Isolatoren. Metalle und Wasser sind gute Wärmeleiter. Kunststoffe leiten die Wärme schlecht.

Dichte. Die Dichte ist der Quotient aus Masse und Volumen einer Stoffportion.

$\text{Dichte} = \frac{\text{Masse}}{\text{Volumen}}$; $\varrho = \frac{m}{V}$; Einheit: $\frac{\text{g}}{\text{cm}^3}$ oder $\frac{\text{g}}{\text{l}}$

Löslichkeit. Viele Stoffe lösen sich im **Lösungsmittel** Wasser. Andere Stoffe sind in Benzin oder Alkohol löslich. Eine Lösung, in der nichts mehr vom gleichen Stoff gelöst werden kann, nennt man **gesättigte Lösung.**

Schmelz- und Siedetemperatur. Reine Stoffe besitzen charakteristische Schmelz- und Siedetemperaturen: Flüchtige Stoffe haben niedrige Schmelz- und Siedetemperaturen, Metalle meist hohe und salzartige Stoffe sehr hohe.
Beim Schmelzen und beim Verdampfen bleibt die Temperatur jeweils konstant. Die dabei aufgenommene Energie bezeichnet man als *Schmelzwärme* beziehungsweise *Verdampfungswärme.*

Saure und alkalische Lösungen. Der **pH-Wert** gibt an, wie stark sauer oder alkalisch eine Lösung ist.
Die **pH-Skala** reicht von pH = 0 bis pH = 14:
pH < 7: saure Lösung
pH = neutrale Lösung
ph > 7: alkalische Lösung

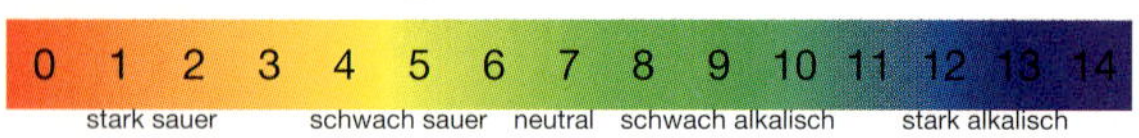

Mit *Indikatoren* lassen sich saure, neutrale und alkalische Lösungen unterscheiden, da sie bei verschiedenen pH-Werten unterschiedliche Farben haben:

Indikator	saure Lösung	alkalische Lösung
Bromthymolblau	gelb	blau
Universalindikator	rot	blau

2. Nachweisreaktionen

Nachweis von Wasser mit weißem Kupfersulfat

Wasser bildet mit weißem Kupfersulfat das blaue Kupfersulfat-Hydrat.
Eine Blaufärbung mit der zu untersuchenden Flüssigkeit weist deshalb auf Wasser oder eine wasserhaltige Lösung hin.

Nachweis von Sauerstoff mit der Glimmspanprobe

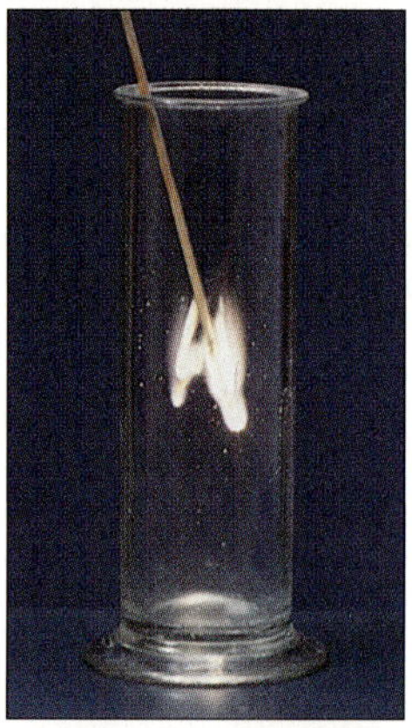

Ein glimmender Holzspan flammt auf, hält man ihn in einen Standzylinder mit reinem Sauerstoff.
Ganz ähnlich ist der Effekt in Gasgemischen, soweit der Sauerstoffanteil wesentlich größer ist als in Luft.

Nachweis von Kohlenstoffdioxid mit Kalkwasser

Leitet man Kohlenstoffdioxid oder ein kohlenstoffdioxidhaltiges Gasgemisch in klares Kalkwasser, so bildet sich eine weiße Trübung. Dieser Test ergibt auch mit dem geringen Kohlenstoffdioxid-Anteil der Raumluft einen deutlichen Effekt.

Nachweis von Wasserstoff mit der Knallgasprobe
Entzündet man ein Gasgemisch, das neben Wasserstoff auch noch Sauerstoff oder Luft enthält, in einem Reagenzglas, so verbrennt es mit einem pfeifenden Geräusch. Die Verbrennung von reinem Wasserstoff verläuft dagegen ruhig.

3. Einteilung von Stoffen

Als **Elemente** bezeichnet man solche Stoffe, die nicht in andere Stoffe zerlegt werden können. Bei der Mehrzahl der Stoffe handelt es sich um **Verbindungen,** an deren Aufbau die kleinsten Teilchen (Atome) mehrerer Elemente beteiligt sind.

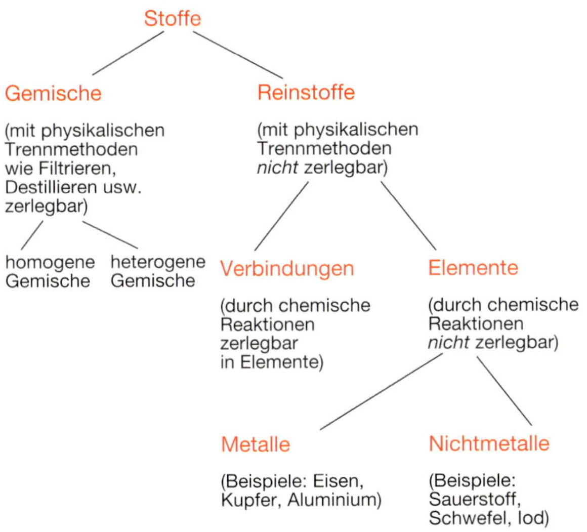

4. Teilchenmodell

- Stoffe bestehen aus kleinsten Teilchen. Dabei können Stoffe in den Aggregatzuständen fest, flüssig oder gasförmig auftreten.
- Der Raum zwischen den Teilchen ist absolut leer.
- Die kleinsten Teilchen verschiedener Stoffe unterscheiden sich in ihrer Größe.
- Zwischen den Teilchen wirken Anziehungskräfte.
- Die Teilchen sind ständig in Bewegung. Mit steigender Temperatur bewegen sich die Teilchen heftiger.
- In Feststoffen haben die kleinsten Teilchen eine bestimmte Anordnung; sie sind dabei dicht gepackt und schwingen um ihre Plätze.
- In Flüssigkeiten bewegen sich die Teilchen ungeordnet, berühren sich aber gegenseitig.
- Bei Gasen sind die Anziehungskräfte überwunden. Die Teilchen bewegen sich sehr schnell und stoßen wie Billardkugeln zusammen. Die Abstände zwischen den Teilchen sind sehr groß.

5. DALTONs Atommodell (1808)

- Jedes Element besteht aus kleinsten, nicht weiter teilbaren Teilchen, den Atomen.
- Die Atome eines Elements haben alle die gleiche Größe und die gleiche Masse. Die Atome unterschiedlicher Elemente unterscheiden sich in ihrer Masse. Damit gibt es genauso viele Atomarten wie es Elemente gibt.
- Atome sind unzerstörbar. Sie können durch chemische Vorgänge weder vernichtet noch erzeugt werden.
- Bei chemischen Reaktionen werden die Atome der Ausgangsstoffe neu angeordnet und in bestimmten Anzahlverhältnissen miteinander verknüpft.

Beispiel:

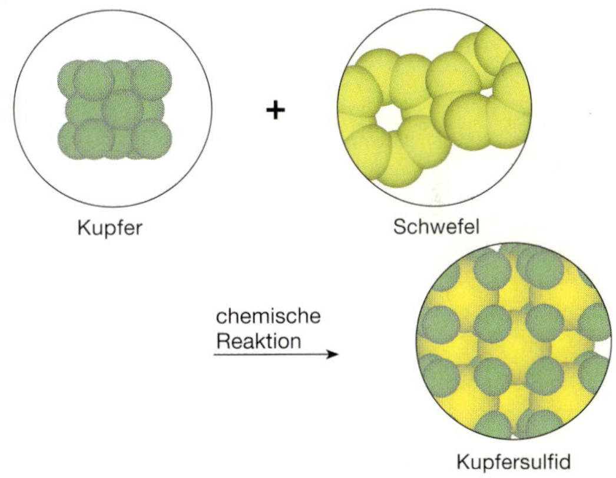

Atommasse. Die Masse von Atomen wird heute in der **atomaren Masseneinheit** mit der Einheit **u** angegeben. 1 u entspricht etwa der Masse des leichtesten Atoms, des Wasserstoff-Atoms.
Für die Umrechnung in die Masseneinheit Gramm gilt:
$1\ g \approx 6 \cdot 10^{23}\ u$

Elementsymbole. Eine Atomart wird durch den ersten oder den ersten und einen weiteren Buchstaben des wissenschaftlichen Elementnamens gekennzeichnet:

Wasserstoff:	H	(von Hydrogenium)
Sauerstoff:	O	(von Oxygenium)
Magnesium:	Mg	

Formeln: Bei vielen nichtmetallischen Elementen und bei Nichtmetall/Nichtmetall-Verbindungen liegen *Moleküle* vor. Moleküle sind Teilchen, die aus zwei oder mehreren Atomen bestehen. Moleküle werden durch **Molekülformeln** beschrieben.
Beispiele: I_2, S_8, H_2O, CO_2.

Metall/Nichtmetall-Verbindungen bestehen nicht aus Molekülen; sie besitzen eine gitterartige Anordnung der Atome. Man gibt das Atomanzahlverhältnis durch **Verhältnisformeln an.**
Beispiele: CuI, Al_2S_3.

Chemische Reaktion und Energie

6. Kennzeichen chemischer Reaktionen

- *Stoffumwandlung*
  Die Ausgangsstoffe mit ihren charakteristischen Stoffeigenschaften werden vollständig umgewandelt. Die entstehenden Reaktionsprodukte sind Stoffe mit anderen Stoffeigenschaften.
- *Energieumsatz*
  Ausgangsstoffe und Reaktionsprodukte unterscheiden sich in ihrem Energieinhalt. Bei *exothermen* Reaktionen wird chemische Energie in andere Energieformen (Wärme, Licht) umgewandelt und an die Umgebung abgegeben. Bei *endothermen* Reaktionen wird die zugeführte Energie in chemische Energie umgewandelt und so in den Reaktionsprodukten gespeichert.
- *Massenerhaltung*
  Die Masse der Reaktionsprodukte stimmt mit der Masse der Ausgangsstoffe überein. Das entspricht der Erhaltung der Atome bei chemischen Reaktionen.
- *Konstante Massenverhältnisse*
  Die Ausgangsstoffe reagieren jeweils in einem bestimmten Massenverhältnis miteinander. Das entspricht einem konstanten Anzahlverhältnis zwischen den Teilchen der Ausgangstoffe.

7. Reaktionsschema und Reaktionsgleichung

Die Stoffumwandlung bei einer chemischen Reaktion kann kurz und übersichtlich durch ein *Reaktionsschema* beschrieben werden; meist wird auch eine Angabe zum Energieumsatz hinzugefügt.

Kupfer + Schwefel $\longrightarrow$ Kupfersulfid; exotherm

Häufig spricht man auch von einer *Wortgleichung*, denn früher wurde statt des Reaktionspfeils ein Gleichheitszeichen verwendet.

Eine *Reaktionsgleichung* ist eine Kurzbeschreibung einer chemischen Reaktion mit Elementsymbolen und Formeln. Die Aggregatzustände der entsprechenden Stoffe werden dabei hinter den Formeln in Klammern durch die üblichen Kurzzeichen (s, l, g, aq) angegeben.

$2\,Cu\,(s) + S\,(s) \longrightarrow Cu_2S\,(s)$; exotherm

Das Anzahlverhältnis, in dem die Teilchen der Stoffe an der Reaktion beteiligt sind, wird dabei durch die vor den Formeln stehenden Faktoren beschrieben.

Die *Zustandsformen* der Stoffe werden in Klammern gesetzt:
s (engl. *solid*): fest; l (engl. *liquid*): flüssig; g (engl. *gaseous*): gasförmig; aq (engl. *aqueous*): in Wasser gelöst.
Außerdem wird angegeben, ob die Reaktion *exotherm* oder *endotherm* ist.

8. Schrittfolge für das Aufstellen einer Reaktionsgleichung

In den ersten Schritten ist zu klären, welche Stoffe beteiligt sind und durch welche Formeln ihre Zusammensetzung zu beschreiben ist.

1. *Aufstellen der Wortgleichung:*

   Aluminium + Sauerstoff $\longrightarrow$ Aluminiumoxid

2. *Einsetzen der Formeln und Elementsymbole:*

   $\square\,Al + \square\,O_2 \longrightarrow \square\,Al_2O_3$

3. *Einrichten auf der Seite der Ausgangsstoffe (O-Atome):*

   $\square\,Al + 3\,O_2 \longrightarrow \square\,Al_2O_3$

4. *Einrichten auf der Seite der Endstoffe:*

   $\square\,Al + 3\,O_2 \longrightarrow 2\,Al_2O_3$

5. *Einrichten auf der Seite der Ausgangsstoffe (Al-Atome):*

   $4\,Al + 3\,O_2 \longrightarrow 2\,Al_2O_3$

6. *Angabe der Aggregatzustände:*

   $4\,Al\,(s) + 3\,O_2\,(g) \longrightarrow 2\,Al_2O_3\,(s)$

7. *Angabe des Energieumsatzes:*

   $4\,Al\,(s) + 3\,O_2\,(g) \longrightarrow 2\,Al_2O_3\,(s)$; exotherm

9. Chemische Energie

Jede chemische Reaktion ist mit einem Energieumsatz verbunden. Die Reaktionspartner und die daraus gebildeten Produkte unterscheiden sich deshalb in ihrem Energieinhalt, ihrer *chemischen Energie*.

- Bei einer *exothermen Reaktion* geht Energie in Form von Wärme oder Licht an die Umgebung verloren. Auf diese Weise wird chemische Energie in Wärme oder Lichtenergie umgewandelt.
  Die Reaktionsprodukte einer exothermen Reaktion haben also einen geringeren Energieinhalt als die Ausgangsstoffe.
- Bei einer *endothermen Reaktion* dagegen muss ständig Energie zugeführt werden. Diese Energie wird in chemische Energie umgewandelt und so in den Reaktionsprodukten gespeichert.
  Die Reaktionsprodukte einer endothermen Reaktion haben damit einen höheren Energieinhalt als die Ausgangsstoffe.

10. Energiediagramme

Den Energieumsatz bei chemischen Reaktionen kann man schematisch durch ein Energiediagramm darstellen. Ein nach unten gerichteter Pfeil zeigt dabei die Abgabe von Energie bei einer exothermen Reaktion an. Die energiereicheren Stoffe stehen also jeweils oben. Die Länge des Pfeils gibt einen Hinweis auf das Ausmaß des Energieumsatzes.

Bei der Zerlegung von Kupfersulfat-Hydrat muss genauso viel Energie zugeführt werden, wie bei der Bildung der entsprechenden Menge des Hydrats aus Kupfersulfat und Wasser frei wird.

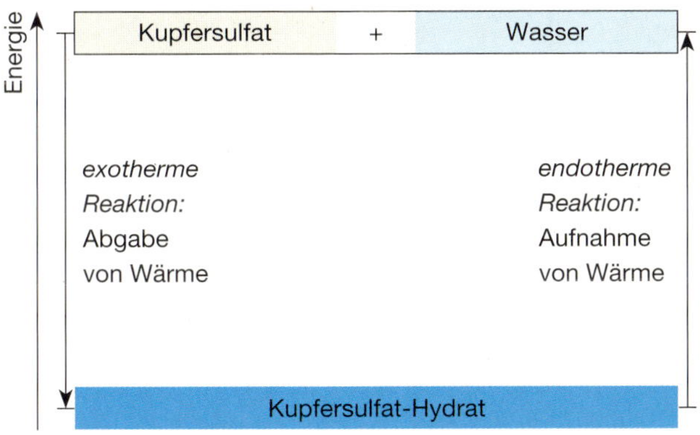

Bevor eine exotherme Reaktion abläuft, muss in vielen Fällen zunächst von außen Energie zugeführt werden. Die Energie, die man benötigt, um eine exotherme Reaktion in Gang zu bringen, nennt man **Aktivierungsenergie.** Oft reicht dazu ein kleiner Zündfunke aus. Es reagieren zunächst nur wenige Teilchen. Die dabei frei werdende Wärme liefert die Aktivierungsenergie für benachbarte Teilchen. Auf diese Weise breitet sich die Reaktion schrittweise immer weiter in ihrer Umgebung aus und die Temperatur steigt an.

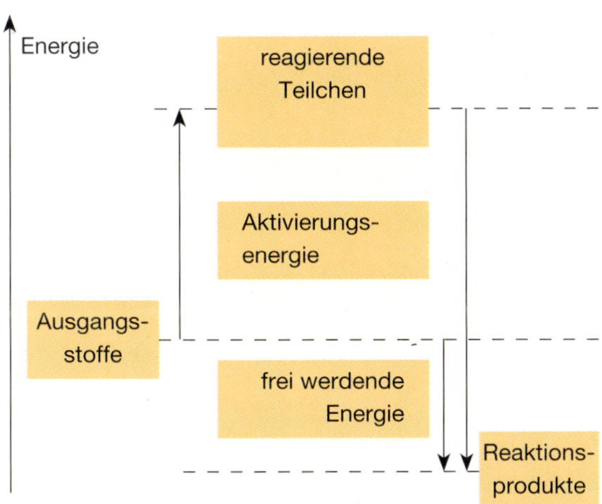

11. Oxidation und Reduktion

Unter einer **Oxidation** versteht man eine unter Bildung von *Oxiden* verlaufende Reaktion mit Sauerstoff:

Beispiel: $2\ Mg\ (s) + O_2\ (g) \longrightarrow 2\ MgO\ (s)$; exotherm

Magnesium Sauerstoff Magnesiumoxid

Eine **Reduktion** ist eine chemische Reaktion, bei der einem Oxid Sauerstoff entzogen wird. Sie ist die Umkehrung der Oxidation.

Beispiel: $2\ Ag_2O\ (s) \longrightarrow 4\ Ag\ (s) + O_2\ (g)$; endotherm

Silberoxid Silber Sauerstoff

Bei einer **Redoxreaktion** laufen Oxidation und Reduktion gleichzeitig ab: Ein Oxid wirkt als **Oxidationsmittel,** indem es Sauerstoff auf ein **Reduktionsmittel** überträgt. Das Oxid wird also reduziert, während der Reaktionspartner oxidiert wird.
Ein typisches Beispiel ist die bei der Herstellung von Eisen im Hochofen ablaufende Reaktion zwischen Eisenoxid und Kohlenstoffmonooxid:

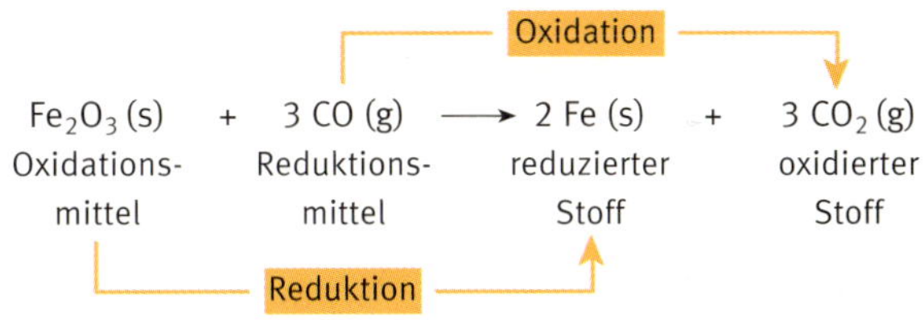

Redoxreihe der Metalle. Eisen reduziert Kupferoxid. Umgekehrt kann Kupfer jedoch Eisenoxid nicht reduzieren. Man sagt, Eisen ist ein stärkeres Reduktionsmittel als Kupfer. Die Reduktion von Eisenoxid gelingt dagegen mit Aluminium und Magnesium. Aluminium und Magnesium sind also stärkere Reduktionsmittel als Eisen.
Vergleicht man das Verhalten der verschiedenen Metalle bei Redoxreaktionen, so ergibt sich folgende Rangfolge für die Reduktionswirkung:

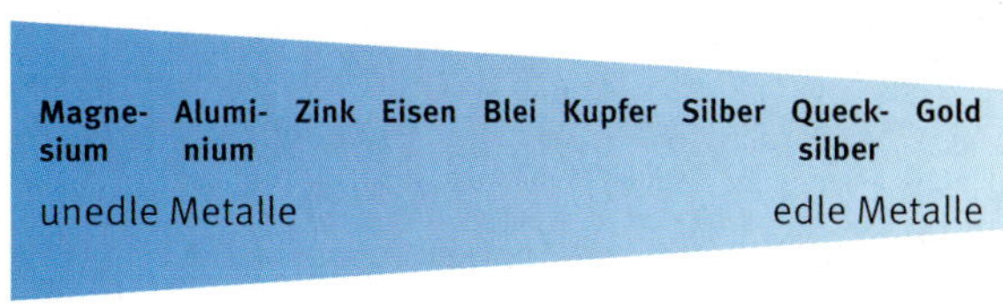

stark Reduktionswirkung schwach

Je weiter links die Metalle in der Redoxreihe stehen, desto unedler sind sie und desto größer ist ihre Reduktionswirkung. Ihre Oxide sind schlechte Oxidationsmittel.
Je weiter rechts die Metalle in der Redoxreihe stehen, desto edler sind sie. Ihre Oxide sind gute Oxidationsmittel, denn sie geben leicht Sauerstoff ab.

Methode

Aufgaben richtig verstehen

Im Unterricht, als Hausaufgaben oder in schriftlichen Leistungsüberprüfungen werden dir immer wieder Aufgaben gestellt, die es erfolgreich zu bearbeiten gilt. In diesen Aufgaben erscheinen immer wieder dieselben Arbeitsanweisungen.

Damit du die Aufgaben richtig verstehen und bearbeiten kannst, muss die Bedeutung der einzelnen Arbeitsanweisungen klar sein. Die häufigsten Arbeitsanweisungen sind in der untenstehenden Tabelle zusammengetragen. Dazu ist kurz beschrieben, was für eine erfolgreiche Bearbeitung der Aufgabe erwartet wird.

auswerten	gesammelte Daten und Ergebnisse zu einer Gesamtaussage zusammenfassen
begründen	gegebene Sachverhalte auf bekannte Regeln und Gesetzmäßigkeiten zurückführen
berechnen	Ermitteln naturwissenschaftlicher Größen
beschreiben	Sachverhalte strukturieren und mit eigenen Worten wiedergeben
beurteilen	unter Verwendung von Fachwissen begründet Stellung zu einem Sachverhalt nehmen
darstellen	Zusammenhänge und Gegebenheiten gliedern und in geeigneter Form wiedergeben
deuten	Sachverhalte in Zusammenhang stellen und beurteilen
diskutieren	unterschiedliche Meinungen und Ergebnisse zusammentragen, vergleichen und begründet Stellung nehmen
Experiment durchführen	Experimente unter Beachtung der Sicherheitshinweise durchführen
entwickeln	Hypothesen, Experimente und Modelle entwerfen und unter Verwendung von Fachwissen weiter ausarbeiten
erklären	einen Sachverhalt mit geeigneten Mitteln verdeutlichen und begründen
erläutern	mithilfe zusätzlicher Informationen einen Sachverhalt verständlich machen
interpretieren	fachliche Zusammenhänge aus gegebenen Sachverhalten herausziehen, deuten und erklären
nennen	Sachverhalte, Eigenschaften oder Begriffe aufzählen
skizziere	einen Sachverhalt auf das Wesentliche reduzieren und mit geeigneten Mitteln wiedergeben
ordnen	Objekte und Sachverhalte in Gruppen gliedern
vergleichen	Gemeinsamkeiten und Unterschiede ermitteln und herausstellen
zeichnen	grafische Darstellung eines Sachverhalts
zusammenfassen	wesentliche Aspekte einer Gegebenheit zusammentragen und in eigenen Worten wiedergeben

Richtig experimentieren

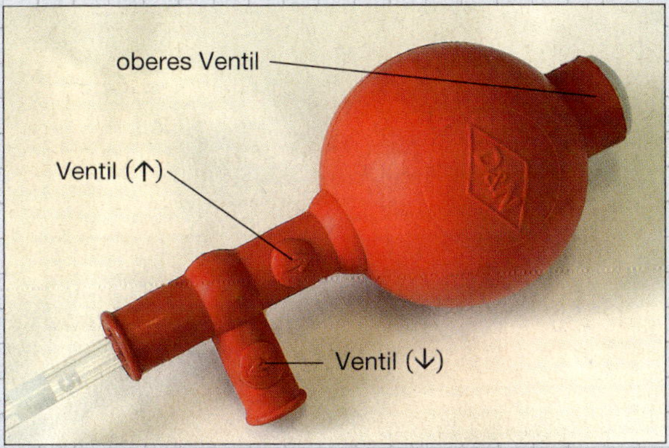

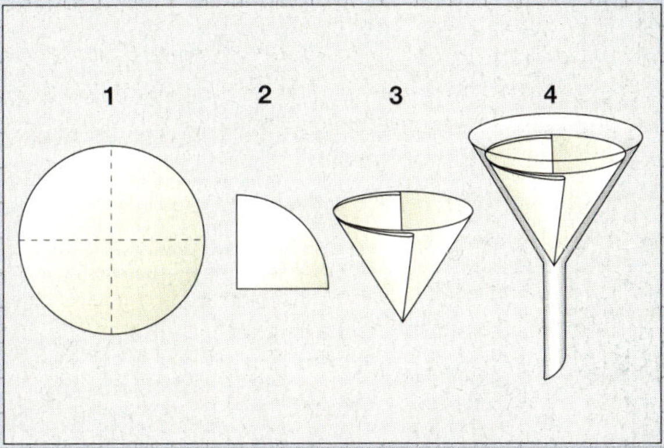

Das Experiment spielt eine entscheidende Rolle bei der Gewinnung von Erkenntnissen in den Naturwissenschaften und im Unterricht. Erfolgreiches Experimentieren setzt voraus, dass man mit den Arbeitstechniken vertraut ist und dass einem klar ist, was mit einer laborüblichen Sprechweise genau gemeint ist.

Beispiel: Die Mengenangabe „eine Spatelspitze“:

Auch der richtige Umgang mit Stativmaterial will gelernt sein:

- Die Versuchsapparatur gehört immer auf die Seite der Bodenplatte des Stativs. Auf diese Weise erreicht man eine erhöhte Standfestigkeit.
- Befestige die Muffe so an der Stativstange, dass sich der Stiel einer Klemme oder eines Stativrings von oben einlegen lässt. Man kann dann besser kontrollieren, ob die Schraubverbindung fest und belastbar ist.
- Schlauchstücke zur Verbindung von Glasrohren sollten nicht länger sein als erforderlich (≈ 3 cm).

Pipettieren. Häufig müssen bei Reagenzlösungen Volumina zwischen 1 ml und 20 ml relativ genau eingehalten werden. Man arbeitet dann in der Regel mit *Messpipetten* und benutzt als Pipettierhilfe meist einen *Pipettierball*.
Beachte dabei die folgenden Punkte:

- Drücke auf das obere Ventil und presse die Luft aus dem Pipettierball. Nach ein wenig Übung gelingt das auch mit einer Hand.
- Sauge die Flüssigkeit in die Pipette, indem du solange auf das Ventil (↑) drückst, bis der gewünschte Flüssigkeitsstand erreicht ist.
- Drücke das Ventil (↓), um die Pipette in das Auffanggefäß zu entleeren.

Tipps:

- Beim Ansaugen entspannt sich der Pipettierball allmählich. Drücke ihn bei Bedarf erneut zusammen. Die Pipettenspitze kann dabei in der Flüssigkeit bleiben.
- Der Abstand zwischen Vorrats- und Auffanggefäß sollte möglichst klein sein. Halte die Pipette beim Überführen der Flüssigkeit senkrecht.
- In der Pipettenspitze verbleibt immer etwas Flüssigkeit. Dieses Restvolumen ist bei der Skaleneinteilung berücksichtigt; es darf also nicht ausgeblasen werden.
- Die Skala von Messpipetten bezieht sich auf den Auslauf vom oberen Strich an. Zieht man in einer 10-ml-Pipette die Flüssigkeit bis zur 6-ml-Marke auf, so enthält die Pipette nur 4 ml.

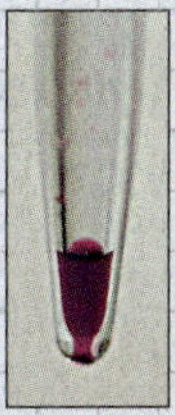

Filtrieren. Um gelöste Stoffe von festen Komponenten zu trennen, nutzt man meist die Technik des Filtrierens.
Beachte dabei die folgenden Regeln:

- Falte das Filtrierpapier entsprechend der Abbildung und lege die geöffnete Filtertüte in den Trichter ein.
- Gieße mit der Spritzflasche etwas Wasser in den Filter und drücke ihn mit dem Finger an die Trichterwand fest.
- Achte beim Einfüllen der Suspension immer darauf, dass die Flüssigkeit unterhalb des Papierrands bleibt.

Tipps:

Die Filtriergeschwindigkeit erhöht sich, wenn du folgende Punkte beachtest:

- Warte nicht, bis eine Füllung vollständig getrennt ist, sondern gieße immer wieder nach.
- Positioniere den Trichter so, dass das Filtrat an der Wand des Auffanggefäßes herunterfließt.

1 Quantitative Beziehungen – klare Verhältnisse

Der französische Chemiker Antoine Laurent LAVOISIER (1743 – 1794) war der erste Forscher, der die Waage für genaue mengenmäßige Untersuchungen chemischer Reaktionen eingesetzt hat. Er war dem Geheimnis der Verbrennung auf der Spur.
Nach der damals gültigen Phlogiston-Theorie sollte jede brennbare Substanz den geheimnisvollen Stoff Phlogiston enthalten und ihn bei der Verbrennung freisetzen. LAVOISIER untersuchte die Veränderung von Blei beim Erhitzen an der Luft. Mit seiner Waage bestimmte er die Masse des entstandenen Bleioxids auf fünf tausendstel Gramm genau. Die quantitative Auswertung ergab eine Massenzunahme, beim Entweichen von Phlogiston wäre aber eine Abnahme der Masse zu erwarten gewesen.
LAVOISIERs sehr genaue Massenbestimmungen führten zur richtigen Deutung der Verbrennung als Reaktion mit Sauerstoff. 1789 veröffentlichte er seine Oxidations-Theorie.
LAVOISIER wird als Vater der modernen Chemie bezeichnet. Auch das Gesetz der Erhaltung der Masse geht auf seine Untersuchungen zurück. Seine Vorgehensweise und die daraus gewonnenen Erkenntnisse wandelten die magische Alchemie in eine exakte Wissenschaft.

Zentrale Fragen:
- Welcher Zusammenhang besteht zwischen der Masse einer Stoffportion und der Teilchenzahl?
- Wie berechnet man die Anzahl der Teilchen in einer Gasportion?
- Wie lässt sich ermitteln, in welchem Mengenverhältnis die Stoffe bei einer Reaktion umgesetzt werden?

Messgrößen und ihre Einheiten

Übersicht

Um 1860 gab es allein in Deutschland mit seinen zahlreichen Einzelstaaten rund 30 verschiedene, gesetzlich gültige Längeneinheiten mit dem Namen *Elle*. Nach heutigem Maß konnte eine Elle dabei – je nach Region – eine Länge von 547 mm bis zu 833 mm haben.
100 Jahre später wurde nach langen Beratungen in Paris vereinbart, bei Maßangaben in Wissenschaft und Technik weltweit die Regeln des *Internationalen Einheitensystems* **SI** (Systéme International d'Unités) zu berücksichtigen.
Im Rahmen des SI wird jeder physikalischen Messgröße ein Symbol (Länge: *l*, Masse: *m*, Spannung: *U*, ...) sowie eine bestimmte Einheit zugeordnet. Eine besondere Rolle spielen dabei die genauen Definitionen für sieben *Basiseinheiten*. Zu diesen Basiseinheiten zählen das Meter (m) für die Länge, das Kilogramm (kg) für die Masse und die Sekunde (s) für die Zeit *t*. Alle übrigen Einheiten werden mithilfe der Basiseinheiten definiert. So besteht für das Pascal (Pa), die SI-Einheit des Drucks *p* der folgende Zusammenhang mit den Basiseinheiten: $1\ \text{Pa} = 1\frac{\text{kg}}{\text{m} \cdot \text{s}^2}$

Vielfache und Bruchteile von Einheiten. Ähnlich wie bei Längenangaben in Kilometer (km) oder in Millimeter (mm) verwendet man auch für andere Messgrößen häufig Einheiten, die einem dezimalen Vielfachen oder einem dezimalen Bruchteil der zugehörigen SI-Einheit entsprechen. Man kommt auf diese Weise zu gut überschaubaren Zahlenwerten.
Ein typisches Beispiel ist die Angabe der Speicherkapazität von Festplatten in Gigabyte (GB). Der sogenannte Vorsatz „Giga", beziehungsweise das Symbol „G", steht dabei für den Faktor „1 Milliarde" ($1\,000\,000\,000 = 10^9$).
In den meisten Fällen verwendet man Vorsätze für Faktoren, die sich um jeweils *drei* Zehnerpotenzen unterscheiden: Mega (10^6), Kilo (10^3), Milli (10^{-3}), Mikro (10^{-6}).
Eine gewisse Rolle spielen aber auch Vorsätze für die Faktoren *Hundert* (Hekto, h), Zehn (Deka, da), *Zehntel* (Dezi, d) und *Hundertstel* (Zenti, c).

Vorsatz	Symbol	Faktor
Tera	T	10^{12} = 1 000 000 000 000 (Billion)
Giga	G	10^{9} = 1 000 000 000 (Milliarde)
Mega	M	10^{6} = 1 000 000 (Million)
Kilo	k	10^{3} = 1 000 (Tausend)
–	–	10^{0} = 1
Milli	m	10^{-3} = 0,001 (Tausendstel)
Mikro	µ	10^{-6} = 0,000 001 (Millionstel)
Nano	n	10^{-9} = 0,000 000 001 (Milliardstel)
Piko	p	10^{-12} = 0,000 000 000 001 (Billionstel)

Gehaltsangaben bei Lösungen

Übersicht

In Labor, Technik und Alltag werden Chemikalien oft in Form von Lösungen eingesetzt. Auf dem Etikett der Flasche findet man neben der Bezeichnung und den Gefahrensymbolen auch eine Angabe über den Gehalt des gelösten Stoffes. Man kann also erkennen, wie viel von der Chemikalie in einer bestimmten Portion der Lösung enthalten ist.

Massenanteil *w*. Wie der Name andeutet, versteht man unter dem Massenanteil *w* den Anteil der Masse des gelösten Stoffes an der Gesamtmasse der Lösung. Die folgende Definition berücksichtigt, dass der Massenanteil meist in Prozent angegeben wird:

$$w = \frac{m\ (\text{gelöster Stoff})}{m\ (\text{gelöster Stoff}) + m\ (\text{Lösungsmittel})} \cdot 100\ \%$$

Beispiel: Für eine Lösung von 5 g Natriumhydroxid (NaOH) in 95 g Wasser gilt: *w* (NaOH) = 5 %.

Massenkonzentration *β* und Volumenkonzentration *σ*. In der Definition von Gehaltsangaben, die als *Konzentrationen* bezeichnet werden, steht jeweils das *Volumen* der fertigen Lösung im Nenner. Im Falle der *Massenkonzentration β* gehört demnach die Masse des gelösten Stoffes in den Zähler:

$$\beta = \frac{m\ (\text{gelöster Stoff})}{V\ (\text{Lösung})}\ ; \quad \text{Einheit}\ \frac{\text{g}}{\text{l}}\ \text{oder}\ \frac{\text{mg}}{\text{l}}$$

Beispiel: Ein Liter Wasser kann bei 20 °C maximal 8,8 mg Sauerstoff aus der Luft aufnehmen:
$\beta\ (\text{Sauerstoff}) = 8{,}8\,\frac{\text{mg}}{\text{l}}$
Wenn es sich bei dem gelösten Stoff um eine Flüssigkeit handelt, gibt man den Gehalt meist als *Volumenkonzentration σ* in Prozent an.
Hinweis: Die für die Chemie besonders wichtige Angabe der Stoffmengenkonzentration *c* wird in Kapitel 7 erläutert.

1.1 Stoffmenge und molare Masse

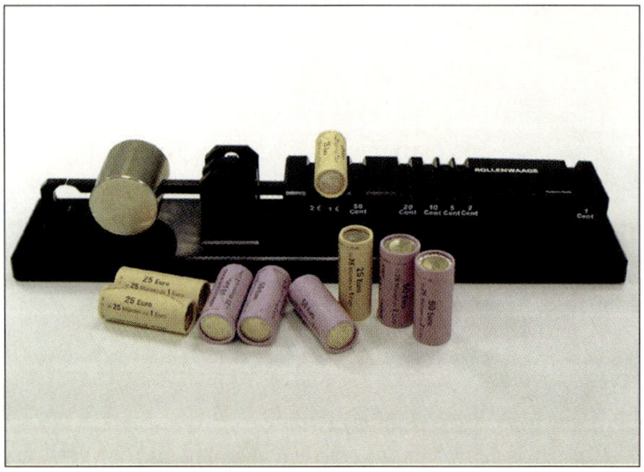

Geld wird mit der Waage „gezählt“.

Ein Mol entspricht ...

In der Chemie will man oft wissen, wie viele Teilchen in einer Stoffportion enthalten sind. Doch die Teilchen sind viel zu klein und ihre Anzahl ist viel zu groß, um sie abzählen zu können. Eine Lösung bietet das Verfahren, mit dem in Banken das in Rollen gepackte Münzgeld „nachgezählt“ wird: Das Gewicht einer einzelnen Münze ist bekannt; die Rolle mit 50 Münzen muss das 50fache Gewicht besitzen. Man wiegt die Münzrolle und prüft damit, ob die Anzahl der Münzen korrekt ist.
Analog dazu erhält man die Anzahl N der Kohlenstoff-Atome in einer Kohlenstoff-Portion, wenn man ihre Masse durch die Masse eines C-Atoms dividiert. Für 12 g Kohlenstoff gilt:

$$N\,(\text{C-Atome}) = \frac{m\,(\text{Kohlenstoff})}{m\,(\text{C-Atom})} = \frac{12\text{ g}}{12\text{ u}}$$

Für die Auswertung muss man wissen, wie die Einheit Gramm mit der atomaren Masseneinheit u zusammenhängt:

$$1\text{ g} = 602\,200\,000\,000\,000\,000\,000\,000\text{ u} \approx 6 \cdot 10^{23}\text{ u}$$

$$N\,(\text{C-Atome}) = \frac{m\,(\text{Kohlenstoff})}{m\,(\text{C-Atom})} \approx \frac{12 \cdot 6 \cdot 10^{23}\text{ u}}{12\text{ u}}$$

$$N\,(\text{C-Atome}) \approx 6 \cdot 10^{23}$$

12 g Kohlenstoff enthalten etwa $6 \cdot 10^{23}$ C-Atome.

Die Zahl $6 \cdot 10^{23}$ ist auch unter dem Namen LOSCHMIDT-Zahl bekannt. Diese Bezeichnung ist eine Ehrung für den Wiener Professor der Physikalischen Chemie Joseph LOSCHMIDT. Er hat im Jahre 1865 eine theoretische Berechnung mit dem Titel „Zur Größe der Luftmoleküle“ veröffentlicht. Diese Arbeit enthält auch die erste – wenigstens näherungsweise – zutreffende Angabe über die Anzahl der Teilchen in einer bestimmten Stoffportion.

Stoffmenge. Die Zahl $6 \cdot 10^{23}$ hat für das Zählen von Teilchen dieselbe Bedeutung wie das *Dutzend* zum Zählen anderer Dinge. So spricht man von einem Dutzend und meint damit 12 Stück. In der Chemie spricht man von einem **Mol** und meint damit $6 \cdot 10^{23}$ Teilchen.
Das Mol ist die Einheit einer Zählgröße, die man als *Stoffmenge* bezeichnet; das Zeichen für die Stoffmenge ist n: Eine Stoffportion hat die Stoffmenge $n = 1$ mol, wenn sie $6 \cdot 10^{23}$ Teilchen enthält.
Bei der Angabe von Stoffmengen muss stets klargestellt werden, auf welche Teilchenart man sich bezieht. So ist bei einer bestimmten Menge an Sauerstoff-Gas die Anzahl der Atome doppelt so groß wie die der Moleküle. Dementsprechend gilt die Beziehung $n\,(\text{O}) = 2\,n\,(\text{O}_2)$.

Die Teilchenanzahl N ist der Stoffmenge n direkt proportional: $N \sim n$
Den Proportionalitätsfaktor bezeichnet man als **AVOGADRO-Konstante N_A:**

$$N = N_A \cdot n$$

Für die AVOGADRO-Konstante gilt:

$$N_A = \frac{N}{n} = \frac{6 \cdot 10^{23}}{1\text{ mol}} = 6 \cdot 10^{23}\,\frac{1}{\text{mol}}$$

Mithilfe der AVOGADRO-Konstanten N_A kann man die Stoffmenge n und die Teilchenzahl N ineinander umrechnen.

Molare Masse. Genau wie die Teilchenanzahl N ist für einen Reinstoff auch die Masse m einer Stoffportion direkt proportional zur Stoffmenge n: $m \sim n$.
Den Proportionalitätsfaktor bezeichnet man als molare Masse M. Es gilt also:

$$m = M \cdot n$$

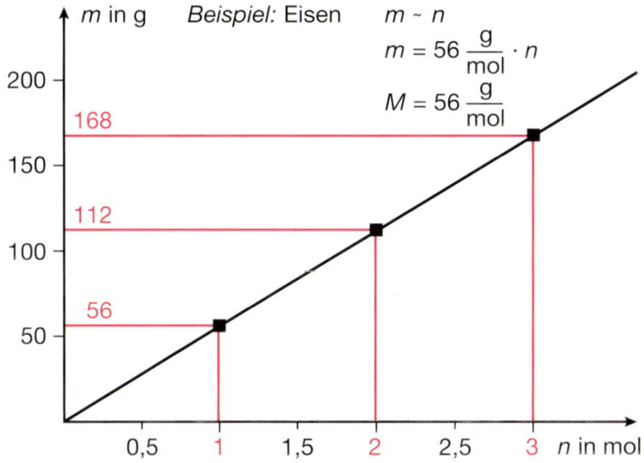

Beziehung zwischen Masse und Stoffmenge

Die molare Masse kann somit als Quotient aus der Masse m und der Stoffmenge n einer Stoffportion berechnet werden:

$M = \frac{m}{n}$; Einheit: $\frac{g}{mol}$

Die molare Masse ist eine stoffspezifische Größe wie die Dichte oder die Schmelztemperatur.

Beispiel Kohlenstoff: Eine Kohlenstoff-Portion mit der Stoffmenge n = 1 mol hat die Masse 12 g. Es gilt:

$$M\,(C) = \frac{m\,(C)}{n\,(C)} = \frac{12\text{ g}}{1\text{ mol}} = 12\,\frac{g}{mol}$$

Beispiel Eisen: Die Masse eines Eisen-Atoms beträgt 56 u. Für Eisen mit der Stoffmenge n(Fe) = 1 mol gilt demnach (1g = $6 \cdot 10^{23}$ u):

$$m = 56 \cdot 6 \cdot 10^{23} = \text{u} = 56\text{ g}$$

Für die molare Masse von Eisen erhält man:

$$M\,(Fe) = \frac{m\,(Fe)}{n\,(Fe)} = \frac{56\text{ g}}{1\text{ mol}} = 56\,\frac{g}{mol}$$

Es fällt auf, dass bei *Elementen* der Zahlenwert der *molaren Masse* mit dem Zahlenwert der *Atommasse* übereinstimmt. Nur die Einheiten sind verschieden.

Die molare Masse einer *Verbindung* erhält man durch Addition der molaren Massen der beteiligten Elemente. Dabei orientiert man sich an der jeweiligen Verhältnisformel oder Molekülformel.

Beispiel Kupfersulfid:

$$M\,(Cu_2S) = 2 \cdot M\,(Cu) + M\,(S)$$
$$= 2 \cdot 63{,}5\,\frac{g}{mol} + 1 \cdot 32\,\frac{g}{mol} = 159\,\frac{g}{mol}$$

Das Mol ist die Einheit der Stoffmenge n. Die Stoffmenge n = 1 mol entspricht $6 \cdot 10^{23}$ Teilchen.
Die molare Masse M ist der Quotient aus der Masse m und der Stoffmenge n einer Stoffportion.

Rechenbeispiele

Berechnung der molaren Masse:
Welche molare Masse besitzt Traubenzucker ($C_6H_{12}O_6$)?

Gegeben: m (H-Atom) = 1 u, m (O-Atom) = 16 u, m (C-Atom) = 12 u

$$M\,(C_6H_{12}O_6) = 6 \cdot 12\,\frac{g}{mol} + 12 \cdot 1\,\frac{g}{mol} + 6 \cdot 16\,\frac{g}{mol}$$
$$= 180\,\frac{g}{mol}$$

Traubenzucker besitzt die molare Masse 180 $\frac{g}{mol}$.

Berechnung der Stoffmenge:
Wie groß ist die Stoffmenge der Kupfer-Atome in 12,5 g Kupfer?

Gegeben: m (Kupfer) = 12,5 g, M (Cu) = 63,5 $\frac{g}{mol}$

$$n\,(Cu) = \frac{m\,(\text{Kupfer})}{M\,(Cu)} = \frac{12{,}5\text{ g}}{63{,}5\,\frac{g}{mol}} = 0{,}20\text{ mol}$$

12,5 g Kupfer enthalten 0,20 mol Kupfer-Atome.

Berechnung der Masse:
Welche Masse hat eine Kohlenstoffdioxid-Portion mit der Stoffmenge 3,2 mol?

Gegeben: n (CO_2) = 3,2 mol, M (CO_2) = 44 $\frac{g}{mol}$

$$m\,(\text{Kohlenstoffdioxid}) = M\,(CO_2) \cdot n\,(CO_2)$$
$$= 44\,\frac{g}{mol} \cdot 3{,}2\text{ mol} = 140{,}8\text{ g}$$

Eine Kohlenstoffdioxid-Portion mit einer Stoffmenge von 3,2 mol hat eine Masse von 140,8 g.

Berechnung der Teilchenanzahl:
Wie viele Moleküle sind in 5,6 g Kohlenstoffmonooxid enthalten?

Gegeben: m (Kohlenstoffmonooxid) = 5,6 g, M (CO) = 28 $\frac{g}{mol}$

$$n\,(CO) = \frac{m\,(\text{Kohlenstoffmonooxid})}{M\,(CO)} = \frac{5{,}6\text{ g}}{28\,\frac{g}{mol}} = 0{,}2\text{ mol}$$

$$N\,(CO) = N_A \cdot n\,(CO) = 6 \cdot 10^{23}\,\frac{1}{mol} \cdot 0{,}2\text{ mol} = 1{,}2 \cdot 10^{23}$$

In 5,6 g Kohlenstoffmonooxid sind $1{,}2 \cdot 10^{23}$ CO-Moleküle enthalten.

1 Gib die Definition der Stoffmenge n = 1 mol an.

2 Berechne die Stoffmenge und die Anzahl N der in 25 g Kohlenstoffdioxid enthaltenen CO_2-Moleküle.

3 14 g Eisen sollen vollständig mit Schwefel zu Eisensulfid (FeS) umgesetzt werden.

a) Formuliere die Reaktionsgleichung.

b) Berechne die Stoffmenge der Eisen-Atome und die Stoffmenge der benötigten Schwefel-Atome.

c) Berechne die Masse der Schwefel-Portion, die für die vollständige Umsetzung benötigt wird.

1.2 AVOGADRO und die Gase

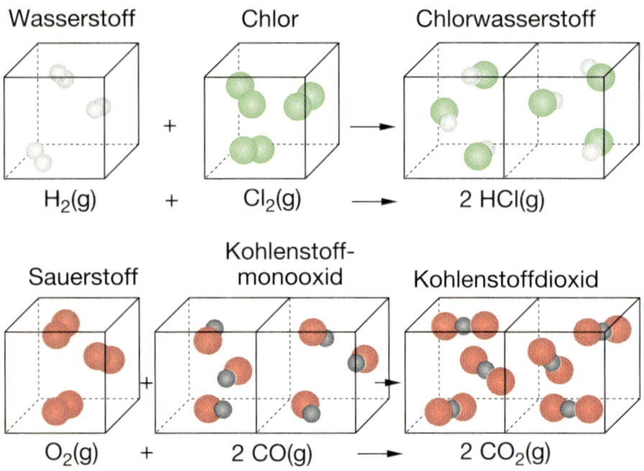

Volumenverhältnisse bei Gasreaktionen und ihre Deutung

Bei Gasen lässt sich das Volumen einer Stoffportion meist viel leichter bestimmen als die Masse. Deshalb gibt man bevorzugt das Volumen an; die Masse der Gasportion kann dann mithilfe des tabellierten Wertes für die Dichte ϱ berechnet werden: $m = V \cdot \varrho$

Das AVOGADROsche Gesetz. Der italienische Physiker Amadeo AVOGADRO stellte bereits 1811 die Hypothese auf, dass zwischen dem Volumen einer Gasportion und der Anzahl der Teilchen ein sehr einfacher Zusammenhang besteht. Seine Vermutung wurde allerdings erst 50 Jahre später allgemein als Gesetzmäßigkeit anerkannt: *Gleiche Volumina* beliebiger Gase enthalten *gleich viele Teilchen,* soweit Druck und Temperatur übereinstimmen.

Auf dieser Grundlage lässt sich das 1805 für Gasreaktionen formulierte Volumengesetz problemlos erklären: Die Volumina der beteiligten Gase stehen zueinander im Verhältnis einfacher ganzer Zahlen, weil das Volumenverhältnis das Verhältnis der Teilchenzahlen widerspiegelt.

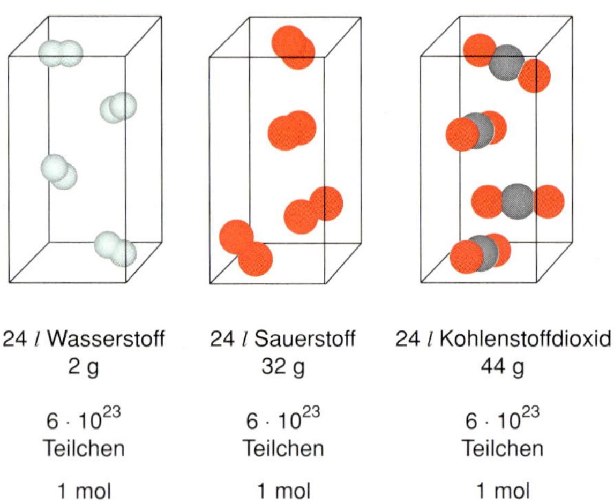

AVOGADROsches Gesetz. *Die Werte gelten für 20 °C bei normalem Luftdruck (1013 hPa).*

Molares Volumen. Unter dem molaren Volumen V_m versteht man allgemein den Quotienten aus dem Volumen *V* einer Stoffportion und ihrer Stoffmenge *n*. Eine besondere Rolle spielt dabei dieser Größe für Gase: Nach dem AVOGADROschen Gesetz ist das *Volumen* für die Stoffmenge *n* = 1 mol bei gleicher Temperatur und gleichem Druck unabhängig von der Art des Gases. Das gilt ebenso für das *molare Volumen* von Gasen, das in der Regel mit der Einheit $\frac{l}{mol}$ angegeben wird:

$V_m = \frac{V}{n}$; Einheit: $\frac{l}{mol}$

Für 0 °C und normalem Luftdruck (1013 hPa) beträgt der Wert 22,4 $\frac{l}{mol}$. Da sich Gase mit steigender Temperatur ausdehnen, nimmt auch der Wert für V_m zu. Für 20 °C und den gleichen Druck gilt:
$V_m = 24 \frac{l}{mol}$.

Mithilfe des molaren Volumens lässt sich die Molekülformel eines gasförmigen Stoffes auf einfache Weise aus der Dichte des Gases ableiten. Man berücksichtigt dabei, dass die molare Masse M als Produkt aus der Dichte ϱ und dem molaren Volumen V_m berechnet werden kann: $M = \varrho \cdot V_m$
Beispiel: Sauerstoff hat bei 20 °C und normalem Druck eine Dichte von 1,333 $\frac{g}{l}$.

$\Rightarrow M$ (Sauerstoff) $= 1{,}333 \frac{g}{l} \cdot 24 \frac{l}{mol} = 32 \frac{g}{mol}$

Ein Sauerstoff-Molekül hat demnach eine Masse von 32 u. Da ein einzelnes O-Atom nur 16 u auf die Waage bringt, muss jedes Teilchen aus zwei Atomen bestehen. Für elementaren Sauerstoff verwendet man deshalb völlig zu Recht die Molekülformel O_2.

Das Volumen von Gasen ist proportional zur Stoffmenge, aber unabhängig von der Art des Gases. Bei gleichem Druck und gleicher Temperatur enthalten gleiche Gasvolumina gleich viele Teilchen.

1 Ammoniak-Gas (NH_3) lässt sich durch Erhitzen in Gegenwart eines Katalysators in die Elemente zerlegen. Gib an, welches Volumenverhältnis zwischen den Reaktionsprodukten besteht.

2 100 ml eines gasförmigen Stickstoffoxids zerfallen unter Bildung von 100 ml Stickstoff und 50 ml Sauerstoff. Ermittle die Molekülformel des Oxids.

3 Leite die Beziehung $M = \varrho \cdot V_m$ aus der Definition von *M* ab. Berücksichtige dabei, dass sich *m* als Produkt aus Dichte und Volumen darstellen lässt.

Die Molekülformel von Wasser: 2 + 1 = 2

Exkurs

Die Untersuchung der Volumenverhältnisse bei Gasreaktionen erlaubt direkte Rückschlüsse auf das Atomanzahlverhältnis und damit auf die Art der beteiligten Moleküle. Flüssige oder feste Stoffe können untersucht werden, wenn sie sich verdampfen lassen.
Beispiel: In einem beheizten Kolbenprober werden 8 ml Wasserstoff und 4 ml Sauerstoff bei der Temperatur von 120 °C durch einen elektrischen Funken explosionsartig zur Reaktion gebracht. Dabei entstehen aus 12 ml Knallgas genau 8 ml Wasserdampf.
Da Wasserstoff und Sauerstoff aus zweiatomigen Molekülen bestehen, folgt zwangsläufig, dass die Molekülformel für Wasser H_2O ist.

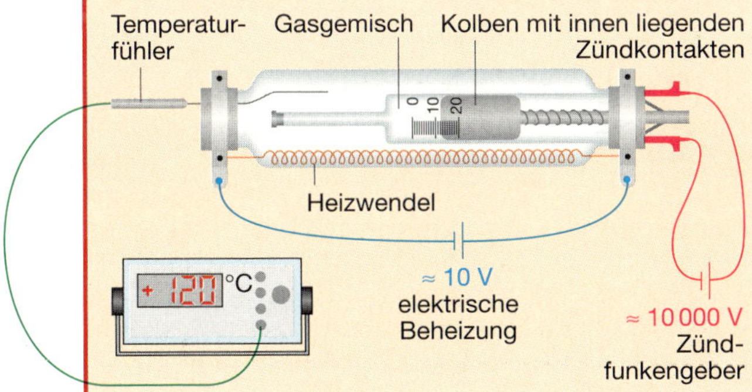

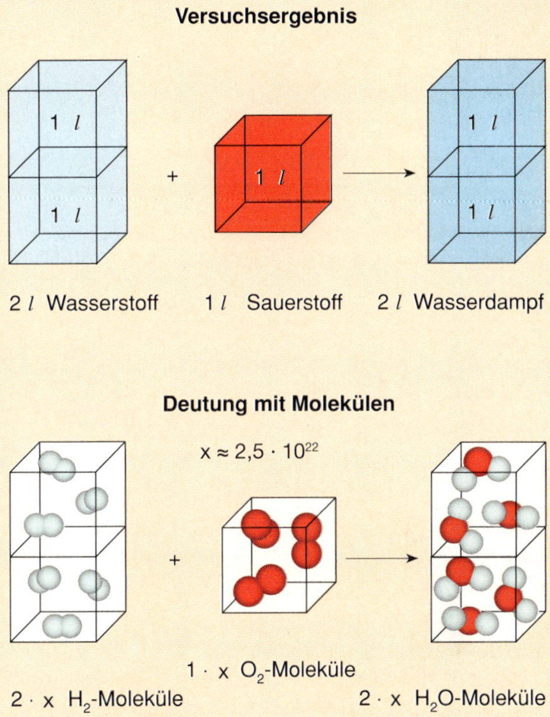

Volumenverhältnisse bei der Bildung von Wasser

Gasgesetze

Theorie

Welches Volumen eine bestimmte Gasportion bei einem anderen Druck oder bei einer anderen Temperatur einnimmt, lässt sich mithilfe der Gasgesetze berechnen.
Volumen-Druck-Gesetz: Soweit die Temperatur unverändert bleibt, ist das Produkt aus Druck und Volumen konstant: $p \cdot V = \text{konst.}$

Volumen-Temperatur-Gesetz: Bei konstantem Druck gilt:
$V = V_0 \cdot \frac{T}{273\,\text{K}}$
V_0 steht dabei für das bei $T_0 = 273$ K (= 0 °C) gemessene Volumen, T für die *absolute* Temperatur in Kelvin:
20 °C = 293 K.

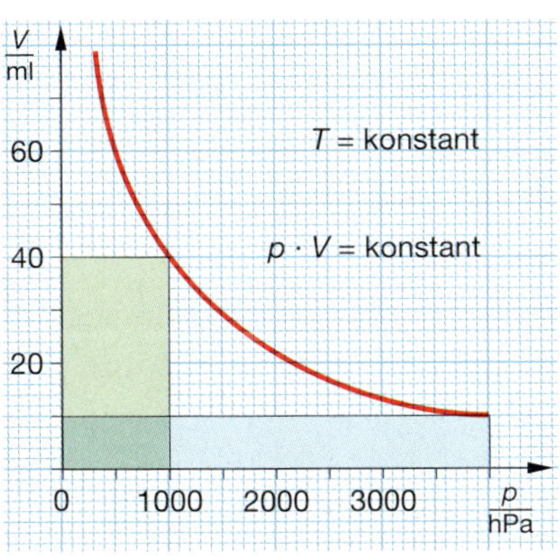

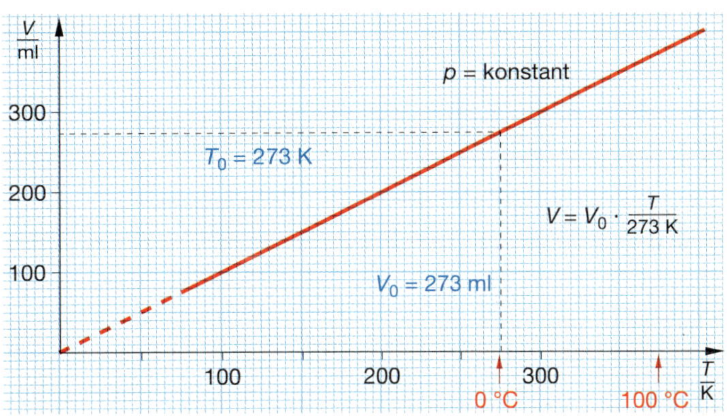

1.3 Von der Reaktionsgleichung zum Stoffumsatz

Reaktionsschema	Wasserstoff	+	Sauerstoff	$\longrightarrow$	Wasser
Reaktionsgleichung	**2 H_2**	**+**	**O_2**	$\longrightarrow$	**2 H_2O**
Anzahlverhältnis	2	:	1	:	2
Modell					

Beispiel:

Stoffmengen	2 mol H_2	+	1 mol O_2	$\longrightarrow$	2 mol H_2O
Teilchenanzahlen	$2 \cdot 6 \cdot 10^{23}$ H_2-Moleküle		$1 \cdot 6 \cdot 10^{23}$ O_2-Moleküle		$2 \cdot 6 \cdot 10^{23}$ H_2O-Moleküle
Massen	m (Wasserstoff) $= n\,(H_2) \cdot M\,(H_2)$ $= 2\ \text{mol} \cdot 2\,\frac{\text{g}}{\text{mol}} = 4\ \text{g}$	+	m (Sauerstoff) $= n\,(O_2) \cdot M\,(O_2)$ $= 1\ \text{mol} \cdot 32\,\frac{\text{g}}{\text{mol}} = 32\ \text{g}$		$= m$ (Wasser) $= n\,(H_2O) \cdot M\,(H_2O)$ $= 2\ \text{mol} \cdot 18\,\frac{\text{g}}{\text{mol}} = 36\ \text{g}$
Volumina (bei 20 °C und 1013 hPa)	V (Wasserstoff) $= n\,(H_2) \cdot V_m$ $= 2\ \text{mol} \cdot 24\,\frac{\text{l}}{\text{mol}} = 48\ \text{l}$		V (Sauerstoff) $= n\,(O_2) \cdot V_m$ $= 1\ \text{mol} \cdot 24\,\frac{\text{l}}{\text{mol}} = 24\ \text{l}$		V (Wasserdampf) $= n\,(H_2O) \cdot V_m$ $= 2\ \text{mol} \cdot 24\,\frac{\text{l}}{\text{mol}} = 48\ \text{l}$

Bei einer korrekt aufgestellten Reaktionsgleichung stimmt für jede Atomart die Anzahl der Atome auf der linken Seite mit der Anzahl auf der rechten Seite überein. Reaktionsgleichungen mit ihren Formeln und Faktoren spiegeln also wider, dass die Anzahl der Atome durch eine Reaktion nicht verändert wird. Dementsprechend stimmt auch die Masse der Ausgangsstoffe mit der Masse der Produkte überein.

Ausgehend von einer Reaktionsgleichung lassen sich daher Fragen der folgenden Art beantworten:

- Wie viel von einem Reaktionsprodukt lässt sich aus einer bestimmten Menge eines Ausgangsstoffes gewinnen?
- Welche Mengen der Ausgangsstoffe werden benötigt, damit sich die gewünschte Menge eines Reaktionsproduktes bilden kann?

Die erforderlichen Berechnungen gehören zu dem traditionell als *Stöchiometrie* bezeichneten Bereich der Chemie. Man greift dabei vor allem auf den Zusammenhang zwischen Masse m, molarer Masse M und Stoffmenge n zurück.

$$n = \frac{m}{M} \Rightarrow m = n \cdot M$$

Ist zum Beispiel die Masse eines Ausgangsstoffes gegeben, so berechnet man zuerst seine Stoffmenge n. Unter Beachtung des Stoffmengenverhältnisses gemäß der Reaktionsgleichung liefert die zweite Formel dann die gesuchte Masse des Produktes.

Im Falle von gasförmigen Stoffen nutzt man die entsprechenden Beziehungen zwischen Volumen V, molarem Volumen V_m und Stoffmenge n:

$$n = \frac{V\,(\text{Gas})}{V_m} \Rightarrow V\,(\text{Gas}) = n \cdot V_m$$

Ausgehend von der Reaktionsgleichung lassen sich mithilfe der molaren Masse M bzw. des molaren Volumens V_m die Massen und Volumina der an einer Reaktion beteiligten Stoffportionen berechnen.

Rechenbeispiel

Berechnung des Volumens eines gasförmigen Reaktionsproduktes:
Welches Volumen an Sauerstoff erhält man bei der Thermolyse von 3,5 g Silberoxid (Ag_2O)? Das Volumen wird bei 20 °C und normalem Luftdruck gemessen.

1. Gegebene und gesuchte Werte festhalten:
   gegeben: m (Silberoxid) = 3,5 g; gesucht: V (Sauerstoff)
2. Reaktionsgleichung aufstellen:
   $2\ Ag_2O\ (s) \longrightarrow 4\ Ag\ (s) + O_2\ (g)$
3. Molare Masse und molares Volumen notieren:
   $M\,(Ag_2O) = 232\,\frac{\text{g}}{\text{mol}}$, $V_m\,(O_2) = 24\,\frac{\text{l}}{\text{mol}}$
4. Aus der Reaktionsgleichung das Stoffmengenverhältnis ableiten:
   $n\,(Ag_2O) : n\,(O_2) = 2 : 1 \Rightarrow n\,(O_2) = \frac{1}{2}\,n\,(Ag_2O)$
5. Stoffmengen durch den Quotienten aus Masse und molarer Masse bzw. Volumen und molarem Volumen ersetzen:
   $$\frac{V\,(\text{Sauerstoff})}{V_m\,(O_2)} = \frac{1}{2} \cdot \frac{m\,(\text{Silberoxid})}{M\,(Ag_2O)}$$
   $$\frac{V\,(\text{Sauerstoff}}{24\,\frac{\text{g}}{\text{mol}}} = \frac{1}{2} \cdot \frac{3{,}5\ \text{g}}{232\,\frac{\text{g}}{\text{mol}}}$$
   $$V\,(\text{Sauerstoff}) = \frac{1}{2} \cdot \frac{3{,}5\ \text{g}}{232\,\frac{\text{g}}{\text{mol}}} \cdot 24\,\frac{\text{l}}{\text{mol}} = 0{,}18\ \text{l}$$

Aus 3,5 g Silberoxid erhält man durch Thermolyse 180 ml Sauerstoff-Gas.

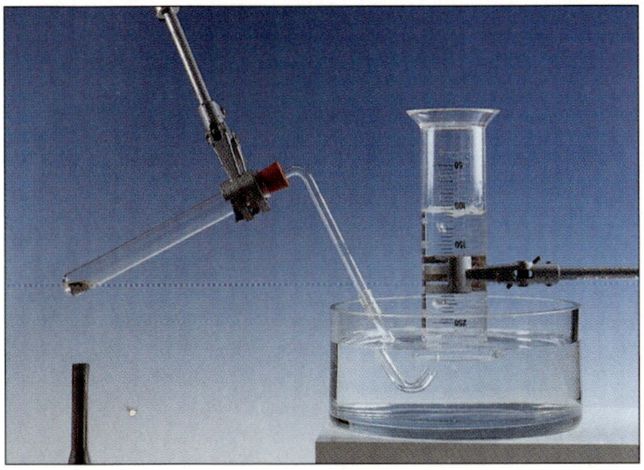

Silberoxid wird in der Hitze in Silber und Sauerstoff zerlegt:
$2\ Ag_2O\ (s) \longrightarrow 4\ Ag\ (s) + O_2\ (g)$
Man spricht von der Thermolyse des Silberoxids.

1 10 g Silbersulfid (Ag_2S) sollen durch die Reaktion von Silber mit Schwefel hergestellt werden.
Welche Masse an Silber muss eingesetzt werden?

2 Beim Erhitzen von Calciumhydroxid ($Ca(OH)_2$) entweicht Wasserdampf und Calciumoxid belibt zurück.
Welche Masse hat das aus 6 g Calciumhydroxid entstehende Calciumoxid?

3 Bei der Verbrennung von Titan bildet sich aus 1 g des Metalls 1,67 g des Oxids.Welche der folgenden Formeln beschreibt die Zusammensetzung? **a)** TiO; **b)** Ti_2O_3; **c)** TiO_2

4 Im Thermit-Verfahren sollen aus Aluminium und Eisenoxid (Fe_3O_4) 10 g Eisen hergestellt werden. Wie viel Aluminium muss man dabei mindestens einsetzen?

5 Wasserstoffperoxid (H_2O_2) zerfällt in Gegenwart eines Katalysators in Wasser und Sauerstoff.
a) Ermittle das Volumen an Sauerstoff, das man aus einer 10%igen Lösung von Wasserstoffperoxid bei 20 °C und normalem Druck erhält.
b) Berechne die Masse an Wasser, die dabei entsteht.

6 Kupferoxid (CuO) wird von Wasserstoff-Gas H_2 in der Hitze reduziert.
a) Formuliere das Reaktionsschema und die Reaktionsgleichung.
b) Welches Volumen an Wasserstoff wird benötigt, um 3,2 g Kupferoxid zu reduzieren? Das Gasvolumen wird bei 20 °C und normalem Druck gemessen.

7 Traubenzucker ($C_6H_{12}O_6$) wird mit Kupferoxid (CuO) gemischt. Beim Erhitzen findet folgende Reaktion statt:
$C_6H_{12}O_6\ (s) + x\ CuO\ (s) \longrightarrow x\ Cu + y\ H_2O\ (l) + z\ CO_2\ (g)$
a) Bestimme die Werte der Faktoren x, y und z.
b) Ermittle die Masse an Kupferoxid, die gebraucht wird, um 5 g Traubenzucker umzusetzen.
c) Wie viel Gramm Wasser entstehen bei der Reaktion?
d) Welches Volumen hat das gebildete Kohlenstoffdioxid bei 20 °C und normalem Druck.

Rechenbeispiel

Berechnungen zum Stoffumsatz bei chemischen Reaktionen und zur Zusammensetzung von Verbindungen erfordern Umrechnungen zwischen Masse und Stoffmenge einer gegebenen oder gesuchten Stoffportion. Die Umrechnung erfolgt jeweils mittels der molaren Masse *M*.

a) Berechnung der Masse eines entstehenden Stoffes: Wie viel Gramm Silber (Ag) erhält man aus 150 g Silbersulfid (Ag_2S)?

1. Gegebene und gesuchte Werte festhalten:
gegeben: *m* (Silbersulfid) = 150 g;
gesucht: *m* (Silber)

3. Molare Massen ermitteln und notieren:
$M\ (Ag_2S) = 248\ \frac{g}{mol}, \quad M\ (Ag) = 108\ \frac{g}{mol}$

2. Reaktionsgleichung aufstellen:
$Ag_2S\ (s) \longrightarrow 2\ Ag\ (s) + S\ (s)$

4. Aus der Reaktionsgleichung das Stoffmengen verhältnis ableiten:
$n\ (Ag) : n\ (Ag_2S) = 2 : 1\ )\ n\ (Ag) = 2 \cdot n\ (Ag_2S)$

5. Stoffmengen durch den Quotienten aus Masse und molarer Masse ersetzen:

$$\frac{m\ (\text{Silber})}{M\ (Ag)} = 2 \cdot \frac{m\ (\text{Silbersulfid})}{M\ (Ag_2S)}$$

$$\Rightarrow m\ (\text{Silber}) = 2 \cdot \frac{m\ (\text{Silbersulfid})}{M\ (Ag_2S)} \cdot M\ (Ag)$$

$$= 2 \cdot \frac{150\ g}{248 \frac{g}{mol}} \cdot 108 \frac{g}{mol} = \mathbf{131\ g}$$

Aus 150 g Silbersulfid erhält man 131 g Silber.

b) Berechnung der Masse eines Ausgangsstoffes:
Wie viel Quarzsand (SiO_2) benötigt man, um durch Reduktion mit Aluminium 1 kg Silicium (Si) zu gewinnen?

1. Gegebene und gesuchte Werte festhalten:
gegeben: *m* (Silicium) = 1 kg;
gesucht: *m* (Quarz)

2. Molare Massen ermitteln und notieren:
$M\ (Si) = 28 \frac{g}{mol}, \quad M\ (SiO_2) = 60\ \frac{g}{mol}$

3. Durch Vergleich der Formeln das Stoffmengenverhältnis ableiten:
$n\ (SiO_2) : n\ (Si) = 1 : 1 \longrightarrow n\ (SiO_2) = n\ (Si)$

4. Stoffmengen durch den Quotienten aus Masse und molarer Masse ersetzen:

$$\frac{m\ (\text{Quarz})}{M\ (SiO_2)} = \frac{m\ (\text{Silicium})}{M\ (Si)}$$

$$\Rightarrow m\ (\text{Quarz}) = \frac{m\ (\text{Silicium})}{M\ (Si)} \cdot M\ (SiO_2)$$

$$= \frac{1\ kg}{28 \frac{g}{mol}} \cdot 60 \frac{g}{mol} = \mathbf{2{,}1\ kg}$$

Man benötigt 2,1 kg Quarzsand, um 1 kg Silicium zu gewinnen.

Prüfe dein Wissen

Quiz

A1 **a)** Erkläre die Begriffe des Fensters.
b) Notiere auf der Vorderseite von Karteikarten den Begriff, auf der Rückseite die Erklärung.

A2 Man betrachtet eine Portion Sauerstoff mit der Stoffmenge an Sauerstoff-Molekülen von 2 mol.
a) Wie viele Sauerstoff-Moleküle sind in dem Gas enthalten?
b) Wie viele Sauerstoff-Atome liegen darin vor?

A3 Für ein Experiment werden 2,5 mmol Kupferoxid (CuO) benötigt. Wie viel ist abzuwiegen?

A4 Berechne die Stoffmenge der folgenden Stoffportionen: **a)** 2 g Kupfer, **b)** 0,5 g Graphit, **c)** 10 g Wasser

A5 Berechne die molare Masse der folgenden Verbindungen: **a)** Kohlenstoffdioxid, **b)** Calciumsulfat ($CaSO_4$), **c)** Silbernitrat ($AgNO_3$)

Know-how

A6 Ein kleines Gold-Körnchen der Masse 1 mg ist gerade noch unter dem Lichtmikroskop zu sehen.
a) Wie viel Mol Gold-Atome enthält es?
b) Welcher Anzahl an Gold-Atomen entspricht das?
c) Wie lange würde das Zählen der Au-Atome im Gold-Körnchen dauern, wenn es eine „Zählmaschine" gäbe, die eine Million Atome pro Sekunde zählen könnte?

A7 In der Abbildung ist die *Dichte* einiger gasförmiger Elemente gegen ihre *Atommasse* aufgetragen. Es ergeben sich zwei Geraden mit unterschiedlicher Steigung.

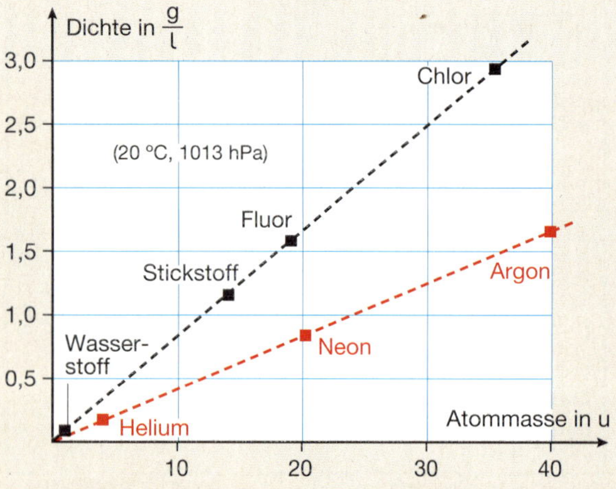

Die wichtigsten Begriffe

- Verhältnisformel
- Molekülformel
- Stoffmenge, Mol
- AVOGADRO-Konstante
- molare Masse
- molares Volumen
- AVOGADROsches Gesetz
- Stöchiometrie

a) Woran könnte es liegen, dass die Steigung der oberen Geraden doppelt so groß ist wie die der unteren Geraden?
b) Auf welcher Geraden und an welcher Stelle liegt der Punkt für das Element Sauerstoff?
c) Erkläre die direkte Proportionalität zwischen Dichte und Atommasse mithilfe des AVOGADROschen Gesetzes.
d) Die an der unteren Gerade aufgeführten Elemente gehören zu der Gruppe der sogenannten *Edelgase*.
Welche weiteren Edelgase gibt es? Vergleiche dazu das Periodensystem am Ende des Buches.

A8 Kohlenstoffmonooxid-Gas (CO) und Sauerstoff-Gas (O_2) reagieren miteinander zu Kohlenstoffdioxid-Gas (CO_2).
Stelle das Volumenverhältnis und das Verhältnis der Teilchenanzahlen schematisch dar.

A9 In der Gasbrennerflamme verbrennt Methan (CH_4) mit Luftsauerstoff zu Kohlenstoffdioxid und Wasserdampf.
a) Formuliere die Reaktionsgleichung.
b) In welchem Volumenverhältnis stehen die vier Gase zueinander?

Natur – Mensch – Technik

A10 Schmelzen von Gold und Kupfer lassen sich in jedem Massenverhältnis mischen und kristallisieren. Die Kupfer/Gold-Legierungen mit den Zusammensetzungen CuAu und Cu_3Au leiten besonders gut den elektrischen Strom; sie werden deshalb auch technisch genutzt.
Welche Portionen Kupfer und Gold muss man schmelzen und mischen, um je 100 g Rotgold der Sorten CuAu und Cu_3Au zu erhalten?

A11 Das in der Technik als Branntkalk bezeichnete Calciumoxid (CaO) wird als Zwischenprodukt zur Herstellung von Mörtel für den Wohnungsbau benötigt. Bei der industriellen Produktion wird Kalkstein (Calciumcarbonat, $CaCO_3$) auf mehr als 1000 °C erhitzt.
Welche Menge an Kalkstein muss mindestens „gebrannt" werden, wenn man 100 t Branntkalk benötigt?

Quantitative Beziehungen – klare Verhältnisse

1. Volumenverhältnisse bei Gasreaktionen

Gase reagieren stets in ganzzahligen Volumenverhältnissen miteinander.
Beispiel: Synthese von Wasserdampf

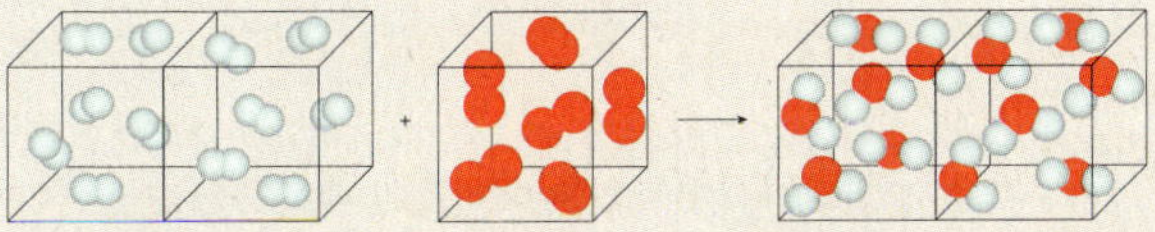

$V(H_2) : V(O_2) : V(H_2O) = 2 : 1 : 2$

2. AVOGADROsches Gesetz

Gasförmige Stoffe enthalten bei gleichem Volumen, gleichem Druck und gleicher Temperatur gleich viele Teilchen.

3. Stoffmenge und Mol

Das Mol ist die Einheit der Stoffmenge n. Eine Stoffportion hat die Stoffmenge $n = 1$ mol, wenn sie $6 \cdot 10^{23}$ Teilchen (Atome oder Moleküle) enthält.
Mit der AVOGADRO-Konstanten N_A lassen sich Stoffmenge n und Teilchenanzahl N ineinander umrechnen:

$$N_A = \frac{N}{n} = 6 \cdot 10^{23} \frac{1}{\text{mol}}$$

4. Molare Masse und molares Volumen

a) Die *molare Masse M* ergibt sich als Quotient aus der Masse m eines reinen Stoffes und ihrer Stoffmenge n:

$$M = \frac{m}{n}; \quad \text{Einheit: } \frac{\text{g}}{\text{mol}}$$

Die molare Masse eines Elementes stimmt in ihrem Zahlenwert mit der Atommasse überein. Nur die Einheiten sind verschieden. Die molare Masse einer Verbindung erhält man durch Addition der molaren Massen der Elemente.

b) Bei Mengenberechungen für gasförmige Stoffe nutzt man das *molare Volumen V_m*, den Quotienten aus dem Volumen und der Stoffmenge einer Gasportion:
Das molare Volumen der Gase nimmt bei konstantem Druck mit steigender Temperatur zu.
Bei Raumtemperatur und normalem Druck hat das molare Volumen den Wert:

$$V_m\ (20\ °\text{C}, 1013\ \text{hPa}) = 24 \frac{\text{l}}{\text{mol}}$$

5. Stöchiometrisches Rechnen

Auf der Grundlage chemischer Gleichungen lassen sich die Stoffmenge n, die Masse m und das Volumen V der an einer Reaktion beteiligten Stoffe berechnen. Dabei kann das folgende Schema verwendet werden:

1. Aufstellen der Reaktionsgleichung.
2. Gesuchte Größe notieren.
3. Gegebene Größen notieren.
4. Größengleichung aufstellen und nach der gesuchten Größe umstellen.
5. Einsetzen aller bekannter Größen in die Größengleichung und Berechnung des Ergebnisses.
6. Formulieren eines Antwortsatzes.

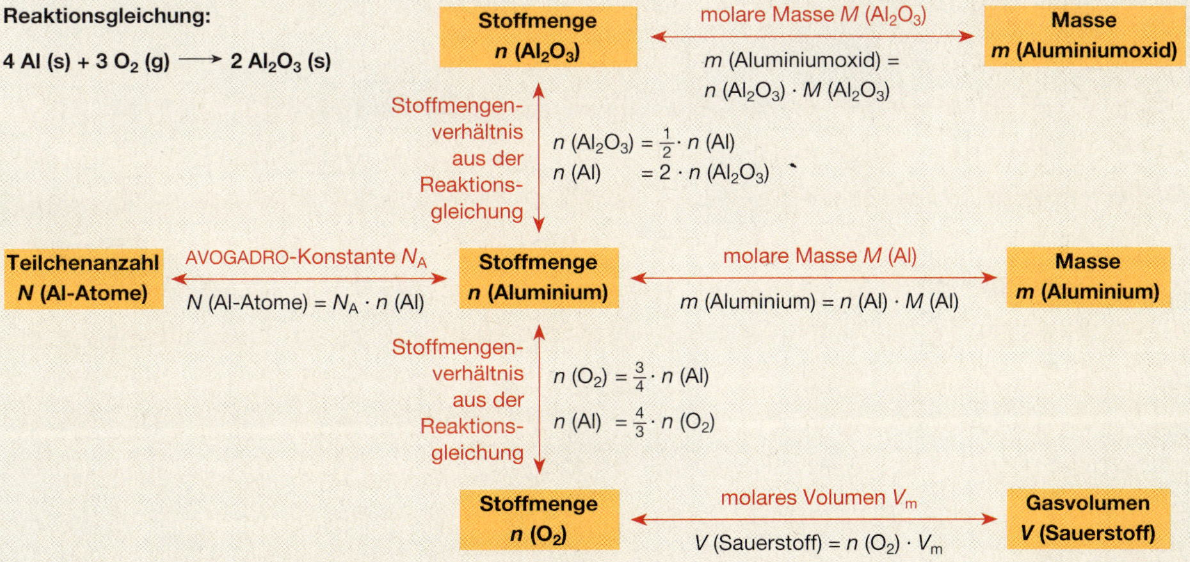

Wichtige Beziehungen für die Lösung stöchiometrischer Aufgaben

2 Chemische Verwandtschaften

Natrium ist eines der häufigsten Elemente in der Erdkruste. Da es jedoch sehr reaktionsfreudig ist, kommt es in der Natur nicht als Metall vor. In der Technik spielt metallisches Natrium aber durchaus eine Rolle. So werden viele Straßenkreuzungen und Fußgängerüberwege mit Natriumdampflampen beleuchtet. Der Lampenkörper enthält Natrium. Wird die Lampe eingeschaltet, so verdampft ein Teil des Metalls und sendet intensiv gelbes Licht aus. Gerade gelbes Licht durchdringt Nebel und Dunst besonders gut. So hat man selbst bei schlechtem Wetter gute Sichtverhältnisses.
Vorteilhaft ist dabei, dass diese Lampen relativ wenig elektrische Energie benötigen.

Zentrale Fragen:
- Gibt es weitere Metalle, die ähnlich wie Natrium beim Verdampfen Licht aussenden?
- Was versteht man unter einer Elementfamilie?
- Kann man bei verwandten Stoffen auf ähnliches Verhalten bei chemischen Reaktionen schließen?

2.1 Natrium – ein ungewöhnliches Metall

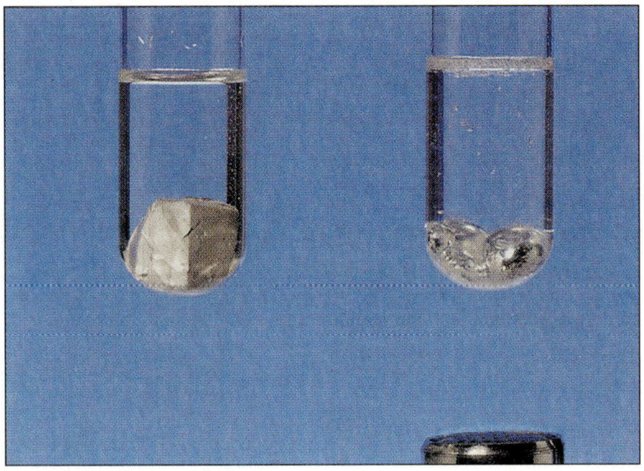

Natrium schmilzt bei 98 °C

Ordnet man die Elemente nach ihrem Massenanteil in der Erdkruste, so steht Natrium weit vorne auf Platz 6. Die meisten Menschen wissen aber nicht, dass es sich bei dem Element um ein Metall handelt. *Natrium-Verbindungen* wie Kochsalz, Salpeter, Soda oder Natron – als Bestandteil des Backpulvers – begegnet man jedoch vielfach auch im Alltagsleben.

Eigenschaften. Reines Natrium zeigt die typischen Eigenschaften eines Metalls: Es glänzt silberfarben und ist ein guter Leiter für Wärme und den elektrischen Strom.
Im Vergleich zu den bekannten Metallen hat Natrium aber auch einige ungewöhnliche Eigenschaften:
Seine Dichte beträgt nur $\varrho = 0{,}97 \frac{g}{cm^3}$; sie ist damit sogar noch etwas kleiner als die von Wasser.
Erhitzt man Natrium, so schmilzt es bereits bei einer Temperatur von 98 °C; bei Aluminium sind es 660 °C und bei Eisen sogar 1536 °C.

Natrium ist so weich, dass man es mit dem Messer schneiden kann. Die frische Schnittfläche ist silbrig-glänzend, überzieht sich aber bald mit einem grauen Belag. Dieser Effekt tritt noch schneller ein, wenn man auf die Schnittfläche haucht. Deshalb kommt metallisches Natrium in der Natur nicht vor.

Erhitzt man Natrium an der Luft, so schmilzt es und verbrennt dann mit leuchtend gelber Flamme. Das gelbe Leuchten kann man auch beobachten, wenn man eine Natrium-Verbindung mit einem Magnesiastäbchen in die Flamme eines Gasbrenners bringt. Diese typisch gelbe Flammenfärbung ist ein Nachweis dafür, dass eine Probe Natrium-Verbindungen enthält. Bei Natriumdampf-Lampen wird etwas metallisches Natrium verdampft; dabei werden die Atome angeregt, gelbes Licht auszusenden.

Herstellung und Verwendung. Technisch wird Natrium mithilfe des elektrischen Stroms aus Steinsalz hergestellt. Anschließend muss das Metall vor Luft und Feuchtigkeit geschützt werden. Dazu bewahrt man es unter Paraffinöl auf. Nach einiger Zeit bildet sich trotzdem ein gelblicher Belag auf der Oberfläche des Metalls, denn beim Öffnen der Flasche kommen immer wieder Luftfeuchtigkeit und Sauerstoff als Reaktionspartner hinzu.

Weltweit werden jährlich etwa 80 000 Tonnen Natrium hergestellt. Der Hauptanteil wird heute zur Herstellung von Bleichmitteln für die Papierindustrie eingesetzt. Früher benötigte man metallisches Natrium vor allem für die Herstellung von Bleiverbindungen, die als Zusatzstoff die Klopffestigkeit von Benzin verbesserten.

Aufgrund der niedrigen Schmelztemperatur und der guten Wärmeleitfähigkeit dient Natrium auch als Kühlmittel. So verwendet man in Hochleistungsmotoren Ventilverschlüsse, die mit Natrium gefüllt sind. Wird der Motor warm, so begünstigt das geschmolzene Natrium die schnelle Ableitung der Wärme. Das Ventil wird dadurch nicht so heiß und setzt sich nicht fest.
In „Schnellen Brütern", einem besonderen Typ von Kernkraftwerken, transportiert flüssiges Natrium die entstehende Wärme und gibt sie über einen Wärmetauscher an einen Wasserdampferzeuger ab. Für ein Kernkraftwerk werden mehrere tausend Tonnen hochreines Natrium benötigt. Ein Leck in den Natriumkühlern würde deshalb zu katastrophalen Unfällen führen.

Natrium ist ein reaktionsfreudiges, weiches Leichtmetall. An der Luft reagiert es sofort mit Sauerstoff und Luftfeuchtigkeit. Natrium und Natrium-Verbindungen lassen sich aufgrund der intensiv gelben Flammenfärbung nachweisen.

1 Nenne drei ungewöhnliche Eigenschaften von Natrium.
2 Beschreibe, wie man ohne Geschmacksprobe überprüfen könnte, ob man dem Wasser zum Kochen der Nudeln bereits Salz zugesetzt hat.
3 Erkläre, warum die meisten Menschen das Metall Natrium nicht kennen.
4 **a)** Stelle in einer Übersicht die Schmelztemperatur von Natrium und drei weiteren Leichtmetallen zusammen.
b) Ermittle die Dichten von Aluminium und drei weiteren Leichtmetallen.
5 Erläutere, warum heute erheblich weniger Natrium hergestellt wird als früher.

2.2 Vom Natrium zur Natronlauge

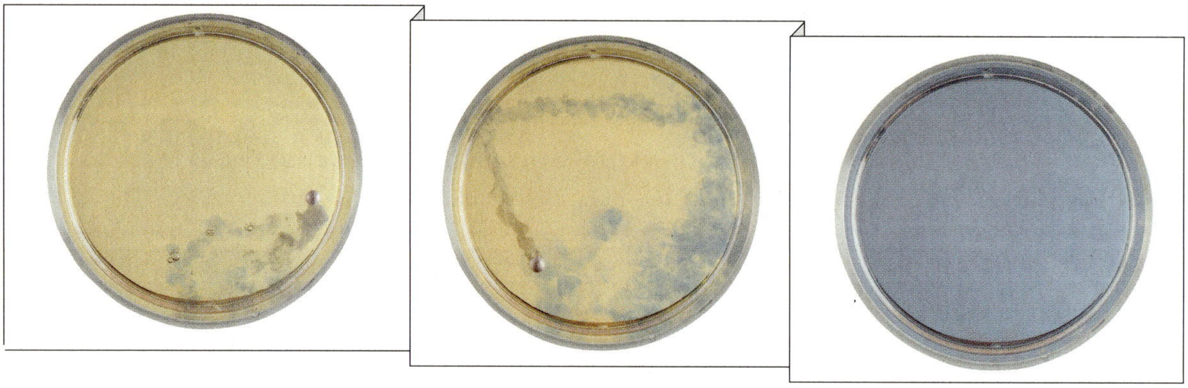

Lässt man ein kleines Stückchen Natrium auf Wasser fallen, so gleitet das Metall zischend über die Wasseroberfläche. Bei der Reaktion wird so viel Wärme erzeugt, dass das Natrium zu einer Kugel zusammenschmilzt. Das gleichzeitig entstehende Gas lässt die Natriumkugel wie ein Luftkissenboot über die Wasserfläche gleiten. Taucht man das Natrium mit einem Sieblöffel unter Wasser, lässt sich das freiwerdende Gas mit einem Reagenzglas auffangen. Eine Knallgasprobe beweist, dass es sich um Wasserstoff handelt.

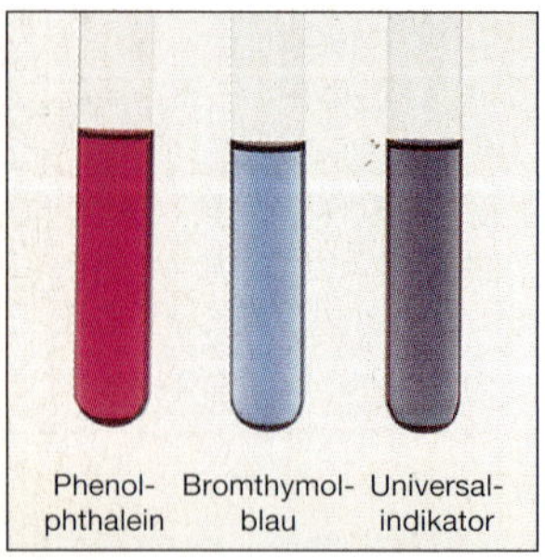

Indikatoren in alkalischen Lösungen

Eine wichtige Eigenschaft des zweiten Reaktionsprodukts zeigt sich, wenn man dem Wasser Bromthymolblau zusetzt. Die gleitende Natriumkugel hinterlässt eine blaue Farbspur. Die entstehende Natrium-Verbindung ergibt also eine *alkalische* Lösung. Chemisch gesehen ist diese Lösung nichts anderes als die aus dem Labor bekannte **Natronlauge** in stärkerer Verdünnung.

Dampft man die Natronlauge ein, bleibt ein weißer wachsartiger Feststoff zurück. Es handelt sich dabei um **Natriumhydroxid.** Der Name weist darauf hin, dass diese Verbindung aus den Elementen Natrium, Wasserstoff (Hydrogenium) und Sauerstoff (Oxygenium) besteht. Natriumhydroxid enthält die gleiche Anzahl von Natrium-Atomen, Wasserstoff-Atomen und Sauerstoff-Atomen. Die Verhältnisformel ist daher **NaOH.**

Berücksichtigt man, dass Wasserstoff aus zweiatomigen Molekülen besteht, so ergibt sich folgende Reaktionsgleichung:

$$\underset{\text{Natrium}}{2\,Na\,(s)} + \underset{\text{Wasser}}{2\,H_2O\,(l)} \longrightarrow \underset{\text{Natronlauge}}{2\,NaOH\,(aq)} + \underset{\text{Wasserstoff}}{H_2(g)};\quad \text{exotherm}$$

Natriumhydroxid kommt in Form kleiner Plätzchen oder Schuppen in den Handel. Man verwendet sie vor allem für die Herstellung von Natronlauge für den Laborbedarf. Der Lösevorgang verläuft stark exotherm:

$$NaOH\,(s) \xrightarrow{\text{Wasser}} NaOH\,(aq);\quad \text{exotherm}$$

Eine konzentrierte Lösung wirkt ätzend und zerstört die Haut. In der Technik bezeichnet man Natriumhydroxid deshalb auch als *Ätznatron*.

Bei der Reaktion von Natrium mit Wasser bilden sich Natronlauge und Wasserstoff. Natronlauge ist eine wässerige Lösung des Feststoffs Natriumhydroxid.

1 Beschreibe die Reaktion von Natrium mit Wasser und skizziere, wie man das entstehende Gas auffangen kann.
2 Erkläre, woran man erkennen kann, dass bei der Reaktion von Natrium mit Wasser viel Energie frei wird.
3 Beschreibe den Unterschied zwischen Natriumhydroxid und Natronlauge.
4 Legt man ein Stück Natrium auf nasses Filtrierpapier, so bildet sich eine Kugel und das entstehende Gas entzündet sich. Erkläre diese Beobachtungen.

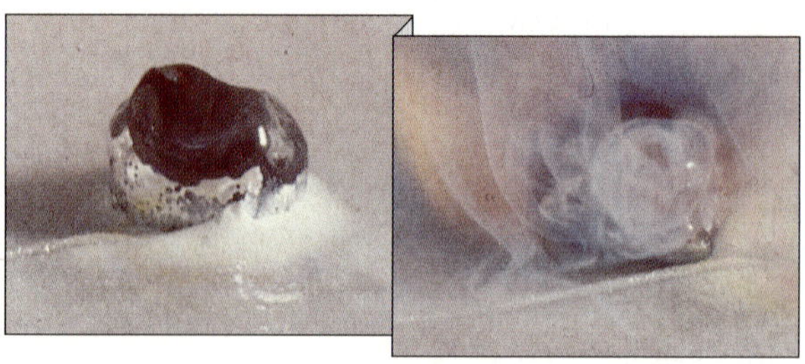

5 Erkläre, warum Natriumhydroxid-Plätzchen an der Luft zerfließen. Nimm auch die rechte Seite zur Hilfe.
6 Recherchiere, wie man einen Natriumbrand löschen kann.

Suche:

Natriumhydroxid und Natronlauge

Ergebnisse:

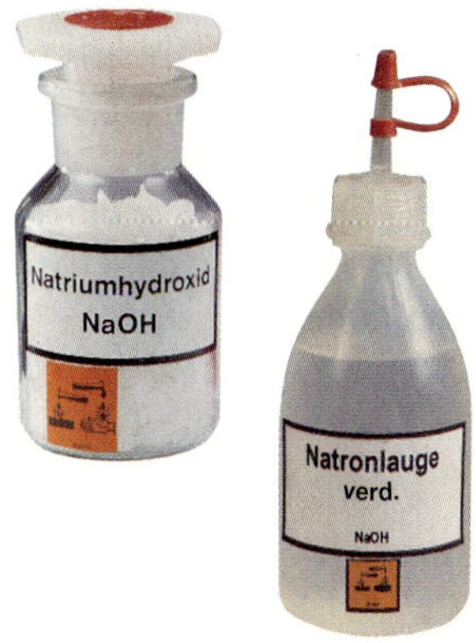

Natriumhydroxid: NaOH (s)

Natriumhydroxid ist ein weißer Feststoff, der bei 322 °C schmilzt. Die Schmelze leitet den elektrischen Strom. Natriumhydroxid nimmt aus der Luft Wasser auf, es ist *hygroskopisch*. Natriumhydroxid-Plätzchen zerfließen deshalb an feuchter Luft. In Wasser löst sich Natriumhydroxid unter starker Wärmeentwicklung.

Natronlauge: NaOH (aq)

Als *konzentrierte* Natronlauge wird im Labor meist eine wässerige Lösung mit einem Massenanteil von 33 % Natriumhydroxid verwendet. *Verdünnte* Natronlauge enthält meist 7,5 % Natriumhydroxid. Da die stark ätzende Natronlauge auch Glas angreift, wird sie in Kunststoffflaschen aufbewahrt. Natronlauge reagiert stark alkalisch. Bereits ein Tropfen verdünnter Natronlauge reicht aus, um in einem Becherglas mit Wasser eine Universalindikator-Lösung blauviolett zu färben.

Vorsicht ätzend!

R 35	Verursacht schwere Verätzungen
S 1/2	Unter Verschluss und für Kinder unzugänglich aufbewahren
S 26	Bei Berührung mit den Augen sofort gründlich mit Wasser abspülen und Arzt konsultieren
S 37/39	Bei der Arbeit geeignete Schutzhandschuhe und Schutzbrille/Gesichtsschutz tragen
S 45	Bei Unfall oder Unwohlsein Arzt hinzuziehen

Natriumhydroxid als Abflussreiniger

Abflussreiniger wirken stark ätzend, denn sie enthalten Natriumhydroxid. Bei der Anwendung bildet sich daher heiße konzentrierte Natronlauge. Sie löst Seifenablagerungen und zersetzt organische Stoffe wie Fett oder Haare. Meist enthalten die Reiniger auch etwas körniges Aluminium, das mit der Lauge unter Entwicklung von Wasserstoff reagiert. Die Gasblasen lockern die Verstopfungen.

Ätzend

Verursacht schwere Verätzungen. Darf nicht in die Hände von Kindern gelangen. Bei Berührung mit den Augen gründlich mit Wasser spülen und Arzt konsultieren. Bei der Arbeit geeignete Schutzhandschuhe und Schutzbrille tragen. Beschmutzte Kleider sofort ausziehen. Flasche fest verschlossen halten. Keinesfalls Wasser hineingießen. Nach versehentlichem Einnehmen sofort große Mengen Wasser trinken, sofort Arzt aufsuchen und Packung mitnehmen. Verschüttetes Gut sofort zusammenkehren und mit viel Wasser im Spülbecken wegspülen. Neigt bei Berührung mit brennbaren Stoffen zur Selbstentzündung. Keinesfalls in den Papierkorb oder Abfalleimer werfen. Gegenstände, die mit Rohr-Reinigern in Berührung gekommen sind, gründlich spülen.
Enthält: 54% Natriumhydroxid, Aluminium und Salze.
Flasche aus Polyethylen (PE)
Flasche nur vollständig entleert in die Wert-Tonne geben.

Laugenbrezeln

Vor dem Backen wird das Laugengebäck in Brezellauge getaucht. Sie enthält etwa 3 % Natriumhydroxid. Beim Backen werden die Brezeln dann schön braun. Überschüssige Natronlauge reagiert dabei mit Kohlenstoffdioxid zu unschädlichem Natriumcarbonat (Soda).

Natriumhydroxid – eine Industriechemikalie

Natriumhydroxid wird weltweit in sehr großen Mengen produziert. Allein in Deutschland sind es jährlich mehr als vier Millionen Tonnen. Nur ein kleiner Anteil davon wird im Labor eingesetzt oder im Alltag genutzt. So enthalten chemisch wirkende Abflussreiniger Natriumhydroxid und die Anstriche alter Möbel werden mit Natronlauge abgebeizt. Der größte Teil des Natriumhydroxids wird in der chemischen Industrie verbraucht. Meist geht es darum, störende Säuren in Stoffgemischen zu neutralisieren. In großen Mengen wird Natronlauge bei der Gewinnung von Aluminium benötigt. Weitere Einsatzbereiche sind die Produktion von Kunstseide, Filmmaterialien, Waschmitteln und Bleichmitteln.

Mercerisieren

Der englische Chemiker John MERCER erfand bereits 1844 ein Verfahren zur Veredelung von Baumwolle, das aber erst seit 1895 angewendet wird. Garne und Gewebe werden dabei in gespanntem Zustand in verdünnte Natronlauge getaucht. Die Außenhaut der Fasern platzt ab, die Fasern werden glatt und die Oberfläche erhält einen seidigen Glanz. Gleichzeitig wird das Material reißfester und lässt sich besser anfärben.

Aufgaben

1 Erläutere, weshalb Laborgefäße aus Glas, in denen mit Natronlauge gearbeitet wurde, besonders gründlich gespült werden müssen.

2 Beim Backen von Laugenbrezeln reagiert überschüssige Natronlauge mit Kohlenstoffdioxid zu Soda (Na_2CO_3). Stelle die Reaktionsgleichung auf.

2.3 Die Elementfamilie der Alkalimetalle

Das Element **Lithium** hat ähnliche Eigenschaften wie Natrium: Es besitzt eine niedrige Schmelztemperatur und eine geringe Dichte. Wie Natrium wird es unter Paraffinöl aufbewahrt, um es vor Oxidation zu schützen. Lithium ist allerdings etwas härter als Natrium, lässt sich aber noch mit einem Messer schneiden. Ebenso wie Lithium ähnelt auch das Element **Kalium** in seinen Eigenschaften dem Natrium.

Wegen ihrer Ähnlichkeit werden diese Elemente zu einer **Elementfamilie** oder **Elementgruppe** zusammengefasst. Man bezeichnet die Elemente dieser Elementgruppe als **Alkalimetalle.** Der Name leitet sich aus dem arabischen *alqaljan* (Holzasche) ab. Tatsächlich besteht Holzasche zu einem großen Teil aus Alkalimetall-Verbindungen.
Neben Lithium, Natrium und Kalium gehören auch **Rubidium** und **Caesium** zu den Alkalimetallen. Diese beiden Elemente sind so reaktionsfähig, dass sie zur Aufbewahrung in luftleere Glasampullen eingeschmolzen werden müssen.
Bei aller Übereinstimmung in den Eigenschaften der Alkalimetalle gibt es aber auch deutliche Abstufungen. So nehmen die Schmelztemperatur und die Härte in der Reihe Lithium, Natrium, Kalium, Rubidium, Caesium ab, die Dichte und die Reaktionsfähigkeit nehmen dagegen zu.

Reaktion mit Wasser. Bei der Reaktion der Alkalimetalle mit Wasser entstehen neben Wasserstoff die Lösungen der Hydroxide. Man bezeichnet sie als **Laugen.** Verwendet man für die Metalle das Symbol Me, so kann man eine allgemeine Reaktionsgleichung aufstellen:

$$\underset{\text{Alkalimetall}}{2\,Me} + 2\,H_2O \longrightarrow \underset{\text{Alkalimetallhydroxid}}{2\,MeOH} + H_2\text{; exotherm}$$

Die **Alkalimetallhydroxide** sind farblose, hygroskopische Feststoffe. Sie lösen sich gut in Wasser. Die Lösungen sind sehr stark ätzend; daher muss man besonders vorsichtig mit ihnen umgehen und dabei stets eine Schutzbrille tragen.

Reaktion mit Sauerstoff. Alle Alkalimetalle reagieren bereits bei Raumtemperatur mit Sauerstoff. Daher kommen die Alkalimetalle in der Natur nicht als Elemente, sondern nur in Verbindungen vor.
Verbrennt man Alkalimetalle, so färbt sich die Flamme. Die *Flammenfärbung* ist typisch für die einzelnen Elemente. Die gleichen Farben treten auf, wenn man Alkalimetall-Verbindungen in einer Flamme erhitzt. Besonders auffällig sind die gelbe Flammenfärbung des Natriums und die rote Flammenfärbung des Lithiums. Die blassviolette Flammenfärbung von Kalium-Verbindungen lässt sich durch ein Cobaltglas gut beobachten: Das blaue Glas filtert das gelbe Licht von Natrium-Verunreinigungen heraus.

Zur Elementfamilie der Alkalimetalle gehören Lithium, Natrium, Kalium, Rubidium und Caesium. Diese Metalle reagieren sehr leicht mit Sauerstoff. Bei der Reaktion mit Wasser entstehen leicht lösliche Hydroxide der allgemeinen Formel MeOH.

1 Beschreibe, wie sich die Eigenschaften der Alkalimetalle in der Reihenfolge vom Lithium zum Caesium ändern. Nimm auch den Steckbrief zu Hilfe.
2 Stelle die Reaktionsgleichungen für die Reaktion von Lithium und Caesium mit Wasser auf und benenne die Reaktionsprodukte.
3 Erläutere, warum es problematisch ist, bei der allgemeinen Reaktionsgleichung in der linken Spalte in allen Fällen bestimmte Aggregatzustände anzugeben.

Steckbrief: Alkalimetalle

Element, Elementsymbol	Lithium, Li	Natrium, Na	Kalium, K	Rubidium, Rb	Caesium, Cs
Flammenfärbung	karminrot	gelb	blassviolett	rotviolett	blauviolett
Atommasse	6,9 u	23,0 u	39,1 u	85,5 u	132,9 u
Schmelztemperatur	180 °C	98 °C	64 °C	39 °C	28 °C
Siedetemperatur	1370 °C	883 °C	776 °C	696 °C	708 °C
Dichte	$0{,}53\,\frac{g}{cm^3}$	$0{,}97\,\frac{g}{cm^3}$	$0{,}86\,\frac{g}{cm^3}$	$1{,}53\,\frac{g}{cm^3}$	$1{,}87\,\frac{g}{cm^3}$
Härte	mäßig hart				sehr weich
Reaktion mit Wasser	lebhaft				explosionsartig

Chemie-Recherche

Location: http://www.schroedel.de/chemie_heute.html

Suche:

Alkalimetalle und ihre Verbindungen

Ergebnisse:

Lithium

Der Name des Elements Lithium bezieht sich auf seine Entdeckung bei der Untersuchung bestimmter Gesteine (griech. *lithos:* Stein). Mit einer Dichte von nur $0{,}53\,\frac{g}{cm^3}$ ist das Metall Lithium bei Raumtemperatur der Feststoff mit der geringsten Dichte überhaupt. Deshalb wird Lithium zu Legierungen verarbeitet, die hoch belastbar und trotzdem leicht sein müssen. So werden Aluminium-Legierungen mit einem Massenanteil von etwa 2 % Lithium beim Flugzeugbau und für die Außentanks des Spaceshuttle eingesetzt. Man erzielt so eine Gewichtsersparnis von etwa 6 %.
In Lithium-Batterien und Lithium-Ionen-Akkus wird dieses Element genutzt, da es für lange Zeit eine relativ hohe und konstante Spannung erzeugt.

Natrium

Die deutsche Bezeichnung lässt sich auf den ägyptischen Namen *neter* für Soda (Natriumcarbonat, Na_2CO_3) zurückführen. Im englischen Sprachgebrauch wird das Element Natrium *sodium* genannt. Natriumcarbonat ist neben Kalk und Sand einer der Ausgangsstoffe zur Herstellung von Glas. Natron (Natriumhydrogencarbonat, $NaHCO_3$) wird in Feuerlöschern verwendet, da es beim Erwärmen Kohlenstoffdioxid freisetzt; als Bestandteil von Backpulver lässt es den Teig aufgehen.

Kalium

In der Erdkruste ist das Element Kalium ähnlich häufig wie Natrium: Viele Gesteine enthalten Kaliummineralien wie Kalkfeldspat oder Glimmer. In Salzlagerstätten kommen Kaliumchlorid und andere Kaliumsalze vor; sie werden abgebaut und zur Herstellung von Düngemitteln genutzt. Auf dem Land wachsende Pflanzen reichern Kalium-Verbindungen an, so dass beim Verbrennen *Pottasche* (Kaliumcarbonat, K_2CO_3) zurückbleibt.
Die deutsche Bezeichnung Kalium geht auf das arabische *alqaljan* (Holzasche) zurück, während der Entdecker Sir Humphry DAVY 1807 den englischen Namen *potassium* prägte.

Rubidium und Caesium

Diese beiden äußerst seltenen Elemente wurden erstmals 1860 in Mineralwässern nachgewiesen. Robert BUNSEN und Gustav KIRCHHOFF untersuchten die Flammenfärbung mit einem Spektroskop. Einige Proben zeigten ein helles Aufleuchten im roten Bereich des Spektrums, andere dagegen im blauen Bereich. Diese Effekte konnten nur von Atomen bisher nicht bekannter Elemente herrühren. Die Namen Rubidium (lat. *rubidus:* dunkelrot) und Caesium (lat. *caesius:* himmelblau) beziehen sich auf die im Spektroskop beobachteten Farben.
Seit etwa 1970 spielt Caesium eine wichtige Rolle für die genaue Messung der Zeit mithilfe von Atomuhren: So entsprechen die zur Steuerung von Funkuhren ausgesandten Signale genau der äußerst exakten Zeitskala der Atomuhr der Physikalisch Technischen Bundesanstalt in Braunschweig.

Aufgaben

1 Erläutere, inwiefern der Einsatz von Lithium in Legierungen auch dem Umweltschutz dient.

2 Erkläre, warum Kalium auch mit Eis reagieren kann.

2.4 Calcium – ein Erdalkalimetall

Das Element **Calcium** ist ein silbrig-glänzendes Leichtmetall. Im Gegensatz zu dem härtesten Alkalimetall Lithium lässt sich Calcium nicht mehr mit dem Messer schneiden. Lässt man Calcium an der Luft stehen, reagiert es allmählich mit Sauerstoff und Luftfeuchtigkeit und bekommt einen grauen Überzug. Beim Erhitzen verbrennt es mit ziegelroter Flamme zu Calciumoxid.
Aufgrund seiner Reaktivität kommt Calcium in der Natur nicht elementar vor, sondern nur in gebundener Form in Mineralien wie Kalkstein oder Gips.

Reaktion mit Wasser. Gibt man Calciumspäne und Wasser zusammen, steigt Wasserstoff auf und die Lösung erwärmt sich. Gleichzeitig trübt sich die Lösung, da ein weißer Feststoff entsteht. Es handelt sich dabei um **Calciumhydroxid.** Ein Indikator zeigt an, dass die gebildete Lösung alkalisch reagiert.

$$Ca\,(s) + H_2O\,(l) \longrightarrow Ca(OH)_2\,(s) + H_2\,(g); \quad \text{exotherm}$$
Calcium Calciumhydroxid

Die Verhältnisformel $Ca(OH)_2$ zeigt an, dass das Anzahlverhältnis zwischen den Atomen der Elemente Calcium, Sauerstoff und Wasserstoff 1 : 2 : 2 beträgt.

Kalkwasser. Calciumhydroxid löst sich nur schlecht in Wasser. Ein Liter der im Labor als *Kalkwasser* verwendeten Lösung enthält nur 1,6 g. Leitet man Kohlenstoffdioxid in Kalkwasser ein, so trübt sich die Lösung und ein weißer Feststoff (Calciumcarbonat, $CaCO_3$) fällt aus. Diese Reaktion dient zum Nachweis von Kohlenstoffdioxid.

Magnesium. Ähnlich wie Calcium ist auch das Element *Magnesium* ein silbrig-glänzendes Leichtmetall. An der Luft bildet sich eine dünne undurchlässige Schicht von Magnesiumoxid. Sie schützt das darunter liegende Metall vor weiterer Oxidation.
Gibt man Magnesium und Wasser zusammen, ist zunächst keine Reaktion zu erkennen. Erhitzt man das Wasser, so setzt – ähnlich wie bei Calcium – eine Gasentwicklung ein. Ein Indikator zeigt, dass die Lösung alkalisch reagiert.

Erdalkalimetalle. Die Elemente *Calcium* und *Magnesium* bilden zusammen mit **Beryllium, Strontium, Barium** und **Radium** die Elementfamilie der *Erdalkalimetalle.* Der Name weist darauf hin, dass Verbindungen dieser Elemente häufig in der Erdkruste zu finden sind. Die Erdalkalimetalle ähneln in ihren Eigenschaften und chemischen Reaktionen den Alkalimetallen, unterscheiden sich aber beispielsweise in der Verhältnisformel der Hydroxide.

Erdalkalimetalle sind reaktionsfreudige Leichtmetalle. Mit Wasser bilden sie wenig lösliche Hydroxide mit der allgemeinen Formel $Me(OH)_2$.
Eine klare Lösung von Calciumhydroxid wird als Kalkwasser zum Nachweis von Kohlenstoffdioxid verwendet.

1 Stelle die Reaktionsgleichung für die Reaktion von Magnesium mit Wasser auf.
2 Gib an, worin sich die Alkalimetalle von den Erdalkalimetallen unterscheiden. Nimm auch die Steckbriefe zur Hilfe.
3 Stelle die Reaktionsgleichung für die Reaktion von Kalkwasser mit Kohlenstoffdioxid auf.
4 Berechne das Volumen an Wasserstoff, das entsteht, wenn 250 mg Calcium mit Wasser bei 20 °C und normalen Luftdruck reagieren.

Steckbrief: Erdalkalimetalle

Element, Elementsymbol	Beryllium, Be	Magnesium, Mg	Calcium, Ca	Strontium, Sr	Barium, Ba
Flammenfärbung	keine	keine	ziegelrot	karminrot	fahlgrün
Atommasse	9,0 u	24,3 u	40,0 u	87,6 u	137,3 u
Schmelztemperatur	1285 °C	650 °C	845 °C	771 °C	726 °C
Siedetemperatur	2477 °C	1105 °C	1483 °C	1385 °C	1686 °C
Dichte	1,85 $\frac{g}{cm^3}$	1,74 $\frac{g}{cm^3}$	1,54 $\frac{g}{cm^3}$	2,63 $\frac{g}{cm^3}$	3,62 $\frac{g}{cm^3}$
Härte	hart				mäßig weich
Reaktion mit Wasser	keine Reaktion				lebhaft

Chemie-Recherche

Location: http://www.schroedel.de/chemie_heute.html

Suche:

Elementfamilie Erdalkalimetalle

Ergebnisse:

Beryllium

Das häufigste Beryllium-Mineral ist Beryll ($Al_2Be_3Si_6O_{18}$). Mönche schliffen im Mittelalter aus dem glasartig durchsichtigen Mineral halbkugelige Linsen, die sie als Vergrößerungsglas verwendeten. So leitet sich die Bezeichnung Brille von dem Namen Beryll ab. Der grüne *Smaragd* ist ein Beryll, bei dem ein Teil der Aluminium-Atome durch Chrom-Atome ersetzt ist. Die hellblaue Farbe des *Aquamarins* wird dagegen durch Eisen-Atome hervorgerufen.
Berylliumhaltige Legierungen werden in Mikroschaltern für die Elektronindustrie eingesetzt; vorteilhaft ist das geringe Gewicht bei gleichzeitig hoher Beständigkeit.

Magnesium

Magnesium und Magnesium-Legierungen werden als vielseitige Werkstoffe genutzt. Besonders wichtig sind sie für den Automobil- und Flugzeugbau, denn Magnesium-Legierungen zeigen hohe Festigkeit bei geringem Gewicht. Aber auch Gegenstände des Alltags wie Laptopgehäuse, Lenkräder und Bleistiftspitzer werden aus Magnesium hergestellt.
Magnesium-Verbindungen werden in Tabletten verwendet, um Muskelkrämpfen, Kopfschmerzen und Konzentrationsstörungen vorzubeugen.

Calcium

Calcium ist das fünfthäufigste Element in der Erdkruste. So wird das Bild ganzer Regionen entscheidend durch Calciumcarbonat ($CaCO_3$) geprägt: Die Kreidefelsen von Rügen, die Kalksteingebirge der Schwäbischen Alb oder das berühmte Marmorgebiet bei Carrara. Calcium-Verbindungen spielen auch eine wichtige Rolle beim Aufbau von Knochen, Zähnen und Muschelgehäusen.
Elementares Calcium wird zur Reinigung von Roheisen bei der Produktion von Stahl eingesetzt.

Strontium und Barium

Verbindungen von Strontium und Barium bewirken die roten beziehungsweise grünen Leuchteffekte von Feuerwerkskörpern. Strontiumoxid und Bariumoxid sind wichtige Bestandteile von Gläsern für Bildschirme. Sie halten die gesundheitsschädliche Röntgenstrahlung zurück.
Die wässerige Lösung von Bariumhydroxid wird als *Barytwasser* im Labor verwendet; sie reagiert stark alkalisch. Leitet man Kohlenstoffdioxid in Barytwasser, so trübt sich die Lösung und Bariumcarbonat fällt als weißer Feststoff aus. Diese Nachweisreaktion für Kohlenstoffdioxid ist sogar noch empfindlicher als mit Kalkwasser.

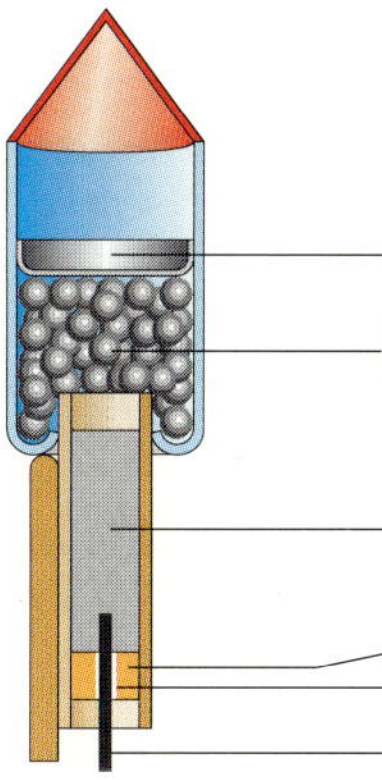

Aufgaben

1 Erkläre die Verwendung von Magnesium-Legierungen im Flugzeugbau.
2 Stelle die Reaktionsgleichung für die Reaktion von Strontium mit Wasser auf.
3 Erkläre die Funktionen der Einzelteile einer Silvesterrakete. Nutze die Abbildung.
4 Erläutere, warum sich fein verteiltes Calcium an der Luft selbst entzünden kann.

Metallhydroxide in Alltag und Technik

Ergebnisse:

Hydroxide in der Bauindustrie

Zur Herstellung von *Kalkmörtel* vermischt man Calciumhydroxid mit Wasser und Sand zu einem Brei. Der Mörtel wird beim Mauern als Bindemittel zwischen den Ziegelsteinen und auch zum Verputzen von Wänden genutzt. Beim *Abbinden* des Kalkmörtels reagiert Calciumhydroxid mit dem Kohlenstoffdioxid der Luft zu Calciumcarbonat:

$$Ca(OH)_2\ (s) + CO_2\ (g) \longrightarrow CaCO_3\ (s) + H_2O\ (g)$$

Dabei bilden die Calciumcarbonat-Kristalle mit den Sandkörnern einen festen Baustoff, der gut zusammenhält.

Hydroxide in der Raumfahrt

Kohlenstoffdioxid wirkt ab einem Volumenanteil von 5 % toxisch. In der Raumfahrt nutzt man deshalb Lithiumhydroxid, um das bei der Atmung der Astronauten gebildete Kohlenstoffdioxid zu binden:

Am 13. April 1970 kam es im Raumschiff Apollo 13 zu einer folgenschweren Explosion, bei der ein Sauerstofftank beschädigt wurde. Wegen Sauerstoff-Mangel mussten dann die Astronauten in die Mondlandefähre überwechseln, die eigentlich nur für zwei Personen konstruiert war. Die drei Astronauten glaubten sich dort in Sicherheit; aber langsam stieg die Konzentration an Kohlenstoffdioxid in der Luft an und erreichte lebensbedrohliche Werte. Mithilfe einer Anleitung durch die Bodenstation in Houston wurde eiligst ein Notschlauch zu den Lithiumhydroxid-Behältern in der zum Großteil zerstörten Kommandokapsel verlegt. Dadurch konnte der Anteil an Kohlenstoffdioxid in der Atemluft wieder gesenkt werden. Die drei Astronauten überlebten und kamen unbeschadet zur Erde zurück.

Hydroxide als Lebensmittelzusatzstoffe

Bei der Herstellung von Lebensmitteln werden in großem Umfang auch stärker saure Früchte verarbeitet. Man setzt dann vielfach Hydroxide als *Säureregulatoren* zu, um den Geschmack zu verbessern. Auf der Lebensmittelverpackung wird häufig nur durch *E-Nummern* auf die verwendeten Zusatzstoffe hingewiesen.

Stoff	E-Nummer
Natriumhydroxid	E 524
Kaliumhydroxid	E 525
Calciumhydroxid	E 526
Magnesiumhydroxid	E 528

Hydroxide in der Medizin

Die Verwendung von Hydroxiden in der Medizin ist vielfältig: Medikamente, die Magnesiumhydroxid und Aluminiumhydroxid enthalten, lindern die Beschwerden von Sodbrennen, einer übermäßigen Salzsäureproduktion im Magen. Kaliumhydroxid-Lösung ist ein altbewährtes Mittel gegen Warzen. Calciumhydroxid wird als Gegenmittel bei Schwefelsäure- oder Oxalsäurevergiftungen eingesetzt.

1 KAUTABLETTE ENTHÄLT:

ARZNEILICH WIRKSAME BESTANDTEILE:

Famotidin	10 mg
Magnesiumhydroxid	165 mg
Calciumcarbonat	800 mg

Apothekenpflichtig.
Nicht über 30° C lagern!
Arzneimittel für Kinder unzugänglich aufbewahren!

Aufgaben

1 Erläutere, weshalb man in den Apollo-Kapseln gerade Lithiumhydroxid und nicht ein preiswerteres Produkt wie Natriumhydroxid oder Calciumhydroxid verwendete.

2 Hydroxide werden in den Raumanzügen der Astronauten, in Untersee-Booten, in Narkosegeräten und in Tauchgeräten eingesetzt, um das ausgeatmete Kohlenstoffdioxid zu binden.
Erläutere die Funktionsweise des abgebildeten Rebreather-Tauchgeräts.

3 Recherchiere den Begriff Atemkalk und erläutere die ablaufenden Vorgänge.

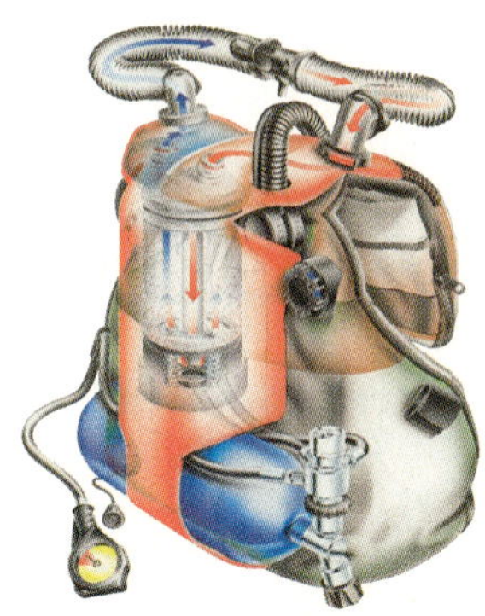

Leuchtspuren der Elemente

Exkurs

Wenn Sonnenlicht durch ein Prisma fällt, erhält man ein Spektrum mit allen Farben des Regenbogens. Die einzelnen Farben gehen dabei fließend ineinander über. Man spricht von einem *kontinuierlichen Spektrum*. Bringt man eine Natrium-Verbindung in eine Flamme, so wird gelbes Licht ausgestrahlt. Betrachtet man die Flamme mit einem *Spektroskop*, so zeigt sich nur eine helle Linie im gelben Bereich des Spektrums.
Die anderen Alkalimetalle und einige Erdalkalimetalle ergeben Spektren mit charakteristischen Linienmustern. Um festzustellen, ob eine Stoffprobe bestimmte Alkalimetalle oder Erdalkalimetalle enthält, braucht man daher nur die Flammenfärbung der Probe mit einem Spektroskop zu betrachten und das Spektrum mit den *Linienspektren* der Elemente zu vergleichen.
Die deutschen Wissenschaftler Robert BUNSEN und Gustav KIRCHHOFF fanden 1860 bei der spektroskopischen Untersuchung des Bad Dürkheimer Mineralwassers Spektrallinien von zwei bis dahin noch unbekannten Elementen. Die Namen der neuen Elemente gehen auf die Farben der Spektrallinien zurück: Rubidium (lat. *rubidos:* dunkelrot) und Caesium (lat. *caesius:* himmelblau).

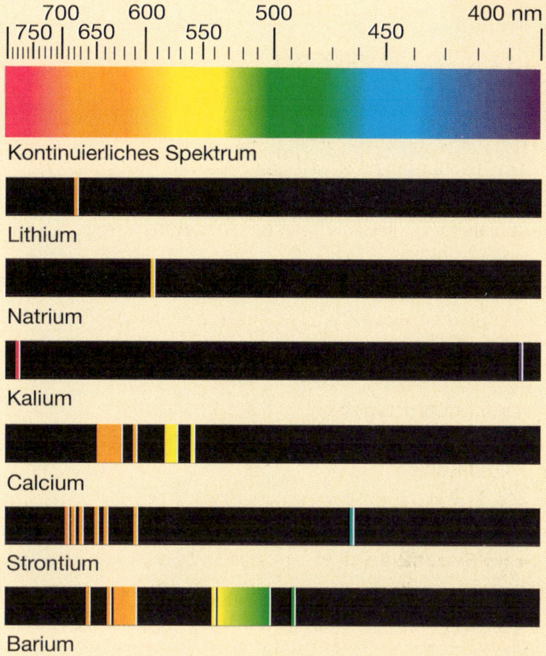

1 Gib an, welche Elemente durch das nebenstehende Spektrum nachgewiesen werden.

Karies – ein Säureanschlag auf die Zähne

Exkurs

Zähne enthalten schwerlösliche Calciumsalze. Sie sorgen für die nötige Härte der Zähne. Besonders hart ist die äußere Schicht des Zahns, der Zahnschmelz.
Der Körper gleicht die natürliche Abnutzung der Zähne mit Calcium-Verbindungen aus der Nahrung aus. Es gibt aber auch Vorgänge, die den Zahnschmelz verstärkt abbauen. Besonders schlimm ist es, wenn Säuren auf die Zähne einwirken. Jeder kennt das unangenehme Gefühl, wenn man unverdünnten Zitronensaft an die Zähne bekommt. Die Zahnoberfläche wird stumpf, weil die Zitronensäure den Zahnschmelz anätzt.

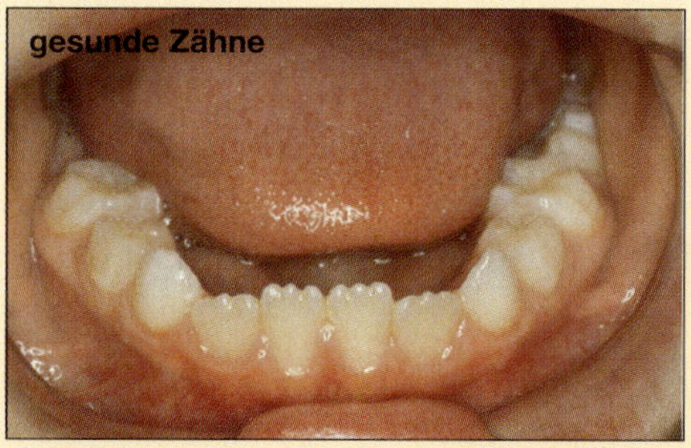

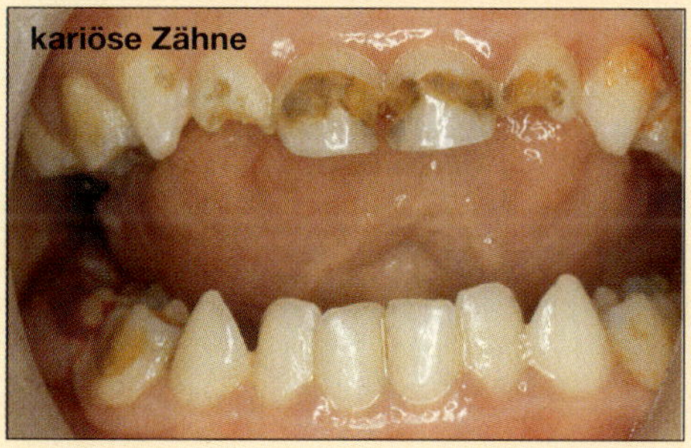

Auch bei Karies ist eine Säure für den Zahnverfall verantwortlich. Verursacher dieser Krankheit sind Bakterien, die sich von Zucker ernähren. Als Stoffwechselprodukt entsteht Milchsäure. Diese Säure wandelt die schwerlöslichen Calciumsalze in leichtlösliche Salze um. Schließlich wird der Zahnschmelz durchbrochen und das weichere Zahnbein wird dann rasch zerstört.

Das beste Mittel gegen Karies ist eine gute Zahnpflege. Vor allem nach dem Genuss zukkerhaltiger Nahrungsmittel müssen die Zähne geputzt werden.

Praktikum Alkalimetalle und Erdalkalimetalle

V1: Reaktion von Lithium mit Wasser

Materialien: Becherglas, Porzellanschale, Gasbrenner, Messer, saugfähiges Papier, Pinzette;
Lithium (C, F), Bromthymolblau-Lösung.

Durchführung:
1. Fülle ein Reagenzglas mit Wasser; verschließe es mit dem Daumen und tauche es mit der Öffnung nach unten in das mit Wasser gefüllte Becherglas. Befestige das Reagenzglas dann an einem Stativ.
2. Nimm ein Stück Lithium mit der Pinzette aus dem Vorratsgefäß, lege es auf dem Papier ab und befreie es vom anhaftenden Öl.
3. Entferne mit dem Messer die graue Oxidschicht und schneide ein erbsengroßes Stück zurecht.
4. Halte das Lithiumstück mit der Pinzette unter die Öffnung des Reagenzglases.
5. Führe mit dem aufgefangenen Gas die Knallgasprobe durch.
6. Gib abschließend einige Tropfen Bromthymolblau-Lösung in das Becherglas.

Hinweis: Lithium darf nicht in Kontakt mit den Augen und der Haut geraten.
Überschüssige kleine Lithiumstücke werden mit Wasser umgesetzt, größere in das Vorratsgefäß zurückgeführt.

Aufgaben:
a) Notiere und deute deine Beobachtungen.
b) Begründe, warum Lithium unter Paraffinöl aufbewahrt wird und warum es nicht in Kontakt mit der Haut und den Augen geraten darf.

V2 Reaktion von Calcium mit Wasser

Materialien: Strohhalm, Filtrierpapier;
Calcium (gekörnt; F), Phenolphthalein-Lösung (F).

Durchführung:
1. Fülle etwa 5 ml Wasser in ein Reagenzglas und gib mit einem Spatel einige Calcium-Körnchen hinzu.
2. Entzünde das entstehende Gas an der Brennerflamme.
3. Filtriere etwas von der Suspension in ein Reagenzglas und tropfe etwas Phenolphthalein-Lösung hinzu.
4. Puste mit dem Strohhalm in die Lösung.

Aufgabe: Notiere und deute deine Beobachtungen.

Rechenbeispiel

Die Reaktion von Metallen mit Wasser – ein Weg zur Reaktionsgleichung

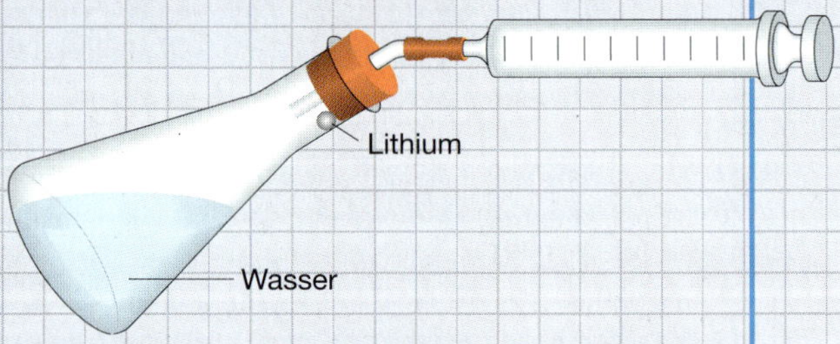

Bei der Reaktion von Alkalimetallen und Erdalkalimetallen mit Wasser setzen die Metalle Wasserstoff frei. Das Verhältnis n (Metall-Atome) : n (H-Atome) kann in einem Versuch bestimmt werden. Hierzu wird ein Metallstück abgewogen und so in ein Gefäß mit Wasser gelegt, dass es nicht mit Wasser in Berührung kommt. Dann verschließt man das Gefäß und lässt das Metallstück ins Wasser gleiten. Das Volumen des entstehenden Wasserstoffs wird gemessen.

Auswertung: 30 mg Lithium reagieren mit Wasser unter Bildung von 50 ml Wasserstoff.

1. Stoffmenge an Lithium:
$m(\text{Lithium}) = 30\ \text{mg};\quad M(\text{Li}) = 7\,\frac{\text{g}}{\text{mol}}$

$n(\text{Li}) = \frac{m(\text{Lithium})}{M(\text{Li})} = \frac{30\ \text{mg}}{7\,\frac{\text{g}}{\text{mol}}} = 4{,}3\ \text{mmol}$

2. a) Stoffmenge an Wasserstoff-Molekülen:
$V(\text{Wasserstoff}) = 50\ \text{ml};\quad V_m(\text{Gas; } 20\,°\text{C}) = 24\,\frac{\text{l}}{\text{mol}}$

$n(H_2) = \frac{V(\text{Wasserstoff})}{V_m(H_2)} = \frac{50\ \text{ml}}{24\,\frac{\text{l}}{\text{mol}}} = 2{,}1\ \text{mmol}$

b) Stoffmenge an Wasserstoff-Atomen:
$n(\text{H}) = 2 \cdot n(H_2) = 4{,}2\ \text{mmol}$

3. Ergebnis:
Die Stoffmengen an Wasserstoff-Atomen und an Lithium-Atomen sind gleich. Jedes Lithium-Atom setzt also ein Wasserstoff-Atom aus einem Wasser-Molekül frei. Die Formel von Lithiumhydroxid ist daher LiOH.

$$2\,\text{Li} + 2\,H_2O \longrightarrow 2\,\text{LiOH} + H_2$$
Lithium Wasser Lithiumhydroxid Wasserstoff

A1: a) Bei der Reaktion von 275 mg Barium mit Wasser werden 48 ml Wasserstoff frei. Berechne die Stoffmengen an Barium und Wasserstoff.
b) Stelle das Reaktionsschema und die Reaktionsgleichung für die Reaktion von Barium mit Wasser auf.

V3: Reaktion von Magnesium mit Wasser

Materialien: Gasbrenner, Schleifpapier;
4 Magnesiumstreifen (etwa 2 cm lang, F), Phenolphthalein-Lösung (F).

Durchführung:
1. Reibe zwei der vier Magnesiumstreifen blank.
2. Verteile die Streifen auf vier Reagenzgläser, die jeweils 5 ml Wasser und drei Tropfen Phenolphthalein-Lösung enthalten.
3. Erhitze ein Reagenzglas mit einem blanken Streifen und eines mit einem ungereinigten Streifen.

Aufgaben:
a) Notiere deine Beobachtungen.
b) Werte den Versuch aus.

V4: Branntkalk und Löschkalk

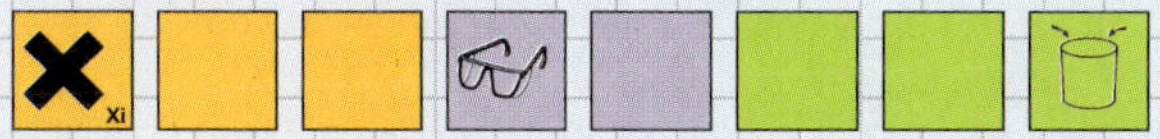

Materialien: Porzellantiegel, Gasbrenner, Dreifuß, Tondreieck, Glasstab, Thermometer;
Calciumhydroxid (Xi).

Durchführung:
1. Gib drei Spatel Calciumhydroxid in den Porzellantiegel und erhitze stark. Rühre dabei mit dem Glasstab um.
2. Warte bis der Feststoff abgekühlt ist.
3. Gib tropfenweise Wasser hinzu und rühre mit dem Glasstab um. Achte auf eine Temperaturveränderung.

Aufgaben:
a) Notiere deine Beobachtungen.
b) Stelle die Reaktionsgleichungen auf.
c) Erkläre die Bezeichnungen *Branntkalk* und *Löschkalk*.

V5: Reaktion von Calciumoxid mit Wasser

Materialien: Calciumoxid (C), Bromthymolblau-Lösung.

Durchführung: Gib 5 ml Wasser in ein Reagenzglas und füge etwas Calciumoxid hinzu. Prüfe die Lösung mit dem Indikator.

Aufgabe: Notiere deine Beobachtungen.

V6: Flammenfärbung

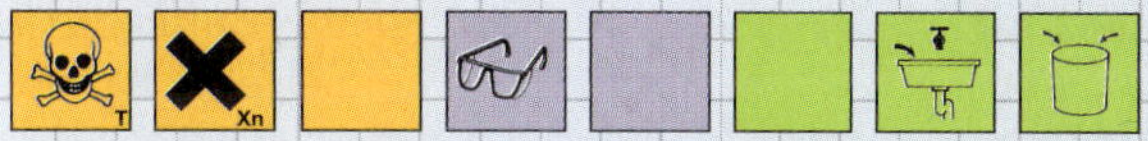

Materialien: Gasbrenner, Magnesiastäbchen, Becherglas (100 ml), Uhrgläser, Cobaltglas, Spektroskop;
Lithiumchlorid (Xn), Natriumchlorid, Kaliumchlorid, Strontiumchlorid, Bariumchlorid (T), Salzsäure (verd.)

Durchführung:
1. Gib etwas Salzsäure in das Becherglas. Tauche ein Magnesiastäbchen kurz ein und erhitze es dann in der Brennerflamme. Wiederhole diesen Arbeitsschritt, bis keine Flammenfärbung mehr zu erkennen ist.
2. Feuchte das Stäbchen noch einmal mit Salzsäure an. Nimm damit etwas Lithiumchlorid vom Uhrglas auf und halte es in die Flamme.
3. Betrachte die Flamme durch ein Spektroskop.
4. Wiederhole den Versuch mit den anderen Salzen. Beobachte die Flamme im Falle von Kaliumchlorid auch mit dem Cobaltglas.
5. Untersuche die Probe eines unbekannten Salzes.

Aufgaben:
a) Notiere deine Beobachtungen.
b) Erkläre, warum das Magnesiastäbchen vor der Untersuchung der Salze ausgeglüht werden muss.

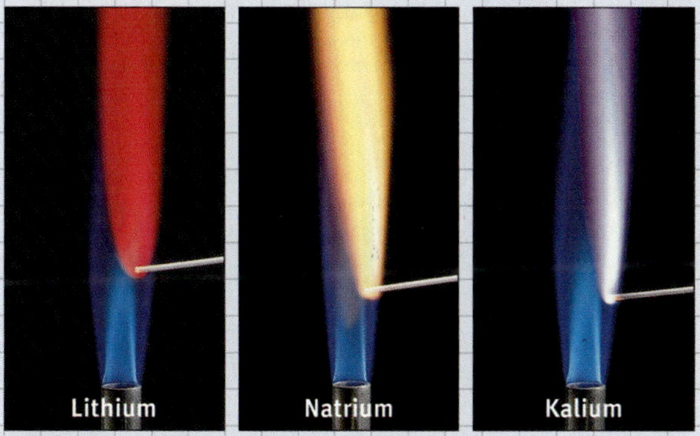

Flammenfärbung der Alkalimetalle

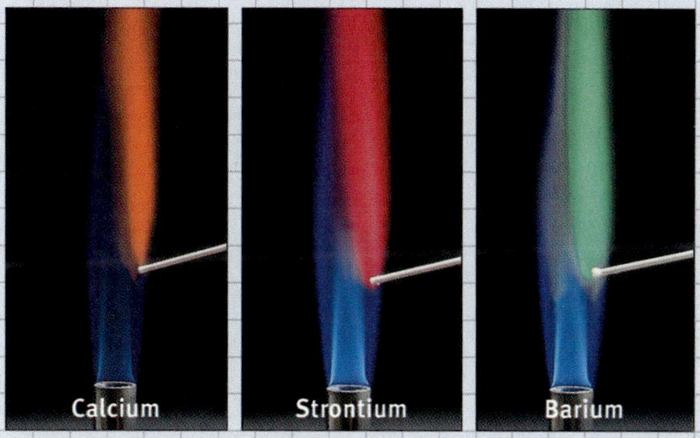

Flammenfärbung der Erdalkalimetalle

2.5 Chlor – ein aggressives Nichtmetall

Jeder kennt aus dem Hallenbad den charakteristischen Geruch nach **Chlor.** Man verwendet diesen Stoff, um das Schwimmbadwasser zu desinfizieren. Dabei zeigt sich das reaktive Chlor von seiner guten Seite: Schon mit 0,3 mg Chlor pro Liter Wasser werden Bakterien und andere Krankheitserreger zuverlässig abgetötet. Auch diese geringe Menge kann aber schon die Augen reizen.
In Wasserwerken werden Chlor und chlorabspaltende Verbindungen in geringen Konzentrationen dem Trinkwasser zugesetzt. So sorgt man dafür, dass sich im Leitungsnetz keine Krankheitserreger halten können und unser Trinkwasser keimarm bleibt.

Chlor im Schwimmbad

Chlor (griech. *chloros:* grün) ist ein gelbgrünes, stechend riechendes, nicht brennbares Gas. Es ist ein elementarer Stoff, dessen kleinste Teilchen zweiatomige Moleküle sind. Chlor hat daher die **Molekülformel Cl_2.** Da Chlor-Moleküle schwerer sind als Stickstoff-Moleküle oder Sauerstoff-Moleküle, hat Chlor eine größere Dichte als Luft. Im Labor wird gelegentlich *Chlorwasser* benutzt, eine gesättigte Lösung von Chlor in Wasser.

Gefahrstoff Chlor. Beim Umgang mit Chlor sind besondere Sicherheitsmaßnahmen erforderlich, denn Chlor ist umweltgefährlich und giftig. Selbst in großer Verdünnung wirkt Chlor stark hustenreizend. Bereits ein Anteil von etwa 1 % Chlor in der Atemluft ist für Menschen tödlich. Das stark ätzende Gas zerstört die Lungenbläschen. Immer wieder kommt es zu gefährlichen Zwischenfällen in Desinfektionsanlagen, in denen Wasser mit Chlor versetzt wird.

Herstellung und Verwendung. Wegen seiner hohen Reaktivität kommt Chlor in der Natur nicht elementar vor, sondern nur in Verbindungen. Elementares Chlor wird aus Kochsalz gewonnen. Allein in Deutschland sind es jährlich mehr als 3,5 Millionen Tonnen. Fast das gesamte Chlor wird in der chemischen Industrie verarbeitet: Etwa die Hälfte dient zur Synthese von reaktiven Zwischenprodukten für die Herstellung chlorfreier Endprodukte. Etwa ein Viertel des Chlors verarbeitet man zu Kunststoffen wie Polyvinylchlorid (PVC). Das restliche Viertel wird zu Lösungsmitteln und in geringem Umfang zu Medikamenten, Pflanzenschutzmitteln und Farbstoffen umgesetzt.

Chlor ist ein sehr reaktionsfähiges, gelbgrünes, giftiges Gas mit der Molekülformel Cl_2. Es wird zum Desinfizieren von Wasser verwendet. In der chemischen Industrie ist Chlor ein wichtiger Grundstoff für Synthesen.

1 Erstelle einen Steckbrief mit den wichtigsten Eigenschaften des Elements Chlor.

2 Berechne die Dichte von reinem Chlor-Gas bei normalem Druck. ($V_m(20\ °C) = 24 \frac{l}{mol}$)

3 Der Kunststoff PVC wird aus Vinylchlorid hergestellt. Beide Verbindungen haben die Verhältnisformel C_2H_3Cl. Berechne den Massenanteil des Chlors in einem Vinylchlorid-Molekül. Damit erhältst du auch den Massenanteil an Chlor in PVC.

4 **a)** Erkläre, warum Schwimmbadwasser gechlort wird.
b) Erläutere, warum es in einem Hallenbad stärker nach Chlor riecht als in einem Freibad.

5 Die Verarbeitung von Chlor in der Industrie ist nicht unumstritten. Suche im Internet nach Anwendungen von Chlor in der chemischen Industrie.

Exkurs

Bleichen mit Chlor – ein Umweltproblem

Viele Naturfasern sind im Rohzustand gelblich. Beim Färben erhält man nur dann reine Farbtöne, wenn Garne und Tuche zuvor gebleicht werden. Chlor eignet sich als Bleichmittel: Es zerstört viele Farbstoffe. Chlor hatte daher in der Textil- und Papierindustrie für über 100 Jahre eine große Bedeutung.
Bei der Chlorbleiche bilden sich allerdings gefährliche Chlor-Verbindungen, die ins Abwasser gelangen. Um die Umwelt zu schonen, arbeitet man inzwischen zunehmend ohne Chlor.

Auch das Papier dieses Buches wurde chlorfrei gebleicht.

1 Recherchiere, welche Bleichmittel an Stelle von Chlor eingesetzt werden.

Location: http://www.schroedel.de/chemie_heute.html

Suche:

Elementfamilie Halogene

Ergebnisse:

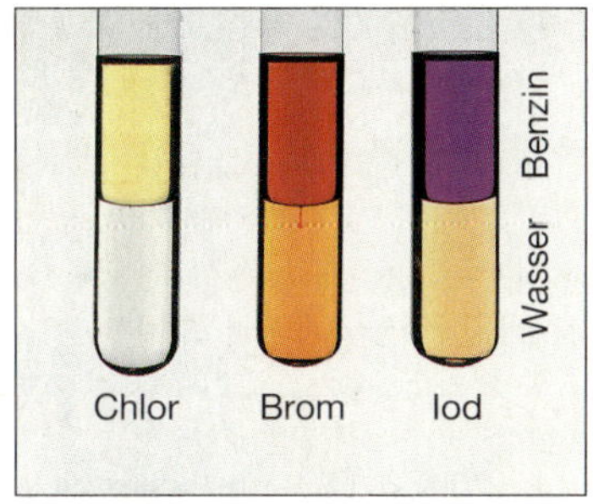

Halogene

Die Elemente Fluor, Brom und Iod weisen ähnliche Eigenschaften wie Chlor auf. Man hat diese Elemente zur Elementfamilie der Halogene zusammengefasst. Der Name stammt aus dem Griechischen und bedeutet Salzbildner. Es sind reaktionsfreudige Elemente, die in der Natur vor allem als Bestandteile von Salzen vorkommen. Alle Halogene bilden farbige Gasdämpfe. Sie lösen sich in Wasser, wesentlich besser aber noch in Benzin.

Fluor

Elementares Fluor (F_2) ist ein äußerst reaktionsfreudiges, blassgelbes Gas. Da es selbst mit Glas reagiert, kann man mit Fluor nur in speziellen Apparaturen experimentieren. Fluor-Verbindungen dienen zur Herstellung von Kunststoffen. Zum Schutz gegen Karies enthalten viele Zahnpasten geringe Mengen an Natriumfluorid oder anderen Fluor-Verbindungen. Sie härten den Zahnschmelz.

Brom

Neben Quecksilber ist Brom das einzige bei Raumtemperatur flüssige Element. Der Name weist auf den üblen Geruch von Brom hin (griech. *bromos:* Gestank). Die wässerige Lösung wird Bromwasser genannt. Die wichtigste Brom-Verbindung ist Silberbromid. Man verwendet es vor allem für die Herstellung von Filmen und Fotopapieren.

Iod

Das bei Raumtemperatur feste Iod (I_2) erhielt seinen Namen nach der Farbe des Dampfs (griech. *ioeides:* veilchenfarbig). Mit der gleichen Farbe löst sich Iod auch in Benzin. In Wasser löst sich nur wenig Iod. Die wässerige Lösung ist gelblich-braun. Iod ist weniger giftig als Chlor. Früher war die alkoholische Lösung als *Iodtinktur* ein bekanntes Desinfektionsmittel für kleine Wunden.
Gibt man eine Lösung von Iod zu Stärke, so tritt eine tiefblaue Färbung auf. Mit dieser **Iod/Stärke-Reaktion** kann man sowohl Stärke als auch elementares Iod nachweisen.

„Iod und Fluor im Salz"?

Immer mehr Menschen kaufen Iodsalz mit Fluor. Das als Speisesalz verwendete Natriumchlorid enthält aber nicht – wie die Alltagssprache vermuten lässt – die Elemente Fluor und Iod, sondern die Iod-Verbindung Kaliumiodat (KIO_3) und die Fluor-Verbindung Kaliumfluorid (KF). Genauer gesagt handelt es sich also um iodiertes Speisesalz mit Zusatz von Fluorid.
Iodiertes Speisesalz soll die Iodversorgung des Körpers verbessern. Jeder Mensch benötigt täglich etwa 0,2 mg Iod, damit in der Schilddrüse genug von dem Hormon Thyroxin gebildet werden kann.
Der Zusatz von Kaliumfluorid verbessert die Fluoridversorgung des Körpers. Täglich benötigt man etwa 1 mg. Fluorid härtet den Zahnschmelz und dient so der Kariesvorsorge.

Aufgaben

1 Wozu benötigt unser Körper Iod-Verbindungen, wozu Fluor-Verbindungen?

2 Recherchiere, welche Folgen ein Iodmangel für den Menschen hat. Welche Nahrungsmittel weisen relativ hohe Iod- bzw. Fluorgehalte auf?

Steckbrief: Halogene

	Atommasse	Schmelztemperatur	Siedetemperatur	Dichte bei 20 °C	Reaktion mit Wasserstoff	Reaktion mit Metallen
Fluor, F_2 (g)	19,0 u	−220 °C	−188 °C	1,58 $\frac{g}{l}$	explosionsartig	explosionsartig
Chlor, Cl_2 (g)	35,5 u	−101 °C	−34 °C	2,95 $\frac{g}{l}$		
Brom, Br_2 (l)	79,9 u	−7 °C	59 °C	3,12 $\frac{g}{cm^3}$		
Iod, I_2 (s)	126,9 u	114 °C	185 °C	4,94 $\frac{g}{cm^3}$	sehr langsam	mäßig

2.6 Halogene bilden Salze

Reaktion von Chlor mit Eisen

Reaktion von Brom mit Aluminium

Reaktion von Iod mit feuchtem Zink

Chlor reagiert mit Natrium zu Natriumchlorid (NaCl; Kochsalz). Auch mit anderen Metallen bilden sich Chloride, die ähnliche Eigenschaften haben wie Kochsalz. Man spricht daher allgemein von **Salzen.** Ebenso wie **Chlor** reagieren auch die Elemente Fluor, **Brom** und **Iod** mit Metallen zu Salzen. Da sich diese Elemente auch sonst ähneln, werden sie zur Elementfamilie der **Halogene** (griech. *hals:* Salz; griech. *gennan:* bilden) zusammengefasst.

Je nach den gewählten Reaktionspartner kann die Bildung eines Salzes sehr unterschiedlich verlaufen:

- Erhitzte Eisenwolle glüht in Chlor auf. Dabei entsteht braunes Eisenchlorid. Die Reaktion ist weniger exotherm als die mit Natrium, denn Eisen ist reaktionsträger.

$$2\,Fe\,(s) + 3\,Cl_2\,(g) \longrightarrow 2\,FeCl_3\,(s); \quad \text{exotherm}$$

Eisen Chlor Eisenchlorid

- Brom reagiert mit Aluminium bereits bei Raumtemperatur. Dabei wird so viel Wärme frei, dass glühendes Aluminium umhergeschleudert wird.

$$2\,Al\,(s) + 3\,Br_2\,(l) \longrightarrow 2\,AlBr_3\,(s); \quad \text{exotherm}$$

Aluminium Brom Aluminiumbromid

- Iod reagiert nur langsam. Gibt man jedoch etwas Wasser auf eine Mischung mit Zink, wird die Reaktion so lebhaft, dass ein Teil des Iods verdampft.

$$Zn\,(s) + I_2\,(s) \longrightarrow ZnI_2\,(s); \quad \text{exotherm}$$

Zink Iod Zinkiodid

Salze. Die Reaktion von Metallen mit Halogenen unter Bildung von *Metallhalogeniden* ist ein typisches Beispiel für die Bildung von Salzen. Auch andere Nichtmetalle reagieren mit Metallen zu *salzartigen* Stoffen: Aus Sauerstoff und Metallen bilden sich *Metalloxide.* Aus Schwefel und Metallen entstehen *Metallsulfide.*

Im **Namen eines Salzes** wird zuerst das Metall genannt. Dann folgen die Silbe für das Nichtmetall und die Endung **-id.**
Beispiele: $ZnBr_2$: Zinkbromid, ZnO: Zinkoxid (lat. *oxygenium*: Sauerstoff), ZnS: Zinksulfid (lat. *sulfur*: Schwefel).

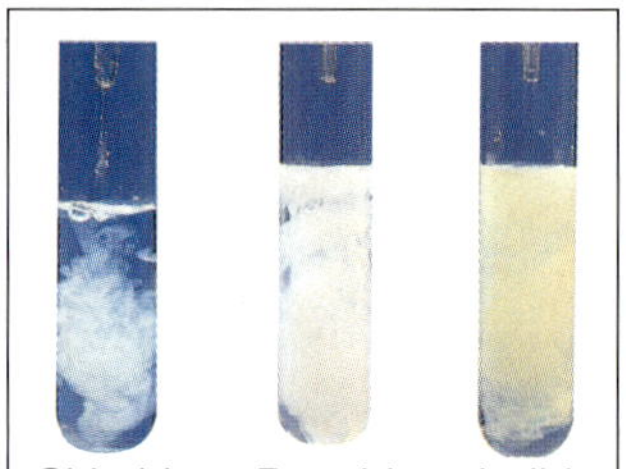

Nachweis von Halogeniden in wässeriger Lösung. Ein geeignetes Nachweisreagenz für Halogenide in wässerigen Lösungen ist Silbernitrat-Lösung. Tropft man diese Lösung in eine Probe, die ein gelöstes Chlorid enthält, so trübt sich die Mischung. Nach kurzer Zeit setzt sich das praktisch unlösliche Silberchlorid als weißer Niederschlag ab. Auch Lösungen von Bromiden und Iodiden trüben sich bei Zugabe von *Silbernitrat-Lösung:* Silberbromid ist blassgelb, Silberiodid ist gelb.

Die Reaktion von Metallen mit Halogenen führt zur Bildung von Salzen. Die Reaktionsfähigkeit innerhalb der Elementfamilie der Halogene nimmt dabei vom Fluor zum Iod ab.

1 Formuliere die Reaktionsgleichung für die Bildung von Kaliumfluorid aus den Elementen.
2 Brom reagiert mit Eisen zu Eisenbromid ($FeBr_3$). Gib die Reaktionsgleichung an.
3 Mit den Elementen Natrium, Brom, Eisen, Iod, Aluminium und Fluor gibt es neun Möglichkeiten, dass ein Halogen mit einem Metall reagiert. Formuliere für jede Möglichkeit das Reaktionsschema.
4 Ähnlich wie beim Wort Halogen weisen die Silben Hall oder Hell in geografischen Angaben auf Salz hin. Suche im Atlas nach solchen Beispielen.

Halogene und ihre Salze

V1: Nachweis von Halogenen mit der BEILSTEIN-Probe

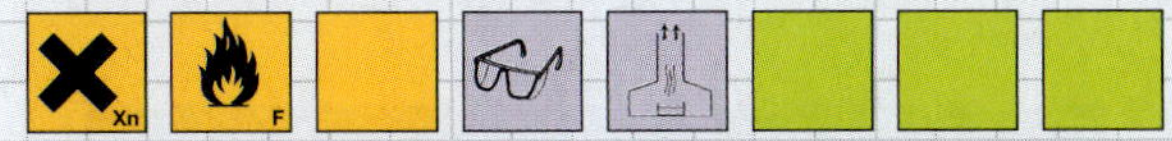

Hinweis: Bei diesem Nachweis können Spuren von Krebs erzeugenden halogenierten Kohlenwasserstoffen entstehen.

Materialien: Tiegelzange, Gasbrenner, Uhrgläser; Kupferblech, Chlorwasser (Xn), Bromwasser (gesättigte Lösung, zuvor verdünnt auf das vierfache Volumen; Xn), Iodtinktur (F), Magnesiumchlorid, Paraffin, Glycerin, PVC-Pulver.

Durchführung:

1. Glühe das Kupferblech in der nicht leuchtenden Flamme aus, bis die Flamme farblos ist.
2. Tauche das Kupferblech kurz in Chlorwasser. Halte es dann in die Flamme.
3. Wiederhole den Versuch mit den übrigen Proben.

Aufgabe: Notiere und erkläre deine Beobachtungen.

V2: Nachweis von Halogeniden durch Fällung

Materialien: Tropfpipetten; Silbernitrat-Lösung (1 %), Salpetersäure (5 %; Xi), Natriumchlorid-Lösung, Natriumbromid-Lösung, Natriumiodid-Lösung, Salzsäure (verd.), Leitungswasser.

Durchführung:

1. Gib einige Milliliter Natriumchlorid-Lösung in ein Reagenzglas.
2. Gib zwei Tropfen Salpetersäure und einige Tropfen Silbernitrat-Lösung hinzu.
3. Betrachte das Reagenzglas vor einem dunklen Hintergrund.
4. Wiederhole den Versuch mit den übrigen Salzlösungen sowie mit Salzsäure und mit Leitungswasser.

Aufgaben:

a) Notiere deine Beobachtungen.

b) Lässt sich die Reaktion einer Chlorid-Lösung von der Reaktion einer Iodid-Lösung unterscheiden?

c) Vergleiche den Chloridgehalt des Leitungswassers mit dem Chloridgehalt der Natriumchlorid-Lösung.

Reaktivitätsreihe der Halogene. *Die Halogene Chlor, Brom und Iod reagieren unterschiedlich heftig mit Natrium. Bei diesem Versuch müssen alle Halogene gasförmig sein, damit man die Heftigkeit der Reaktion vergleichen kann.*

V3: Sublimation von Iod

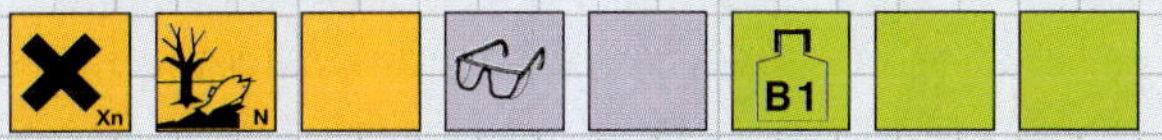

Materialien: Schale, Erlenmeyerkolben weit (300 ml), Styropor®-Platte mit Loch für Reagenzglas; Iod (Xn), Eiswasser, heißes Wasser.

Durchführung:

1. Gib einige Iod-Kristalle in den Erlenmeyerkolben und fülle das Reagenzglas mit Eiswasser.
2. Schiebe das Reagenzglas zur Hälfte durch die Styropor-Platte und hänge es in den Erlenmeyerkolben.
3. Stelle den so vorbereiteten Erlenmeyerkolben in eine Schale, die etwa 3 cm hoch mit heißem Wasser gefüllt ist.
4. Beobachte über einen Zeitraum von etwa 5 min. *Hinweis:* Die Styropor-Abdeckung muss während des gesamten Versuchs geschlossen bleiben.

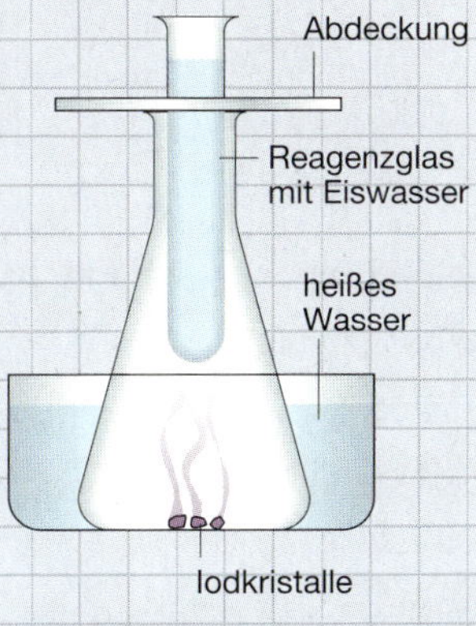

Aufgaben:

a) Notiere deine Beobachtungen.

b) Erkläre deine Beobachtungen unter Verwendung von Fachbegriffen.

c) Recherchiere, wo Iod und seine Verbindungen in der Medizin und in der Technik verwendet werden.

2.7 Edelgase

In keiner Elementfamilie ähneln sich die Elemente in ihren chemischen und physikalischen Eigenschaften so sehr wie bei den **Edelgasen.** So lassen sich die zugehörigen Elemente **Helium, Neon, Argon, Krypton** und **Xenon** erst bei sehr tiefen Temperaturen verflüssigen. Alle Edelgase sind farblos und geruchlos. Im Allgemeinen reagieren sie nicht mit anderen Elementen. Diese Eigenschaft hat ihnen den Namen *Edel*gase eingetragen. Auch untereinander verbinden sich die Atome dieser Elemente nicht: Edelgase bestehen aus einzelnen, unverbundenen Atomen.

Gewinnung. Die Luft enthält etwa 1 % Argon und kleine Anteile der übrigen Edelgase. Durch mehrfache Destillation von flüssiger Luft lassen sich die einzelnen Edelgase gewinnen.
Helium ist im Erdgas enthalten. Besonders groß ist der Anteil an Helium bei Erdgasvorkommen in der Nähe von Uranerzlagern, denn beim radioaktiven Zerfall von Uran bildet sich Helium. Wenn man das Erdgas verflüssigt, bleibt gasförmiges Helium zurück. Da Helium vielfach genutzt wird, wurde in den USA ein Vorrat von mehr als 100 Millionen Kubikmetern unterirdisch in ausgebeuteten Erdgasfeldern eingelagert.
Auf der Erde kommt Helium nur in geringen Mengen vor, im Weltall ist es nach Wasserstoff jedoch das häufigste Element.

Edelgas-Verbindungen. Durch eine elektrische Entladung in einem Gemisch von Fluor und Xenon wurde 1962 die erste Edelgas-Verbindung hergestellt. Inzwischen sind einige weitere Verbindungen des Xenons, des Kryptons und des Argons bekannt.

Die Edelgase sind eine Elementfamilie mit sehr reaktionsträgen Elementen. Edelgase kommen nur als einzelne Atome vor, sie bilden keine Moleküle.

1 Erläutere, warum trockene Luft, aus der man den Sauerstoff entfernt hat, eine höhere Dichte als Stickstoff hat.

Die Entdeckung der Edelgase

Exkurs

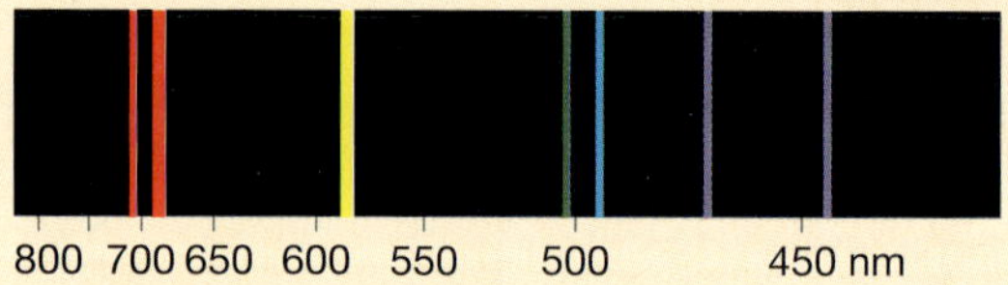

Spektrallinien des Heliums

Zerlegt man Sonnenlicht durch ein Prisma, so kann man einzelne besonders helle Linien beobachten, die nachweisen, welche Elemente in der Sonne vorhanden sind.
1868 entdeckte der französische Astronom Paul JANSSEN während einer Sonnenfinsternis in der Sonnenkorona Spektrallinien, die sich nicht mit den bis dahin bekannten Linien in Einklang bringen ließen. Es musste ein weiteres Element in der Sonne vorkommen. Schließlich gelang es dem Engländer Sir William RAMSAY und dem Schweden Per CLEVE, das gesuchte Element aus Uranerz zu isolieren. Es war ein Gas, das **Helium** (griech. *helios:* Sonne) genannt wurde.

Der Engländer William RAYLEIGH wollte die Dichte von Stickstoff bestimmen. Das Gas erhielt er einmal aus der Luft, zum anderen Mal aus Stickstoff-Verbindungen. Zu seiner großen Überraschung stellte er fest, dass die Dichte des Stickstoffs aus der Luft etwas größer war als beim Stickstoff aus Stickstoff-Verbindungen.
RAYLEIGH und RAMSAY schlossen daraus, dass der Stickstoff aus der Luft mit einem schwereren Gas verunreinigt sein musste. Als sie aus einer Luftprobe auch noch den Stickstoff entfernten, blieb tatsächlich eine kleine Blase eines unbekannten Gases übrig. Sie nannten es **Argon** (griech. *argos:* träge). Tatsächlich ist Argon zu etwa 1 % in der Luft enthalten. Kurz darauf wurden auch **Neon** (griech. *neos:* neu), **Krypton** (griech. *kryptos:* verborgen) und Xenon (griech. *xenos:* fremdartig) in der Luft aufgespürt.

Steckbrief: Edelgase

Element, Elementsymbol	Helium, He	Neon, Ne	Argon, Ar	Krypton, Kr	Xenon, Xe
Atommasse	4,0 u	20,2 u	39,9 u	83,8 u	131,3 u
Schmelztemperatur	−272 °C	−249 °C	−189 °C	−157 °C	−112 °C
Siedetemperatur	−269 °C	−246 °C	−186 °C	−153 °C	−108 °C
Dichte bei 20 °C	$0,16\frac{g}{l}$	$0,83\frac{g}{l}$	$1,64\frac{g}{l}$	$3,44\frac{g}{l}$	$5,42\frac{g}{l}$
Anteil in 1000 l Luft	0,5 ml	1,5 ml	9,3 l	0,1 ml	0,008 ml
Leuchtfarbe	gelb	rot	violett	gelbgrün	violett
Verwendung	Ballongas	Leuchtröhren	Schutzgas	Glühlampen	Leuchtröhren

Chemie-Recherche

Location: http://www.schroedel.de/chemie_heute.html

Suche:

Elementfamilie Edelgase

Ergebnisse:

Plasmabildschirme für Fernseher

Plasmabildschirme sind komplizierte Systeme, bei denen neben dem speziellen Aufbau und der elektronischen Steuerung auch Leuchtstoffe für die Farben Rot, Grün und Blau sowie Edelgase eine entscheidende Rolle spielen.
Im Bildschirm befinden sich zwischen zwei Glasplatten mehr als zwei Millionen winziger Kammern mit einem Gemisch der Edelgase Neon und Xenon. Zusätzlich enthalten sie jeweils einen Leuchtstoff. Je drei benachbarte Kammern mit unterschiedlichen Leuchtstoffen sind dabei zu einem Pixel gekoppelt, sodass sie zusammen einen Bildpunkt ergeben.
In den drei Kammern eines Pixels befinden sich Leuchtstoffe für die drei Farben Rot, Blau und Grün. Über ein Steuergerät wird das Edelgas durch eine Spannung von mehreren hundert Volt so stark angeregt, dass es Strahlung aussendet, die die Leuchtstoffe in den Kammern aufleuchten lässt. Die meisten Farben entstehen durch eine Farbmischung. Gelb beispielsweise ergibt sich durch eine Mischung aus Rot und Grün.

Ballongas Helium

Seit vielen Jahren werden mit Helium gefüllte Ballons in der Wetterforschung eingesetzt. Die Hülle eines modernen Gasballons ist nur 0,02 mm dick. Der Ballon kann aber trotzdem eine Last von etwa 4000 kg tragen und Flughöhen von bis zu 50 km erreichen. Beim Start wird der Ballon nur teilweise mit Helium gefüllt. In größerer Höhe herrscht ein geringerer Druck, dadurch bläht sich der Ballon auf. Nach einem Flug von bis zu einem Tag werden die Messinstrumente durch ein Funksignal abgeworfen; an einem Fallschirm gelangen sie zur Erde zurück.

Helium als Kühlmittel

Flüssigkeiten, die bei niedriger Temperatur sieden, eignen sich als Kühlmittel: Die Temperatur bleibt konstant, bis die Flüssigkeit vollständig verdampft ist. Mit flüssigem Stickstoff erreicht man eine Kühltemperatur von –196 °C. Benötigt man noch tiefere Temperaturen, muss man zu dem viel teureren flüssigen Helium übergehen. Man erreicht damit –269 °C. Etwa 30 % des Helium-Umsatzes entfällt auf den Gebrauch als Kühlmittel. Dieses Gas ist so teuer, dass es sich lohnt, das verdampfte Helium aufzufangen und wieder zu verflüssigen.

Helium – gegen Taucherkrankheit und Tiefenrausch

Zum Tauchen in größeren Tiefen benötigt man statt normaler komprimierter Luft ein teures Helium/Sauerstoff-Gemisch.
Atmet ein Taucher normale Luft ein, löst sich neben dem lebenswichtigen Sauerstoff auch Stickstoff im Blut. Taucht er anschließend zu schnell auf, perlen Stickstoffbläschen aus dem Blut wie Kohlenstoffdioxid aus einer gerade geöffneten Mineralwasserflasche aus. Die Bläschen verstopfen die Blutgefäße und schädigen die Körperzellen. Die Folgen können tödlich sein. Helium hingegen löst sich weniger gut als Stickstoff. Nachteilig für Stickstoff ist auch die bei höherem Druck auftretende berauschende Wirkung. Schon ab 30 m Wassertiefe droht deshalb die Gefahr eines Tiefenrausches, der Taucher wird leichtsinnig und verliert die Selbstkontrolle.

Argon als Schutzgas

In der Technik wird Argon in großem Umfang als Schutzgas verwendet. Dadurch kann zum Beispiel im Stahlwerk eine Oxidation des flüssigen Stahls durch Luftsauerstoff verhindert werden. Aus dem gleichen Grund wird Argon auch beim Schweißen verwendet. In einer Argon-Atmosphäre kann man sogar leicht entzündliche Aluminiumlegierungen schweißen.

Exkurs

Edelgase sorgen für edles Licht

Die erste Leuchtreklame wurde 1913 auf der Weltausstellung in Paris vorgestellt – rot leuchtende Glasröhren, die in schwungvoller Schrift das Wort *Neon* bildeten. Solche Leuchtröhren bestehen aus dickwandigen Glasröhren mit eingeschmolzenen Metallelektroden. Bei der Herstellung werden sie zunächst luftleer gepumpt, mit einer geringen Menge eines Edelgases gefüllt und dann zugeschmolzen. Beim Einschalten legt man eine Spannung von bis zu 5000 Volt an. Dadurch wird das Edelgas elektrisch leitend und die Atome senden Licht aus: Nur die mit Neon gefüllten Röhren leuchten rot; Helium liefert gelbes Licht, Argon dagegen violettes und Krypton gelbgrünes Licht.

Unabhängig von der Art der Gasfüllung werden Leuchtröhren in der Alltagssprache häufig als *Neonröhren* bezeichnet. Man schließt dabei auch die für die Raumbeleuchtung verwendeten Röhrenlampen ein. Diese *Leuchtstoffröhren* enthalten anstelle von Edelgasen Quecksilberdampf, der nur ultraviolettes – also für das menschliche Auge nicht sichtbares Licht – emittiert. Leuchtstoffe an der Innenwand des Glasrohres absorbieren diese Strahlung und senden Licht im sichtbaren Bereich aus. Dieses Prinzip wird auch bei Energiesparlampen genutzt.

Xenon-Scheinwerfer. Wie bei Leuchtröhren, Leuchtstofflampen oder Energiesparlampen handelt es sich auch bei den elektronisch gesteuerten Xenon-Lampen von Autoscheinwerfern um spezielle *Gasentladungslampen:* Neben Xenon als Gasfüllung enthält der Glaskolben auch etwas Scandiumiodid. Durch einen Hochspannungsimpuls von etwa 25 000 V wird zunächst Xenon zum Leuchten angeregt. Es entsteht ein bläulich-grüner Lichtbogen, der das Scandiumiodid erhitzt und zum Verdampfen bringt. Gleichzeitig steigt die Lichtausbeute stark an, weil auch angeregte Scandiumiodid-Moleküle Licht emittieren. Man unterscheidet deshalb zwischen dem *Zündgas* Xenon und dem *Leuchtgas* Scandiumiodid.

Die Autoscheinwerfer mit Xenonlampen haben trotz höherer Preise inzwischen einen großen Marktanteil erreicht, denn sie bieten eine Reihe von Vorteilen:

- Im Vergleich zu den Halogenlampen haben Xenonlampen bei deutlich geringerer Energieaufnahme eine doppelt so hohe Lichtausbeute.
- Die Lebensdauer von Xenonlampen ist bis zu siebenmal so groß wie bei herkömmlichen Halogenlampen.
- Das erzeugte Licht ist dem Tageslicht ähnlicher als das von Halogenlampen; außerdem kann die Fahrbahn besser ausgeleuchtet werden.

Es gibt allerdings auch Nachteile, die für Autofahrer von Bedeutung sind:

- Bei Nebel wirkt sich der hohe Blauanteil negativ auf den Kontrast und die Sichtweite aus; denn das kurzwellige blaue Licht wird durch Nebel und Dunst stärker gestreut als das langwelligere rote Licht einer Halogenlampe.
- Die Gefahr der Blendung anderer Fahrzeugführer und die Eigenblendung bei Nebel und starkem Schneefall ist wesentlich höher als bei konventionellen Lampen.

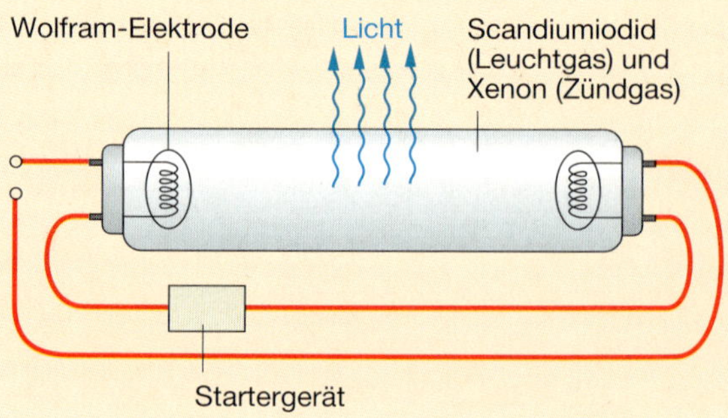

Funktionsprinzip eines Xenon-Scheinwerfers

Chemische Verwandtschaften

1. Alkalimetalle

Zu der Elementfamilie der Alkalimetalle gehören die Elemente Lithium (Li), Natrium (Na), Kalium (K), Rubidium (Rb) und Caesium (Cs).
Die Alkalimetalle sind reaktionsfreudige Leichtmetalle mit niedrigen Schmelztemperaturen und geringer Härte.

a) Reaktion mit Wasser:
Alkalimetalle reagieren mit Wasser zu Alkalimetallhydroxiden und Wasserstoff.

Alkalimetall + Wasser → Alkalimetallhydroxid + Wasserstoff

Beispiel:
$2\ Na\ (s) + 2\ H_2O\ (l) \longrightarrow 2\ NaOH\ (aq) + H_2\ (g)$;   exotherm

Die Reaktionsfähigkeit nimmt vom Lithium zum Caesium zu.

Alkalimetallhydroxide lösen sich sehr gut in Wasser und bilden dabei **Laugen.**

Alkalimetallhydroxid —Wasser→ Lauge

Beispiel: $NaOH\ (s) \xrightarrow{\text{Wasser}} NaOH\ (aq)$
Natriumhydroxid → Natronlauge

b) Nachweis aufgrund der Flammenfärbung
Die Alkalimetalle und ihre Verbindungen zeigen beim Verbrennen charakteristische Flammenfärbungen, anhand der sich auch Spuren der Elemente leicht nachweisen lassen.

Lithium:	karminrot	Rubidium:	rotviolett
Natrium:	gelb	Caesium:	blauviolett
Kalium:	blassviolett		

2. Erdalkalimetalle

Zu der Elementfamilie der Erdalkalimetalle gehören die Elemente Beryllium (Be), Magnesium (Mg), Calcium (Ca), Strontium (Sr) und Barium (Ba).
Die Erdalkalimetalle ähneln den Alkalimetallen, sie sind aber härter und reagieren weniger heftig.

a) Reaktion mit Wasser:
Erdalkalimetalle reagieren mit Wasser zu Erdalkalimetallhydroxiden und Wasserstoff.

Alkalimetall + Wasser → Erdalkalimetallhydroxid + Wasserstoff

Beispiel:
$Ca\ (s) + 2\ H_2O\ (l) \longrightarrow Ca(OH)_2\ (s) + H_2\ (g)$;   exotherm

Erdalkalimetallhydroxide wie $Mg(OH)_2$ und $Ca(OH)_2$ sind in Wasser schwerlöslich. Eine klare Calciumhydroxid-Lösung bezeichnet man als **Kalkwasser**.

b) Kalkwasser als Nachweisreagenz für CO_2:
Leitet man ein kohlenstoffdioxidhaltiges Gas in Kalkwasser, so fällt Calciumcarbonat aus und die Lösung trübt sich.

3. Halogene

Zu der Elementfamilie der Halogene gehören die Elemente Fluor (F_2), Chlor (Cl_2), Brom (Br_2) und Iod (I_2). Alle Halogene bestehen aus zweiatomigen Molekülen.
Halogene sind sehr reaktionsfreudige Nichtmetalle. Die Reaktivität nimmt vom Fluor zum Iod ab.

a) Reaktion mit Metallen:
Halogene reagieren mit Metallen zu Metallhalogeniden. Metallhalogenide gehören zur Stoffgruppe der Salze.

Metall + Halogen → Metallhalogenid

Beispiel: $2\ Al\ (s) + 3\ Br_2\ (l) \longrightarrow 2\ AlBr_3\ (s)$
Aluminium + Brom → Aluminiumbromid

b) Salze:
Ein Salz ist eine Verbindung eines Metalls mit einem Nichtmetall. Salze sind kristalline Feststoffe mit hohen Schmelztemperaturen.
Bei der Benennung eines Salzes wird dem Namen des Metalls eine Bezeichnung für das Nichtmetall angefügt. Der Name endet mit der Silbe **-id**.

Beispiele:
Zink + Iod ⟶ Zinkbromid
Zink + Sauerstoff ⟶ Zinkoxid
Zink + Schwefel ⟶ Zinksulfid

c) Nachweis von Halogeniden in Lösungen:
Tropft man Silbernitrat-Lösung zu einer Probe, die ein Halogenid enthält, so trübt sich die Lösung und es bildet sich unlösliches Silberhalogenid. Die Farbe des Niederschlages zeigt an, welches Halogenid vorliegt.

Chlorid:	weißer Silberchlorid-Niederschlag
Bromid:	blassgelber Silberbromid-Niederschlag
Iodid:	gelber Silberiodid-Niederschlag

4. Edelgase

Zu der Elementfamilie der Edelgase gehören die Elemente Helium (He), Neon (Ne), Argon (Ar), Krypton (Kr) und Xenon (Xe). Alle Edelgase kommen nur als einzelne, ungebundene Atome vor.
Praktisch gehen die Atome keine Verbindungen ein.

Prüfe dein Wissen

Quiz

A1 a) Erkläre die Begriffe des Fensters.
b) Notiere auf der Vorderseite von Karteikarten den Begriff, auf der Rückseite die Erklärung.

A2 Gib die Symbole für folgende Elemente an: Argon, Wasserstoff, Brom, Natrium, Strontium, Schwefel, Lithium.

A3 Nenne fünf Metalle und fünf Nichtmetalle.

A4 Nenne drei Elementfamilien und je drei zugehörige Elemente.

A5 Alkalimetalle reagieren mit Halogenen. Welcher Stoffklasse lassen sich die Reaktionsprodukte zugeordnen?
Gib das Reaktionsschema und die Reaktionsgleichung für die Reaktion von Kalium mit Iod an.

A6 Erkläre, warum Alkalimetalle und Halogene in der Natur nicht elementar vorkommen.

A7 Beschreibe, wie sich nachweisen lässt, dass eine Lösung Bromid enthält.

Know-how

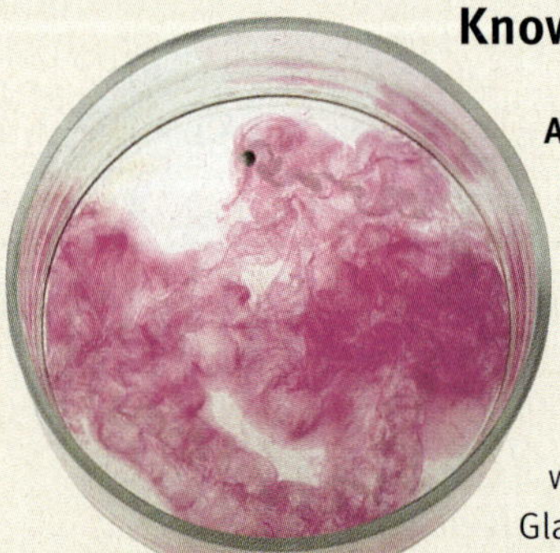

A8 Gibt man ein Stück Natrium auf ein feuchtes Blatt Papier, so entwickeln sich nach kurzer Zeit Flammen.
a) Welcher Stoff verbrennt?
b) Warum entzündet sich das Reaktionsgemisch nicht, wenn man Natrium in einer Glasschale mit Wasser reagieren lässt?
c) Setzt man dem Wasser in der Glasschale Phenolphthalein zu, so bilden sich rote Schlieren. Erkläre diese Beobachtung.

A9 Ergänze die folgende Tabelle durch Schätzwerte für das Erdalkalimetall Strontium.

Element	Mg	Ca	Sr	Ba
Ordnungszahl	12	20	?	56
Dichte in $\frac{g}{cm^3}$	1,7	1,6	?	3,7
Schmelztemperatur in °C	649	839	?	714
Atommasse in u	24,3	39,1	?	137,3

Die wichtigsten Begriffe

- Alkalimetalle
- Erdalkalimetalle
- Hydroxid, Lauge
- Halogene
- Salz
- Edelgase
- Elementfamilie

Natur – Mensch – Technik

A10 Beton stellt man aus Wasser, Sand, Kies und Zement her. Gibt man noch Calciumspäne hinzu, entsteht poröser Gasbeton. Erkläre, welche chemische Reaktion dabei abläuft.

A11 Für ein Feuerwerk sollen grüne, rote und violette Raketen gezündet werden. Welche Elemente könnten in den Leuchtsätzen der Raketenfüllung enthalten sein?

A12 Brom gewinnt man, indem man Chlor in Meerwasser leitet, das geringe Mengen an Natriumbromid enthält.
a) Gib das Reaktionsschema und die Reaktionsgleichung für die ablaufende Reaktion an.
b) Welche Eigenschaft der Halogene Chlor und Brom kann man diesem Reaktionsverhalten entnehmen?

A13 Eine herkömmliche Glühlampe hat nur eine sehr begrenzte Lebensdauer, da ständig Wolfram aus der Glühwendel verdampft. Das Metall schlägt sich am Glaskolben nieder. Bei Halogenlampen ist der Edelgasfüllung etwas Brom oder Iod zugesetzt.
Erkläre mithilfe der Abbildung, wie die Abscheidung von Wolfram vermieden wird.

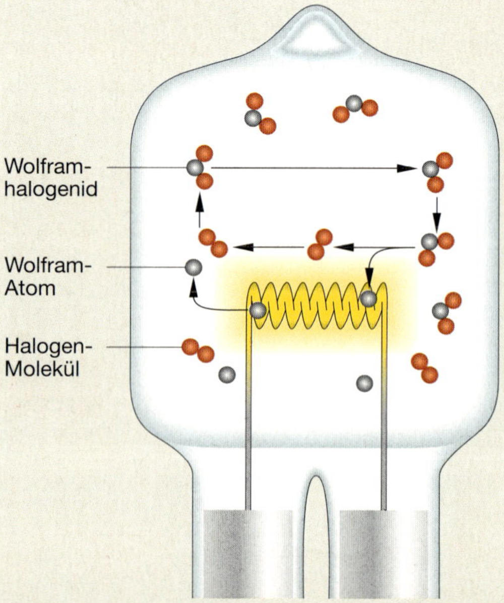

A1 Astronomische Spektroskopie

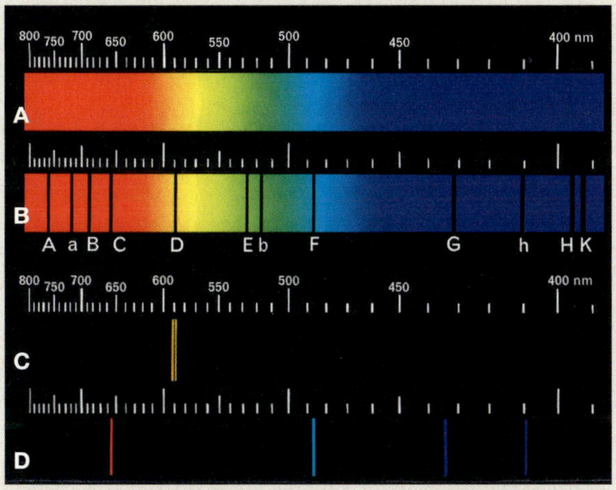

Spektren: (A) Glühlampe; (B) Sonne; (C) Natrium, (D) Wasserstoff;

Joseph von FRAUNHOFER zerlegte zu Beginn des 19. Jahrhunderts das Licht der Sonne mit einem Glasprisma in sein Spektrum. Dabei machte er eine wichtige Entdeckung: An vielen Stellen fehlten schmale Bereiche. Diese dunklen Linien im Spektrum des Sonnenlichts werden nach ihrem Entdecker **Fraunhofersche Linien** genannt. Solche Linien findet man in den Spektren aller Sterne. Anhand der Auswertung dieser Spektren kann man auf die chemische Zusammensetzung der Sternhülle und ihre Temperatur schließen. Auch lässt sich die Entfernung des Sterns und die Geschwindigkeit errechnen, mit der sich der Stern von uns weg oder auf uns zu bewegt.

Im Jahre 2000 konnte erstmals bei einem Planeten, der um einen fernen Stern kreist, eine Atmosphäre nachgewiesen werden. Die Bahn dieses *extrasolaren* Planeten liegt in einer Ebene mit der Richtung, in der wir von der Erde aus auf den Stern blicken. Das Sternenlicht durchstrahlt somit die Atmosphäre des Planeten und wird dabei gefiltert. Bei der Auswertung des aufgenommenen Spektrums zeigte sich eine zusätzliche dunkle Linie. Ein Vergleich mit den Linienspektren der Elemente beweist, dass die Atmosphäre Natrium-Atome enthält: Die zusätzliche dunkle Linie lag genau bei der für Natrium charakteristischen Wellenlänge.

a) Erläutere, worin die Grenzen der beschriebenen Methode zur Untersuchung von Atmosphären extrasolarer Planeten bestehen.

b) Erläutere, wie man mit der Spektroskopie Hinweise erhalten könnte, ob die Atmosphäre eines extrasolaren Planeten möglicherweise für Leben geeignet wäre.

A2 Calciumverbindungen – Bindemittel am Bau

Mörtel ist ein Gemisch von Sand mit einem Bindemittel. Man unterscheidet zwischen *Kalk- und Zementmörtel.*

Zur Darstellung von **Kalkmörtel** ist Kalkstein nötig. Er wird in Schachtöfen auf über 1000 °C erhitzt; dabei entsteht Calciumoxid. Dieser *Branntkalk* wird noch im Kalkwerk mit Wasser zu *Löschkalk* umgesetzt.

Auf der Baustelle werden Löschkalk und Sand mit Wasser zu Kalkmörtel angerührt. An der Luft bindet der Kalkmörtel allmählich unter Aufnahme von Kohlenstoffdioxid ab: Es bilden sich Calciumcarbonat-Kristalle, die die Sandkörner zu einem festen Baustoff verbinden.

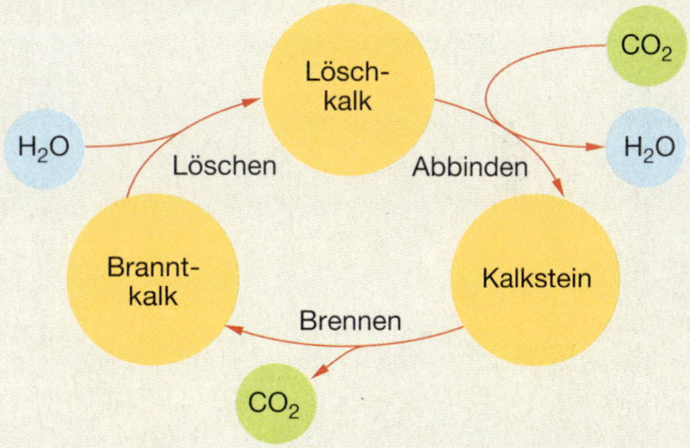

Um **Zement** herzustellen, wird ein fein gemahlenes Gemisch aus Ton und Kalk in einem Drehrohrofen auf Temperaturen um 1500 °C erhitzt. Dabei entsteht ein Gemisch aus Calcium- und Aluminiumsilicaten. Dieser *Zementklinker* wird gemahlen und mit Gips vermischt; man erhält *Portlandzement.*

Zementmörtel erstarrt schnell und wird sehr fest. Bereits eine Stunde nach Zugabe von Wasser bilden sich längliche Calciumsilicat-Kristalle, die die Sandkörner verbinden. Der zugesetzte Gips verzögert das Abbinden des Mörtels, sodass er sich länger verarbeiten lässt.

Zementmörtel ist schon nach rund 12 Stunden völlig erstarrt, die endgültige Festigkeit erreicht er aber erst nach Monaten. Zementmörtel erhärtet auch unter Wasser. Er ist daher ein *hydraulischer Mörtel.*

a) Informiere dich über die Verwendung von Kalkmörtel und Zementmörtel. Stelle Vorteile und Nachteile gegenüber.

b) Formuliere Reaktionsgleichungen für die beim Brennen, Löschen und Abbinden von „Kalk" ablaufenden Reaktionen.

c) Um 1900 fanden viele arme Familien für den Winter eine billige Wohnung als *Trockenwohner* in Neubauten. Erkläre, welche Vorteile für die Bauherren und die späteren Mieter damit verbunden waren.

3 Atombau und das Periodensystem der Elemente

Das Atomium, eine begehbare Stahlkonstruktion von 102 Metern Höhe, wurde 1958 zur Weltausstellung in Brüssel errichtet.

Neun Kugeln, acht an den Ecken eines Würfels und die neunte im Zentrum des Würfels, sind durch große Stahlröhren miteinander verbunden. Jede Kugel hat einen Durchmesser von achtzehn Metern. In einem Reiseführer steht: „Das Atomium stellt ein 165-millionenfach vergrößertes Eisen-Molekül dar."

Wir wissen natürlich, dass die kleinsten Teilchen im Metall Eisen keine Moleküle, sondern Atome sind. Im Eisen-Kristall ist tatsächlich jedes Eisen-Atom würfelförmig von acht anderen Eisen-Atomen umgeben.

Die Vorstellung, in das Innere von Eisen zu blicken und Eisen-Atome vor sich zu sehen, ist faszinierend. Kenntnisse über den Aufbau der Atome könnten uns Antworten auf viele Fragen geben.

Zentrale Fragen:
- Woraus bestehen Atome?
- Wie ist die Atomhülle aufgebaut?
- Welcher Zusammenhang besteht zwischen dem Bau der Atome und der Stellung der Elemente im Periodensystem?

3.1 Das Periodensystem der Elemente

Anfang des 19. Jahrhunderts entdeckten Chemiker zahlreiche neue Metalle und Nichtmetalle. Elemente mit ähnlichen Eigenschaften wurden dann zu Gruppen zusammengefasst. Beispiele dafür sind die Elementfamilien der Alkalimetalle, der Erdalkalimetalle und der Halogene. Bei der Suche nach einem übergreifenden Ordnungssystem sortierten die Wissenschaftler die Elemente auch nach steigender Atommasse. Beide Ordnungsprinzipien – steigende Atommasse und Zugehörigkeit zu einer Elementfamilie – führten schließlich zum *Periodensystem der Elemente*.

Das Periodensystem der Elemente ist eine Tabelle, in der alle bekannten Elemente aufgeführt sind. In einer vereinfachten Form werden nur die sogenannten *Hauptgruppenelemente* berücksichtigt. Die Tabelle besteht dann aus acht Spalten und sieben Zeilen.

Die Spalten des Periodensystems bezeichnet man als **Gruppen**. In jeder Gruppe steht eine Elementfamilie. Jede Zeile des Periodensystems beginnt mit einem *Alkalimetall* und endet mit einem *Edelgas*. Da hier Elemente der einzelnen Familien periodisch wiederkehren, bezeichnet man sie als **Perioden**. Wasserstoff und Helium bilden die erste Periode. Die anderen Perioden bestehen aus acht Elementen.

Die Elemente werden im Periodensystem periodenweise von links nach rechts durchnummeriert. So erhält jedes Element eine **Ordnungszahl**. Diese Reihenfolge weicht an einigen Stellen von der Anordnung der Elemente nach steigender Atommasse ab: Kalium steht hinter Argon, obwohl es die kleinere Atommasse hat. Aufgrund seiner chemischen Eigenschaften gehört Kalium jedoch eindeutig in die Gruppe der Alkalimetalle, Argon in die Gruppe der Edelgase. Die chemische Verwandtschaft ist also wichtiger als die Ordnung nach der Atommasse.

Zahlreiche wichtige Elemente wie Eisen, Kupfer oder Gold sind in dieser vereinfachten Form des Periodensystems nicht erfasst. Um alle Elemente zu berücksichtigen, werden zwischen der II. und III. Hauptgruppe die Nebengruppen eingefügt.

Im Periodensystem der Elemente sind die Elemente tabellarisch geordnet. Die Spalten werden als Gruppen bezeichnet, die Zeilen als Perioden. Die Elemente einer Gruppe bilden eine Elementfamilie.

1 Benenne die Gruppen I, II, VII und VIII.

2 Nenne die Ordnungsprinzipien, nach denen das Periodensystem der Elemente aufgebaut ist.

3 Gib an, wo im Periodensystem die Metalle und wo die Nichtmetalle stehen.

4 Nenne zwei Elementpaare, deren Ordnungszahlen nicht der Abfolge der Atommassen gehorchen.

5 Die Ähnlichkeiten sind in den Gruppen I, II, VII und VIII sehr stark ausgeprägt. Bei den Elementen der IV. Hauptgruppe ist das nicht der Fall. Begründe.

Ordnungsprinzip Gruppe (Elementfamilie):
Die Elemente einer Elementfamilie stehen untereinander. Innerhalb einer solchen Hauptgruppe nimmt die Atommasse von oben nach unten zu. Insgesamt gibt es acht Gruppen. Sie werden mit den römischen Zahlen I (Alkalimetalle) bis VIII (Edelgase) gekennzeichnet.

Atommasse in u → 19,00
Elementsymbol → F
Ordnungszahl → 9

Ordnungsprinzip Periode:
Die Elemente einer Periode stehen nebeneinander. Die Perioden werden mit den Zahlen 1 bis 7 bezeichnet.

	I	II	III	IV	V	VI	VII	VIII
1	1,008 $_{1}$H							4,003 $_{2}$He
2	6,94 $_{3}$Li	9,01 $_{4}$Be	10,81 $_{5}$B	12,01 $_{6}$C	14,00 $_{7}$N	16,00 $_{8}$O	19,00 $_{9}$F	20,18 $_{10}$Ne
3	22,99 $_{11}$Na	24,31 $_{12}$Mg	26,98 $_{13}$Al	28,09 $_{14}$Si	30,97 $_{15}$P	32,07 $_{16}$S	35,45 $_{17}$Cl	39,94 $_{18}$Ar
4	39,10 $_{19}$K	40,08 $_{20}$Ca	69,72 $_{31}$Ga	72,61 $_{32}$Ge	74,92 $_{33}$As	78,96 $_{34}$Se	79,90 $_{35}$Br	83,80 $_{36}$Kr
5	85,47 $_{37}$Rb	87,62 $_{38}$Sr	114,8 $_{49}$In	118,71 $_{50}$Sn	121,75 $_{51}$Sb	127,60 $_{52}$Te	126,90 $_{53}$I	131,2 $_{54}$Xe
6	132,91 $_{55}$Cs	137,33 $_{56}$Ba	204,38 $_{81}$Tl	207,2 $_{82}$Pb	208,98 $_{83}$Bi	$_{84}$Po	$_{85}$At	$_{86}$Rn
7	$_{87}$Fr	$_{88}$Ra						

Metalle

Nichtmetalle

Metall oder Nichtmetall?
Metalle stehen im Periodensystem links und unten, Nichtmetalle stehen rechts und oben. Metalle und Nichtmetalle werden durch eine Diagonale getrennt, die vom Bor über Arsen zum Astat verläuft.

Salz oder Molekülverbindung?
Mithilfe des Periodensystems lässt sich vorhersagen, ob bei der Reaktion ein Salz oder eine Molekülverbindung entsteht:

Metall + Nichtmetall ⟶ Salz

Nichtmetall + Nichtmetall ⟶ Molekülverbindung

die Elemente auf der Linie sind beides

Exkurs

Der lange Weg zum Periodensystem der Elemente

BOHRsches Atommodell:
Der tiefere Zusammenhang der Ordnung der Elemente im Periodensystem offenbarte sich erst ein halbes Jahrhundert nach MENDELEEVs Periodensystem: Im Jahre 1913 entwickelte Niels BOHR die Modellvorstellung zur Struktur der Atomhülle.

BOHR
1913

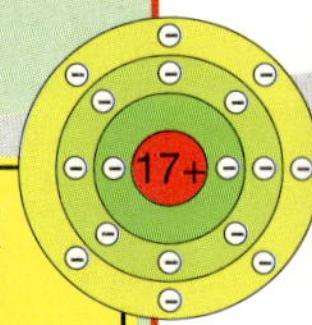

МЕНДЕЛЕЕВ
1869/1871

MENDELEEVs Periodensystem:
Unabhängig von MEYER veröffentlichte der russische Chemiker Dimitrij MENDELEEV 1869 eine Übersicht, in der chemisch ähnliche Elemente – geordnet nach steigender Atommasse – jeweils *nebeneinander* aufgeführt sind. An einigen Stellen setzte er ein Fragezeichen, um auf noch unbekannte Elemente hinzuweisen, z.B. die auf Aluminium bzw. Silicium folgenden Elemente. Zwei Jahre später machte er einen verbesserten Vorschlag, in dem chemisch ähnliche Elemente jeweils *untereinander* stehen. Seine gleichzeitig gemachten Voraussagen über die Eigenschaften der unbekannten Elemente wurden nach wenigen Jahren mit der Entdeckung von Gallium und Germanium glänzend bestätigt.

MEYER
1864/1870

MEYERs Periodensystem:
In einem 1864 erschienenen Buch stellte der deutsche Chemiker Lothar MEYER die Atommassen der damals bekannten Elemente zusammen. Seine Übersicht umfasst insgesamt 13 Gruppen, in denen jeweils bis zu fünf chemisch ähnliche Elemente *untereinander* stehen. 1870 stützte er in einem Zeitschriftenbeitrag MENDELEEVs Aussagen. Mithilfe einer Grafik zeigte er dabei, dass sich auch die Größen der Atome mit steigender Atommasse *periodisch* ändern.

NEWLANDS
1865

NEWLANDS und die Oktaven:
Der englische Chemiker John NEWLANDS wagte sich noch einen Schritt weiter und erntete dafür den Spott seiner Zeitgenossen: Er ordnete die Elemente nach steigender Atommasse und stellte chemisch verwandte Elemente untereinander. Es gelang ihm, nach diesem Schema 35 Elemente in einer übersichtlichen Tabelle einzuordnen. Die Tabelle hatte nur sieben Spalten, die Edelgase waren noch nicht entdeckt. In jedem achten Feld stand so ein verwandtes Element. In Anlehnung an die Musik beschrieb er diese Harmonie der Elemente als „Law of Octaves" (1865).

DÖBEREINER
1829

DÖBEREINER und die Triaden:
Der deutsche Chemiker Johann Wolfgang DÖBEREINER stellte eine Reihe von Dreiergruppen chemisch ähnlicher Elemente zusammen. Bei diesen *Triaden* (griech. *treis:* drei) erkannte er bereits 1816 eine mathematische Beziehung: Die Atommassen des mittleren Elements ergibt sich als Mittelwert aus den Atommassen der beiden anderen Elemente. 13 Jahre später wagte er es schließlich, seine Theorie über eine mathematische Ordnung der Natur zu veröffentlichen.

BERZELIUS
1814

BERZELIUS und die Bestimmung der Atommassen:
Der schwedische Arzt und Chemiker Jöns Jacob BERZELIUS präzisierte die DALTONschen Atommassen mit verfeinerten experimentellen Methoden.
Im Laufe von zehn Jahren bestimmte er die Atommassen aller damals bekannten 46 Elemente (1814). Auf BERZELIUS gehen auch die noch heute benutzten Elementsymbole zurück.

DALTON
1808

DALTON und die Einführung des Begriffes Atom:
Der englische Lehrer und Naturforscher DALTON verstand unter den Atomen die kleinsten Bausteine der von LAVOISIER beschriebenen chemischen Elemente: „Die chemische Synthese und Analyse geht nicht weiter als bis zur Trennung der Atome und ihrer Wiedervereinigung" (1808).
Zuvor hatte DALTON als Erster die Atommassen von Elementen bestimmt (1805). Er gab der Masse des leichtesten Atoms (Wasserstoff) willkürlich den Wert 1. Bei der experimentellen Ermittlung der Atommassen unterliefen ihm zwar grobe Fehler, aber er war auf dem richtigen Weg.

LAVOISIER
1789

LAVOISIER und die Klärung des Begriffes Element:
Der französische Chemiker Antoine de LAVOISIER schrieb: „... so sind alle Substanzen, die wir noch durch keinen Weg haben zerlegen können, für uns Elemente.

3.2 Ionen – geladene Teilchen

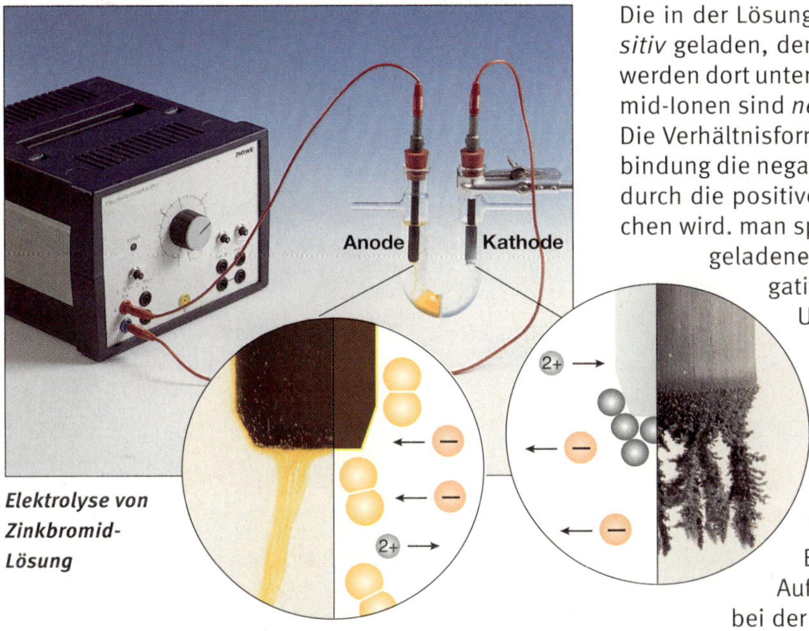

Elektrolyse von Zinkbromid-Lösung

Als DALTON um 1810 seine Vorstellung vom Aufbau der Stoffe aus Atomen beschrieb, gab es bereits die ersten Versuchsanordnungen, die ähnlich wie unsere heutigen Batterien eine elektrische Gleichspannung lieferten. Man untersuchte damit vor allem die Wirkung des elektrischen Stroms auf Stoffumwandlungen.
Salze wie Natriumchlorid oder Zinkbromid sind in festem Zustand Nichtleiter. Schmelzen oder wässerige Lösungen von Salzen leiten jedoch den elektrischen Strom und an beiden Polen bilden sich neue Stoffe.
Eine erste wissenschaftliche Erklärung dieser Vorgänge geht auf Michael FARADAY zurück: Er nahm bereits um 1834 an, dass in den Schmelzen und Lösungen positiv und negativ geladene Teilchen vorliegen, die zu den entgegengesetzt geladenen Polen wandern. Diese Teilchen bezeichnete er deshalb als *Ionen* (griech. *ion:* wandernd). Negativ geladene Ionen nannte er *Anionen,* da sie zur Anode wandern, dem positiven Pol. Positiv geladene Ionen nennt man *Kationen;* sie wandern zur Kathode, dem negativen Pol.

Elektrolyse von Zinkbromid. Die Wirkung des elektrischen Stroms auf eine Salzlösung lässt sich besonders deutlich am Beispiel einer Lösung von Zinkbromid ($ZnBr_2$) erkennen: Taucht man zwei Graphit-Stäbe in die Lösung und legt eine Gleichspannung an, so scheidet sich am Minuspol metallisches Zink ab. Am Pluspol färbt sich die Lösung braun; dort bildet sich das aus zweiatomigen Molekülen (Br_2) bestehende Brom. Insgesamt gesehen wird das gelöste Salz durch den elektrischen Strom in die Elemente zerlegt. Reaktionen dieser Art bezeichnet man nach FARADAY allgemein als **Elektrolyse**.

Die in der Lösung vorliegenden Zink-Ionen sind *positiv* geladen, denn sie wandern zum *Minuspol* und werden dort unter Bildung des Metalls entladen. Bromid-Ionen sind *negativ* geladene Teilchen.
Die Verhältnisformel $ZnBr_2$ zeigt an, dass in der Verbindung die negative Ladung von zwei Bromid-Ionen durch die positive Ladung eines Zink-Ions ausgeglichen wird. man spricht deshalb von zweifach positiv geladenen Zink-Ionen (Zn^{2+}) und einfach negativ geladenen Bromid-Ionen (Br^-).
Um 1900 stellte sich heraus, dass die Ladung eines einfach geladenen Anions wie Br^- genau einer negativen *Elementarladung* und damit der Aufnahme eines Elektrons (e^-) entspricht. Einem zweifach positiv geladenen Kation wie Zn^{2+} fehlen dementsprechend zwei Elektronen zum Ladungsausgleich.
Auf dieser Grundlage können für die bei der Elektrolyse von Zinkbromid-Lösung räumlich getrennt ablaufenden Entladungsvorgänge die folgenden *Teilgleichungen* formuliert werden:

Minuspol (Kathode): $Zn^{2+}(aq) + 2\,e^- \longrightarrow Zn\,(s)$

Pluspol (Anode): $2\,Br^-(aq) \longrightarrow Br_2(aq) + 2\,e^-$

Ionenladung und Periodensystem. Ähnlich wie Zink bilden auch alle anderen Metalle positiv geladene Ionen (Kationen); bei den Ionen der Nichtmetalle handelt es sich – wie im Falle des Broms – um negativ geladene Ionen (Anionen). Wie viele Elementarladungen ein Ion jeweils trägt, hängt bei den Elementen der Hauptgruppen direkt mit der Stellung des Elements im PSE zusammen. So sind Ionen der Alkalimetalle stets einfach positiv geladen (Na^+, K^+, ...) und die der Erdalkalimetalle immer zweifach positiv (Mg^{2+}, Ca^{2+}, ...). Die von den Halogenen gebildeten Halogenid-Ionen sind sämtlich einfach negativ geladen (Cl^-, Br^-, ...). Die in Metalloxiden vorliegenden Ionen des Sauerstoffs (Oxid-Ionen, O^{2-}) weisen dagegen zwei negative Elementarladungen auf.

Salzlösungen enthalten als Ladungsträger positiv geladene Kationen und negativ geladene Anionen. Bei der Elektrolyse wandern die Ionen zu den Elektroden und werden dort entladen.

1 Metallische Leiter transportieren elektrische Ladung anders als Salzlösungen. Erläutere den Unterschied.
2 Gib an, welche Kationen und Anionen in folgenden Verbindungen vorliegen und notiere jeweils die Verhältnisformel: Kaliumbromid, Calciumoxid, Natriumoxid.

Exkurs

Radioaktivität

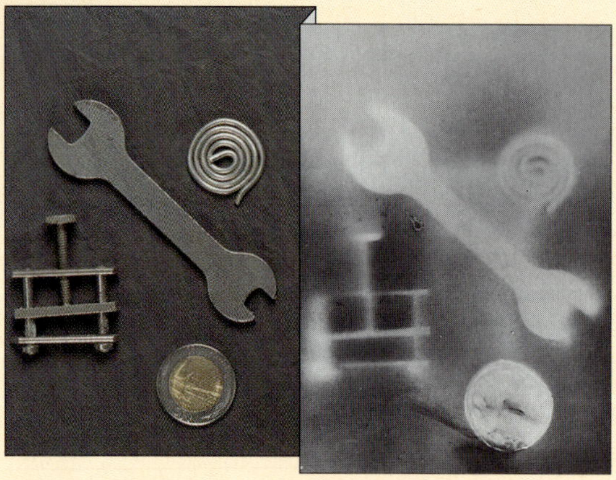

Radioaktive Strahlung durchdringt die Papierhülle einer Fotoplatte.

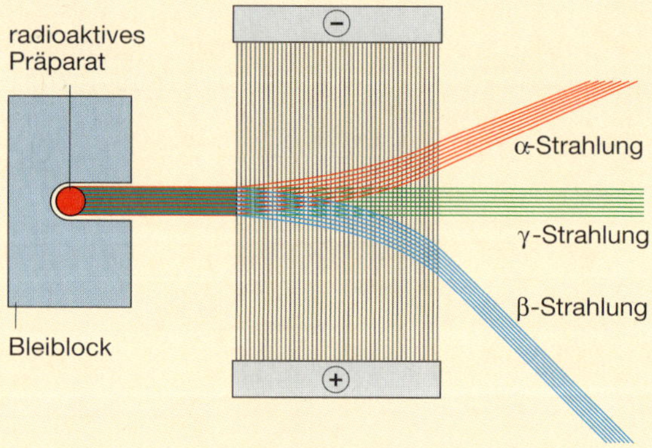

Ablenkung der radioaktiven Strahlung in einem elektrischen Feld

Die Wende vom 19. zum 20. Jahrhundert war die große Zeit der Entdeckung und Untersuchung neuer Strahlungsarten. Der deutsche Physiker Konrad RÖNTGEN fand 1895 eine Strahlung, welche die Papierhülle von Fotoplatten durchdringt und die Platten schwärzt. Er konnte mit den *Röntgenstrahlen* die Knochen seiner Hand abbilden.

Der französische Physiker Henry BECQUEREL vermutete, dass Kristalle Röntgenstrahlen aussenden, wenn man sie dem Sonnenlicht aussetzt. Dazu stellte er Proben verschiedener Salze zusammen mit gut eingepackten Fotoplatten auf eine Fensterbank. Die erwartete Strahlung sollte die Platten durch die Verpackung hindurch belichten. BECQUEREL fand diesen Effekt allerdings nur bei **Uran-Verbindungen** und zu seiner Überraschung auch bei schlechtem Wetter. Daher nannte man diese neue Strahlung zunächst „Uranstrahlen".

Angeregt durch BECQUERELs Bericht über die Strahlung von Uransalzen beschäftigte sich die in Paris lebende polnische Wissenschaftlerin Marie CURIE seit 1897 mit diesem Thema.

Bei der Untersuchung von Uranerzen entdeckte sie zwei Elemente, die ebenso wie Uran ohne jede Einwirkung von außen Strahlung aussenden: Das eine nannte sie nach ihrem Geburtsland **Polonium,** das andere **Radium** (lat.: der Strahl). Die neuartige Erscheinung bezeichnete sie als **Radioaktivität.** Man versteht darunter die Eigenschaft einiger Stoffe, ionisierende Strahlen auszusenden.

Für die Reindarstellung des Elementes Radium erhielt Marie CURIE 1911 den Nobelpreis für Chemie. 1903 war sie bereits gemeinsam mit ihrem Ehemann Pierre CURIE und BECQUEREL durch den Nobelpreis für Physik geehrt worden.

Um die chemischen Eigenschaften und die Atommasse von Radium zu bestimmen, musste Marie CURIE zunächst neue Trennverfahren entwickeln. In vier Jahren mühseliger Arbeit isolierte sie aus eineinhalb Tonnen Uranerz schließlich 0,1 g reines Radiumsalz.

Unabhängig voneinander hatten Pierre CURIE und Ernest RUTHERFORD gezeigt, dass radioaktive Strahlung nicht einheitlich ist: Sie besteht aus positiv geladenen α-Teilchen und negativ geladenen β-Teilchen. Begleitet werden beide Strahlungsarten von γ-Strahlung, die mit Röntgenstrahlen vergleichbar sind. α-Teilchen sind Helium-Ionen (He^{2+}), β-Teilchen dagegen sind Elektronen.

Strahlenschäden. Marie CURIE starb 1934 an einer Erkrankung, die von den Ärzten auf die jahrzehntelange Einwirkung radioaktiver Strahlung zurückgeführt wurde. Heute weiß man, dass die verschiedenen Strahlenarten unterschiedlich stark wirken. Entscheidend ist dabei, in welchem Ausmaß durch die Strahlung in den Körperzellen Ionen gebildet werden. Die durchdringenden γ-Strahlen verursachen nur geringe Schäden. Die weniger tief eindringenden β-Strahlen wirken stärker ionisierend. Ein α-Teilchen schädigt eine Zelle noch 20-mal mehr als ein β-Teilchen gleicher Energie.

1 Erläutere die folgenden Begriffe: Radioaktivität, α-Strahlung, β-Strahlung, γ-Strahlung.

2 Nenne Verwendungsmöglichkeiten für radioaktive Strahlung.

3.3 Das Kern/Hülle-Modell des Atoms

Gegen Ende des 19. Jahrhunderts wusste man, dass die Bildung von Ionen aus Atomen auf der Abspaltung und der Aufnahme von Elektronen beruht. Zusammen mit den Erkenntnissen über die Radioaktivität folgte daraus, dass das von DALTON beschriebene Bild von Atomen als kleine starre Kugel nicht mehr zutreffen kann.

RUTHERFORDs Streuversuch. Wie viele andere Wissenschaftler experimentierte auch RUTHERFORD am Anfang des 20. Jahrhunderts mit radioaktiver Strahlung. 1908 erkannte er, dass α-Teilchen positiv geladene Helium-Ionen (He^{2+}) sind, die dünne Metallfolien leicht durchdingen können. An einer Goldfolie untersuchte RUTHERFORD dann, ob α-Teilchen durch Gold-Atome abgelenkt werden. Die Folie war zwar nur 0,000 4 mm dick, enthielt aber immerhin noch 1000 Atomschichten.
Die α-Teilchen wurden mithilfe eines Zinksulfid-Schirms nachgewiesen. Jedes α-Teilchen erzeugt beim Auftreffen einen winzigen Lichtblitz, der sich mit einer Lupe erkennen lässt.

Im Juni 1909 berichtete RUTHERFORDs Mitarbeiter Hans GEIGER, der inzwischen mehr als 100 000 Lichtblitze gezählt hatte, von unerwarteten Beobachtungen: „Es zeigt sich, dass α-Teilchen manchmal sehr stark abgelenkt werden. Etwa jedes zehntausendste wird sogar zurückgeworfen, so als sei es auf ein festes Hindernis geprallt.“
Dieses Ergebnis kam völlig überraschend. „Es war fast genauso unglaublich, als ob Sie eine 15-Zoll-Granate gegen ein Stück Seidenpapier abfeuern und sie kommt zurück und trifft Sie“, meinte RUTHERFORD. Er folgerte, dass es im Atom einen Ort geben müsste, in dem die positive Ladung konzentriert ist. Anders ließ sich die starke Ablenkung der positiven α-Teilchen nicht erklären. Zwei Jahre später veröffentlichte er dann seine bahnbrechende Theorie vom Aufbau der Atome, das Kern/Hülle-Modell.

Kern/Hülle-Modell. Ein Atom hat ein Massenzentrum mit positiver Ladung, den **Atomkern.** Er enthält mehr als 99,9 % der Masse des Atoms, ist aber 10 000-mal kleiner als das Atom selbst. Er gleicht damit einem Stecknadelkopf mitten in einem Heißluftballon.
Um den Atomkern bewegen sich die negativ geladenen, fast masselosen Elektronen. Sie bilden die **Atomhülle.** Insgesamt gesehen ist ein Atom **elektrisch neutral,** denn die negative Ladung in der Atomhülle stimmt mit der positiven Ladung des Kerns überein. Das ganze Atom entspricht einer Kugel mit einem Radius von etwa einem zehnmillionstel Millimeter (0,000 000 1 mm).

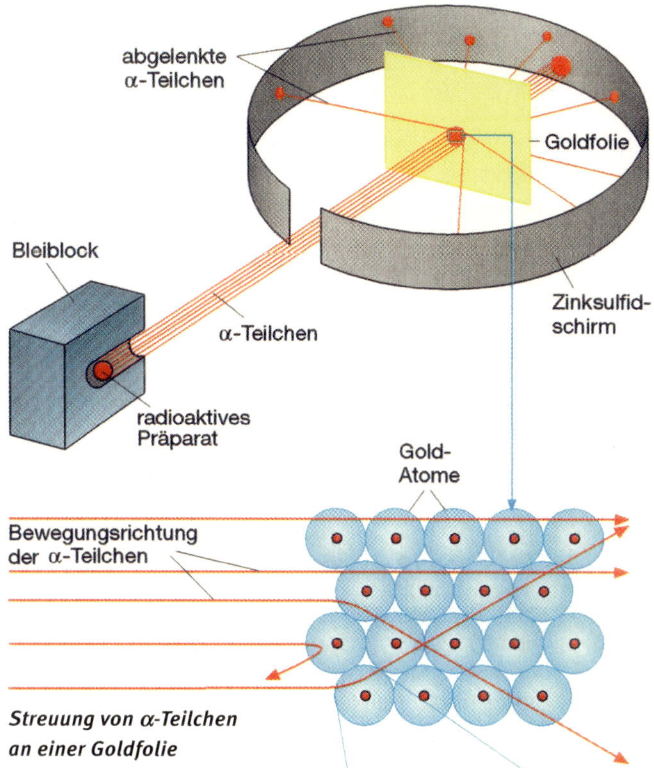

Streuung von α-Teilchen an einer Goldfolie

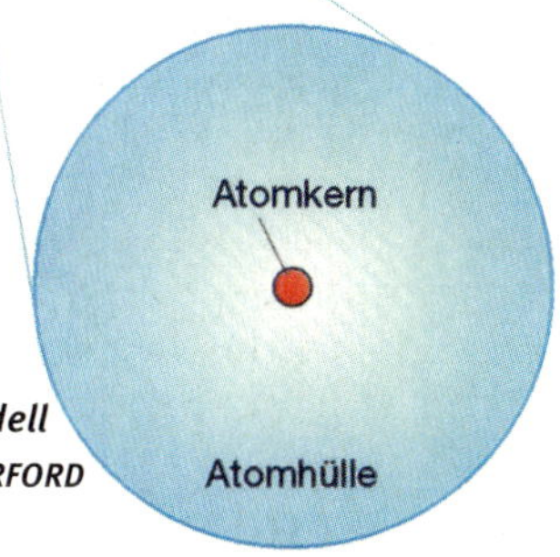

Atommodell von RUTHERFORD

Nach dem Kern/Hülle-Modell besteht das Atom aus einem winzigen Atomkern und der Atomhülle.
Der Atomkern ist positiv geladen und enthält fast die gesamte Masse des Atoms. In der Atomhülle befinden sich die Elektronen.

1 Beschreibe die Atom-Vorstellung von RUTHERFORD.
2 Beschreibe und erkläre mithilfe der Abbildung die Ergebnisse des RUTHERFORDschen Streuversuchs.
3 Berechne, wie groß ein Atom wäre, wenn der Atomkern etwa die Größe eines Tischtennisballs (d = 3 cm) hätte.
4 Erkläre mithilfe des Kern/Hülle-Modells die Bildung positiv und negativ geladener Ionen.
5 Der Name Atom ist griechischen Ursprungs und bedeutet „unteilbares Teilchen“. Warum ist die Bedeutung nur noch historisch zu verstehen?

3.4 Modell des Atomkerns

Teilchen	Symbol	Ladung	Masse
Proton	p^+	+1	1 u
Neutron	n	0	1 u
Elektron	e^-	−1	0,0005 u

Elementarteilchen und ihre Eigenschaften

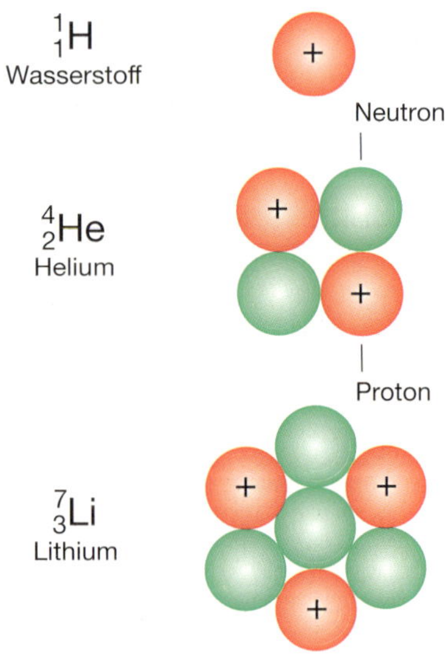

Bau einiger Atomkerne

Zahl der Protonen
+ Zahl der Neutronen

Massenzahl
(= Nukleonenzahl)

^7_3Li $^{31}_{15}P$

Zahl der Protonen
= **Kernladungszahl**
(= Ordnungszahl)
(= Zahl der Elektronen)

Kurzschreibweise für den Aufbau von Atomen

Nach dem Kern/Hülle-Modell von RUTHERFORD enthalten die winzigen Atomkerne die gesamte positive Ladung und über 99,9 % der Masse des Atoms. Diese Atomkerne sind keine einheitlichen Teilchen, sie sind vielmehr aus zwei verschiedenen Arten von *Elementarteilchen* aufgebaut, den *Protonen* und den *Neutronen*.

Proton. Wasserstoff-Atome sind die kleinsten, am einfachsten gebauten Atome. Der Atomkern des Wasserstoff-Atoms besteht nur aus einem einzigen Elementarteilchen, dem **Proton** (griech.: das Erste). Dieses Teilchen ist positiv geladen; die Ladung stimmt dem Betrage nach mit der Ladung des Elektrons überein. Die Masse des Protons entspricht etwa der atomaren Masseneinheit 1 u.

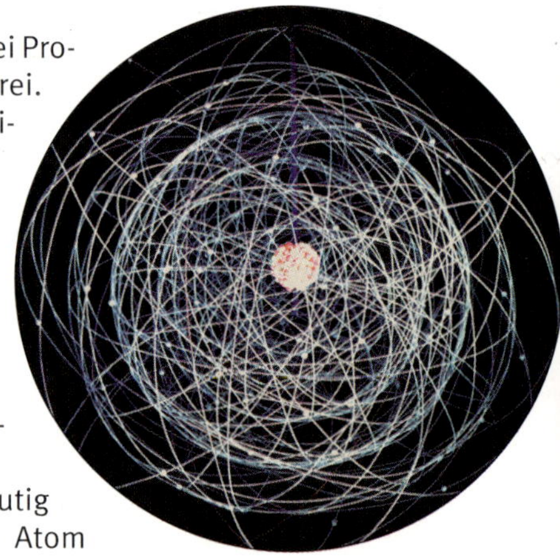

Der Kern des Helium-Atoms enthält zwei Protonen, der Kern des Lithium-Atoms drei. Ordnet man alle Elemente nach steigender Protonenzahl, so nimmt die Zahl der Protonen in den Atomkernen jeweils um *eins* zu. Das schwerste natürlich vorkommende Atom ist das Uran-Atom. Es hat 92 Protonen im Kern. Die Anzahl der Protonen im Atomkern bestimmt die **Kernladungszahl.** Sie ist genauso groß wie die Anzahl der Elektronen in der Atomhülle. Durch die Kernladungszahl wird eindeutig festgelegt, zu welchem Element ein Atom gehört: Jedes Atom mit sechs Protonen ist ein Kohlenstoff-Atom. Die Kernladungszahl entspricht also der **Ordnungszahl** eines Elements im Periodensystem.

Neutron. Mit Ausnahme des Wasserstoffs haben die Atome aller Elemente eine deutlich größere Masse als die in ihrem Atomkern enthaltenen Protonen. So hat ein Lithium-Atom mit drei Protonen eine Masse von 7 u. Da ein Elektron so gut wie keine Masse trägt, muss der Kern neben den Protonen noch weitere Bausteine enthalten. Es handelt sich dabei um Elementarteilchen, die keine elektrische Ladung haben, die **Neutronen.** Ihre Masse ist etwas größer als die Masse der Protonen.
Die Bausteine der Atomkerne bezeichnet man zusammenfassend als **Nukleonen** (lat. *nucleus:* Kern). Die Anzahl aller Nukleonen in einem Atomkern ergibt die **Massenzahl** eines Atoms. Symbolisch wird der Aufbau eines Atoms auf folgende Weise dargestellt:

$^{23}_{11}Na$ Massenzahl / Kernladungszahl Atomart

Kernkraft. Das Modell des Atomkerns gab den Physikern lange Zeit Rätsel auf. Protonen, die auf den engen Raum eines Atomkerns konzentriert sind, stoßen sich als gleichartig geladene Teilchen ab. Atomkerne müssten also auseinanderfliegen. Das geschieht jedoch nicht, da eine viel stärkere Kraft, die *Kernkraft,* zwischen den Protonen und Neutronen wirkt. Bei vielen Atomkernen, besonders bei solchen mit hoher Protonenzahl wie im Falle des Radiums, reicht die Kernkraft nicht aus, um die Bausteine des Kernes dauerhaft zusammenzuhalten. Die Atomkerne zerfallen nach und nach. Dies ist die Ursache der Radioaktivität.

Isotope. Jeder Kernbaustein hat etwa die Masse 1 u. Atommassen sollten daher nur unwesentlich von ganzzahligen Werten abweichen. Ein Blick in das Periodensystem zeigt jedoch beispielsweise für Chlor die Atommasse 35,5 u. Halbe Kernbausteine gibt es aber nicht. Wie lässt sich dieser Widerspruch klären?

Eine genaue Untersuchung von Chlor ergibt, dass 75 % aller Chlor-Atome die Masse 35 u und 25 % die Masse 37 u haben. Der für Chlor angegebene Wert von 35,5 u beschreibt also nicht die Masse jedes einzelnen Chlor-Atoms, sondern die *durchschnittliche* Masse von Chlor-Atomen. Die leichteren Chlor-Atome haben neben den 17 Protonen 18 Neutronen im Kern, die schwereren dagegen 20 Neutronen.
Atome ein und desselben Elements, die sich nur in der Anzahl ihrer Neutronen unterscheiden, bezeichnet man als **Isotope** dieses Elements. Um Isotope zu kennzeichnen, gibt man mit dem Elementsymbol die Kernladungszahl *und* die Massenzahl an: $^{35}_{17}Cl$, $^{37}_{17}Cl$.

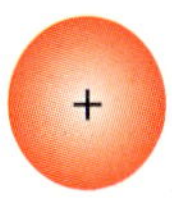
$^{1}_{1}H$

Auch Wasserstoff-Atome können sich in ihrer Masse unterscheiden. Neben den Wasserstoff-Atomen $^{1}_{1}H$, deren Kern nur aus einem Proton besteht, gibt es auch solche, die zusätzlich ein oder zwei Neutronen aufweisen.

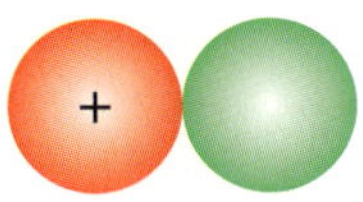
$^{2}_{1}H$ oder $^{2}_{1}D$

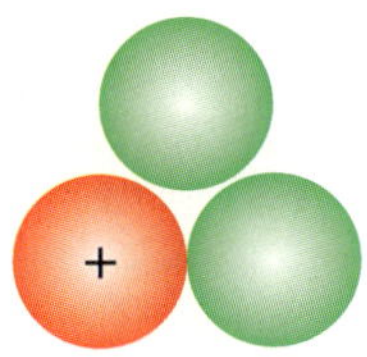
$^{3}_{1}H$ oder $^{3}_{1}T$

Den Wasserstoff-Isotopen hat man sogar besondere Namen gegeben: *Deuterium* (D) (griech.: das Andere) für das Isotop $^{2}_{1}H$ und *Tritium* (T) (griech.: das Dritte) für $^{2}_{1}H$. Natürlich vorkommender Wasserstoff enthält nur einen sehr kleinen Anteil an Deuterium; Tritium spielt in der Natur praktisch keine Rolle. Die durchschnittliche Atommasse ist deshalb nur wenig größer als 1 u (genau: 1,008 u).

Wie die meisten Elemente sind Chlor und Wasserstoff *Isotopengemische*. Nur 19 Elemente bestehen aus einer einzigen Atomart. Dazu gehören Natrium, Fluor und Aluminium.

Protonen und Neutronen sind die Bausteine der Atomkerne. Die Zahl der Protonen wird Kernladungszahl oder Ordnungszahl genannt. Sie bestimmt eindeutig das zugehörige Element. Isotope sind Atome eines Elements, die sich in der Neutronenzahl unterscheiden.

Ursprünglich bezog man Atommassen auf die durchschnittliche Masse von Wasserstoff-Atomen. Im Jahr 1961 wurde international vereinbart, die atomare Masseneinheit auf das Kohlenstoff-Isotop $^{12}_{6}C$ zu beziehen.

Die atomare Masseneinheit 1 u ist definiert als $\frac{1}{12}$ der Masse eines Atoms des Kohlenstoff-Isotops $^{12}_{6}C$:

$$1\ u = \frac{1}{12} \cdot m\,(^{12}_{6}C)$$

Definition der atomaren Masseneinheit

1 Gib für die folgenden Atome die Anzahl der Protonen, Neutronen und Elektronen und die Ordnungszahl an: $^{1}_{1}H$, $^{2}_{1}H$, $^{3}_{1}H$, $^{12}_{6}C$, $^{13}_{6}C$, $^{14}_{6}C$, $^{16}_{8}O$, $^{23}_{11}Na$, $^{27}_{13}Al$, $^{31}_{15}P$, $^{32}_{16}S$, $^{40}_{20}Ca$, $^{127}_{53}I$, $^{137}_{56}Ba$, $^{235}_{92}U$, $^{238}_{92}U$.

2 Erläutere, weshalb man für Atome mit einem Proton im Kern mehrere Namen eingeführt hat.

3 Berechne, mithilfe der Tabelle die durchschnittliche Atommasse für Magnesium, Silicium und Schwefel. Vergleiche deine Ergebnisse mit den angegebenen Werten.

4 Vergleiche die Atommassen von Tellur ($_{52}Te$) und Iod ($_{53}I$) im Periodensystem. Warum hat Iod trotz der kleineren Atommasse die größere Ordnungszahl?

5 Deuteriumoxid ist die Bezeichnung für *schweres Wasser*. Gib die Molekülformel, die Molekülmasse und die molare Masse von schwerem Wasser an.

6 Vergleiche die Aussagen des Atommodells von DALTON mit den Aussagen des Kern/Hülle-Modells.

7 Wie lässt sich erklären, dass Neutronen erst 1932 nachgewiesen werden konnten?

8 Informiere dich, welche Rolle das Kohlenstoff-Isotop $^{14}_{6}C$ für die Altersbestimmung von archäologischen Funden spielt. (*Hinweis:* In der Literatur wird häufig auch die Schreibweise C-14 gewählt.)

Element	Isotope (Anteil in %)			durchschnittliche Atommasse
Wasserstoff	$^{1}_{1}H$ (99,98)	$^{2}_{1}H$ (0,02)		1,008 u
Lithium	$^{6}_{3}Li$ (7,4)	$^{7}_{3}Li$ (92,6)		6,94 u
Kohlenstoff	$^{12}_{6}C$ (98,9)	$^{13}_{6}C$ (1,1)		12,01 u
Sauerstoff	$^{16}_{8}O$ (99,8)	$^{18}_{8}O$ (0,2)		16,00 u
Magnesium	$^{24}_{12}Mg$ (78,7)	$^{25}_{12}Mg$ (10,1)	$^{26}_{12}Mg$ (11,2)	24,31 u
Silicium	$^{28}_{14}Si$ (92,2)	$^{29}_{14}Si$ (4,7)	$^{30}_{14}Si$ (3,1)	28,09 u
Schwefel	$^{32}_{16}S$ (95,0)	$^{33}_{16}S$ (0,8)	$^{34}_{16}S$ (4,2)	32,06 u

Isotopenverteilung und durchschnittliche Atommasse

3.5 Modell der Atomhülle

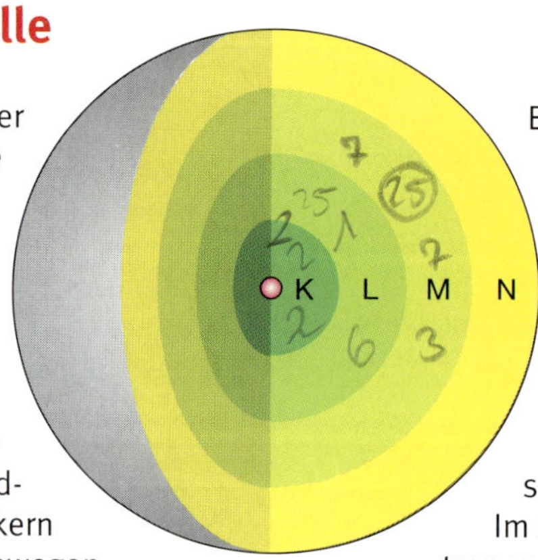

Im Jahre 1913 veröffentlichte der dänische Physiker Niels BOHR eine Theorie über den Aufbau der Atomhülle. Diese Theorie ermöglicht es, Unterschiede im chemischen Verhalten der Elemente zu erklären.

Schalenmodell der Atomhülle. Die Elektronen verteilen sich nicht beliebig in der Atomhülle, sondern ordnen sich schalenartig um den Atomkern an. In diesen Elektronenschalen bewegen sich die Elektronen mit hoher Geschwindigkeit um den Atomkern.

Man bezeichnet die Elektronenschalen von innen nach außen mit den Buchstaben **K, L, M, N, ...** Jede dieser Schalen eines Atoms kann nur eine begrenzte Anzahl an Elektronen aufnehmen. Für die maximale Anzahl z einer Schale gilt die Beziehung: $z = 2 \cdot n^2$. Dabei ist n die Nummer der Schale.

Schale	Elektronen maximal
K	2
L	8
M	18
N	32

Elektronenverteilung. Um die Verteilung der Elektronen auf die Schalen zu ermitteln, geht man folgendermaßen vor:

- Aus der Ordnungszahl des Elements liest man ab, wie viele Elektronen das Atom besitzt.
- Die Schalen werden dann von *innen nach außen* mit Elektronen besetzt. Dabei dürfen die Maximalwerte nicht überschritten werden.

Das einzige Elektron des *Wasserstoff-Atoms* befindet sich in der innersten Schale, der **K-Schale**. Das Atom des *Heliums* besitzt zwei Elektronen auf dieser Schale, womit sie **voll besetzt** ist.

Ein neu hinzu kommendes drittes Elektron gehört bereits zur zweiten Schale, der **L-Schale**. In einem *Lithium-Atom* befinden sich daher zwei Elektronen in der K-Schale und ein Elektron in der L-Schale. Die L-Schale wird bei den in der Periode folgenden Elementen weiter mit Elektronen aufgefüllt, bis sie schließlich acht Elektronen enthält. Im *Neon-Atom* mit insgesamt zehn Elektronen ist neben der K-Schale (2 e^-) somit auch die L-Schale (8 e^-) vollständig besetzt.

Als dritte Schale kann die **M-Schale** maximal 18 Elektronen aufnehmen. Zur dritten Periode gehören aber nur die acht Elemente vom *Natrium* bis zum *Argon*. Von den 18 Elektronen eines Argon-Atoms gehören zwei zur K-Schale und je acht zur L-Schale und zur M-Schale. Die neu hinzukommenden Elektronen der beiden folgenden Elemente *Kalium* und *Calcium* besetzen bereits die vierte Schale, die **N-Schale**. Erst danach werden bei den nächsten Elementen von *Scandium* bis *Zink* die noch fehlenden Elektronen der M-Schale aufgefüllt. Diese Elemente bezeichnet man als *Nebengruppenelemente*.

In der Atomhülle bewegen sich die Elektronen in Schalen (K, L, M, ...) um den Kern. Jede Schale kann maximal nur eine bestimmte Anzahl an Elektronen aufnehmen. Die Besetzung erfolgt von innen nach außen.

1 Beschreibe das Schalenmodell der Atomhülle.

2 a) Gib die Verteilung der Elektronen in den Atomen der folgenden Elemente an: B, C, N, O, Mg, Al, Si, P und S.
b) Gib an, wie viele Elektronen sich jeweils in der letzten Schale befinden und vergleiche diese Zahl mit der Hauptgruppennummer, in der die Elemente stehen.

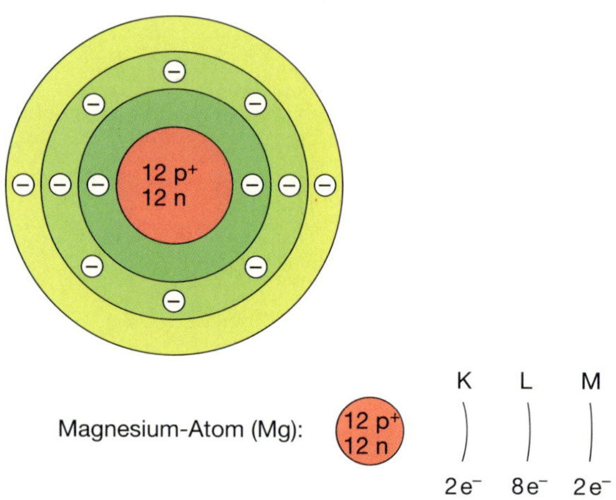

Hauptgruppe		I	II	III	IV	V	VI	VII	VIII
Ordnungszahl		19	20	31	32	33	34	35	36
Symbol		K	Ca	Ga	Ge	As	Se	Br	Kr
Anzahl der Elektronen	K	2	2	2	2	2	2	2	2
	L	8	8	8	8	8	8	8	8
	M	8	8	18	18	18	18	18	18
	N	1	2	3	4	5	6	7	8

Elektronenverteilung der Hauptgruppenelemente der 4. Periode

Ionisierungsenergie und Schalenmodell

Das Schalenmodell der Atomhülle liefert ein Bild, das zahlreiche Eigenschaften der Atome erklärt. Das gilt beispielsweise für die Ionenbildung: Durch Abspaltung von Elektronen entstehen aus neutralen Atomen positiv geladene Ionen. Die Energie, die erforderlich ist, um ein Elektron vollständig aus der Atomhülle zu entfernen, nennt man **Ionisierungsenergie**. Ihre Werte gibt man in der Einheit Megajoule pro Mol an. Eine Energie von 1 MJ reicht aus, um eine 60-Watt-Glühlampe etwa fünf Stunden zu betreiben.

Für die Ionisierungsenergien des Natrium-Atoms gilt:

- Von den elf Elektronen lässt sich das erste sehr viel leichter aus der Hülle entfernen als alle anderen.
- Dann folgen acht Elektronen mit nur leicht ansteigenden Werten der Ionisierungsenergie.
- Die Abspaltung der beiden letzten Elektronen erfordert wesentlich größere Energiebeträge.

Energiestufen. Diese Abstufung der Ionisierungsenergien legt es nahe, dass es für die Elektronen eines Natrium-Atoms drei verschiedene **Energiestufen** gibt: Ein Elektron befindet sich auf der *dritten* Energiestufe. Es ist am weitesten vom Atomkern entfernt, wird am wenigsten angezogen und lässt sich daher am leichtesten abtrennen. Dann folgen die acht Elektronen mittlerer Ionisierungsenergie auf der *zweiten* Energiestufe. Hier steigt die Ionisierungsenergie an, weil die verbleibenden Elektronen nach der Abspaltung eines Elektrons stärker vom Kern angezogen werden. Ihre Abspaltung erfordert deshalb mehr Energie. Die beiden Elektronen mit den größten Ionisierungsenergien befinden sich auf der ersten Energiestufe. Sie haben den geringsten Abstand vom Atomkern. Um diese Elektronen zu entfernen, muss die größte Energie aufgewendet werden.

Schalenmodell. Anschaulich entsprechen die drei Energiestufen den drei Schalen, in denen sich die Elektronen um den Kern des Natrium-Atoms verteilen: Die dritte Energiestufe bildet die äußere Schale, die **M-Schale.** Die acht Elektronen der zweiten Energiestufe bilden die **L-Schale**. Die Elektronen der ersten Energiestufe befinden sich in der **K-Schale**.

Bei den Atomen der anderen Elemente findet man ähnliche Abstufungen der Ionisierungsenergien wie beim Natrium-Atom. Insgesamt lassen sich sieben Energiestufen unterscheiden.

1 Erkläre den Begriff der Ionisierungsenergie.

2 Zeichne Energiestufen-Diagramme für Argon, Calcium und Chlor.

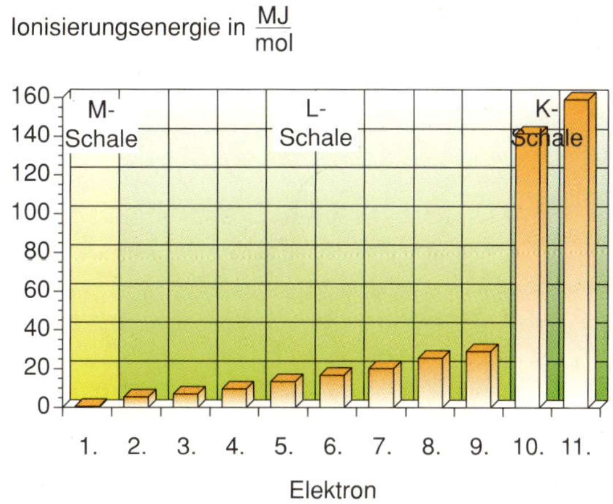

Ionisierungsenergie-Diagramm für die ersten elf Elektronen des Natrium-Atoms

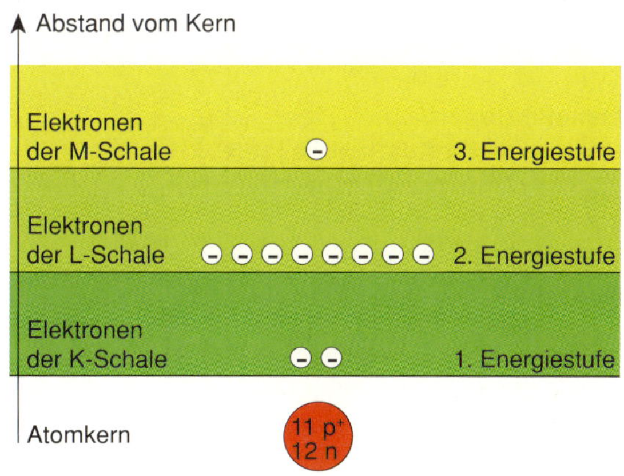

Energiestufen-Diagramm für die ersten elf Elektronen des Natrium-Atoms

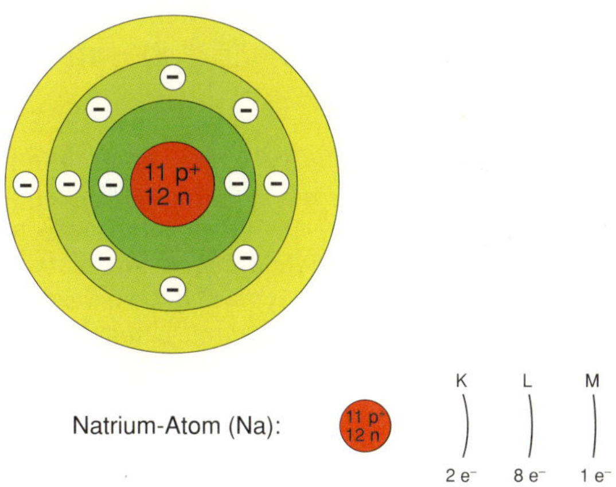

Schalenmodell des Natrium-Atoms

3.6 Vom Atombau zum Periodensystem

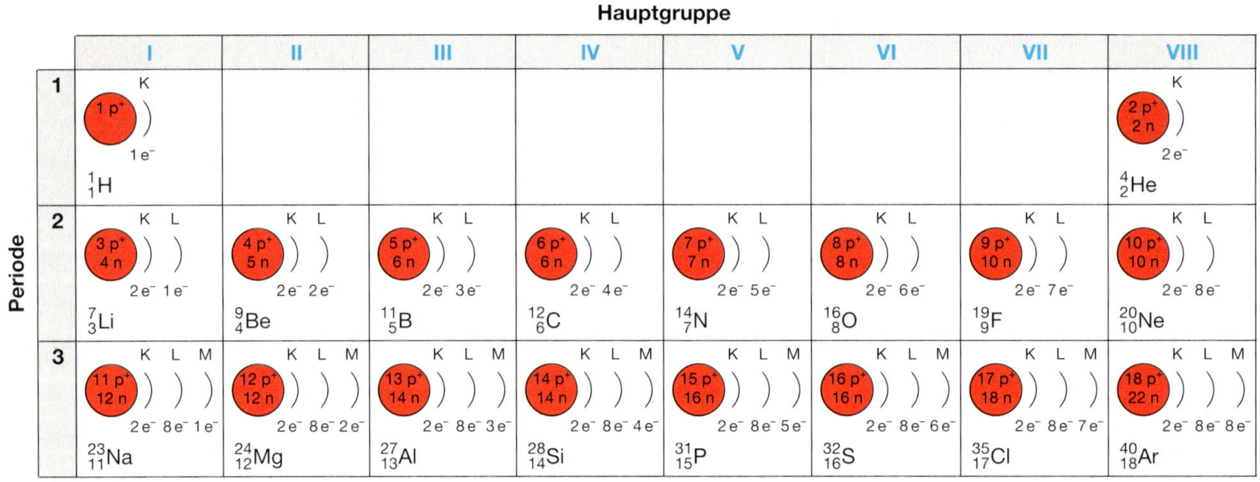

Zwischen dem Atombau und der Stellung der Elemente im Periodensystem besteht ein enger Zusammenhang.

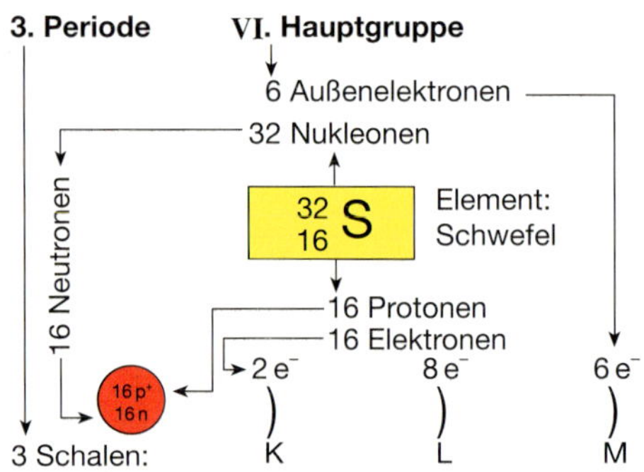

Außenelektronen. Die Elemente einer Elementfamilie zeigen ein ähnliches chemisches Verhalten. So reagieren die Alkalimetalle (I. Hauptgruppe) alle in gleicher Weise. Auch die Halogene (VII. Hauptgruppe) ähneln sich in ihren Eigenschaften. Alkalimetall-Atome besitzen jeweils ein Elektron auf der äußeren Schale und Halogen-Atome besitzen sieben Elektronen auf der äußeren Schale. Offensichtlich bestimmt die Zahl der *Außenelektronen* der Atome das chemische Verhalten der Stoffe. Man kennzeichnet die Außenelektronen deshalb durch besondere Symbole:

Die Elementsymbole stehen für den Atomkern mit den abgeschlossenen inneren Schalen. Die Außenelektronen werden durch Punkte und Striche symbolisiert. Ein Punkt steht dabei für ein einzelnes Außenelektron. Bis zu vier Außenelektronen schreibt man als Einzelpunkte, die um das Symbol verteilt werden. Jedes weitere Außenelektron wird mit einem bereits vorhandenen Punkt zu einem Punktepaar zusammengefasst. Jedes Punktepaar schreibt man als Strich, der damit einem **Elektronenpaar** entspricht. Für Schwefel mit sechs Außenelektronen gilt also:

Atombau und Periodensystem. Die Grundlage für die Anordnung der Elemente im Periodensystem ist die Anzahl der Protonen. Schreibt man alle Elemente mit gleicher Anzahl an besetzten Schalen in eine Zeile und alle Elemente mit gleicher Anzahl an Außenelektronen in eine Spalte, so erhält man eine Anordnung, die dem Periodensystem entspricht. Die *Periodennummer* stimmt mit der Anzahl der besetzten Schalen überein. Die *Hauptgruppennummer* ist gleich der Anzahl der Außenelektronen. Die Stellung eines Elements im Periodensystem spiegelt den Aufbau seiner Atome wider: Bei den Hauptgruppenelementen wird jeweils die äußerste Schale aufgefüllt; bei Nebengruppenelementen wie Eisen oder Kupfer wird die zweitäußerste Schale aufgefüllt, bis diese mit 18 Elektronen besetzt ist.

Atombau	Periodensystem
Anzahl der Protonen = Anzahl der Elektronen	Ordnungszahl
Anzahl der Protonen + Anzahl der Neutronen	Massenzahl
Anzahl der Außenelektronen	Hauptgruppennummer
Anzahl der besetzten Schalen	Periodennummer

1 Gib die Anzahl der Außenelektronen für die Elemente der 3. Periode in der Symbol-Schreibweise an.

2 Zeichne – entsprechend der Abbildung für Schwefel – Schemata für die Elemente Li, C und Mg.

Periodische Eigenschaften

Übersicht

Die Radien von Atomen und Ionen sowie die Ionisierungsenergien ändern sich mit steigender Ordnungszahl der Elemente periodisch.

Atomradien. In einer *Hauptgruppe* des Periodensystems nehmen die Atomradien von oben nach unten zu, denn je mehr Schalen in einem Atom besetzt sind, desto größer ist es.
In einer *Periode* nehmen die Atomradien von links nach rechts ab, denn bei gleicher Anzahl der Elektronenschalen, aber steigender Kernladung werden die Anziehungskräfte zwischen dem Kern und den Elektronen in der Atomhülle größer.

Ionenradien. *Positiv geladene Ionen* sind immer kleiner als die Atome, aus denen sie sich bilden: Die Kationen besitzen eine Schale weniger als die Atome.
Negativ geladene Ionen sind dagegen größer als die zugehörigen Atome: Ihre Hüllen enthalten bei gleicher Kernladung mehr Elektronen in der gleichen Schale als die neutralen Atome. Da sich die Elektronen gegenseitig abstoßen, beanspruchen sie im Anion mehr Raum als im Atom.

Ionisierungsenergien. Die Ionisierungsenergie für das erste Elektron nimmt in einer *Hauptgruppe* von oben nach unten ab, denn das erste Elektron der Außenschale lässt sich wegen der wachsenden Entfernung vom Kern immer leichter abspalten.
In einer *Periode* steigt die Ionisierungsenergie von links nach rechts an, denn das Elektron lässt sich wegen der größer werdenden Kernladung schwerer abspalten.

1 Beschreibe die in den Abbildungen dargestellten Zusammenhänge mit eigenen Worten.

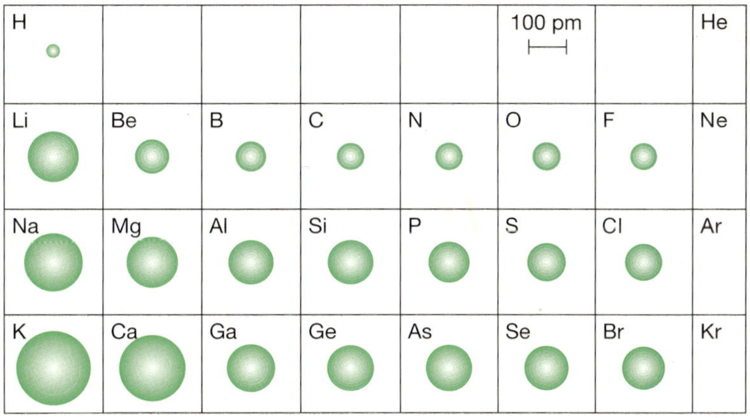

Atomradien. *Die Radien der Atome werden aus den Abständen der Atome in Molekülverbindungen ermittelt. Da es nur sehr wenige Edelgas-Verbindungen gibt, werden für die Elemente der VIII. Hauptgruppe keine Atomradien angegeben.*

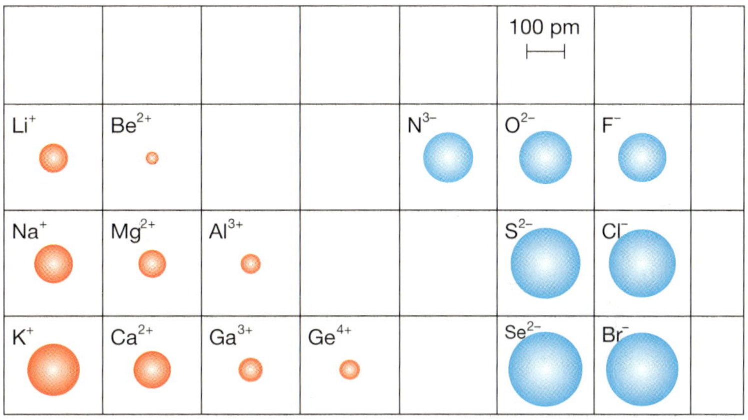

Ionenradien. *Die Radien der Ionen werden aus den Abständen der Ionen in Ionenverbindungen ermittelt.*

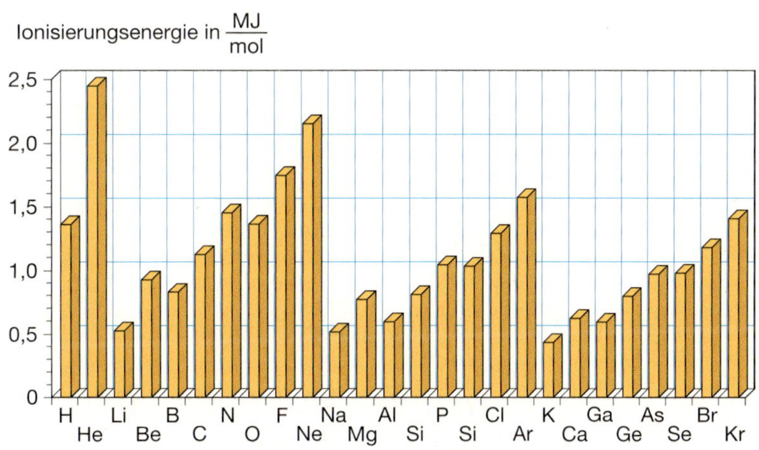

Ionisierungsenergien für die Abspaltung des ersten Elektrons

Exkurs

EINSTEIN und die Atome

Der Kern eines Helium-Atoms besteht aus zwei Protonen und zwei Neutronen. Addiert man die Massen der Nukleonen, erhält man als Summe 4,0319 u. Der Helium-Kern hat jedoch nur eine Masse von 4,0015 u, er ist also um 0,75 % leichter als die Aufbau beteiligten Nukleonen. Dieser Massenverlust wird als **Massendefekt** bezeichnet.

Nach Albert EINSTEIN kann Masse (*m*) in Energie (*E*) umgewandelt werden und umgekehrt. Es gilt: $E = mc^2$, dabei ist c die Lichtgeschwindigkeit (299 800 $\frac{km}{s}$). Die Masse von 1 g entspricht einer Energiemenge, wie sie beispielsweise bei der Verbrennung von 2 700 t Kohle frei wird.

Kernkraft. Der Zusammenhalt der Nukleonen im Kern war für Physiker lange Zeit ein Rätsel. Weshalb fliegen die Atomkerne nicht auseinander, obwohl sich die Protonen abstoßen? Neben den Abstoßungskräften muss es eine viel stärker wirkende Anziehungskraft zwischen den Nukleonen geben – die Kernkraft. Vereinigt man Neutronen und Protonen zu einem Kern, wird aufgrund der Kernkraft die sogenannte **Kernbindungsenergie** frei: Der entstandene Kern ist leichter und damit nach EINSTEIN energieärmer als die einzelnen Nukleonen.

Massenverlust und Kernbindungsenergie pro Nukleon sind für die verschiedenen Elemente nicht gleich. Die größte Kernbindungsenergie haben die Atome der Elemente Eisen, Cobalt und Nickel. Sie sind also energieärmer und somit stabiler als die leichten Atome des Heliums und auch stabiler als die sehr schweren Atome von Elementen wie Blei und Uran.

Kernfusion und Kernspaltung. Bei der Verschmelzung leichter Kerne zu schwereren Kernen wird Masse in Energie umgewandelt. Diese *Kernfusion* läuft beispielsweise in der Sonne ab. Hans BETHE und Carl-Friedrich VON WEIZSÄCKER stellten 1938 die Theorie auf, dass sich in der Sonne Heliumkerne bilden, indem vier Protonen jeweils miteinander verschmelzen.

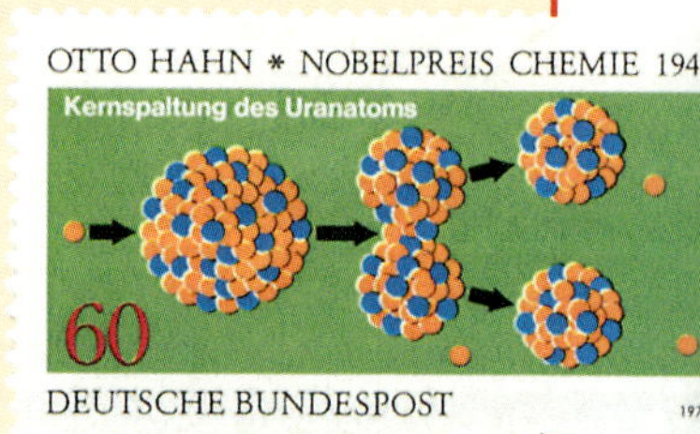

Otto HAHN und Fritz STRASSMANN beschossen im Jahr 1938 Uran mit Neutronen. Sie erwarteten dabei die Bildung von Atomen neuer Elemente. Stattdessen fanden sie aber das leichtere Barium-Isotop $^{144}_{56}$Ba. Es entsteht bei der Spaltung des Uran-Isotops $^{235}_{92}$U:

$$^{235}_{92}\mathrm{U} + ^{1}_{0}\mathrm{n} \longrightarrow ^{89}_{36}\mathrm{Kr} + ^{144}_{56}\mathrm{Ba} + 3\ ^{1}_{0}\mathrm{n}$$

Diese *Kernspaltung* kann man sich so vorstellen, dass der Urankern durch Einfangen des Neutrons stark verformt wird. Die abstoßenden Kräfte überwiegen dann die Kernkraft: Der Kern zerbricht; dabei wird Energie frei. Ursache ist wiederum der Massendefekt und die damit frei werdende Kernbindungsenergie.

Die bei jeder Kernspaltung zusätzlich freigesetzten drei Neutronen können ihrerseits weitere Urankerne spalten. Es kommt zu einer *Kettenreaktion,* bei der schlagartig sehr große Energiemengen frei werden. Auf diesem Prinzip beruht die Atombombe.

1 Recherchiere, welche Eigenschaften die bei der Kernfusion nachweisbaren Positronen und Neutrinos haben und wie sie sich verhalten.

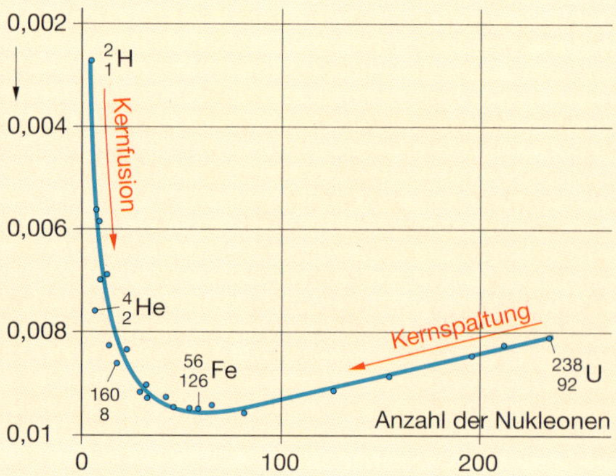

Massendefekt in u pro Nukleon

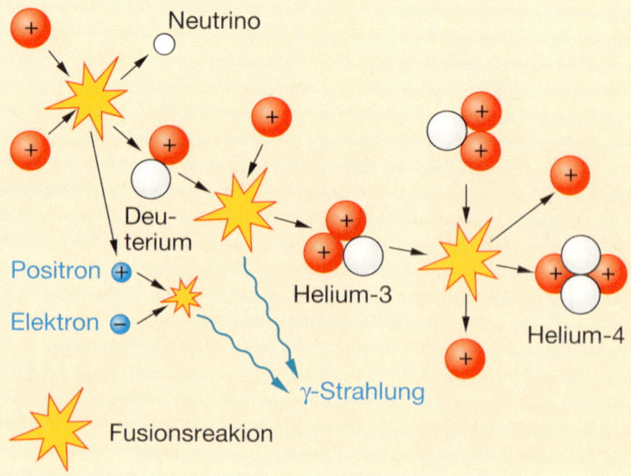

Bildung von Helium-Kernen durch Kernfusion

Atombau und das Periodensystem der Elemente

Basiswissen

1. Ionen

Ionen sind elektrisch geladene Teilchen. Positiv geladene Ionen bezeichnet man allgemein als **Kationen,** negativ geladene als **Anionen**.

Kationen bilden sich vor allem durch Abspaltung von Elektronen aus Metall-Atomen. *Atome* der Nichtmetalle (außer Wasserstoff) nehmen dagegen Elektronen auf, so dass Anionen entstehen.

Salze wie beispielsweise Metallchloride sind aus Ionen aufgebaut.

2. Elektrolyse

In Salzlösungen sind die Ionen frei beweglich; Salzlösungen leiten deshalb den elektrischen Strom.

Legt man eine Gleichspannung an, so wandern Kationen zur **Kathode** (Minuspol) und nehmen dort Elektronen auf. Gleichzeitig wandern Anionen zur **Anode** (Pluspol) und geben Elektronen ab. Die dabei durch die Zufuhr von elektrischer Energie bewirkten chemischen Reaktionen bezeichnet man allgemein als *Elektrolyse*.

3. Kern/Hülle-Modell

- Atome bestehen aus Atomkern und Atomhülle.
- Die Masse des Atoms ist praktisch vollständig auf den Atomkern konzentriert.
- In der Atomhülle bewegen sich die Elektronen. Jedes Elektron trägt eine negative Elementarladung.
- Die Ladung der Elektronen wird durch die positive Ladung des Atomkerns ausgeglichen.

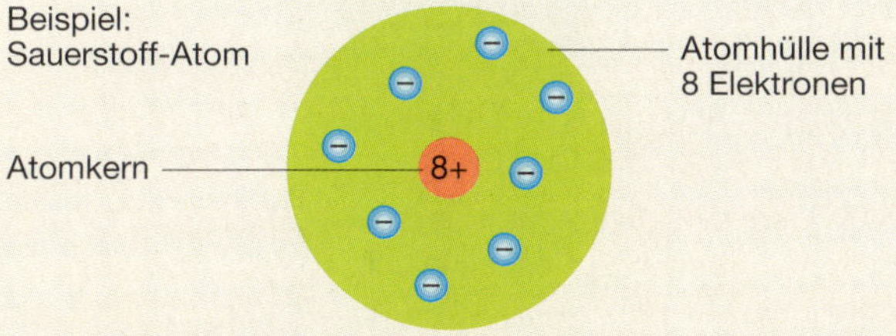

4. Bau des Atomkerns

- Der Atomkern besteht aus **Protonen** mit einer positiven Elementarladung und elektrisch neutralen **Neutronen**. Diese Kernbausteine bezeichnet man zusammenfassend als auch als **Nukleonen**.
- **Isotope** sind Atome eines Elements, die sich in der Anzahl der der Neutronen im Atomkern unterscheiden.
- Die **Ordnungszahl** eines Elements stimmt mit der **Kernladungszahl** *(Protonenzahl)* überein.
- Die **Massenzahl** gibt an, wie viele Nukleonen der Atomkern insgesamt hat.

5. Schalenbau der Atomhülle

- Die Atomhülle ist in Energiestufen gegliedert (Energiestufenmodell). Die Energiestufen können räumlich als Schalen veranschaulicht werden (Schalenmodell).
- Die Elektronenschalen werden von innen nach außen mit K, L, M, N ... bezeichnet.
- Die K-Schale nimmt maximal 2 Elektronen auf, die L-Schale 8 Elektronen und die M-Schale 18 Elektronen.
- Die Elektronen der äußeren Schale bezeichnet man als Außenelektronen (Valenzelektronen); sie bestimmen das chemische Verhalten der Elemente.

  Beispiel: Schwefel-Atom

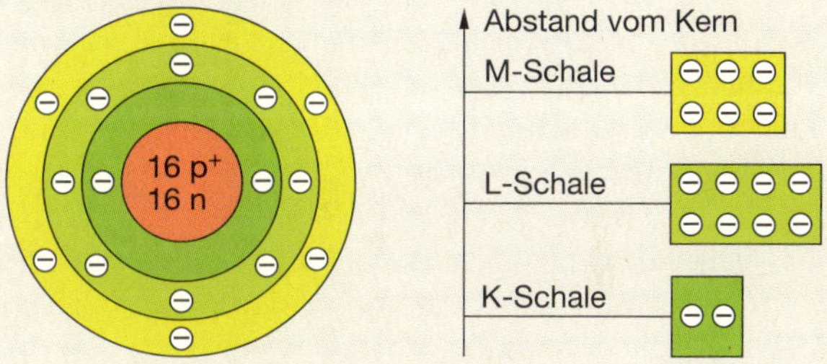

6. Atombau und Periodensystem

Die wichtigsten Informationen über den Aufbau der Atome ergeben sich aus der Stellung eines Elements im Periodensystem:

	I	II	III	IV	V	VI	VII	VIII
1	1,008 $_1$H							4,003 $_2$He
2	6,94 $_3$Li	9,01 $_4$Be	10,81 $_5$B	12,01 $_6$C	14,00 $_7$N	16,00 $_8$O	19,00 $_9$F	20,18 $_{10}$Ne
3	22,99 $_{11}$Na	24,31 $_{12}$Mg	26,98 $_{13}$Al	28,09 $_{14}$Si	30,97 $_{15}$P	32,07 $_{16}$S	35,45 $_{17}$Cl	39,94 $_{18}$Ar

Gruppennummer: Zahl der Außenelektronen
Ordnungszahl: Zahl der Protonen = Zahl der Elektronen
Periodennummer: Zahl der Elektronenschalen
Massenzahl – Ordnungszahl = Zahl der Neutronen
Beispiel: Schwefel (Ordnungszahl 16, Massenzahl 32)

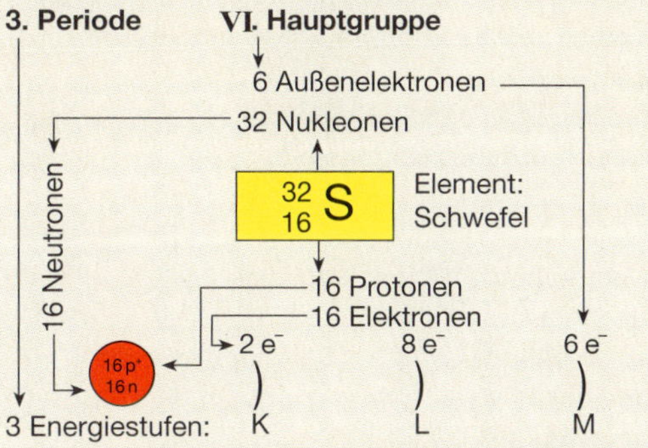

Prüfe dein Wissen

Quiz

A1 a) Erkläre die Begriffe des Fensters.
b) Notiere auf der Vorderseite von Karteikarten den Begriff, auf der Rückseite die Erklärung.

A2 Gib an, wo im Periodensystem der Elemente Metalle und wo Nichtmetalle eingeordnet sind. Nenne je vier Beispiele.

A3 Nenne die Ordnungsprinzipien, nach denen das Periodensystem der Elemente aufgebaut ist.

A4 Die Atommasse von Iod (Element 53) ist kleiner als die von Tellur (Element 52).
Erkläre, warum Iod trotz kleinerer Atommasse eine größere Ordnungszahl als Tellur hat.

A5 a) Leite aus dem Symbol $^{31}_{15}P$ den Aufbau des Phosphor-Atoms ab.
b) Vergleiche den Bau der Atome $^{31}_{15}P$ und $^{30}_{15}P$.

A6 a) Ermittle für die Atome mit 6, 17 und 34 Protonen die Zahl der besetzten Elektronenschalen und die Anzahl der Außenelektronen.
b) Gib an, wie viele Neutronen jeweils bei der Mehrzahl der Atome dieser Elemente vorliegen.

A7 Zeichne das Schalenmodell und das Energiestufenmodell eines Sauerstoff-Atoms.

Know-how

A8 Im RUTHERFORDschen Streuversuch werden α-Teilchen auf eine Goldfolie geschossen, in der 1000 Schichten von Gold-Atomen lückenlos hintereinanderliegen.
Erkläre, warum die meisten α-Teilchen die Folie trotzdem ungehindert durchdringen.

A9 a) Eine Kupferchlorid-Lösung ($CuCl_2$) soll elektrolysiert werden. Fertige eine beschriftete Skizze der Versuchsapparatur an.
b) Beschreibe die an den Elektroden ablaufenden Vorgänge. Formuliere auch die Elektronenübergänge an den Elektroden.

A10 a) Vergleiche das Atommodell von DALTON mit dem Kern/Hülle-Modell von RUTHERFORD.
b) Erkläre den Begriff *Isotop* am Beispiel Wasserstoff.
c) Welche Annahme DALTONs wurde durch den Nachweis von Isotopen widerlegt?

Die wichtigsten Begriffe

- Periodensystem der Elemente
- Periode und Gruppe
- Ordnungszahl
- Massenzahl
- Ion, Kation, Anion
- Elektrolyse
- Atombau
- Radioaktivität
- Streuversuch
- Kern/Hülle-Modell
- Elektron
- Nukleonen: Protonen, Neutronen
- Isotop
- Schalenmodell
- Ionisierungsenergie

A11 Erläutere wesentliche Zusammenhänge zwischen dem Bau der Atome und der Anordnung der Elemente im Periodensystem.

A12 Das Element Blei enthält vier Isotope in unterschiedlichen Anteilen: $^{204}_{82}Pb$ (1,4 %); $^{206}_{82}Pb$ (24,1 %); $^{207}_{82}Pb$ (22,1 %); $^{208}_{82}Pb$ (52,4 %). Berechne aus diesen Angaben die durchschnittliche Atommasse von Blei. Verwende dabei die Näherung $m(p) = m(n) = 1$ u.

A13 Natürlich vorkommender Kohlenstoff enthält die Isotope $^{12}_{6}C$ und $^{13}_{6}C$. Die durchschnittliche Atommasse beträgt 12,011 u. Berechne den Anteil der beiden Isotope.

A14 Begründe, ob Atome, die die gleiche Atommasse besitzen, zum gleichen Element gehören müssen.

Natur – Mensch – Technik

A15 Viele Metallgegenstände sind mit einer dünnen Schicht eines anderen Metalls überzogen.
a) Nenne Beispiele aus Alltag und Technik.
b) Erkläre, welche Vorteile solche Beschichtungen haben.
c) Erläutere, warum man sowohl edle als auch unedle Metalle für die Beschichtung verwendet.
d) Recherchiere, wie dick die Silberschicht bei versilberten Besteckteilen ist und nach welchem Prinzip sie gebildet wird.

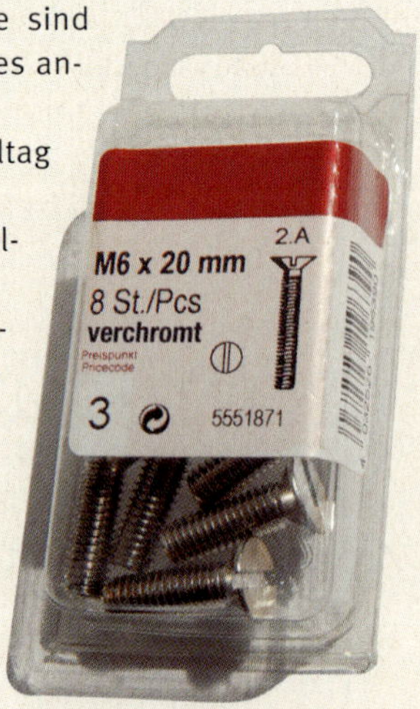

A1 Streuversuch von RUTHERFORD

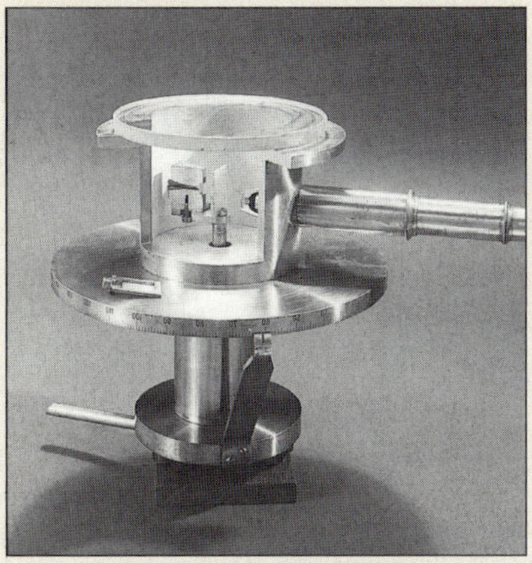

Der britische Physiker Ernest RUTHERFORD berichtet über die Versucheseiner Mitarbeiter:

Ich möchte dieses Beispiel wählen, um zu zeigen, wie oft man durch Zufall auf Tatsachen stößt. Früher hatte ich die Streuung der alpha-Teilchen beobachtet, und Dr. GEIGER in meinem Laboratorium hatte sie im Einzelnen studiert. Er fand, dass in dünnen Schichten von Schwermetall die Streuung gewöhnlich gering war, in der Größenordnung von einem Grad. Eines Tages kam GEIGER zu mir und sagte: „Sollte nicht der junge MARSDEN, der bei mir radioaktive Methoden studiert, langsam anfangen, eine kleine Forschungsarbeit zu machen?“ Das hatte ich mir auch schon gedacht, ich sagte daher: „Warum nicht? Man könnte ihn nachsehen lassen, ob Streuungen der alpha-Teilchen auch in großen Winkeln vorkommen.“ Im Vertrauen gesagt, glaubte ich nicht, dass das sein könnte, da wir ja wussten, dass das alpha-Teilchen ein rasches und massives Teilchen ist, voll beträchtlicher Energie, und man konnte beweisen, dass für den Fall, dass die Streuung auf eine Aufeinanderfolge einer Anzahl kleiner Streuungen zurückzuführen war, eine sehr geringe Chance bestand, dass ein alpha-Teilchen nach rückwärts gestreut wird. Ich erinnere mich, dass dann zwei oder drei Tage später GEIGER in großer Aufregung zu mir kam und sagte: „Es ist uns gelungen, nach rückwärts gehende alpha-Teilchen zu beobachten.“ Das war wohl das Unglaublichste, was ich je erlebt habe. Es war fast so unglaublich, als wenn eine Kugel auf einen zurückkäme, die man auf Seidenpapier geschossen hat.

Victor F. WEISSKOPF: Das Wunder des Wissens, Desch Verlag München, Wien, Basel (1964), S 103.

a) RUTHERFORD ließ 1911 Goldfolien mit α-Teilchen beschießen.
Fasse die wesentlichen fachlichen Aussagen des Textes zusammen.

b) Versuche über eine Recherche mehr über den Aufbau der Atome zu erfahren. Nenne die heute bekannten Elementarteilchen.

A2 Flugbahnen von α-Teilchen

Zwischen der Atomhypothese von DALTON (1808) und der Kern-Hülle-Vorstellung von RUTHERFORD (1911) war das *Rosinenkuchen-Modell* von William THOMSON (1897) in der Diskussion: Danach sind die Elektronen wie Rosinen in einem Kuchen beweglich in einer massiven, positiv geladenen Grundmasse eingebettet.

a) Vergleiche das Rosinenkuchen-Modell mit dem Atommodell von DALTON und dem Kern-Hülle-Modell. Stelle die wesentlichen Aussagen der Modelle sowie die Erscheinungen, die das jeweilige Modell erklärt, heraus. Veranschauliche deine Aussagen jeweils durch eine Skizze des Modells.

b) Nenne Beobachtungen RUTHERFORDs, die sowohl gegen das DALTON-Modell als auch gegen das Rosinenkuchen-Modell sprechen. Erstelle zur Veranschaulichung deiner Aussage für jedes Modell eine Skizze der Flugbahnen von α-Teilchen.

Hinweis: α-Teilchen können das Atom an verschiedenen Stellen treffen.

A3 MENDELEEVs Periodensystem der Elemente

Dimitrij MENDELEEVs Periodensystem wies Lücken auf. So fehlten beispielsweise die Elemente mit den Atommassen 68 und 70 u. Er behauptete 1871, dass diese Elemente noch nicht entdeckt seien und nannte sie Eka-Aluminium und Eka-Silicium. MENDELEEV wagte sogar, einige Eigenschaften vorauszusagen: So sollte das Eka-Aluminium eine Dichte von $6 \frac{g}{cm^3}$ aufweisen und in der Hand schmelzen.

Ueber die Beziehungen der Eigenschaften zu den Atomgewichten der Elemente

von

D. Mendelejeff.

Zeitschrift für Chemie 12. Jhrg. (Neue Folge, V. Bd.) (1869), S. 405 u. 406.

H = 1			Cu = 63,4	Ag = 108	Hg = 200
	Be = 9,4	Mg = 24	Zn = 65,2	Cd = 112	
	B = 11	Al = 27,4	? = 68	Ur = 116	Au = 197 ?
	C = 12	Si = 28	? = 70	Sn = 118	
	N = 14	P = 31	As = 75	Sb = 122	Bi = 210
	O = 16	S = 32	Se = 79,4	Te = 128?	
	F = 19	Cl = 35,5	Br = 80	J = 127	
Li = 7	Na = 23	K = 39	Rb = 85,4	Cs = 133	Tl = 204
		Ca = 40	Sr = 87,6	Ba = 137	Pb = 207

a) Gib mithilfe des Periodensystems fünf Elemente an, die in MENDELEEVs System noch fehlen und vergleiche die Atommassen mit den vorausgesagten Werten.

b) Vergleiche die Darstellung MENDELEEVs mit dem heutigen Periodensystem. Gib die Irrtümer MENDELEEVs an.

4 Salze – Schätze der Erde

Das Tote Meer ist das salzreichste Gewässer der Erde. Die außergewöhnlich hohe Konzentration an Salz führt dazu, dass die Dichte des Meerwassers so groß ist, dass ein Mensch darin nicht untergehen kann. Der Hauptanteil des gelösten Salzes im Toten Meer ist Kochsalz (Natriumchlorid). „Totes Meersalz" wird sowohl medizinisch als auch industriell genutzt.

Salz ist einer der wichtigsten Grundstoffe der chemischen Industrie, aus dem sich eine Vielzahl von Rohstoffen und Produkten gewinnen lässt. Es war Jahrhunderte lang so kostbar, dass man es als weißes Gold bezeichnete.

Zentrale Fragen:
- **Was versteht man unter Salzen?**
- **Wie hängen Bildung und Eigenschaften von Salzen mit dem Aufbau der Atome zusammen?**
- **Wie kann man Formeln von Salzen aufstellen?**
- **Was versteht man unter einer Edelgaskonfiguration?**

Location: http://www.schroedel.de/chemie_heute.html

Suche:

Kochsalz im Alltag

Ergebnisse:

Eigenschaften

Kochsalz hat eine Dichte von 2,16 $\frac{g}{cm^3}$. Die Schmelztemperatur und die Siedetemperatur liegen relativ hoch. Das Salz schmilzt bei 801 °C und siedet bei 1465 °C.
Kochsalz wird seit alters her zum Würzen von Speisen und zur Konservierung von Lebensmitteln wie Schinken oder Heringen verwendet; denn bei höheren Salzgehalten können die meisten Mirkoorganismen nicht überleben.

elektrische Leitfähigkeit von Salzwasser:
Im Gegensatz zu festem Salz leitet Salzwasser den elektrischen Strom. Allerdings ist die Leitfähigkeit einer Salzlösung mehrere tausend Mal geringer als die von Metallen. Auch geschmolzenes Salz ist elektrisch leitfähig.

Salz – kostbarer als Gold?

Salz besaß seit jeher für den Menschen eine besondere Bedeutung. Größere Siedlungen entwickelten sich daher in der Nähe von Salzvorkommen und an den Salzhandelswegen. Noch heute erinnern viele Städtenamen wie Hallstadt (griech. *hals:* Salz), Salzwedel, Reichenhall, Salzburg oder Halle an die Ursprünge dieser Städte. Zu manchen Zeiten war Salz wertvoller als Gold; es war deshalb gelegentlich auch Anlass kriegerischer Auseinandersetzungen.

Streusalz

Salzlösungen erstarren bei tieferen Temperaturen als reines Wasser. So gefriert eine Lösung von 30 g Natriumchlorid in 1 l Wasser erst bei etwa –2 °C. Deshalb verwendet man dieses Salz als Streusalz gegen Straßenglätte. Natriumchlorid kann bis zu –10 °C eingesetzt werden. Um das preiswerte Streusalz für den menschlichen Genuss unbrauchbar zu machen, wird es *vergällt:* Man setzt Eisenoxid und Farbstoffe hinzu.
Der Einsatz von Streusalz ist jedoch umstritten: Das Salz gelangt in den Boden und schädigt Pflanzen und Bäume. An Autos beschleunigt Streusalz Korrosionsvorgänge.

Physiologische Kochsalz-Lösung

Eine Lösung von 0,9 % Natriumchlorid in Wasser bezeichnet man als physiologische Kochsalz-Lösung: Sie hat etwa die gleiche Konzentration an gelösten Teilchen wie Blutplasma; in der Medizin dient sie deshalb im Notfall als Blutplasma-Ersatz.

Salzgewinnung

In Deutschland gibt es viele unterirdische Salzvorkommen. Das sogenannte *Steinsalz* wird entweder bergmännisch abgebaut oder unterirdisch aufgelöst und dann in Salinen auskristallisiert.

Badesalz aus dem Toten Meer

400 m unterhalb des Meeresspiegels liegt an der Grenze zwischen Israel und Jordanien das Tote Meer. Es ist das salz- und mineralreichste Gewässer der Erde. Aus unterirdischen Quellen fließt mineralreiches Wasser in den abflusslosen See und verdunstet dort. So ist der Salzgehalt bis heute auf etwa 25 % angestiegen. Dem Salz, das auch als Badesalz verkauft wird, wird eine heilende Wirkung bei Hautkrankheiten zugeschrieben.

Aufgaben

1 Nenne Eigenschaften und Verwendung von Kochsalz.
2 Recherchiere, weshalb der Salzgehalt des Toten Meeres ansteigt.

4.1 Bildung von Salzen

Natrium verbrennt in Chlor

Kochsalzkristalle

Magnesium reagiert mit Sauerstoff

Leitet man Chlor auf geschmolzenes Natrium, so reagiert das Metall mit einer grellen gelben Flamme. Die Reaktion ist stark exotherm. An der Glaswand setzt sich ein weißes Pulver als Reaktionsprodukt ab. Es handelt sich um *Natriumchlorid.* Der weiße Feststoff löst sich gut in Wasser. Beim Eindampfen der wässerigen Lösung erhält man kleine würfelförmige Kristalle. Natriumchlorid schmeckt salzig, es ist im Alltag als *Kochsalz* bekannt.

Erhitzt man Kochsalz, schmilzt es erst bei 801 °C. Die Schmelze wie auch eine wässerige Natriumchlorid-Lösung leiten den elektrischen Strom. Kochsalz ist also aus Ionen aufgebaut, es besteht aus positiv geladenen Natrium-Ionen (Na^+) und negativ geladenen Chlorid-Ionen (Cl^-). Am Aufbau von Natriumchlorid-Kristallen sind genauso viele Natrium-Ionen wie Chlorid-Ionen beteiligt. Die Verhältnisformel ist also NaCl. Um den Aufbau aus Ionen zu verdeutlichen kann man in der Formel die Ionen-Ladungen hinzufügen:

$2\,Na\,(s) + Cl_2\,(g) \longrightarrow 2\,Na^+Cl^-\,(s)$; exotherm

Natrium Chlor Natriumchlorid

Erhitzt man Magnesium an der Luft, so brennt es mit einer gleißend hellen Flamme. Es entsteht ein weißer kristalliner Feststoff. Bei dieser stark exothermen Reaktion verbindet sich Magnesium mit dem Sauerstoff der Luft zu Magnesiumoxid. Die Verhältnisformel lautet MgO. Auch Magnesiumoxid ist aus Ionen aufgebaut:

$2\,Mg\,(s) + O_2\,(g) \longrightarrow 2\,Mg^{2+}O^{2-}\,(s)$; exotherm

Natrium Sauerstoff Magnesiumoxid

Geschmolzenes Magnesiumoxid leitet dementsprechend den elektrischen Strom. Im Vergleich zu Natriumchlorid schmilzt Magnesiumoxid jedoch erst bei wesentlich höherer Temperatur (2800 °C). In Wasser ist Magnesiumoxid praktisch unlöslich.

Salze. Die Reaktion von Metallen mit Halogenen unter Bildung von *Metallhalogeniden* ist ein typisches Beispiel für die Bildung von Salzen. Auch andere Nichtmetalle reagieren mit Metallen zu salzartigen Stoffen. Aus Sauerstoff und Metallen bilden sich *Metalloxide.* Aus Schwefel und Metallen entstehen *Metallsulfide.*
Die ähnlichen Eigenschaften bei Salzen lassen sich auf eine Gemeinsamkeit in ihrem Aufbau zurückführen: Salze bestehen aus unterschiedlich geladenen Ionen, die sich gitterartig anordnen. Salze schmelzen daher erst bei hohen Temperaturen, denn beim Schmelzen müssen die starken Anziehungskräfte zwischen den Ionen überwunden werden.

Die Höhe der Schmelztemperatur hängt von der Ladung der Ionen ab. So lassen sich die Anziehungskräfte zwischen den einfach geladenen Ionen des Natriumchlorids leichter überwinden als die zwischen den zweifach geladenen Ionen des Magnesiumoxids. Auch beim Lösevorgang müssen die Ionen voneinander getrennt werden. Daher sinkt in der Regel die Löslichkeit von Salzen mit zunehmender Stärke der Anziehungskräfte zwischen den Ionen.

Benennung von Salzen. Im Namen eines Salzes nennt man zuerst das Metall. Der Name des Nichtmetalls folgt dann häufig in verkürzter Form, ausgehend vom wissenschaftlichen Namen des Elements. Die Endung ist immer **-id.**
Beispiele: Kaliumiod**id** (KI), Kupfersulf**id** (Cu_2S).

Metalle reagieren mit Nichtmetallen zu Salzen.
Salze bestehen aus Ionen.

1 Die folgenden Reaktionsgleichungen sind nicht korrekt. Korrigiere sie und begründe dein Vorgehen.
a) $Na + Cl \longrightarrow NaCl$; **b)** $Na + Cl_2 \longrightarrow NaCl$

4.2 Ionen und Edelgaskonfiguration

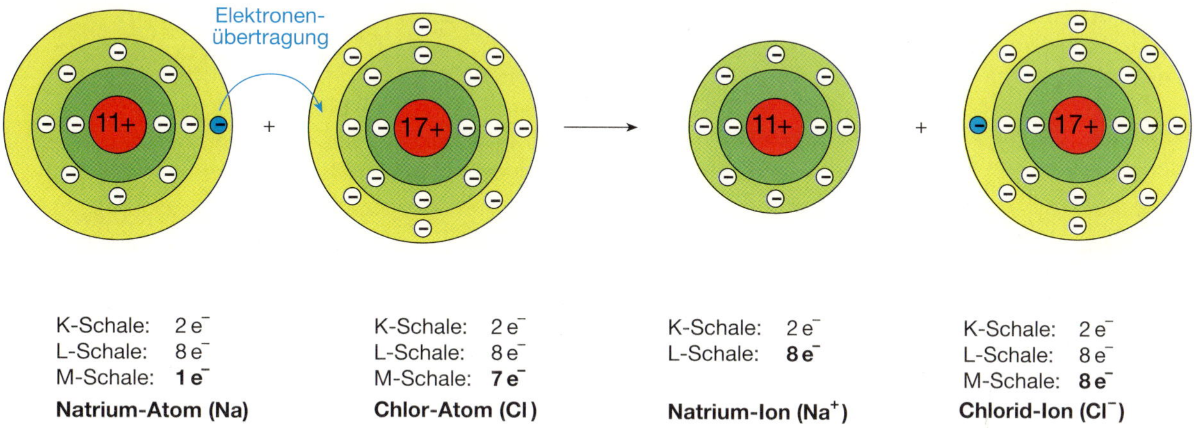

Ionenbildung durch Elektronenübertragung: Die Ionen besitzen eine Edelgaskonfiguration.

Mit dem Schalenmodell lässt sich die Frage beantworten, warum es Ionen mit unterschiedlichen Ladungszahlen gibt: Die Ionenladung hängt von der Anzahl der Außenelektronen des jeweiligen Elements ab. Die Elemente der ersten Gruppe des Periodensystems, die wie Natrium oder Kalium *ein* Außenelektron besitzen, bilden *einfach* positiv geladene Ionen. Die Elemente der zweiten Gruppe des Periodensystems, die wie Magnesium oder Calcium *zwei* Außenelektronen besitzen, bilden *zweifach* positiv geladene Ionen.

Edelgaskonfiguration. Die Ladungszahlen ergeben sich nach einer einfachen Regel: Ionen besitzen meist dieselbe Anzahl von Außenelektronen wie die Atome des Edelgases, das ihnen im Periodensystem am nächsten steht. Man sagt, die Ionen haben eine *Edelgaskonfiguration.* Meist haben die Ionen dabei *acht* Außenelektronen. Eine Ausnahme bilden das Lithium-Ion und das Beryllium-Ion, die mit *zwei* Außenelektronen die Edelgaskonfiguration des Helium-Atoms aufweisen.
Diese Regel bezeichnet man auch als **Edelgasregel.** Sie gilt streng genommen nur für die Elemente, die in den Hauptgruppen des Periodensystems stehen, aber auch dort gibt es Ausnahmen.

Ionenbildung. Das Natrium-Atom besitzt in der Atomhülle elf Elektronen: zwei in der K-Schale, acht in der L-Schale und eines in der M-Schale. Das Natrium-Ion hat bei gleicher Kernladungszahl wie das Natrium-Atom die Edelgaskonfiguration des Neons, also zehn Elektronen: zwei in der K-Schale und acht in der L-Schale. Bei der Ionenbildung gibt das Natrium-Atom *ein* Elektron ab. Das Natrium-Ion ist damit *einfach positiv* geladen.

Das Chlor-Atom hat 17 Elektronen mit sieben Außenelektronen in der M-Schale. Das Chlorid-Ion enthält ein zusätzliches Elektron, sodass die M-Schale mit acht Elektronen der Edelgaskonfiguration des Argons entspricht. Bei der Ionenbildung nimmt das Chlor-Atom *ein* Elektron auf. Das Chlorid-Ion ist damit *einfach negativ* geladen.

Die Bildung von Ionen erfolgt durch chemische Reaktionen: Metall-Atome geben Elektronen ab, bis sie eine Edelgaskonfiguration erreichen. Nichtmetall-Atome nehmen diese Elektronen auf; die entstehenden Anionen erreichen dann ebenfalls eine Edelgaskonfiguration. Bei der Reaktion erfolgt also eine **Elektronenübertragung** vom Metall-Atom zum Nichtmetall-Atom.
Die Bildung von Ionen kann durch die Elektronenschreibweise veranschaulicht werden. Für die Bildung des Natrium-Ions und des Chlorid-Ions gilt:

$Na\bullet \dashrightarrow Na^{+} + e^{-}$

$|\overline{\underline{Cl}}\bullet + e^{-} \dashrightarrow |\overline{\underline{Cl}}|^{-}$

Bei der Ionenbildung findet eine Elektronenübertragung zwischen Metall-Atomen und Nichtmetall-Atomen statt. Die gebildeten Ionen besitzen Edelgaskonfiguration.

1 Erkläre mithilfe der Edelgasregel, welche Ionen bei der Reaktion von Lithium mit Iod entstehen.
2 Stelle die Reaktion von Calcium mit Schwefel in der Elektronenschreibweise dar.
3 Notiere die Formeln der Ionen, die sich aus folgenden Atomen bilden: Mg, O, F, Al, K, N.

4.3 Die Formeln salzartiger Stoffe

Natriumchlorid, das im allgemeinen Sprachgebrauch einfach als *Salz* bezeichnet wird, ist ein typisches Beispiel für einen Stoff, der aus Ionen aufgebaut ist. In der Chemie nennt man Ionenverbindungen allgemein **Salze** oder **salzartige Stoffe**. Wichtige Beispiele sind die *Metallhalogenide*, Verbindungen von Metallen mit den Elementen aus der Gruppe der Halogene: Fluor, Chlor, Brom und Iod.
Aber auch *Metalloxide* wie das Calciumoxid (CaO) und *Metallsulfide* wie das Zinksulfid (ZnS) gehören zu den salzartigen Stoffen. Man erkennt salzartige Stoffe daran, dass sie als Schmelze oder in wässeriger Lösung den elektrischen Strom leiten.

Elektroneutralität. Stoffe, die aus Ionen aufgebaut sind, sind *elektrisch neutral*. Sie enthalten stets gleich viele positive und negative Ladungen. So besteht Natriumchlorid (NaCl) aus einfach positiv geladenen Natrium-Ionen und einfach negativ geladenen Chlorid-Ionen im Anzahlverhältnis 1 : 1. Magnesium-Ionen sind *zweifach* positiv geladen (Mg^{2+}). Da die Verbindung Magnesiumchlorid elektrisch neutral ist, enthält sie doppelt so viele einfach negativ geladene Chlorid-Ionen: $MgCl_2$.

Formeln salzartiger Stoffe. In den Kristallen von salzartigen Stoffen sind die Ionen gitterartig angeordnet. Diese Gitter können beliebig groß sein, also unterschiedlich viele Ionen enthalten. Die Kationen und die Anionen stehen dabei aber stets in einem konstanten Anzahlverhältnis. Dieses Anzahlverhältnis wird in den Formeln angegeben. Bei den Formeln von Salzen handelt es sich also stets um *Verhältnisformeln*.

Viele salzartige Stoffe lösen sich leicht in Wasser. Daher findet man sie im Meerwasser und in geringerer Menge auch im Süßwasser. Salzartige Stoffe, die sich schlecht in Wasser lösen, sind am Aufbau vieler Gesteine beteiligt.

Salzartiger Stoff	Verhältnisformel	Anzahlverhältnis	
Kaliumchlorid	KCl	$N(K^+) : N(Cl^-)$	= 1 : 1
Magnesiumiodid	MgI_2	$N(Mg^{2+}) : N(I^-)$	= 1 : 2
Aluminiumbromid	$AlBr_3$	$N(Al^{3+}) : N(Br^-)$	= 1 : 3
Lithiumoxid	Li_2O	$N(Li^+) : N(O^{2-})$	= 2 : 1
Calciumsulfid	CaS	$N(Ca^{2+}) : N(S^{2-})$	= 1 : 1
Aluminiumoxid	Al_2O_3	$N(Al^{3+}) : N(O^{2-})$	= 2 : 3
Magnesiumnitrid	Mg_3N_2	$N(Mg^{2+}) : N(N^{3-})$	= 3 : 2
Magnesiumcarbonat	$MgCO_3$	$N(Mg^{2+}) : N(CO_3^{2-})$	= 1 : 1

Salzartige Stoffe und ihre Verhältnisformeln

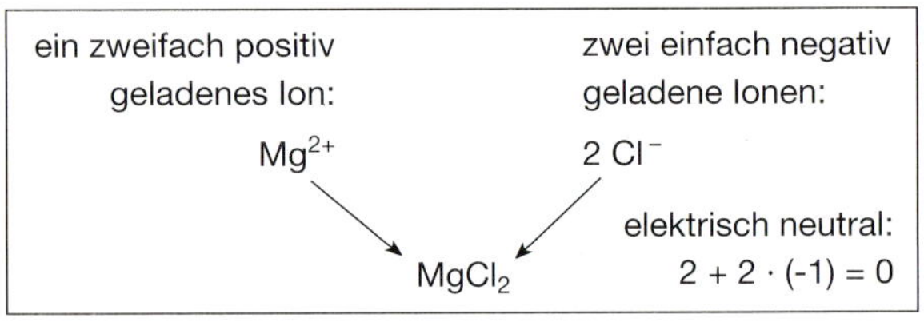

Die Dolomiten bestehen hauptsächlich aus Calciumcarbonat ($CaCO_3$) und Magnesiumcarbonat ($MgCO_3$). Dieses Beispiel macht deutlich, dass in den natürlichen salzartigen Stoffen häufig Anionen vorliegen, die aus mehreren Atomen aufgebaut sind: Die Carbonate enthalten Carbonat-Ionen (CO_3^{2-}), Calciumsulfat, auch als *Gips* bekannt, enthält Sulfat-Ionen (SO_4^{2-}).

Stoffe, die aus Ionen aufgebaut sind, werden als Salze oder salzartige Verbindungen bezeichnet. Sie enthalten positive und negative Ladungen in gleicher Anzahl. Dieses Verhältnis gibt man durch Verhältnisformeln an.

1 **a)** Erkläre den Begriff *salzartige Stoffe*.
b) Nenne Eigenschaften salzartiger Stoffe.
2 Stelle die Ionenbildung für die Reaktion von Calcium mit **a)** Brom und **b)** Sauerstoff im Schalenmodell dar.
3 Gib die Verhältnisformeln für Calciumnitrid, Lithiumsulfid und Aluminiumsulfid an.
4 Gib an, welche Metallionen in den Oxiden mit den Verhältnisformeln ZnO und TiO_2 vorliegen.
5 **a)** Erkläre, warum die Metalle der ersten Hauptgruppe mit Nichtmetallen der VII. Hauptgruppe stets Verbindungen mit dem Atomanzahlverhältnis 1 : 1 bilden.
b) Nenne jeweils eine salzartige Verbindung mit dem Anzahlverhältnis 2 : 1, 1 : 3, 2 : 3 und 3 : 1, die in der obigen Tabelle nicht aufgeführt sind.

Die Dolomiten – ein Gebirge aus Calcium-Magnesiumcarbonat ($CaMg(CO_3)_2$)

Ionenladung und Periodensystem

Ionenladung. Das Periodensystem ist nicht nur ein Ordnungssystem für die Elemente und ihre Atome, sondern auch für ihre Ionen:

- Die Elemente der I. bis III. Hauptgruppe sind *Metalle.* Ihre Atome bilden *positiv* geladene Ionen, die Ladungszahl stimmt mit der Gruppennummer überein.
- Die Atome der *nichtmetallischen Elemente* der V. bis VII. Hauptgruppe bilden *negativ* geladene Ionen. Um ihre Ladungszahl zu berechnen, zieht man die Gruppennummer von der Zahl *Acht* ab.

I. Hauptgruppe. Alkalimetall-Atome bilden *einfach positiv* geladene Ionen wie Na^+ und K^+. NaCl und KCl sind Verbindungen, in denen diese Ionen enthalten sind.

II. Hauptgruppe. Erdalkalimetall-Atome bilden *zweifach positiv* geladene Ionen wie Mg^{2+} und Ca^{2+}. Man findet sie beispielsweise im Magnesiumchlorid ($MgCl_2$) und im Calciumcarbonat ($CaCO_3$).

III. Hauptgruppe. Aluminium-Atome bilden *dreifach positiv* geladene Ionen (Al^{3+}). Sie sind beispielsweise im Aluminiumchlorid ($AlCl_3$) enthalten.

IV. Hauptgruppe. Kohlentoff-Atome und Silicium-Atome bilden in der Regel keine Ionen. Vom Blei sind Pb^{2+}-Ionen und Pb^{4+}-Ionen bekannt.

V. Hauptgruppe. Stickstoff bildet *dreifach negativ* geladene Nitrid-Ionen (N^{3-}). Man findet sie beispielsweise im Magnesiumnitrid (Mg_3N_2).

VI. Hauptgruppe. Die Ionen des Sauerstoffs und des Schwefels sind *zweifach negativ* geladen. Oxid-Ionen (O^{2-}) sind Bausteine der Oxide wie Kupferoxid (CuO) und Aluminiumoxid (Al_2O_3). Sulfid-Ionen (S^{2-}) sind in Natriumsulfid (Na_2S) und Kupfersulfid (CuS) enthalten.

VII. Hauptgruppe. Halogen-Atome bilden *einfach negativ* geladene Ionen: F^-, Cl^-, Br^- und I^-. Sie sind Bestandteile der Halogenide wie Natriumchlorid (NaCl) oder Kaliumbromid (KBr).

VIII. Hauptgruppe. Edelgas-Atome bilden keine Ionen.

Ionen der Nebengruppen-Elemente. Von den Elementen der Nebengruppen sind vor allem die Edelmetalle Silber, Gold und Platin bekannt. Aber auch viele Gebrauchsmetalle wie Eisen und Chrom stehen in den Nebengruppen. Die meisten Nebengruppen-Elemente bilden mehrere Ionensorten. So gibt es beim Eisen sowohl Fe^{2+}-Ionen als auch Fe^{3+}-Ionen. Mit welcher Ionensorte man es im Einzelfall zu tun hat, lässt sich an der Verhältnisformel erkennen. Fe^{2+}-Ionen sind im Eisensulfat($FeSO_4$) enthalten. Fe^{3+}-Ionen findet man in Eisenchlorid ($FeCl_3$).

1 Gib an, welche Elemente positiv bzw. negativ geladene Ionen bilden.
2 Begründe die Regeln, nach denen die Ladungszahlen der Ionen metallischer und nichtmetallischer Elemente abgeleitet werden können.
3 Gib die Ionen an, die im grünen Chromoxid (Cr_2O_3) und im braunen Bleioxid (PbO_2) enthalten sind.
4 Ermittle die Verhältnisformeln von Natriumoxid und von Bismutsulfid.

Hauptgruppe	I	II											III	IV	V	VI	VII	VIII
1 K-Schale	H^+																	He
2 L-Schale	Li^+	Be^{2+}	Nebengruppen-Elemente										B	C	N^{3-}	O^{2-}	F^-	Ne
3 M-Schale	Na^+	Mg^{2+}	III	IV	V	VI	VII	VIII			I	II	Al^{3+}	Si	P^{3-}	S^{2-}	Cl^-	Ar
4 N-Schale	K^+	Ca^{2+}	Sc^{3+}	Ti^{3+} Ti^{4+}	V^{3+}	Cr^{3+}	Mn^{2+}	Fe^{2+} Fe^{3+}	Co^{2+}	Ni^{2+}	Cu^+ Cu^{2+}	Zn^{2+}	Ga^{3+}	Ge	As^{3+}	Se^{2-}	Br^-	Kr
5 O-Schale	Rb^+	Sr^{2+}	Y^{3+}	Zr^{4+}	Nb	Mo	Tc	Ru	Rh	Pd^{2+}	Ag^+	Cd^{2+}	In^{3+}	Sn^{2+} Sn^{4+}	Sb^{3+}	Te^{2-}	I^-	Xe
6 P-Schale	Cs^+	Ba^{2+}	La^{3+}–Lu^{3+}	Hf^{4+}	Ta	W	Re	Os	Ir	Pt^{2+}	Au^+ Au^{3+}	Hg_2^{2+} Hg^{2+}	Tl^+	Pb^{2+} Pb^{4+}	Bi^{3+}	Po	At	Rn
7 Q-Schale	Fr^+	Ra^{2+}	Ac–Lr															

4.4 Salze – Ionen hinter Gittern

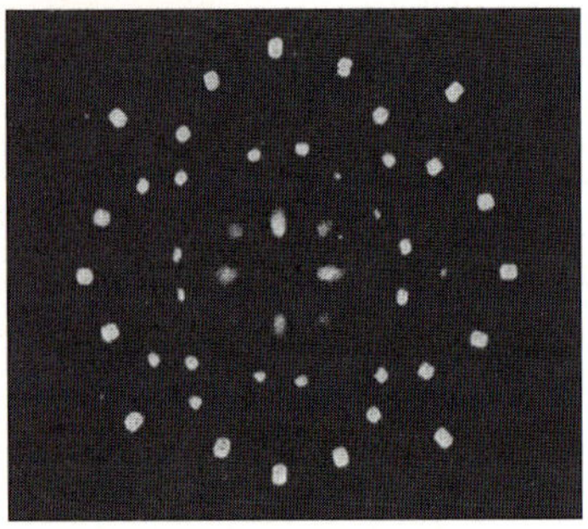

LAUE-Diagramm von Kochsalz

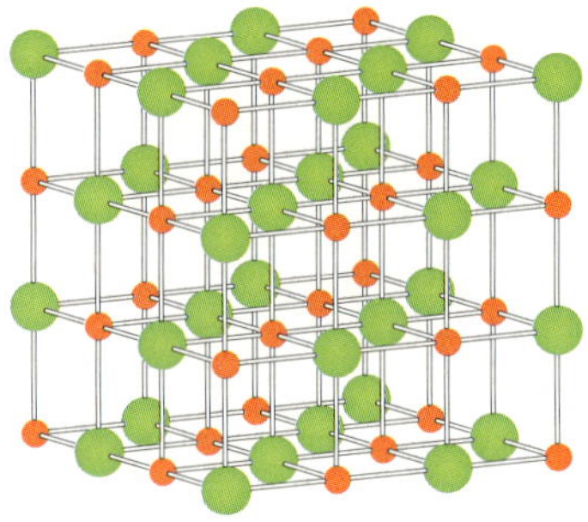

Raumgittermodell

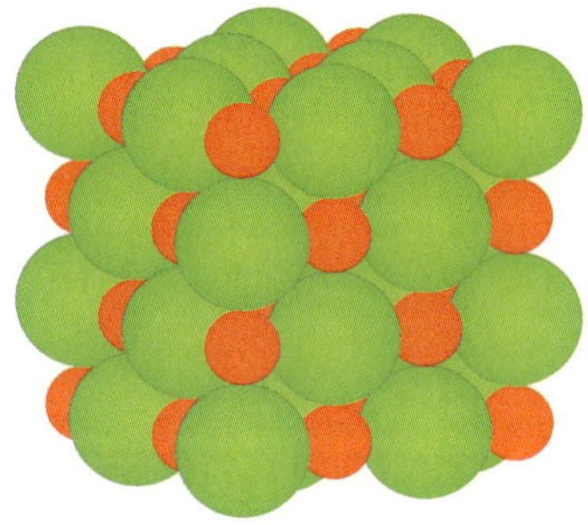

Kugelpackungsmodell

Wenn das Wasser einer Kochsalz-Lösung verdunstet, bilden sich viele kleine, meist würfelförmige **Kristalle.** Schon früh machte man sich Gedanken, warum ohne äußere Einwirkung Kristalle mit regelmäßig angeordneten Flächen, Kanten und Ecken entstehen. Klare Vorstellungen entwickelten sich schließlich in der ersten Hälfte des 20. Jahrhunderts.

Im Jahre 1912 erforschte Max von LAUE den Aufbau von Kristallen, indem er sie mit Röntgenlicht durchstrahlte. Auf einer Fotoplatte hinter dem Kristall ergab sich dabei ein bestimmtes Muster von Punkten. Aus diesen Bildern ließ sich die räumliche Anordnung der Ionen ableiten. Weitere Untersuchungen lieferten Informationen über die Abstände zwischen den Mittelpunkten der Ionen.

Gittermodelle. Den Aufbau von Ionenverbindungen stellt man in unterschiedlichen Modellen dar. Sollen lediglich die Positionen der Ionen im Kristall gezeigt werden, so verwendet man ein **Raumgittermodell.** Hier werden die Ionen durch kleine Kugeln dargestellt, die durch Stäbe miteinander verbunden sind. Möchte man aber die Radienverhältnisse der Ionen wiedergeben und zeigen, wie die Ionen den Raum ausfüllen, so benutzt man das **Kugelpackungsmodell.** Hier liegen die Kugeln jedoch so dicht beieinander, dass man die Anordnung im Inneren nicht direkt erkennen kann.

Natriumchlorid-Struktur. Chlorid-Ionen sind doppelt so groß wie Natrium-Ionen. Darum bestimmen sie im Natriumchlorid-Kristall den Aufbau des Kristallgitters. Insgesamt gesehen bilden sie eine *dichteste Kugelpackung*. Die kleineren Natrium-Ionen liegen versteckt in den Lücken, die zwischen den Chlorid-Ionen frei bleiben.
Jedes Natrium-Ion wird von sechs Chlorid-Ionen berührt, aber auch jedes Chlorid-Ion ist von sechs Natrium-Ionen umgeben. Einem Teilchen der einen Ionensorte sind also jeweils sechs Ionen der anderen Sorte *zugeordnet*. Eine solche Zuordnung wird auch als *Koordination* bezeichnet. Man sagt deshalb kurz: Im Natriumchlorid-Kristall haben beide Ionensorten die **Koordinationszahl** sechs.

Ionenbindung. Zwischen positiv und negativ geladenen Ionen wirken starke elektrische Anziehungskräfte; gleichartig geladene Ionen stoßen sich ab. Bei der Bildung eines Salzkristalls ergibt sich deshalb eine dreidimensionale Anordnung, in der sich positiv und negativ geladene Ionen abwechseln. Diese Art der chemischen Bindung bezeichnet man als *Ionenbindung*.
Alle Stoffe, in denen dieser Bindungstyp vorliegt, gehören zu den **Salzen.** Er erklärt auch die gemeinsamen Eigenschaften von Salzen:

- Salze besitzen in der Regel hohe Schmelztemperaturen und hohe Siedetemperaturen.
- Salze lösen sich meist gut in Wasser.
- Wässerige Lösungen und Schmelzen von Salzen leiten den elektrischen Strom. Im festen Zustand leiten Salze den elektrischen Strom nicht.
- Schlägt man hart auf einen Salzkristall, so zerbricht er in Stücke, die meist wieder die charakteristische Kristallform besitzen.

Ionen bilden Kristalle mit regelmäßigen Gitterstrukturen. Dabei halten elektrische Kräfte die Ionen zusammen, man spricht von der Ionenbindung.

1 Beschreibe, was man unter einem Kristallgitter versteht.
2 Erläutere den Begriff Koordinationszahl.
3 Nenne die Vorteile und Nachteile von Raumgitter- und Kugelpackungsmodellen.
4 a) Erkläre, warum ein Ionenkristall im Prinzip beliebig groß werden kann.
b) Weshalb werden Kristalle aber nur selten so groß?
5 a) Begründe den regelmäßigen Aufbau von Kristallen.
b) Erkläre, warum sich regelmäßige Kristalle nur bilden, wenn sie frei schwebend – beispielsweise an einem dünnen Draht – wachsen.

Welcher Gittertyp liegt vor?

Exkurs

Wer eine Kristallsammlung betrachtet, bewundert die Vielfalt der Kristallformen. Die Formenvielfalt kann aber auch verwirren. Darum schafft man Ordnung, indem man die vielen Kristallformen relativ wenigen **Gittertypen** zuordnet. Diese werden nach bekannten Beispielen wie nach dem Natriumchlorid-Gitter benannt. Die **Verhältnisformel** eines Stoffes und das **Radienverhältnis** seiner Ionen bestimmen den jeweiligen Gittertyp mit seiner charakteristischen Anordnung der Ionen. Besonders einfach lassen sich Gittertypen erfassen, wenn nur zwei Ionensorten am Aufbau beteiligt sind.

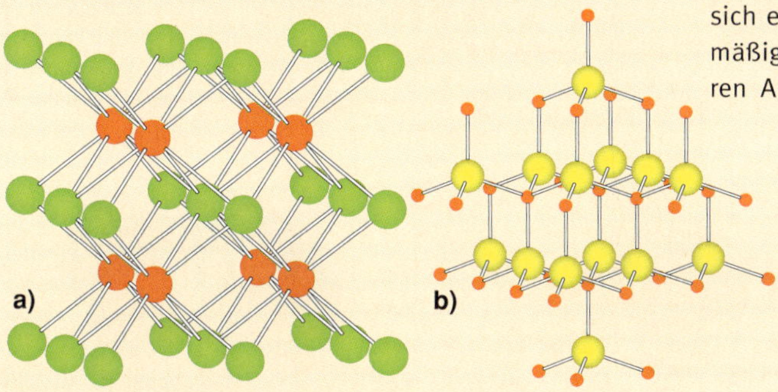

Gittertypen: a) Caesiumchlorid, b) Zinksulfid

Caesiumchlorid-Typ. Caesium-Ionen sind beinahe so groß wie Chlorid-Ionen. Sie passen also nicht in die Lücken zwischen den Chlorid-Ionen. Insgesamt ergibt sich eine *würfelförmige* Gitterstruktur, in der sowohl Caesium-Ionen als auch Chlorid-Ionen die acht Ecken von Würfeln besetzen. Im Zentrum eines solchen Würfels befindet sich immer ein Ion der anderen Ionensorte. In der Caesiumchlorid-Struktur ist die Koordinationszahl also für beide Ionensorten acht.

Zinksulfid-Typ. Sulfid-Ionen sind etwa 2,5-mal größer als Zink-Ionen. Bei diesem Radienverhältnis bildet sich ein Gitter, in dem jedes Ion die Mitte eines regelmäßigen Tetraeders besetzt. Vier Ionen der anderen Art befinden sich an den Ecken des Tetraeders. Die Koordinationszahl ist demnach für beide Ionensorten vier.

1 **a)** Nenne die Verhältnisformeln für Caesiumchlorid und für Zinksulfid.
b) Gib an, welche Ionensorten in diesen Verbindungen vorliegen.
c) Vergleiche die Strukturen mit der Struktur von Natriumchlorid.

Rubine werden wegen ihrer Härte als Lagersteine in Uhren verwendet. Sie bestehen hauptsächlich aus farblosem Aluminiumoxid. Im Kristallgitter wird ein kleiner Teil der Aluminium-Ionen durch ebenfalls dreifach positiv geladene Chrom-Ionen (Cr^{3+}) ersetzt. Sie verleihen dem Kristall die schöne rote Farbe.

Beim Eindunsten einer Kupfersulfat-Lösung erhält man die blauen Kristalle von Kupfersulfat-Hydrat ($CuSO_4 \cdot 5\ H_2O$). In diesen Kristallen sind Wasser-Moleküle in die Gitterstruktur eingebaut. Werden solche Kristalle erhitzt, entweicht das Kristallwasser und die Kristalle zerfallen.

Aus einer Lösung von Kaliumaluminiumsulfat ($KAl(SO_4)_2 \cdot 12\ H_2O$) entstehen Alaun-Kristalle, wenn das Wasser verdunstet. Gut ausgebildete Kristalle haben die Form von zwei Pyramiden, die sich mit ihren quadratischen Grundflächen berühren.

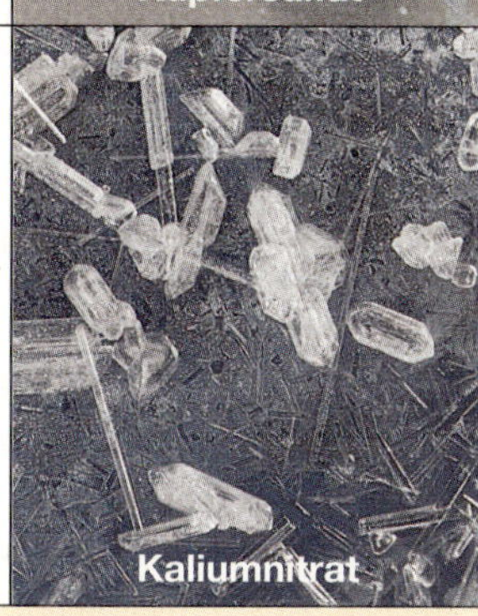

Aus einer heiß gesättigten Lösung von Kaliumnitrat fallen beim Abkühlen farblose, nadelförmige Kristalle aus. Beim Erhitzen gehen die Kristalle wieder in Lösung. An diesem Beispiel lässt sich das Kristallwachstum besonders leicht beobachten.

Übersicht

Salzartige Stoffe

Saphir

Name: Aluminiumoxid

Formel: Al_2O_3

Eigenschaften: blau: Ein kleiner Anteil der Al^{3+}-Ionen ist durch Eisen-Ionen (Fe^{2+}) und Titan-Ionen (Ti^{4+}) ersetzt

Verwendung: Schmuckstein, Schleifmaterial z.B. für Nagelfeilen

Korund

Name: Aluminiumoxid

Formel: Al_2O_3

Eigenschaften: farblos, fast so hart wie Diamant, Härte 9 nach MOHS

Verwendung: Herstellung von Schleifwerkzeugen, Schmirgelpapier, Kopfteile künstlicher Hüftgelenke

Rubin

Name: Aluminiumoxid

Formel: Al_2O_3

Eigenschaften: blutrot: Ein kleiner Anteil der Al^{3+}-Ionen ist durch Chrom-Ionen (Cr^{3+}) ersetzt

Verwendung: Lagersteine in hochwertigen Taschen- und Armbanduhren, Schmuckstein

Fluorit (Flussspat)

Name: Calciumfluorid

Formel: CaF_2

Eigenschaften: verschiedene Farben, Härte 4 nach MOHS

Verwendung: Flussmittel in Metall-Hüttenwerken, Rohstoff zur Herstellung von Industriechemikalien

Pyrit (Eisenkies, „Katzengold")

Name: Eisendisulfid

Formel: FeS_2

Eigenschaften: messingglänzend, Härte 6 nach MOHS

Verwendung: Herstellung von Schwefelsäure und Eisen, früher Verwendung als Feuerstein und Schmuckstein

Zinnober

Name: Quecksilbersulfid

Formel: HgS

Eigenschaften: rotes Mineral, leichter Diamantglanz

Verwendung: früher roter Farbstoff für Gemälde, Gewinnung von Quecksilber

Metallsulfide – Künstlerfarben und Schminken

Exkurs

Quecksilbersulfid (Zinnober)

Bleisulfid (Bleiglanz)

Mineralische Sulfide einiger Metalle wurden schon in der Antike als Farbpigmente genutzt: Das leuchtende Rot des Zinnobers beispielsweise haben bereits die Griechen im 6. Jahrhundert vor Christus für Wandmalereien verwendet. Ab dem 15. Jahrhundert nutzten es auch europäische Maler in großem Umfang, vor allem zur Darstellung von Gewändern und Umhängen. Den goldgelben Farbton des Auripigments findet man auf Wandbildern in Pompeji. Bleiglanz diente im Barock als graues Pigment bei der Wandgestaltung.

Metallsulfide waren jedoch nicht nur in Ölfarben sondern auch in frühen Kosmetikprodukten enthalten. Im alten Ägypten war Bleiglanz ein begehrtes Ausgangsprodukt für Schminke. Echte ägyptische Mascara enthielt vor allem gepulverten Grauspießglanz. Auch der Kajal – der klassische Lidstrich des Orients – wurde aus diesem Pigment hergestellt.

Nicht alle Farbpigmente aus Metallsulfiden sind beständig: Roter Zinnober färbt sich unter dem UV-Einfluss des Sonnenlichts allmählich schwarz.

Nachteilig ist auch die Giftwirkung einiger Metallsulfide. So war in Anatolien die Todesrate beim bergmännischen Abbau von Auripigment so hoch, dass in den Minen nur noch Strafgefangene eingesetzt wurden.

Die teuren Metallsulfid-Pigmente wurden nach und nach durch preisgünstigere und ungefährlichere organische Pigmente ersetzt. So ist *Zinnoberrot* heute vor allem eine Farbtonbezeichnung; die entsprechende Farbe enthält aber weder mineralisches noch synthetisches Quecksilbersulfid und damit keinen Zinnober im ursprünglichen Sinn.

Mineralische oder synthetische Metallsulfid-Pigmente werden heute nur noch in eingeschränktem Umfang bei speziellen Anforderungen verwendet: Aufgrund ihrer hohen Deckkraft und der leuchtenden Farben sind sie als Künstlerfarben und bei der Restaurierung alter Gemälde unentbehrlich.

1 Recherchiere, woher das Mineral Zinnober seinen Namen erhielt.

Antimonsulfid (Grauspießglanz)

Arsensulfid (Auripigment)

Praktikum

Eigenschaften von Salzen

V1: Kristallform

Materialien: Petrischale, schwarze Pappe, Lupe; Kochsalz (großer Kristall und gekörnt), regelmäßige Kristalle anderer Salze (beispielsweise Flussspat, Katzengold, Doppelspat).

Durchführung:

1. Lege eine schwarze Pappe unter eine Petrischale und gib Kochsalz hinein.
2. Betrachte die Körnchen mit der Lupe und vergleiche mit dem großen Kochsalzkristall.
3. Zerreibe ein Kristallkörnchen zwischen den Fingern.
4. Beschreibe und zeichne die Form der anderen großen Kristalle.

Aufgaben:

a) Notiere deine Beobachtungen.

b) Erkläre die folgenden Beobachtungen anhand des Gittermodells eines Salzes:

- In der Natur gewachsene oder gezüchtete Kristalle weisen scharfe Kanten auf.
- Von Salzkristallen lassen sich leicht Schichten absprengen, wenn man mit dem Hammer darauf schlägt. Salze sind spröde.

V2: Löslichkeit und Leitfähigkeit

Materialien: 4,5 V-Batterie, Kabel, Lampensockel, Glühlämpchen, 2 Graphitstäbe, Schleifpapier, Petrischale; Natriumchlorid (großer Kristall und gekörnt).

Durchführung:

1. Baue die Apparatur zur Prüfung der elektrischen Leitfähigkeit auf.
2. Teste, ob alle Kontakte einwandfrei sind, indem du die Graphitstäbe aneinander hältst. Reinige sie bei Bedarf mit Schleifpapier.
3. Prüfe die Leitfähigkeit eines Natriumchlorid-Kristalls und von destilliertem Wasser.
4. Gib etwas Natriumchlorid zum destillierten Wasser und prüfe erneut.

Aufgaben:

a) Notiere deine Beobachtungen.

b) Erkläre deine Beobachtungen. Gehe dabei darauf ein, welche Bedingungen erfüllt sein müssen, damit der Stromkreis geschlossen ist.

Leitfähigkeitsprüfung von Salzschmelzen

V3: Leitfähigkeit von Salzschmelzen

Materialien: Spannungsquelle (20 V) oder regelbare Spannungsanschlüsse an den Schülertischen, Kabel, Lampensockel, Glühlämpchen, 2 Graphitstäbe, Porzellantiegel, Gasbrenner; Lithiumchlorid (Xn).

Durchführung:

1. Baue die Apparatur zur Prüfung der elektrischen Leitfähigkeit entsprechend der Abbildung auf.

Hinweis: Spanne die Graphitstäbe so ein, dass sie sich nicht berühren und ihre Spitzen bis zum Boden des Porzellantiegels reichen.

2. Gib so viel Lithiumchlorid in den Porzellantiegel, dass die Graphitstäbe gut in das Salz eintauchen.
3. Lege eine Wechselspannung von mindestens 10 V an und erhitze mit der rauschenden Brennerflamme, bis das Salz geschmolzen ist.

Hinweis: Achte darauf, dass die Kabel außer Reichweite der Brennerflamme bleiben.

4. Entferne den Gasbrenner und beobachte weiterhin.

Aufgaben:

a) Notiere deine Beobachtungen.

b) Erkläre die Vorgänge auf Teilchenebene.

c) Begründe, warum bei diesem Versuch eine Wechselspannung und keine Gleichspannung verwendet wird.

d) Erkläre anhand eines Gittermodells, warum die Schmelztemperaturen von Salzen sehr hoch sind.

e) Die Schmelztemperatur von Lithiumchlorid (614 °C) ist im Vergleich zu Natriumchlorid (801 °C) deutlich niedriger. Stelle begründete Vermutungen an, von welchen Faktoren die Schmelztemperatur eines Salzes bestimmt wird.

Nachweis von Anionen in wässeriger Lösung

V1: Chlorid-Ionen

Materialien: Tropfpipetten;
Salpetersäure (verd.; C), Silbernitrat-Lösung (1 %),
Proben: stark verdünnte Kochsalz-Lösung, stark verdünnte Salzsäure, Leitungswasser, Mineralwasser, destilliertes Wasser.

Durchführung:
1. Fülle Reagenzgläser zu einem Drittel mit den zu untersuchenden Proben.
2. Gib jeweils zehn Tropfen Salpetersäure und zehn Tropfen Silbernitrat-Lösung hinzu und schüttle.
3. Betrachte die Reagenzgläser vor einem dunklen Hintergrund.

Aufgaben:
a) Beschreibe den sich bildenden Niederschlag.
b) Formuliere die Reaktionsgleichung für die Reaktion.
c) Bestimme den Chloridgehalt der Proben mithilfe der folgenden Abbildung.

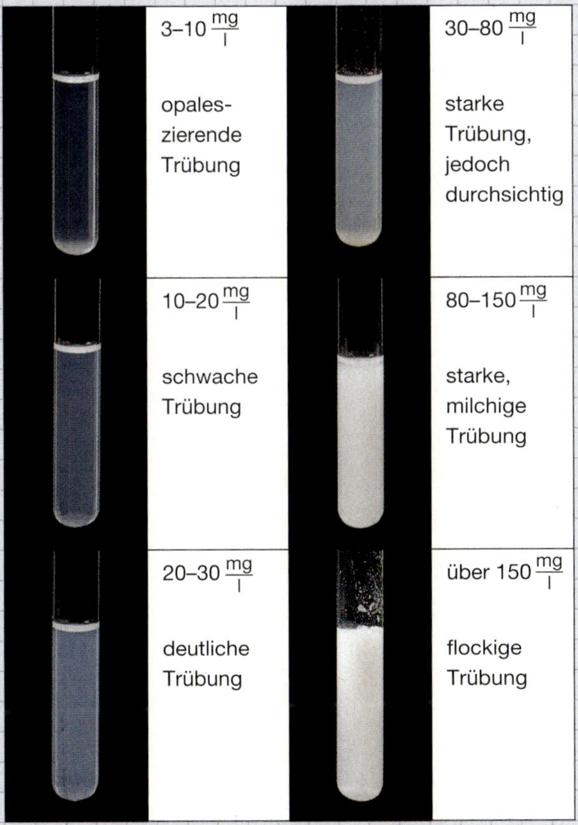

Bestimmung des Chloridgehalts

V2: Bromid-Ionen und Iodid-Ionen

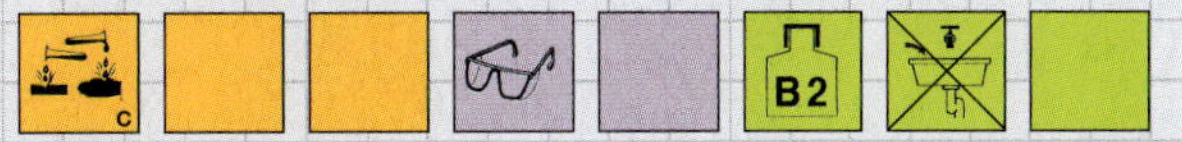

Materialien: Tropfpipetten;
Salpetersäure (verd.; C), Silbernitrat-Lösung (1 %),
Proben: stark verdünnte Kaliumbromid-Lösung, stark verdünnte Kaliumiodid-Lösung.

Durchführung:

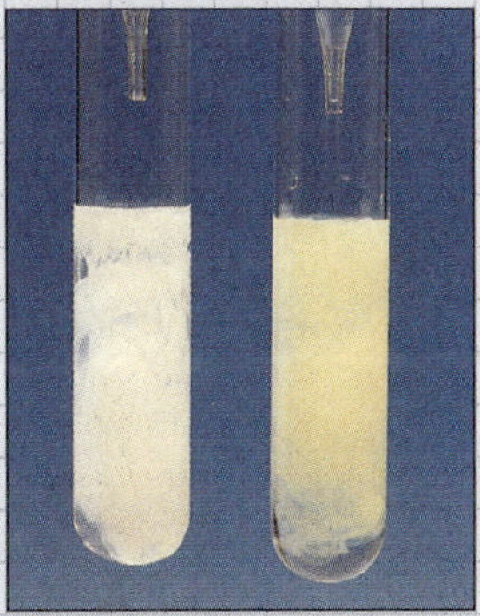

1. Fülle Reagenzgläser zu einem Drittel mit den zu untersuchenden Proben.
2. Gib jeweils zehn Tropfen Salpetersäure und zehn Tropfen Silbernitrat-Lösung hinzu und schüttle.
3. Vergleiche die Niederschläge in beiden Lösungen.

Aufgaben:
a) Beschreibe die sich bildenden Niederschläge.
b) Formuliere die Reaktionsgleichungen.
c) Worin unterscheiden sich die Niederschläge von Silberchlorid, Silberbromid und Silberiodid?

V3: Löslichkeit von Silberhalogeniden in Ammoniak-Lösung

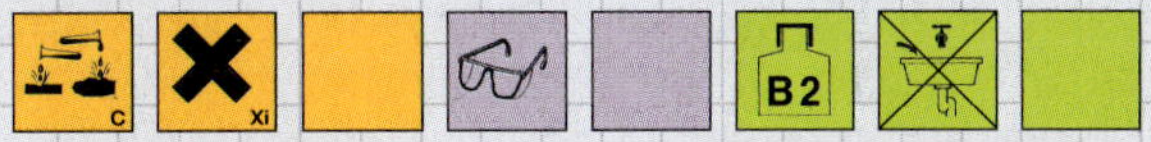

Materialien: Tropfpipetten;
Salpetersäure (verd.; C), Silbernitrat-Lösung (1 %), Ammoniak-Lösung (verd.; Xi),
Proben: stark verdünnte Kaliumchlorid-Lösung, stark verdünnte Kaliumiodid-Lösung.

Durchführung:
1. Fülle ein Reagenzglas zu einem Viertel mit Kaliumchlorid-Lösung.
2. Gib zehn Tropfen Salpetersäure und zehn Tropfen Silbernitrat-Lösung hinzu und schüttle.
3. Versetze den Niederschlag tropfenweise mit Ammoniak-Lösung und schüttle vorsichtig.
4. Tropfe Salpetersäure zu der klaren Lösung.
5. Überprüfe die Kaliumiodid-Lösung ebenso.

Aufgaben:
a) Beschreibe und deute deine Beobachtungen.
b) Eine Laborantin ist sich nicht sicher, ob in einer Lösung Chlorid-Ionen oder Iodid-Ionen vorliegen. Wie muss sie vorgehen, um Klarheit zu erlangen?

Fotografie

Vom Film zum Schwarzweiß-Foto:

1. Bei der Aufnahme entsteht ein Abbild des Motivs auf dem Film. Die lichtempfindliche Schicht des Films enthält Kristalle aus Silberbromid (AgBr). Fällt Licht auf einen Silberbromid-Kristall, findet eine Elektronenübertragung statt: Von einigen Bromid-Ionen werden Elektronen abgespalten, welche von Silber-Ionen aufgenommen werden. Im Kristall entstehen *Silber-Keime* aus drei bis vier Silber-Atomen. Je mehr Licht auf eine Stelle des Films trifft, desto mehr Silber-Keime entstehen hier. Die Menge des gebildeten Silbers ist jedoch so klein, dass noch kein Bild erkennbar ist. Man spricht deshalb von einem *latenten Bild*.

2. Im **Negativprozess** kommt der belichtete Film in einer Dunkelkammer zunächst in ein *Entwicklerbad*. Der Entwickler wandelt in allen Kristallen mit einem Silber-Keim die umgebenden Silber-Ionen in elementares Silber um, wodurch sich der Film schwärzt und das Bild als Negativ sichtbar wird. Im Negativ sind dunkle und helle Bereiche gegenüber dem Original vertauscht.
Um die Entwicklung zu beenden, legt man den Film in ein *Stoppbad*. Danach löst man im *Fixierbad* das unverbrauchte Silberbromid aus dem Film heraus, da sich der Film sonst im Tageslicht weiter schwärzen würde.

3. Beim **Positivprozess** wird mithilfe des Negativs das endgültige Bild erstellt. Dazu wird Fotopapier durch das Negativ hindurch belichtet. Auch hierbei bildet sich ein latentes Bild, das entwickelt und fixiert werden muss. Die Hell/Dunkel-Verteilung im Positiv entspricht nun wieder dem Original.

V1: Belichten und Entwickeln von Fotopapier

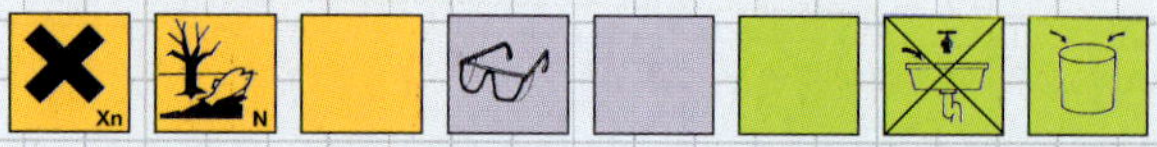

Materialien: Fotopapier, braune Versandtasche, Fotoschalen, farbiges Glas oder Transparentfolien (rot, blau, grün, gelb), Stoppuhr, Pinzette;
Entwicklerbad (Xn, N), Stoppbad, Fixierbad.

Untersuchung der Belichtungsdauer:

1. Dunkle den Raum ab. Ziehe ein Blatt Fotopapier etwa zwei Zentimeter aus der Versandtasche und lege es mit der lichtempfindlichen Schicht auf den Projektor.
2. Schalte den Overhead-Projektor ein und belichte das Blatt eine Sekunde. Schalte den Projektor wieder aus.
3. Ziehe das Fotopapier wiederum zwei Zentimeter aus der Versandtasche und belichte erneut für eine Sekunde.
4. Wiederhole die Schritte 2 und 3, bis der erste Streifen des Fotopapiers insgesamt 10 s belichtet wurde.
5. Entwickle das Fotopapier nach Vorschrift.

Belichten mit Licht unterschiedlicher Farbe:

1. Lege die farbigen Gläser auf den Projektor und dunkle den Raum ab.
2. Lege ein Blatt Fotopapier auf den Projektor und belichte.
3. Entwickle das Fotopapier.

Aufgaben:

a) Ermittle die optimale Belichtungszeit und notiere deine Beobachtungen.
b) Die Entwicklung eines Schwarzweiß-Films sollte nicht bei blauem Licht erfolgen. Gib eine Erklärung.

Arbeitsaufträge:

1. Informiere dich in einem Fotogeschäft über die Zubereitung von Entwickler-, Stopp- und Fixierbad.
2. Erstelle ein Fließschema über die Verarbeitung eines Schwarzweiß-Films.
3. Lege Gegenstände auf Fotopapier und stelle durch Belichten *Fotogramme* her.

V2: Eigenschaften des Entwicklers

Materialien: Tropfpipetten, Overhead-Projektor; Entwicklerbad (Xn, N), Stoppbad, Essigsäure (verd.), Universalindikator-Papier, Silbernitrat-Lösung (1 %), Natriumbromid-Lösung.

Durchführung:

1. Miss die pH-Werte des Entwicklerbades und des Stoppbades; prüfe den Geruch des Stoppbades.
2. Durchmische in einem Reagenzglas 5 ml Silbernitrat-Lösung mit einigen Tropfen Natriumbromid-Lösung. Verteile die Suspension auf zwei Reagenzgläser und belichte sie mit dem Overhead-Projektor.
3. Versetze das erste Reagenzglas mit 2 ml der Entwickler-Lösung. Dem zweiten Glas wird zuerst 1 ml Essigsäure und dann die Entwickler-Lösung zugesetzt.

Aufgaben:

a) Notiere deine Beobachtungen.

b) Beschreibe die Aufgaben des Entwicklerbades und des Stoppbades.

V3: Eigenschaften des Fixierbades

Materialien: Tropfpipetten; Silbernitrat-Lösung (1 %), Natriumbromid-Lösung, Fixierbad.

Durchführung:

1. Fülle zwei Reagenzgläser mit je 5 ml Silbernitrat-Lösung.
2. Mische eine der beiden Proben mit 5 ml Fixierbad.
3. Tropfe in beide Reagenzgläser einige Tropfen Natriumbromid-Lösung.

Aufgaben:

a) Notiere deine Beobachtungen.

b) Benenne den Stoff, der sich in dem Reagenzglas bildet, dem kein Fixierbad zugesetzt wurde.

V4: Nachweis von Silber in Fotobädern

Materialien: Tropfpipetten; Fotobäder aus Versuch 1 (Entwicklerbad (Xn, N), Stoppbad, Fixierbad), Silbernitrat-Lösung (1 %), Kaliumiodid-Lösung.

Durchführung:

1. Gib jeweils 5 ml eines der Fotobäder in ein Reagenzglas sowie gleich viel Silbernitrat-Lösung in ein viertes Reagenzglas.
2. Gib einige Tropfen Kaliumiodid-Lösung zu diesen Proben.

Aufgaben:

a) Notiere deine Beobachtungen und vergleiche die Proben aus den Fotobädern mit der Silbernitrat-Lösung.

b) Mehr als 60 % des gewonnenen Silbers wird im fotografischen Bereich genutzt. Erläutere den Nutzen des Silberrecyclings.

c) Das Schema stellt ein Verfahren zur Gewinnung von Silber aus Fixierbädern dar. Beschreibe das Verfahren und erkläre die ablaufenden chemischen Reaktionen. Informiere dich, wie technisch Silber aus Fotobädern zurückgewonnen wird. Vergleiche beide Verfahren miteinander.

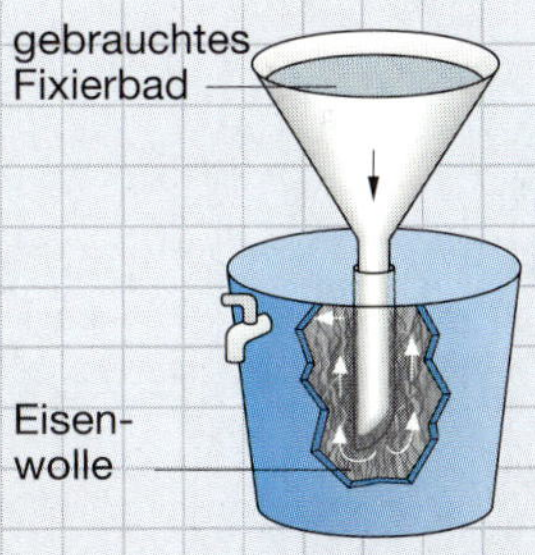

V5: Neue Schwarzweiß-Fotos auf alt getrimmt

Materialien: 2 Schwarzweiß-Fotos, Waage, Gasbrenner; am Tag zuvor vorbereitete Schwefel-Suspension: 200 g Natriumthiosulfat-Pentahydrat ($Na_2S_2O_3 \cdot 5\ H_2O$), 40 g Alaun ($KAl(SO_4)_2 \cdot 12\ H_2O$) und 50 ml 1%ige Silbernitrat-Lösung in 1 l Wasser.

Durchführung:

1. Erwärme die Schwefel-Suspension auf 50 °C.
2. Eines der Fotos wird für 20 Minuten in der warmen Schwefel-Suspension mehrfach geschwenkt, dann gut gewässert und getrocknet.

Exkurs

Salzgewinnung

Salzgärten am Mittelmeer

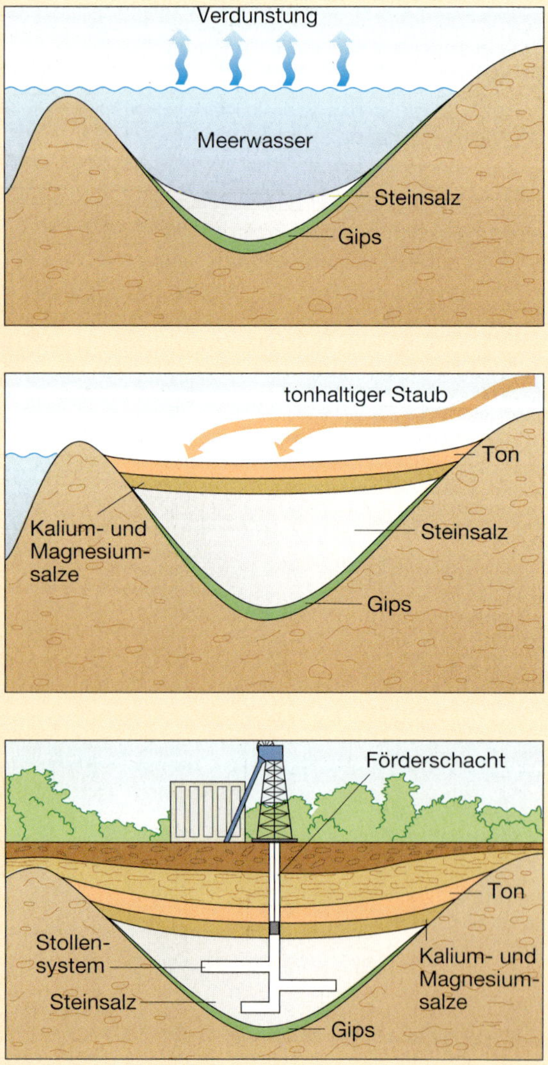

Bildung von Salzlagerstätten

Natriumchlorid gehört zu den wichtigsten Rohstoffen der chemischen Industrie. Es wird deshalb in großen Mengen als sogenanntes *Steinsalz* aus Salzbergwerken zu Tage gefördert. Der Abbau ist relativ kostengünstig, da die Stollen in dem festen Salzgestein nicht abgestützt werden müssen.
Das als Speisesalz und auch industriell verwendete *Siedesalz* wird in Salinen durch Eindampfen einer konzentrierten Lösung gewonnen. Diese Sole erhält man durch Auflösen von Steinsalz, indem man Süßwasser in eine durch Bohrungen erschlossene Lagerstätte einleitet.
In heißen Küstenregionen trifft man auch heute noch auf eine sehr alte Methode zur Salzgewinnung: Salzbauern legen am Strand flache Becken für Meerwasser an. Ihre Ernte ist das *Meersalz* – mit Natriumchlorid als Hauptbestandteil.
Die zur Herstellung von Düngemitteln benötigten Kalium- und Magnesiumsalze werden in *Kalibergwerken* abgebaut. Deutschland ist seit langer Zeit eines der wichtigsten Exportländer für Produkte des Kalibergbaus.

Bildung von Salzlagerstätten. Die großen Salzlagerstätten Deutschlands und seiner Nachbarländer sind vor etwas 250 Mio. Jahren entstanden: Die heutige Landmasse Mitteleuropas war damals Teil eines riesigen Kontinents in Äquatornähe. Dieser Kontinent umschloss ein Binnenmeer, an dessen Küsten Meeresbecken durch Landzungen weitgehend abgetrennt waren. Aufgrund des heißen trockenen Klimas verdunstete dort sehr viel Wasser und die gelösten Salze kristallisierten aus. Gleichzeitig strömte frisches Meerwasser über flache Verbindungsstellen in die Becken.
Zuerst bildete sich eine Schicht aus relativ schwer löslichem Gips (Calciumsulfat). Es folgt die Ablagerung von Natriumchlorid. Die obersten Schichten bestehen aus den besonders leicht löslichen Kalium- und Magnesiumsalzen.
Verschiebungen in der Erdrinde führten zur Anhebung der Becken, sodass sie vollständig austrockneten. Sand und tonhaltiger Staub bildeten dann eine für Wasser undurchlässige Deckschicht. Im Verlauf von Jahrmillionen senkten sich die Salzlager allmählich ab und wurden von neuem Gestein überdeckt. Die Verschiebung der Kontinentalplatten brachte sie schließlich nach Norden.

1 Erläutere die Gewinnung von Meersalz in Salzgärten.
2 Recherchiere die ursprüngliche und die heutige Bedeutung des Begriffs Abraumsalz.
3 Recherchiere, wie man Kavernen in Salzstöcken zur Lagerung von Vorräten an Erdgas anlegt. Erläutere die wirtschaftlichen Vorteile.

Salze – Schätze der Erde

1. Salze und salzartige Stoffe

Kochsalz (Natriumchlorid) besteht aus positiv geladenen Natrium-Ionen (Na^+) und negativ geladenen Chlorid-Ionen (Cl^-). Es ist ein weißer, kristalliner Feststoff, mit relativ hohen Schmelz- und Siedetemperaturen. Es ist hart und spröde und gut in Wasser löslich.

Andere Chloride und auch die Fluoride, Bromide und Iodide besitzen ähnliche Eigenschaften. Man bezeichnet diese Stoffe daher als **Salze.** Bei anderen Metall/Nichtmetallverbindungen wie Oxiden oder Sulfiden spricht man von *salzartigen Stoffen*.

2. Ionenverbindungen

Salze und salzartige Stoffe sind Ionenverbindungen. Die Bindungsverhältnisse im Ionengitter bestimmen die Eigenschaften von Ionenverbindungen:
Salze und salzartige Stoffe
- sind hart und spröde; die Kristalle zerbrechen meist in Bruchstücke mit gleicher Kristallform
- besitzen meistens eine hohe Schmelztemperatur und eine hohe Siedetemperatur
- sind oft gut in Wasser löslich
- leiten in Wasser gelöst oder als Schmelze den elektrischen Strom
- sind als kristalline Feststoffe elektrische Nichtleiter (Isolatoren).

3. Ionenbindung

Die chemische Bindung zwischen Ionen in einem Ionengitter bezeichnet man als *Ionenbindung*. Sie beruht auf den Anziehungskräften zwischen den positiv geladenen Kationen und den negativ geladenen Anionen.

4. Ionengitter

Die positiv und die negativ geladenen Ionen eines Salzes oder eines salzartigen Stoffes sind im festen Zustand regelmäßig angeordnet: Sie bilden ein Ionengitter.
Ionengitter können in *Raumgittermodellen* oder in *Kugelpackungsmodellen* dargestellt werden. Raumgittermodelle zeigen lediglich die Positionen der Ionen im Kristall, Kugelpackungsmodelle zeige die Radienverhältnisse der Ionen und ihren Raumbedarf.

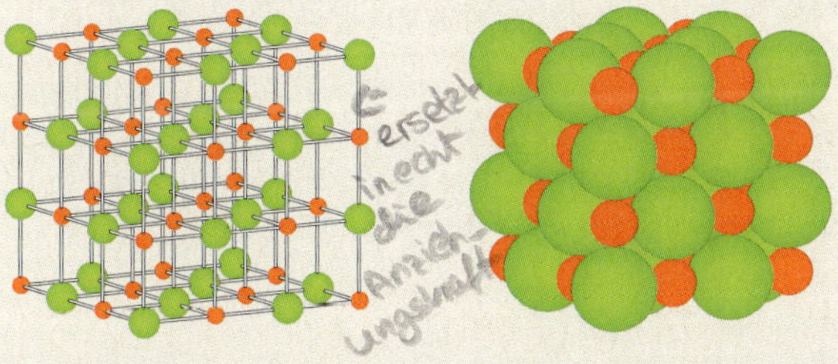

5. Verhältnisformeln

Verhältnisformeln für Salze geben an, in welchem Anzahlverhältnis die beteiligten Ionen im Ionengitter vorliegen. Salze sind elektrisch neutral. Sie enthalten stets gleich viele positive wie negative Ladungen.
Beispiel: Magnesiumchlorid ($MgCl_2$)
Im Ionengitter des Magnesiumchlorids kommen auf *ein* Magnesium-Ion (Mg^{2+}) *zwei* Chlorid-Ionen (Cl^-).

6. Ionenbildung – Edelgaskonfiguration

a) Ionen sind elektrisch geladene Teilchen. *Metall*-Atome bilden *positiv* geladene Kationen, *Nichtmetall*-Atome bilden *negativ* geladene Anionen.

b) Die Ionenbildung erfolgt bei einer chemischen Reaktion. Dabei geben Metall-Atome Elektronen ab, Nichtmetallatome nehmen Elektronen auf. Insgesamt findet eine Elektronenübertragung statt.

c) Die Ionenbildung erfolgt nach der *Edelgasregel:*
Die Atome geben Elektronen ab oder nehmen Elektronen auf, bis sie die Konfiguration des nächststehenden Edelgases erreichen.

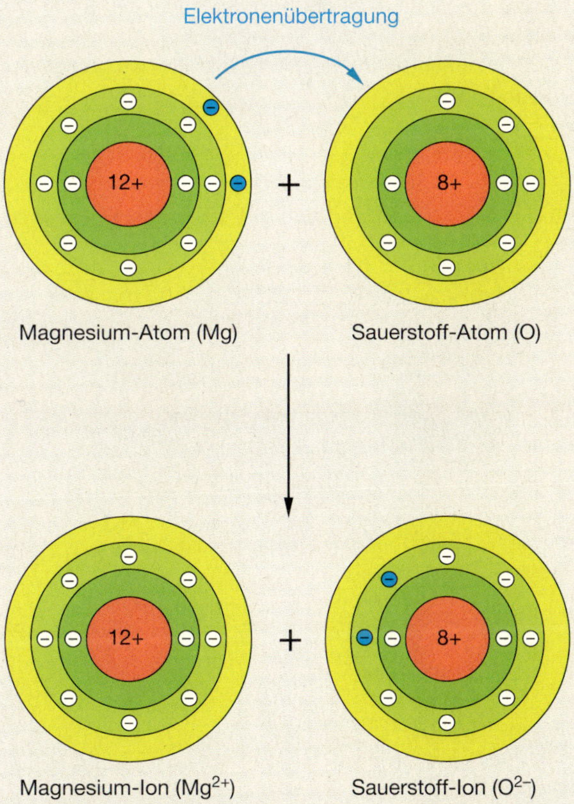

Prüfe dein Wissen

Quiz

A1 a) Erkläre die Begriffe des Fensters.
b) Notiere auf der Vorderseite von Karteikarten den Begriff, auf der Rückseite die Erklärung

A2 Alkalimetalle reagieren mit Halogenen.
a) Ordne das Reaktionsprodukt einer Stoffklasse zu.
b) Formuliere das Reaktionsschema und die Reaktionsgleichung für die Reaktion von Lithium mit Iod.
c) Gib die Elektronenverteilung der Ausgangsstoffe und der Produkte an.
d) Begründe, warum es zu einer Reaktion kommt.

A3 Stelle die Bildung von Magnesium-Ionen und Chlorid-Ionen aus den Elementen im Schalen-Modell dar.

A4 Gib für die Atome der Elemente Aluminium, Calcium, Schwefel und Stickstoff jeweils die Anzahl der Außenelektronen und die Formel für das zugehörige Ion an.

A5 Ermittle die Ladung der folgenden Ionen:
Kalium-Ion, Magnesium-Ion, Aluminium-Ion, Bromid-Ion, Sulfid-Ion, Nitrid-Ion.

A6 Gib die Verhältnisformeln für die folgenden Salze an: Kaliumiodid, Calciumchlorid, Natriumoxid, Magnesiumnitrid, Aluminiumsulfid. Begründe mithilfe der Regel der Elektroneutralität.

A7 a) Benenne die Atome, die im Bild dargestellt sind.
b) Welche dieser Atome können Ionen bilden?
Begründe deine Antwort und gib die Formeln der Ionen an.

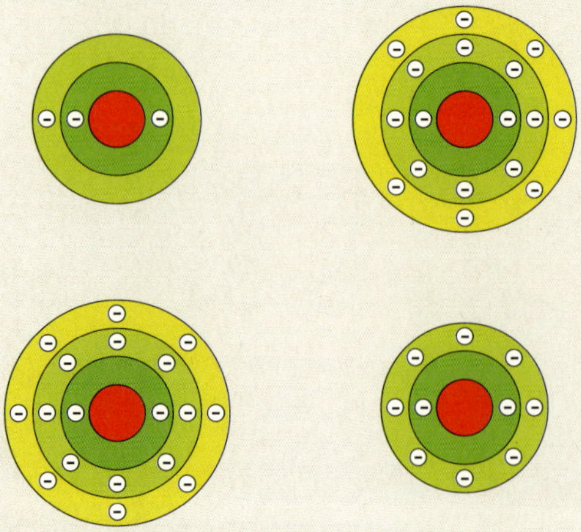

Die wichtigsten Begriffe

- Salze, salzartige Stoffe
- Natriumchlorid
- Ion, Kation, Anion
- Edelgaskonfiguration, Edelgasregel
- Ionenverbindung, Ionengitter
- Gittermodelle
- Gittertyp
- Elektroneutralität

A8 a) Gib an, welche Elektronenkonfiguration die meisten Edelgas-Atome besitzen.
b) Nenne vier Ionen, die die gleiche Elektronenkonfiguration wie das Argon-Atom besitzen.

A9 Fasse die gemeinsamen Eigenschaften von salzartigen Stoffen zusammen. Erkläre die besonderen Eigenschafen anhand ihrer Struktur.

Know-how

A10 a) Die Elemente Magnesium und Fluor bilden nur die Verbindung MgF_2, nicht aber MgF oder MgF_3. Begründe.
b) Welche Verhältnisformel ist für die aus Magnesium und Schwefel gebildete Verbindung anzunehmen?

Natur – Mensch – Technik

A11 Für den Menschen sind Natrium-Verbindungen ein lebenswichtiger Bestandteil der Nahrung. In welcher Form werden Natrium-Verbindungen aufgenommen?

A12 Erkläre, warum es lebensgefährlich sein kann, sich die Haare zu fönen, während man ein Bad nimmt.

A13 Kristalle faszinieren durch ihre Farbe und die Vielfalt ihrer Formen. Erkläre, wie es bei der Entstehung eines Kristalls zur Ausprägung der regelmäßig angeordneten Flächen, Kanten und Ecken kommt.

A14 Beschreibe die Vorgänge, die zur Bildung einer Salzlagerstätte führen.

A15 Auf der Suche nach einem Steinsalzlager trifft man bei Bohrungen auf eine Schicht aus Kaliumsalzen. Begründe, warum noch tiefer gebohrt werden sollte.

A1 Salze machen Fleisch und Fisch haltbarer

Das Konservieren mit Salz gehört neben dem Räuchern und dem Trocknen zu den ältesten Konservierungsverfahren für Fleisch und Fisch. Bereits die Babylonier sollen vor etwa 4500 Jahren Fleisch und Fisch durch Salz haltbar gemacht haben. Das Wort **Pökeln** geht auf den Holländer Willem de BEUKELS zurück. Er entdeckte Ende des 14. Jahrhunderts, dass man mit einem Gemisch aus Kochsalz, Zucker und Salpeter (Natriumnitrat, $NaNO_3$) Fleisch länger haltbar machen konnte als durch bloßes Einsalzen. Das heute übliche *Nitrit-Pökelsalz* enthält neben Kochsalz (99,5 %) etwas Natriumnitrit ($NaNO_2$) und geringe Mengen an Vitamin C.
Um die konservierende Wirkung von Pökelsalz auf Rindfleisch zu untersuchen, hat man über einen Zeitraum von sieben Tagen die Anzahl der in unbehandeltem, gesalzenem und gepökeltem Fleisch vorhandenen Keime bestimmt. Zusätzlich wurde das Aussehen der Proben verglichen.

Zeit in Tagen	0	1	3	5	7
unbehandelt	534	890	1475	99500	$> 2 \cdot 10^6$
gesalzen	478	785	1150	1650	2360
gepökelt	347	398	453	502	595

a) Übertrage die Messwerte der Wertetabelle in ein geeignetes Diagramm.
b) Beschreibe und vergleiche das Aussehen der Fleischstücke und beurteile das Konservierungsverfahren. Beziehe auch das Diagramm in deine Beurteilung mit ein.

c) Recherchiere die konservierende Wirkung von Nitrit-Pökelsalz. Schreibe einen Informationstext.
d) Informiere dich über Gesundheitsschäden, die durch Nitrit-Ionen verursacht werden könnten. Erkläre, warum es trotzdem zweckmäßig ist, Lebensmittel zu pökeln.

A2 Salze und Gesundheit

Jodsalz
mit Fluor
Jodiertes Speisesalz
ZIP Jodsalz mit Fluor
ist besonders fein und hat eine hohe Würzkraft. Es zeichnet sich durch gleichbleibend gute Rieselfähigkeit aus und schmeckt wie normales Salz.

Zutaten:
Siede-Speisesalz,
Kaliumfluorid (0,065%–0,088%),
Kaliumjodat (0,0025%–0,0042%),
Trennmittel E 535.

Auf den meisten Salzpackungen steht der Aufdruck *Jod*salz oder *jodiertes Speisesalz*. Enthält dieses Speisesalz wirklich das Halogen Iod? – Natürlich ist mit der Angabe der Zusatz von Iod-Verbindungen gemeint.
Der Körper braucht das Spurenelement Iod, um daraus Schilddrüsenhormone wie das *Thyroxin* herzustellen. Dieses Hormon steigert die Stoffwechselaktivität, steuert den Wärmehaushalt des Körpers und fördert das Wachstum im Kindesalter. Wird zu wenig Iod mit der Nahrung aufgenommen, kann sich eine Unterfunktion der Schilddrüse ausbilden; es wird also zu wenig Schilddrüsenhormon produziert. Infolgedessen können vielfältige Beschwerden auftreten: verminderte Leistungsfähigkeit, Schwäche, Gedächtnisminderung, Gewichtszunahme, Schwellung der Augen und Augenlider. Bei anhaltendem Iodmangel kann sich ein sogenannter Kropf bilden: Die Schilddrüse vergrößert sich, um das durch die Nahrung aufgenommene Spurenelement effektiver aus dem Blut verwerten zu können.
Der Schweizer Arzt Johann Jakob GUGGENBÜHL verfasste 1840 einen Artikel über das regional begrenzte Auftreten von Kropfbildungen und Iodmangelerscheinungen. Besonders häufig waren sie in Alpentälern. Heute weiß man, dass die Nahrungsmittel aus diesen Regionen kaum Iod-Verbindungen enthalten, weil die Böden sehr Iod-arm sind. Da in Mitteleuropa die landwirtschaftlich genutzten Böden allgemein einen relativ geringen Gehalt an Iod aufweisen, kann als Vorbeugemaßnahme das Speisesalz mit Kaliumiodat (KIO_3) angereichert werden. Kritiker dieser Vorgehensweise betonen, dass durch die erhöhte Iod-Zufuhr vermehrt Schilddrüsenüberfunktion auftreten kann.

a) Erkläre, warum iodiertes Salz angeboten wird.
b) Bei einer Schilddrüsenüberfunktion (Hyperthyreose) treten Symptome wie Herzrasen, Hyperaktivität und Gewichtsverlust trotz normaler Ernährung auf. Erkläre.
c) Recherchiere, warum Speisesalz häufig auch Natriumfluorid zugesetzt wird.

5 Metalle – Struktur und Reaktionen

Schon vor Beginn des eigentlichen Industriezeitalters wurden *Eisenerze* abgebaut und verhüttet. Das gewonnene Eisen verarbeitete man mit einfachen Hilfsmitteln. So schmiedete man bereits im 12. und 13. Jahrhundert Gitter, Beschläge und Waffen aus Eisen. Im 14. Jahrhundert wurden mit der beginnenden Entwicklung der Technik die ersten Hammerwerke errichtet. Über ein Wasserrad wurden mächtige Fallhämmer angetrieben, die bis zu sechs Zentner schwer waren. Das glühende Eisen konnte damit auf dem Amboss verformt werden.

Im 19. Jahrhundert verdrängten Dampfmaschinen den Wasserantrieb. Es entstanden die ersten Dampfhämmer, mit denen sich die Metalle wesentlich leichter bearbeiten ließen. Die Energie der Dampfmaschine wurde in die Schlagenergie des fallenden Hammers überführt. Auf diese Weise konnten bereits vor über 150 Jahren große Maschinenteile wie Schiffskurbelwellen geschmiedet werden.

Zentrale Fragen:
- Wie lässt sich die chemische Bindung zwischen Metallatomen erklären?
- Wie unterscheiden sich edle und unedle Metalle in ihrem Reaktionsverhalten?
- Wie kann man Metalle gewinnen?
- Was versteht man unter Korrosion und welche Reaktionen laufen dabei ab?
- Welche Bedeutung hat die Korrosion für die Gesellschaft?
- Was sind galvanische Zellen?
- Welche Vorgänge laufen in einer galvanischen Zelle ab?
- Wie funktionieren Batterien und welche Reaktionen laufen in ihnen ab?

5.1 Die Metallbindung

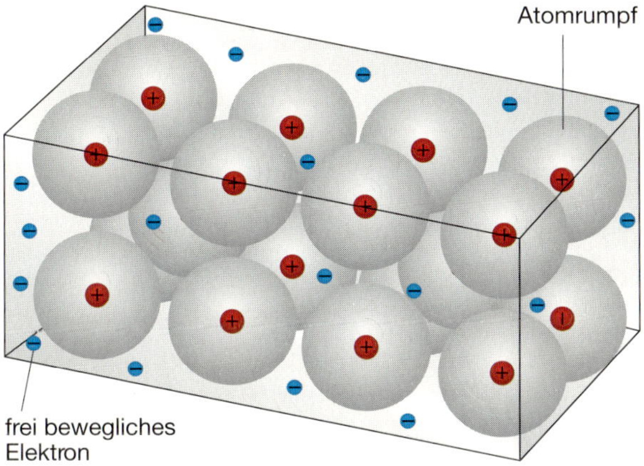

Die meisten chemischen Elemente sind Metalle. Dazu gehören die Hälfte der Hauptgruppenelemente sowie sämtliche Nebengruppenelemente. Charakteristisch für Metalle ist ihre gute Leitfähigkeit für den elektrischen Strom und für Wärme. Typisch sind auch die plastische Verformbarkeit und der metallische Glanz.

Elektronengas-Modell. Aufbau und Eigenschaften der Metalle lassen sich durch das Elektronengas-Modell beschreiben. Es geht von der Annahme aus, dass die *Außenelektronen* der Metall-Atome in einem Metallgitter nicht fest gebunden sind. Sie lassen sich nicht mehr einzelnen Atomen zuordnen, sondern sind mehr oder weniger frei beweglich zwischen den positiv geladenen *Atomrümpfen*. In Analogie zu der ungeordneten Bewegung von Gasteilchen spricht man deshalb von einem **Elektronengas**.
Nach diesem Modell wird ein Metallkristall durch elektrische Anziehungskräfte zwischen den positiv geladenen Metall-Ionen und den negativ geladenen, beweglichen Elektronen zusammengehalten. Diese Art der chemischen Bindung bezeichnet man als **Metallbindung.** Mit dem Elektronengas-Modell lassen sich die typischen Eigenschaften der Metalle erklären.

Elektrische Leitfähigkeit: Fließt ein elektrischer Strom durch einen Metalldraht, so werden die frei beweglichen Elektronen von der Stelle des Elektronenüberschusses (Minuspol) zu der Stelle des Elektronenmangels (Pluspol) verschoben. Ein elektrischer Leiter verhält sich also ähnlich wie ein gefüllter Wasserschlauch: Dreht man den Hahn auf, so fließt Wasser in den Schlauch hinein, gleichzeitig werden im Schlauch die Wasser-Moleküle verschoben und am Ende des Schlauches tritt Wasser aus.
Die elektrische Leitfähigkeit der Metalle nimmt mit steigender Temperatur ab: Bei niedriger Temperatur schwingen die Gitterbausteine nur wenig hin und her, die Bewegung der Elektronen wird kaum behindert. Mit steigender Temperatur werden die Schwingungen stärker. Der Elektronenfluss wird dadurch behindert und der elektrische Widerstand nimmt zu.

Wärmeleitfähigkeit: Berührt man Metalle bei Raumtemperatur mit der Hand, so fühlen sie sich kalt an. Die frei beweglichen Elektronen können unsere Körperwärme leicht als Bewegungsenergie aufnehmen und ins Innere des Metalls transportieren.

Verformbarkeit: Beim Biegen oder plastischen Verformen eines Metallstücks werden die Kationenschichten im Kristallgitter eines Metalls gegeneinander verschoben. Die Zahl der Nachbarn eines Kations bleibt dabei gleich und auch das Elektronengas verändert sich nicht. Die Metallbindung bleibt also erhalten, das Metall zerbricht nicht.

Nach dem Elektronengas-Modell ist ein Metall aus positiv geladenen Atomrümpfen (Metall-Kationen) und frei beweglichen Elektronen aufgebaut.

1 Beschreibe den Aufbau eines Metallgitters.
2 Vergleiche die elektrische Leitfähigkeit eines Kupfer-Drahts und einer Kupfersalz-Lösung.
3 Wie ändert sich die elektrische Leitfähigkeit eines Drahtes, wenn man ihn abkühlt? Gib eine Erklärung.
4 **a)** Ein Eisenstab und ein Holzstab haben beide eine Temperatur von 50 °C. Welcher Stab fühlt sich wärmer an?
b) Erkläre, warum zur Ausstattung einer Sauna keine Metallgegenstände verwendet werden.

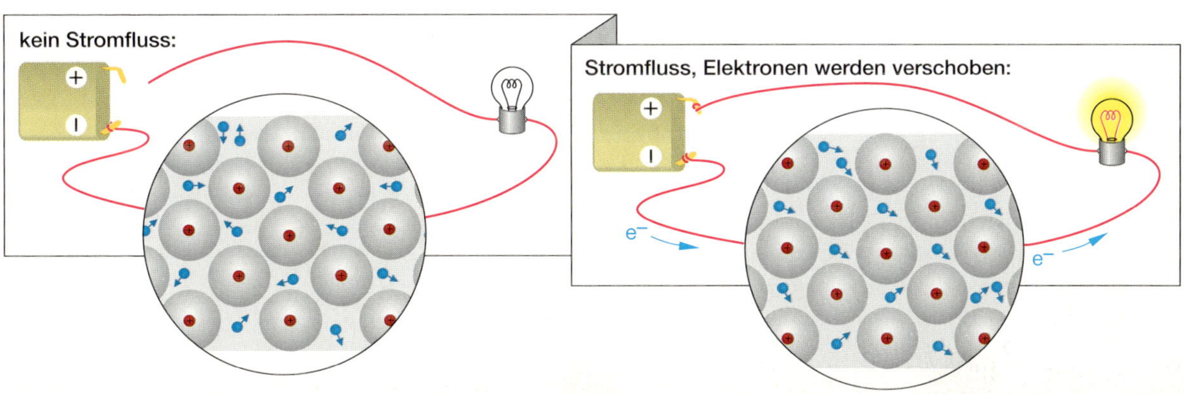

Metallgitter

In einem Metallkristall sind die positiven Metall-Ionen so dicht und so raumsparend wie möglich gepackt. Das kann gut durch ein Kugelmodell veranschaulicht werden.

Magnesium-Typ
Koordinationszahl: 12
Beispiele: Cobalt, Zink, Titan, Osmium

Werden Kugeln in einer Schicht dicht aneinander gelegt, so ist jede Kugel von sechs Nachbarn umgeben.

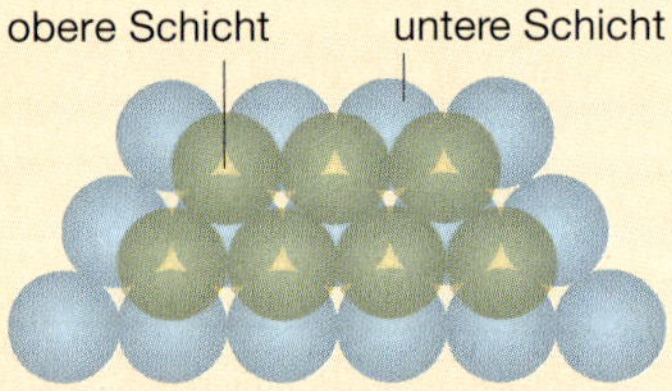

Schüttet man weitere Kugeln darauf, so bildet sich eine zweite dicht gepackte Schicht. Die Kugeln liegen in den Lücken der ersten Schicht. Eine dritte Schicht lässt sich so anordnen, dass diese Kugeln über den Kugeln der ersten Schicht liegen. Eine solche Anordnung liegt beispielsweise im Magnesium-Gitter vor. Fachleute bezeichnen sie als *hexagonal* dichteste Kugelpackung. Auch andere Metalle sind so aufgebaut. Man spricht bei dieser Anordnung allgemein vom **Magnesium-Typ**.

Koordinationszahl. Beim Magnesium-Typ ist jedes Metall-Kation von insgesamt zwölf nächsten Nachbarn umgeben: sechs in der gleichen Schicht und je drei in der Schicht darüber und darunter. Man sagt, die *Koordinationszahl* ist zwölf.
Auch andere Metalle wie Kupfer weisen die Koordinationszahl zwölf auf. Kupfer-Kristalle sind jedoch anders aufgebaut als Magnesium-Kristalle, man spricht vom **Kupfer-Typ.** In diesem Fall sind die dicht gepackten Schichten so angeordnet, dass erst die vierte Schicht genau über der ersten liegt. Etwa 80 % aller Metalle sind nach dem Magnesium-Typ oder dem Kupfer-Typ aufgebaut, gemeinsam ist ihnen eine dichteste Kugelpackung.

In den übrigen Fällen sind die Atome weniger dicht gepackt. Die Koordinationszahl ist meist acht: Jedes Atom hat acht nächste Nachbarn, die die Ecken eines Würfels besetzen. Diese Struktur liegt beim Wolfram vor, man spricht vom **Wolfram-Typ.**

Metallkristall und Ionenkristall im Vergleich. Metallgitter und Ionengitter sind aus Kugelpackungen aufgebaut, in denen die Kationen feste Gitterplätze einnehmen. In Metallkristallen ist die negative Ladung als Elektronengas gleichmäßig über das ganze Gitter verteilt. In Ionenkristallen ist sie dagegen auf die Anionen konzentriert: Die Anionen besetzen abwechselnd mit den Kationen feste Gitterplätze.

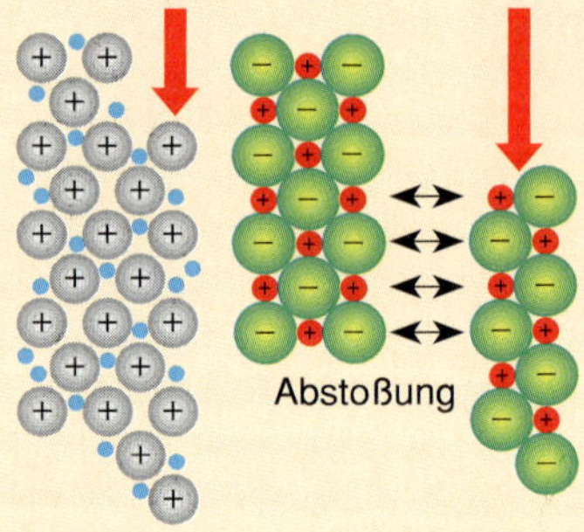

Ionenkristalle lassen sich im Gegensatz zu Metallen nicht plastisch verformen, sie sind hart und spröde: Wird ein Schlag auf einen Ionenkristall ausgeübt, so zersplittert er sofort. Durch den Schlag verschieben sich zwei Gitterebenen gegeneinander. Dabei geraten kurzfristig gleichartig geladene Ionen nebeneinander. Sie stoßen sich ab und der Kristall zerbricht.
Der Ionenkristall leitet im Gegensatz zum Metallkristall nicht den elektrischen Strom. Da die Ionen im Kristall an feste Gitterplätze gebunden sind, können sie keine Ladung transportieren. Metalle enthalten dagegen frei beweglichen Elektrone als Ladungsträger.

1 Nenne Gemeinsamkeiten und Unterschiede zwischen Metallgittern und Ionengittern.
2 Leiten die Schmelzen von Salzen oder Metallen den elektrischen Strom? Begründe deine Antwort.
3 Vergleiche, wie sich eine Temperaturerhöhung auf die elektrische Leitfähigkeit eines Kupferdrahtes und einer Natriumchlorid-Schmelze auswirkt.

Kupfer-Typ
Koordinationszahl: 12
Beispiele: Aluminium, Gold, Silber, Blei, Nickel

Wolfram-Typ
Koordinationszahl: 8
Beispiele: Natrium, Vanadium, Chrom, Eisen

Location: http://www.schroedel.de/chemie_heute.html

Metallwirtschaft

Ergebnisse:

Return to sender

Seit Anfang 2007 müssen Pkw-Hersteller entsprechend der EU-Altfahrzeugverordnung Altautos kostenlos annehmen und zumindest 80 % ihrer Masse recyceln. Stahlschrott aus Altautos ist ein wichtiger Rohstoff für die Stahlerzeugung. Derzeit werden in Europa über 50 % des Rohstahls aus Schrott erschmolzen. Aufgrund der hohen Nachfrage hat sich der Schrottpreis seit 2001 nahezu verdreifacht. Tendenz steigend.

Globalisierung lässt Stahlfirmen verschmelzen

Die Globalisierung hat in den vergangenen Jahren das Bild der Weltstahlindustrie stark verändert. So hat der Zusammenschluss von Thyssen und Krupp das neu entstandene Unternehmen TKS auf Platz Eins in Deutschland und Rang Neun in der Weltrangliste geführt. Auch Weltkonzerne wie Mittal Steel, Arcelor, Riva und Feralpi sind durch Unternehmensübernahmen auf dem deutschen Markt tätig.

Angebot und Nachfrage

Die Weltproduktion an Rohstahl erreichte im Jahre 2006 mit 1242 Millionen Tonnen einen neuen Höchststand. Rund ein Drittel davon wurde in China produziert, etwa 20 % in den Ländern der EU, der Rest verteilt sich auf Japan, die USA und Russland.
Mit einem Marktanteil von 53 % ist Asien auch in der Stahlverarbeitung der größte Markt (Stand 2006). Allein China hält 32 % am Weltmarkt. Zweitgrößter Markt ist Europa mit 20 %; es folgen die USA mit 11 %.
Nach Schätzungen wächst der Weltstahlmarkt in den nächsten Jahren weiter um durchschnittlich 6 %. Die Weltproduktion wird damit bald auf jährlich mehr als 1400 Millionen Tonnen steigen.

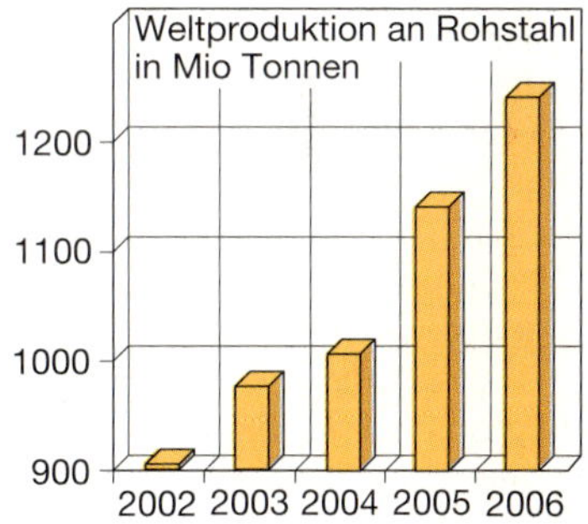

Hohe Zinkpreise beunruhigen Klempnerbranche

Die Börsennotierung für Special-High-Grade-Zink lag Ende 2004 bei durchschnittlich 880,00 € pro Tonne. Im Jahr 2006 kletterte der Preis bis auf 2 600,00 € pro Tonne. Die Hintergründe für diese Entwicklung sind vielfältig: Zum einen sank die Fördermenge, denn aufgrund der damals eher niedrigen Preise wurden in den vorangegangenen Jahren weltweit viele Minen stillgelegt. Ein weiterer Grund ist der weltweit gestiegene Verbrauch an Zink seit 2003, insbesondere durch China. Seit 2004 ist China daher nicht mehr der größte Exporteur für Zink, sondern gehört mittlerweile zu den Zink-Importeuren. Inzwischen hat sich der Markt wieder beruhigt: Eine Tonne Zink kostete im Sommer 2008 etwa 1200 €.

Kupferklau auf Baustellen

Hamburg SSV. Zuletzt traf es einen Heizungs- und Sanitärgroßhandel in Hamburg-Norderstedt und das schon zum sechsten Mal innerhalb eines Jahres. Laut Polizeiangaben luden acht Täter nachts aus dem mit Bewegungsmeldern gesicherten Firmenlager Kupferrohre mit einer Gesamtlänge von zwölf Kilometern auf Lastwagen.
Wert der Ware: 60 000 €. Bei einem vorherigen Einbruch entfernte die Bande sogar die vor der Lagerausfahrt geparkten Firmenlaster, indem sie diese kurzschlossen.

Aufgabe

1 Die meisten Tageszeitungen berichten auf ihrer Börsenseite regelmäßig über die Preisentwicklung bei Edelmetallen und Nichteisenmetallen. Sammle die Meldungen über einen Zeitraum von mindestens vier Wochen und stelle die Preisentwicklung für Kupfer, Blei, Zink, Zinn, Aluminium und Nickel grafisch dar.

5.2 Verbrennung – auch ohne Sauerstoff

Magnesium verbrennt a) in Sauerstoff, b) in Chlor und c) in Stickstoff.

Magnesium verbrennt nicht nur in Sauerstoff-Gas, sondern auch in Chlor-Gas und sogar in Stickstoff-Gas. Äußerlich gleichen sich diese Reaktionen: Energie wird in Form von Wärme und Licht frei. Die Produkte Magnesiumoxid, Magnesiumchlorid und Magnesiumnitrid entstehen also in *exothermen* Reaktionen. Aber auch im atomaren Bereich sind die Vorgänge vergleichbar. In allen drei Fällen bilden sich nämlich aus den elektrisch neutralen Teilchen der Ausgangsstoffe Produkte, die Mg^{2+}-Ionen enthalten. Nur die Anionen sind verschieden: Beim Magnesiumoxid sind es Oxid-Ionen (O^{2-}), beim Magnesiumchlorid Chlorid-Ionen (Cl^{-}) und beim Magnesiumnitrid Nitrid-Ionen (N^{3-}).

Allgemein gilt: Wenn ein Metall mit einem Nichtmetall reagiert, bilden sich positiv geladene Metall-Ionen und negativ geladene Nichtmetall-Ionen.

Elektronenabgabe:	$2\,Mg \dashrightarrow 2\,Mg^{2+} + 4\,e^-$
Elektronenaufnahme:	$O_2 + 4\,e^- \dashrightarrow 2\,O^{2-}$
Gesamtreaktion:	$2\,Mg\,(s) + O_2\,(g) \longrightarrow 2\,MgO\,(s)$
Elektronenabgabe:	$Mg \dashrightarrow Mg^{2+} + 2\,e^-$
Elektronenaufnahme:	$Cl_2 + 2\,e^- \dashrightarrow 2\,Cl^-$
Gesamtreaktion:	$Mg\,(s) + Cl_2\,(g) \longrightarrow MgCl_2\,(s)$
Elektronenabgabe:	$3\,Mg \dashrightarrow 3\,Mg^{2+} + 6\,e^-$
Elektronenaufnahme:	$N_2 + 6\,e^- \dashrightarrow 2\,N^{3-}$
Gesamtreaktion:	$3\,Mg\,(s) + N_2\,(g) \longrightarrow Mg_3N_2\,(s)$

Elektronenübertragungsreaktionen

Elektronenübertragung. Bei der Bildung einer Ionenverbindung gehen Elektronen von den Atomen des Metalls auf die Atome des Nichtmetalls über. Das Metall-Atom ist der Elektronenspender oder **Elektronendonator** (lat. *donare:* schenken), das Nichtmetall-Atom ist der Elektronenempfänger oder **Elektronenakzeptor** (lat. *accipere*: empfangen). Insgesamt spricht man von einer **Elektronenübertragungsreaktion.**

Für Elektronenübertragungsreaktionen kann man zunächst die *Elektronenabgabe* und *Elektronenaufnahme* getrennt formulieren und dann zur *Gesamtreaktion* zusammenfassen. Dabei ist die Regel der *Elektroneutralität* zu beachten: Die Anzahl der insgesamt abgegebenen Elektronen ist gleich der Anzahl der insgesamt aufgenommenen Elektronen. Wie viele Elektronen jeweils aufgenommen oder abgegeben werden, bestimmt vielfach die *Edelgasregel*. In anderen Fällen wie bei Zink-Ionen (Zn^{2+}) oder Kupfer-Ionen (Cu^{2+}) muss man sich die Ionenladung merken.

Bei der Reaktion zwischen Metallen und Nichtmetallen findet eine Elektronenübertragung statt. Es bilden sich positiv geladene Metall-Ionen und negativ geladene Nichtmetall-Ionen.

1 Erläutere die Begriffe Elektronendonator und Elektronenakzeptor.

2 Erkläre, bei welchen Reaktionen eine Elektronenübertragung stattfindet.

3 Aluminium reagiert **a)** mit Chlor, **b)** mit Sauerstoff und **c)** mit Stickstoff. Formuliere die Elektronenübertragungsreaktionen in Teilschritten und als Gesamtreaktion.

Redoxreaktionen – früher und heute

Oxidation und Reduktion in herkömmlicher Sicht

Am Ende des 18. Jahrhunderts veröffentlichte der französische Forscher Antoine de LAVOISIER seine **Oxidationstheorie** und leitete damit eine neue Ära der wissenschaftlichen Chemie ein. Er hatte herausgefunden, dass Stoffe mit Sauerstoff zu Oxiden reagieren. Seither bezeichnet man chemische Vorgänge, bei denen sich ein Metall oder ein Nichtmetall mit Sauerstoff verbindet, als *Oxidation* und sagt:
Oxidation ist die Aufnahme von Sauerstoff.

Oxidation von Kohlenstoff: $C + O_2 \longrightarrow CO_2$

Die Umkehrung der Oxidation ist die *Reduktion* (lat. *reducere:* zurückführen). Man versteht darunter einen chemischen Vorgang, bei dem einem Oxid Sauerstoff entzogen wird:
Reduktion ist die Abgabe von Sauerstoff.

Reduktion von Quecksilberoxid: $2\ HgO \longrightarrow 2\ Hg + O_2$

Bei vielen chemischen Reaktionen laufen Oxidation und Reduktion gleichzeitig ab. So führt die Umsetzung von Kupferoxid mit Magnesium zur Reduktion des Kupferoxids und zur Oxidation des Magnesiums. Diesen Sachverhalt drückt man zusammenfassend durch den Begriff *Redoxreaktion* aus:
Redoxreaktionen sind Sauerstoffübertragungsreaktionen.

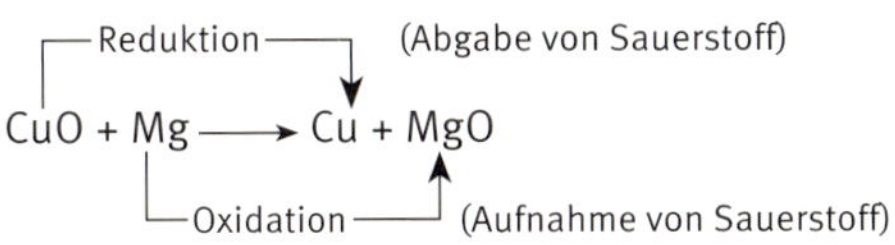

Allgemein gilt: Ein *Oxidationsmittel* überträgt Sauerstoff auf einen anderen Stoff. Ein *Reduktionsmittel* übernimmt von einer anderen Verbindung Sauerstoff.

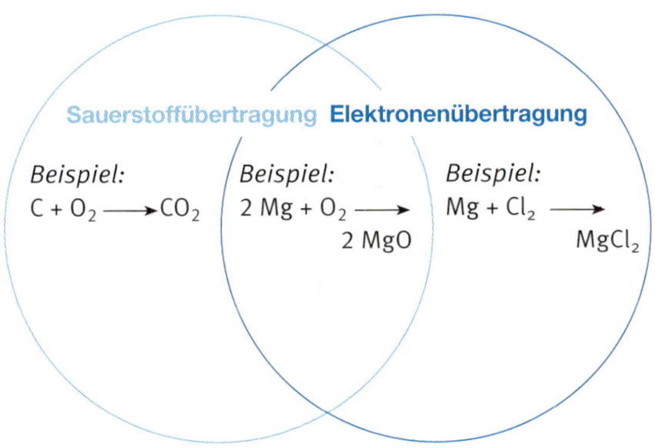

Neue Definition von Oxidation und Reduktion

In neuerer Zeit erkannte man, dass Sauerstoff bei der Bildung von Oxiden als *Elektronenakzeptor* reagiert. Dabei gibt der Stoff, der oxidiert wird, Elektronen an Sauerstoff ab. Er verhält sich also als *Elektronendonator*. Die Umsetzung eines Metalls mit Sauerstoff ist eine **Elektronenübertragungsreaktion:**

Elektronenabgabe:	$2\ Mg \dashrightarrow 2\ Mg^{2+} + 4\ e^-$
Elektronenaufnahme:	$O_2 + 4\ e^- \dashrightarrow 2\ O^{2-}$
Redoxreaktion:	$2\ Mg + O_2 \longrightarrow 2\ MgO$

Auch Chlor, Stickstoff und andere Nichtmetalle reagieren mit Metallen als Elektronenakzeptoren. Der Oxidationsbegriff wurde deshalb neu definiert:

Oxidation ist die Abgabe von Elektronen.
Wenn man Quecksilberoxid thermisch spaltet, wird Quecksilber vom Sauerstoff getrennt, es wird reduziert. Auch dies ist eine Elektronenübertragungsreaktion: Die im Quecksilberoxid enthaltenen Quecksilber-Ionen (Hg^{2+}) nehmen Elektronen auf, es entsteht metallisches Quecksilber. Auch der Reduktionsbegriff wurde neu festgelegt:

Reduktion ist die Aufnahme von Elektronen.

Elektronenabgabe:	$2\ O^{2-} \dashrightarrow O_2 + 4\ e^-$
Elektronenaufnahme:	$2\ Hg^{2+} + 4e^- \dashrightarrow 2\ Hg$
Redoxreaktion:	$2\ Hg^{2+} + 2\ O^{2-} \longrightarrow 2\ Hg + O_2$

Da Elektronenabgabe und Elektronenaufnahme stets miteinander verknüpft sind, gilt dementsprechend:
Redoxreaktionen sind Elektronenübertragungsreaktionen. Teilchen, die Elektronen aufnehmen, sind *Oxidationsmittel*. Teilchen, die Elektronen abgeben, sind *Reduktionsmittel*.

1 Kupferoxid reagiert mit Eisen zu Kupfer und Eisenoxid (Fe_2O_3). Formuliere die Reaktion als
a) Sauerstoffübertragungsreaktion,
b) Elektronenübertragungsreaktion.
c) Welcher Stoff wird in dem einen und anderen Fall oxidiert, welcher wird reduziert?
d) Gib an, welcher Stoff jeweils das Oxidationsmittel ist und welcher das Reduktionsmittel.

2 Das Schaubild stellt den Zusammenhang zwischen beiden Redoxtheorien mithilfe zweier Kreise dar. Warum kann man die Bildung von Magnesiumoxid beiden Theorien zuordnen?

5.3 Edle und unedle Metalle

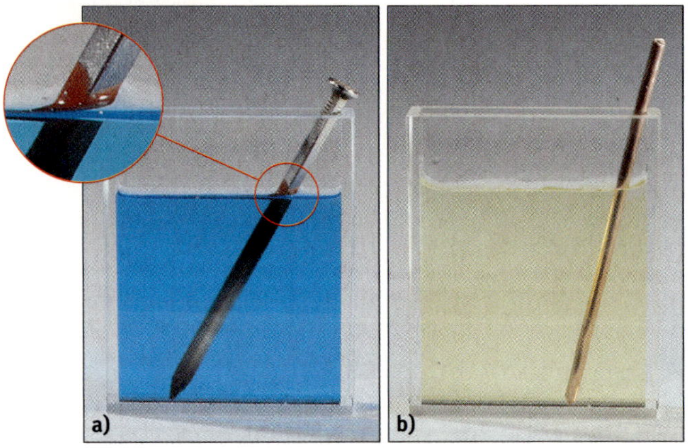

Ein Eisenstab wird in Kupfersulfat-Lösung getaucht (a); ein Kupferstab wird in Eisensulfat-Lösung getaucht (b).

Taucht man einen Eisennagel in eine blaue Lösung von Kupfersulfat, so überzieht er sich mit einer Schicht aus rotem Kupfer. Es handelt sich um eine chemische Reaktion, bei der durch Übertragung von Elektronen Kupfer-Ionen zu Kupfer und Eisen zu Eisen-Ionen umgewandelt werden. Die Atome des Eisens geben Elektronen ab, sie wirken als *Elektronendonator*. Die Ionen des Kupfers nehmen die Elektronen auf; sie wirken als *Elektronenakzeptor*.

Elektronenabgabe: $Fe\ (s) \dashrightarrow Fe^{2+}\ (aq) + 2\ e^-$

Elektronenaufnahme: $Cu^{2+}\ (aq) + 2\ e^- \dashrightarrow Cu\ (s)$

Elektronenübertragung:

$$Fe\ (s) + Cu^{2+}\ (aq) \longrightarrow Fe^{2+}\ (aq) + Cu\ (s)$$

Stellt man umgekehrt einen Kupferstab in eine Eisensalz-Lösung, so erfolgt keine Reaktion; die Kupfer-Atome geben keine Elektronen an die Eisen-Ionen ab. Die Neigung unter Bildung von Ionen in Lösung zu gehen ist also beim Kupfer weniger ausgeprägt als beim Eisen.

Fällungsreihe der Metalle. Bei Reaktionen mit anderen Paaren von Metallen und ihren Salzlösungen macht man ähnliche Beobachtungen wie im Falle von Kupfer und Eisen: Nur bei der Kombination eines unedleren Metalls mit der Salzlösung eines edleren Metalls wird aus der Salzlösung das edlere Metall abgeschieden, also *ausgefällt*. Ordnet man die Metalle auf der Grundlage solcher Versuche in einer *Fällungsreihe*, so ergibt sich die gleiche Reihenfolge wie in der Redoxreihe der Metalle gegenüber Sauerstoff:

K Na Mg Al Zn Cr Fe Ni Sn Pb ... Cu Ag Hg Pt Au
unedel **edel**

In dieser Reihe stehen links die *unedlen Metalle*, sie geben leicht Elektronen ab. Die Tendenz Ionen zu bilden und in Lösung zu gehen nimmt von links nach rechts ab.
Die *Edelmetalle* stehen rechts, sie geben nur schwer Elektronen ab. Ihre Ionen dagegen nehmen leicht Elektronen auf und das Metall scheidet sich ab.

So löst sich Zink in einer Kupfersulfat-Lösung auf und Kupfer scheidet sich ab: Zink ist unedler als Kupfer. Mit einer Magnesiumsulfat-Lösung reagiert Zink jedoch nicht, denn Magnesium ist noch unedler als Zink.

Edel oder unedel? Will man im Labor kleine Mengen Wasserstoff herstellen, so lässt man Zink mit verdünnter Salzsäure reagieren: Gasblasen steigen auf und das Metall löst sich auf. Es bildet sich eine Zinkchlorid-Lösung. Bei dieser Reaktion wirken die Zink-Atome als Elektronendonator, die Wasserstoff-Ionen als Elektronenakzeptor. Die Chlorid-Ionen sind nicht an der Reaktion beteiligt.

Elektronenabgabe: $Zn\ (s) \dashrightarrow Zn^{2+}\ (aq) + 2\ e^-$

Elektronenaufnahme: $2\ H^+\ (aq) + 2\ e^- \dashrightarrow H_2\ (g)$

Elektronenübertragung:

$$Zn\ (s) + 2\ H^+\ (aq) \longrightarrow Zn^{2+}\ (aq) + H_2\ (g)$$

Grundsätzlich gilt: Unedle Metalle reagieren mit verdünnten Säuren zu einer Salzlösung und gasförmigem Wasserstoff.
Stellt man dagegen ein Kupferblech oder ein Silberblech in verdünnte Salzsäure, so findet keine Reaktion statt: Edle Metalle reagieren nicht mit verdünnten Säuren.

Je weiter links ein Metall in der Fällungsreihe steht, desto unedler ist es. Unedle Metalle geben leicht Elektronen ab; sie lösen sich in verdünnten Säuren unter Wasserstoffentwicklung auf und bilden Metall-Ionen.

1 Beschreibe, wodurch sich edle und unedle Metalle unterscheiden.
2 Wird ein Kupferblech in eine Silbersalz-Lösung getaucht, so scheidet sich Silber ab.
Stelle die Reaktionsgleichung für die Elektronenabgabe und die Elektronenaufnahme auf und fasse sie zur Elektronenübertragungsreaktion zusammen.
3 Eisen, Silber, Platin und Aluminium werden mit verdünnter Schwefelsäure untersucht.
a) Welche Metalle reagieren mit der Säure? Stelle jeweils die Reaktionsgleichungen auf.
b) Ordne die Begriffe Oxidation und Reduktion zu.

Elektronenübertragung

V1: Fällungsreihe der Metalle

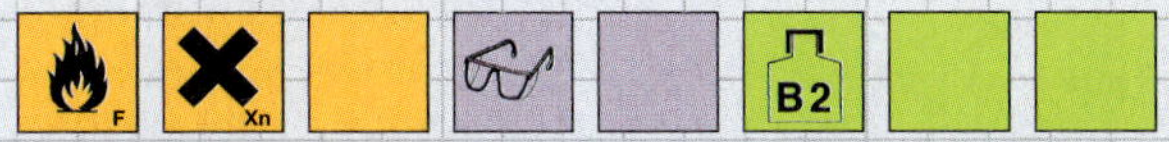

Materialien: 3 kleine Bechergläser, Schleifpapier; Eisensulfat (Xn), Kupfernitrat (Xn, B2), Magnesiumchlorid, Magnesiumband (F), Stäbe oder Bleche folgender Metalle: Eisen, Blei, Kupfer.

Durchführung:

1. Bereite die benötigten Salzlösungen vor. Löse dazu jeweils einen Spatel Salz in einem Becherglas mit 50 ml Wasser.

2. Reibe die Metallstäbe mit Schleifpapier blank. Halte sie dann nacheinander in die einzelnen Salzlösungen.

Hinweis: Vor jedem weiteren Test werden die Metallstücke gereinigt, getrocknet und erneut blank gerieben.

Aufgaben:

a) Übernimm die folgende Tabelle in deine Unterlagen und trage deine Beobachtungen ein

	Eisen	Kupfer	Blei	Magnesium
Fe^{2+}				
Cu^{2+}				
Mg^{2+}				

b) Deute deine Beobachtungen.

c) Ordne die Metalle Eisen, Kupfer, Blei und Magnesium in einer Fällungsreihe. Welche Metalle könnten demnach mit einer Bleinitrat-Lösung reagieren?

V2: Reaktion von Kupfer mit Silbernitrat

Materialien: Uhrglas, Schleifpapier, Tropfpipette; Kupferblech, Silbernitrat-Lösung (verd.).

Durchführung:

1. Stelle das Uhrglas auf einen weißen Untergrund.

2. Gib etwas Silbernitrat-Lösung in das Uhrglas und lege ein kleines blankes Stück Kupferblech hinein.

3. Beobachte die Veränderungen, die im Laufe von fünf Minuten auftreten.

Aufgaben:

a) Beschreibe deine Beobachtungen.

b) Die Reaktion läuft zwischen elementarem Kupfer und Silber-Ionen (Ag^+) ab. Formuliere die Gleichungen für die Teilreaktionen und für die Gesamtreaktion.

V3: Reaktion von Magnesium mit verdünnter Schwefelsäure

Materialien: durchbohrter Stopfen, Gasableitungsrohr, Messzylinder (10 ml), Wasserwanne, Tropfpipette, Gasbrenner; Magnesiumband (F), Schwefelsäure (verd.; Xi).

Durchführung:

1. Gib einen Streifen Magnesiumband von etwa 10 cm Länge in ein Reagenzglas, füge 10 ml Schwefelsäure hinzu und verschließe das Glas schnell mit dem Stopfen und Gasableitungsrohr.

2. Fange das Gas (F+) in einem Reagenzglas auf.

3. *Knallgasprobe:* Führe das mit Gas gefüllte Reagenzglas mit der Mündung nach unten über die Brennerflamme.

Aufgabe: Formuliere die Reaktionsgleichung für die Bildung des Gases in Ionenschreibweise. Zwischen welchen Teilchen erfolgt eine Elektronenübertragung?

Hinweis: In verdünnter Schwefelsäure liegen die folgenden Ionen vor: H^+ (aq), HSO_4^- (aq).

V4: Reaktion von Zink mit Eisenchlorid

Materialien: Tropfpipette, Stopfen; Zinkpulver (F), Eisenchlorid-Lösung ($FeCl_3$; $1\frac{mol}{l}$)

Durchführung:

1. Gib eine Spatelspitze Zinkpulver in ein Reagenzglas und füge etwa 3 ml Eisenchlorid-Lösung hinzu.

2. Verschließe das Glas mit dem Stopfen und schüttle das Gemisch längere Zeit.

Aufgaben:

a) Notiere deine Beobachtungen.

b) Die Reaktion findet zwischen elementarem Zink und Fe^{3+}-Ionen statt. Es bilden sich unter anderem Fe^{2+}-Ionen. Formuliere die Gleichungen für die Teilreaktionen und die Gesamtreaktion.

c) Ordne den Vorgängen der Begriffe Oxidation und Reduktion zu. Bestimme das Oxidationsmittel und das Reduktionsmittel.

d) Ordne die Metalle Silber und Zink anhand der Ergebnisse von V2 und V4 in die Fällungsreihe von V1 ein.

5.4 Korrosion kostet Millionen

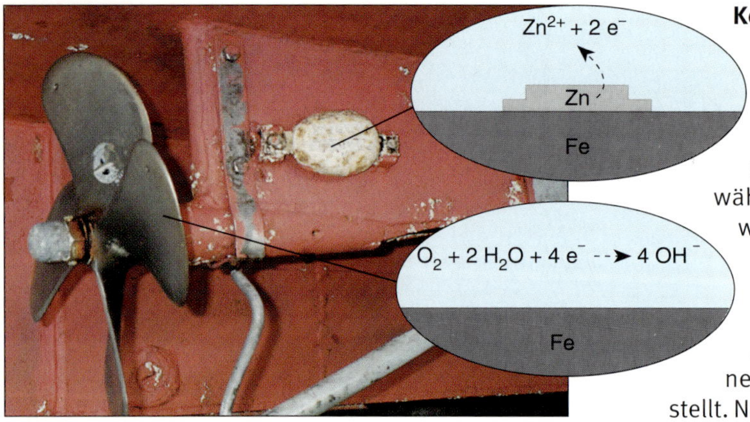

Opferelektrode an einem Schiff

Kaum ist ein aus Stahl errichtetes Bauwerk fertiggestellt, beginnt schon der Kampf gegen den Rost. Jährlich kostet es viele Millionen, um Bauwerke aus Stahl zu erhalten. Ursache ist die fast unaufhaltsame **Korrosion** (lat. *corrodere:* zernagen). Darunter versteht man die langsame Oxidation von Metallen durch Luft unter Beteiligung von Wasser.

Eisen rostet. Die bekannteste Korrosionserscheinung ist das Rosten von Eisen und Stahl. Jährlich verrosten in Deutschland Eisenwerkstoffe im Wert von mehreren Milliarden Euro. Unter dem Einfluss von Sauerstoff und Wasser wird das Eisen zu einem wasserhaltigen rotbraunen Eisenoxid oxidiert. Dieser *Rost* bildet eine poröse, bröcklige Schicht, in die weiteres Wasser und Sauerstoff eindringen können. Deshalb kann ein Eisengegenstand im Laufe der Zeit völlig durchrosten.

Chemische Reaktionen beim Rosten. Die von der Oberfläche des Metalls ausgehende Korrosion beruht auf Elektronenübertragungsreaktionen, an denen Sauerstoff und Wasser beteiligt sind. Als unedles Metall gibt Eisen leicht Elektronen ab und bildet zweifach positiv geladene Eisen-Ionen. Der entscheidende Reaktionspartner beim Rosten ist in Wasser gelöster Sauerstoff. Er nimmt die Elektronen auf und bildet zusammen mit Wasser Hydroxid-Ionen. In trockener Luft kann sich dagegen kein Rost bilden.

$Fe\,(s) \rightarrow Fe^{2+}\,(aq) + 2\,e^-$

$O_2\,(aq) + 2\,H_2O\,(l) + 4\,e^- \rightarrow 4\,OH^-\,(aq)$

Die Eisen-Ionen reagieren mit den Hydroxid-Ionen und weiterem Sauerstoff zu rotbraunem Rost mit dreifach positiv geladenen Eisen-Ionen. Die Korrosion wird durch *saure Lösungen* und aggressive Gase zusätzlich gefördert.

Korrosionsschutz. Damit die aus Stahl bestehenden Schiffsrümpfe im salzigen Meerwasser nicht korrodieren, werden sie mit Blöcken aus Zink versehen. Das unedlere Metall Zink gibt Elektronen ab und geht in Lösung, während der Stahlrumpf nicht angegriffen wird.

Um die Schäden durch Korrosion möglichst gering zu halten, wird Eisen oft auch durch Überzüge mit anderen Metallen geschützt. So werden Laternenmasten aus *verzinktem* Stahl hergestellt. Nach einiger Zeit sieht die Zinkschicht grau und matt aus. An der Oberfläche hat sich eine dünne Schicht von Zinkoxid gebildet. Sie haftet fest auf dem Metall und schützt es vor weiterer Korrosion.
Eisen wird sogar dann vor Korrosion geschützt, wenn die Zinkschicht beschädigt ist. Gelangt feuchte Luft an die Schadstelle, so löst sich zunächst nur das unedlere Metall Zink auf. Das Eisen bleibt erhalten.

Beim Korrosionsschutz kommt es vor allem darauf an, den Kontakt des korrosionsfähigen Metalls mit Wasser, Luft und aggressiven Stoffen zu verhindern. Das kann durch Einfetten oder Lackieren der Oberflächen erfolgen. Auch durch Beschichtung mit Kunststoffen erreicht man einen dauerhaften Korrosionsschutz. So wird Maschendraht aus Stahl oft mit einer Kunststoffschicht überzogen.

Die Korrosion ist eine Zerstörung von unedlen Metallen durch Einwirkung von Wasser und Luft. Sie beruht auf Elektronenübertragungsreaktionen.

1 Beschreibe, wie es zur Bildung von Rost kommt.
2 Nenne Maßnahmen, die Korrosion an Werkstoffen aus Eisen verhindern können.
3 Pipelines aus Stahl korrodieren im feuchten Erdreich. Man verbindet sie deshalb mit Magnesium-Blöcken im Erdreich. Erkläre diese Maßnahme.
4 Erkläre, warum man die Zinkblöcke an Schiffsrümpfen auch als *Opferelektroden* bezeichnet.
5 Eine Blumengießkanne besteht aus verkupfertem Stahlblech.
Erläutere was geschieht, wenn die Kupferschicht beschädigt wird.
6 Recherchiere, womit Konservendosen auf der Innenseite beschichtet werden, damit sie nicht korrodieren.
7 *Experimentelle Hausaufgabe:* Stecke drei Eisennägel, von denen einer mit Rostschutzfarbe gestrichen ist, in feuchte Watte. Prüfe nach einigen Tagen,wie stark sich die Nägel verändert haben. Erkläre deine Beobachtungen.

Korrosion und Korrosionsschutz

V1: Korrosion eines Eisennagels

Materialien: 4 Petrischalen, Gasbrenner, Erlenmeyerkolben (300 ml), Messzylinder (100 ml), Waage, Glasstab, Eisenwolle;
Agar-Agar oder Gelatine, Kochsalz, Rotes Blutlaugensalz, Phenolphthalein-Lösung, Eisennägel (nicht verzinkt), Eisenblech, verzinkter Draht, Kupferdraht (Klingeldraht).

Durchführung:

1. Erhitze in dem Erlenmeyerkolben 100 ml Wasser mit etwa 2 g Agar-Agar oder Gelatine als Gelbildner, bis eine klare Lösung entsteht.
2. Füge einen Spatel Kochsalz, eine Spatelspitze Rotes Blutlaugensalz und einige Tropfen Phenolphthalein-Lösung hinzu
3. Gib einen Tropfen dieser Lösung auf ein abgeschmirgeltes Eisenblech und lasse die Probe über Nacht stehen.
4. Verteile die restliche Lösung auf die Petrischalen. Lege anschließend folgende Gegenstände hinein:
   - einen unbehandelten Eisennagel;
   - einen Eisennagel, dessen eine Hälfte in der Flamme oxidiert wurde;
   - einen Eisennagel, der in der Mitte mit Kupferdraht umwickelt ist;
   - einen Eisennagel, der in der Mitte mit einem verzinkten Draht umwickelt ist.
5. Lege die Oberteile auf die Petrischalen und betrachte die Veränderungen nach zwei Tagen.

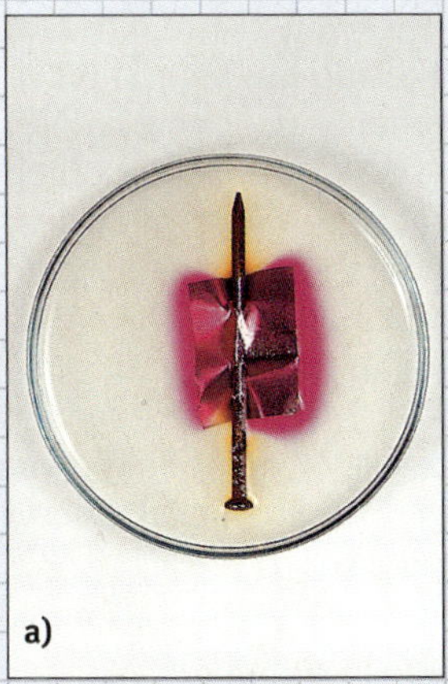
a)

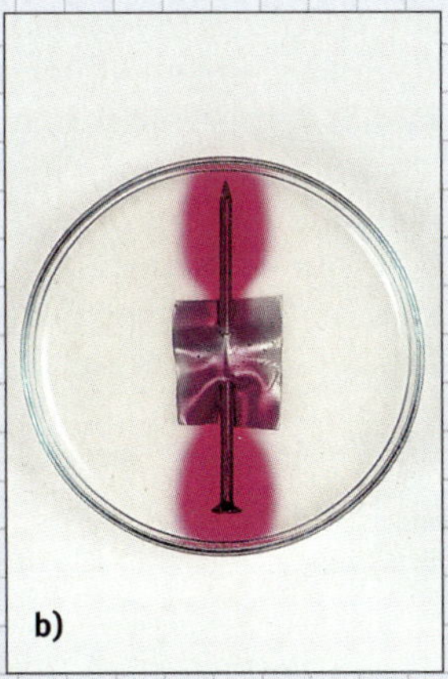
b)

Untersuchen von Korrosionsvorgängen:
a) Kupfer und Eisen, b) Eisen und Zink

Aufgaben:

a) Notiere deine Beobachtungen. Zeichne den Nagel jeweils schematisch und kennzeichne die gefärbten Bereiche.

b) Eisen-Ionen (Fe^{2+}-Ionen) bilden mit dem Roten Blutlaugensalz eine blaue Verbindung, das *Berliner Blau*. Die Reaktion ist ein Nachweis für Eisen-Ionen. Die Rotfärbung von Phenolphthalein zeigt an, dass sich Hydroxid-Ionen (OH^--Ionen) gebildet haben. In dieser Reaktion ist der im Wasser gelöste Sauerstoff beteiligt. Gib die Reaktionsgleichungen für die abgelaufenen Reaktionen an und deute den Gesamtvorgang.

c) Auf einem Eisennagel scheint es edlere und unedlere Bereiche zu geben. Gib den Minuspol und den Pluspol auf dem Nagel an.

d) Vergleiche den unbehandelten Nagel mit den Nägeln, die mit Kupfer oder Zink umwickelt wurden. Erkläre, warum nur Zink den Eisennagel vor Korrosion schützt.

V2: Überzüge aus Kupfer und Messing

Materialien: Gleichspannungsquelle, Strommessgerät, Becherglas (500 ml), Metallputztuch;
Eisennagel, Kupferblech, Messingblech.
Kupferbad: 10,4 g Kupfersulfat-Hydrat (Xn, N), 52 g Kaliumnatriumtartrat und 15,6 g Natriumhydroxid (C) werden mit Wasser zu 300 ml Lösung gelöst.
Messingbad: 4 g Kupfersulfat-Hydrat (Xn, N), 1,2 g Zinksulfat-Hydrat (Xn, N), 32 g Kaliumnatriumtartrat und 1,6 g Natriumhydroxid (C) werden mit Wasser zu 400 ml Lösung gelöst.

Durchführung:

1. Reinige das Kupferblech und den Eisennagel oder einen anderen Gegenstand aus Eisen mit dem Metallputztuch.
2. Schließe den Eisennagel an den Minuspol und das Kupferblech an den Pluspol an und tauche sie in das Kupferbad. Elektrolysiere bei einer Stromstärke von 0,2 A etwa 15 min lang.
3. Wiederhole den Versuch mit dem Messingbad. Elektrolysiere bei einer Gleichspannung von 5 V etwa 10 min lang. Bewege dabei den Gegenstand vorsichtig in der Lösung.
4. Spüle die Metalle nach der Elektrolyse gründlich mit Wasser ab. Prüfe anschließend mit dem Metallputztuch, ob die Metallüberzüge nach dem Trocknen fest haften.

Aufgaben:

a) Notiere deine Beobachtungen.

b) Vergleiche die Vorgänge im Kupferbad mit denjenigen im Messingbad und gib die Reaktionsgleichungen an.

c) Erstelle eine Schemazeichnung zu den Vorgängen in einer Silbersalz-Lösung, die beim Versilbern von Besteck an den Elektroden ablaufen (Anode: Silberblech).

5.5 Metallgewinnung durch Elektrolyse – Zink aus Zinksulfat

Dach aus Titanzink

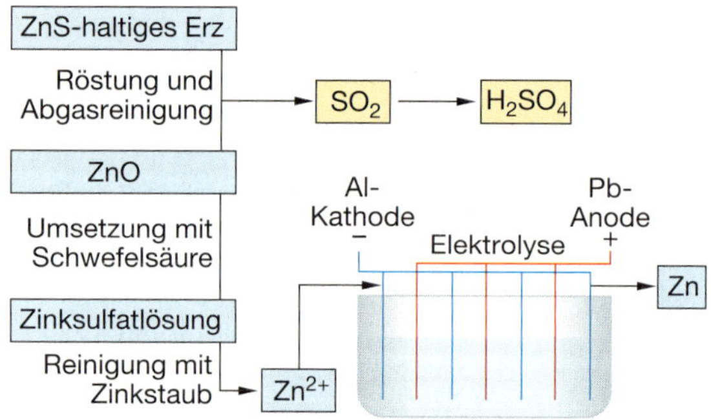

Elektrolytische Gewinnung von Zink

Zink gehört zusammen mit Eisen, Aluminium, Kupfer und Blei zu den wichtigsten Gebrauchsmetallen. Es ist ein sprödes Metall, das leicht aufreißt und bricht. In angewärmtem Zustand lässt es sich jedoch gut verformen. Gegenüber Wasser und Luft ist Zink beständig, da es sich mit einer zusammenhängenden und gut haftenden Schicht von Zinkoxid überzieht.

Verwendung. Aus Zink werden vor allem Dachrinnen und Regenrohre hergestellt, wobei das biegsame *Titanzink,* eine Legierung aus Reinzink und geringen Mengen Titan und Kupfer, zum Einsatz kommt. *Messing* ist eine schon im Altertum bekannte Legierung aus Kupfer und Zink. Reines Zink ist der wichtigste Elektronendonator in Batterien.
Eine wichtige Rolle spielt Zink auch als Überzugsmetall: Beim *Feuerverzinken* werden Eisenbleche, Eisendraht oder Gittertore durch Eintauchen in eine Zinkschmelze vor Korrosion geschützt. Verzinkter Stahl wird für Autokarosserien und zunehmend auch bei der Gestaltung von Häuserfassaden eingesetzt. Schrauben, Scharniere und andere Kleineisenwaren werden häufig elektrolytisch verzinkt.

Herstellung. Das wichtigste Erz ist die *Zinkblende,* die im Wesentlichen aus Zinksulfid (ZnS) besteht. Ein Teil der Zink-Ionen ist jedoch durch Ionen der Elemente Eisen, Blei, Kupfer oder Cadmium ersetzt.

Zur Gewinnung des Metalls wird das Zinksulfid zunächst durch Rösten in Zinkoxid überführt:

$$2\,ZnS\,(s) + 3\,O_2\,(g) \longrightarrow 2\,ZnO\,(s) + 2\,SO_2\,(g)$$

Zinkoxid kann mithilfe von gemahlenem Koks bei etwa 1200 °C zu metallischem Zink reduziert werden.

Größere Bedeutung hat jedoch die elektrolytische Reduktion. In der Praxis arbeitet man mit einer sorgfältig gereinigten schwefelsauren Zinksulfat-Lösung und mehreren parallel zueinander angeordneten Blei-Anoden und Aluminium-Kathoden bei einer Spannung von 3,5 Volt. Zink scheidet sich auf dem Aluminium in Schichten bis zu 5 mm Dicke ab. Es wird regelmäßig alle 24 bis 48 Stunden maschinell abgezogen und dann eingeschmolzen. Man erhält so Platten oder Blöcke aus 99,95%igem *Feinzink.*

Grundlage des Verfahrens ist eine Eigenschaft, in der sich Aluminium und Zink von anderen unedlen Metallen wie Magnesium oder Eisen unterscheiden: Unedle Metalle reagieren mit sauren Lösungen unter Wasserstoff-Entwicklung. Mit Aluminium und Zink verläuft diese Reaktion aber sehr langsam oder bleibt völlig aus, wenn die Metalle genügend rein sind. Erst diese Hemmung der Wasserstoff-Entwicklung ermöglicht die elektrolytische Gewinnung von Zink.

Die durch die Reaktion von Schwefelsäure mit dem beim Rösten gebildeten Zinkoxid erhaltene Zinksulfat-Lösung ist nicht rein: Neben Zink-Ionen enthält sie auch die übrigen in der Zinkblende enthaltenen Metallionen. Bei der Elektrolyse erhielte man deshalb nur unreines Zink, an dem überwiegend Wasserstoff-Gas abgeschieden wird.
Bei der Reinigung der Zinksulfat-Lösung werden zunächst die Eisen-Ionen in eine schwerlösliche Verbindung überführt. Anschließend gibt man Zinkpulver hinzu, um die Ionen von Kupfer, Arsen, Nickel, Cobalt und Cadmium zum Metall zu reduzieren.

Das wichtige Gebrauchsmetall Zink wird überwiegend durch Elektrolyse einer Zinksulfat-Lösung gewonnen.

1 Erläutere, warum die Zinksulfat-Lösung vor der Elektrolyse sorgfältig gereinigt werden muss.

2 Recherchiere, welche Reaktion während der Elektrolyse an den Blei-Anoden abläuft.

Technische Gewinnung von Reinkupfer (Kupfer-Raffination)

Exkurs

Aus Erzen hergestellte Metalle sind in der Regel nicht rein. So enthält Rohkupfer etwa 2 % Verunreinigungen. Dabei handelt es sich neben unedlen Metallen wie Eisen oder Zink auch um Edelmetalle wie Silber, Gold und Platin. Diese Edelmetalle werden bei der Reinigung des Rohkupfers als wertvolle Nebenprodukte gewonnen.

Die Reinigung des Rohkupfers geschieht durch Elektrolyse. Als Elektrolyt wird Kupfersulfat-Lösung verwendet. Dabei schaltet man das Rohkupfer als Anode (Pluspol). Als Kathode (Minuspol) dient eine dünne Reinkupfer-Platte. Bei der Elektrolyse löst sich das Rohkupfer nach und nach auf, und an der Kathode scheidet sich reines Kupfer mit einem Kupferanteil von 99,9 % ab.

Anode (Pluspol): Cu (s; roh) ---> Cu^{2+} (aq) + 2 e^-

Kathode (Minuspol): Cu^{2+} (aq) + 2 e^- ---> Cu (s; rein)

Die unedlen Metalle, die im Rohkupfer enthalten waren, lösen sich auf. Ihre Ionen werden jedoch nicht an der Kathode abgeschieden. Die Edelmetalle lösen sich dagegen nicht, sie fallen als *Anodenschlamm* zu Boden. Zur Gewinnung von Gold und Silber löst man den Anodenschlamm in einem Gemisch aus konzentrierter Salzsäure und konzentrierter Salpetersäure auf. Aus dieser Lösung scheidet man die Edelmetalle elektrolytisch ab.

Kathoden werden aus dem Elektrolysetrog gezogen.

1 Stelle Reaktionsgleichungen für die Entladung von Ag^+-Ionen und von Au^{3+}-Ionen auf.

2 a) Erstelle eine Skizze zur Kupfer-Raffination. Trage die Elektroden, die Spannungsquelle, die Bewegungsrichtung der Elektronen und die Ionenbewegung ein.

b) Begründe, ob man statt Kupfersulfat-Lösung auch Wasser als Elektrolyt verwenden könnte.

3 Recherchiere, was man allgemein unter dem Begriff Raffination versteht.

Natrium aus Steinsalz

Exkurs

Das Alkalimetall Natrium wird durch Elektrolyse aus Steinsalz (Natriumchlorid) gewonnen. Die Elektrolyse lässt sich allerdings nicht mit einer wässerigen Lösung durchführen. Denn dabei entsteht an der Anode (Pluspol) zwar Chlor-Gas, aber an der Kathode (Minuspol) scheidet sich kein Natrium ab. Stattdessen bildet sich aus dem Wasser Wasserstoff.

Elektrolysiert man jedoch eine Natriumchlorid-Schmelze, so scheidet sich an der Kathode metallisches Natrium ab. Eine solche Elektrolyse bezeichnet man als **Schmelzfluss-Elektrolyse**.

In der Technik wird eine spezielle Elektrolysezelle verwendet, die *DOWNS-Zelle*. Der Pluspol besteht aus Graphit. Als Minuspol verwendet man einen Eisenring. Beide Elektroden tauchen ganz in die Salzschmelze ein.

Die Natrium-Ionen wandern in der Schmelze zum Eisenring und werden dort entladen. Das elementare Natrium steigt in der Schmelze auf und sammelt sich unter einer dachartigen Abdeckung des Minuspols als flüssiges Natrium. Chlorid-Ionen wandern zur Graphit-Elektrode und werden dort zu Chlor-Molekülen umgesetzt.

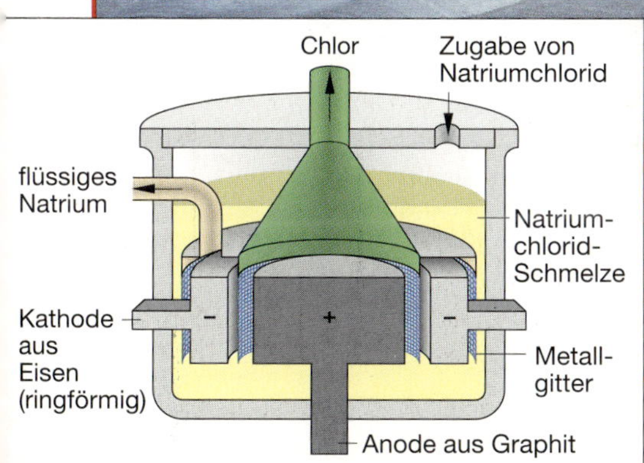

1 **a)** Entscheide, an welchen Elektroden die Elektronenabgabe bzw. Elektronenaufnahme abläuft. Begründe.

b) Stelle die Reaktionsgleichungen für die ablaufenden Reaktionen auf.

5.6 Von der Elektrolyse zur galvanischen Zelle

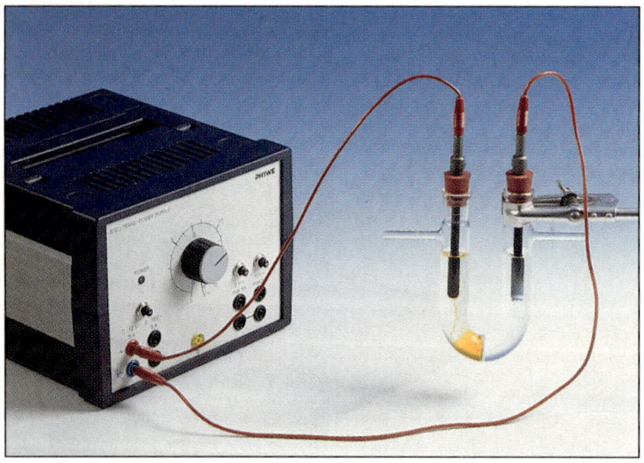

Elektrolyse einer Zinkbromid-Lösung

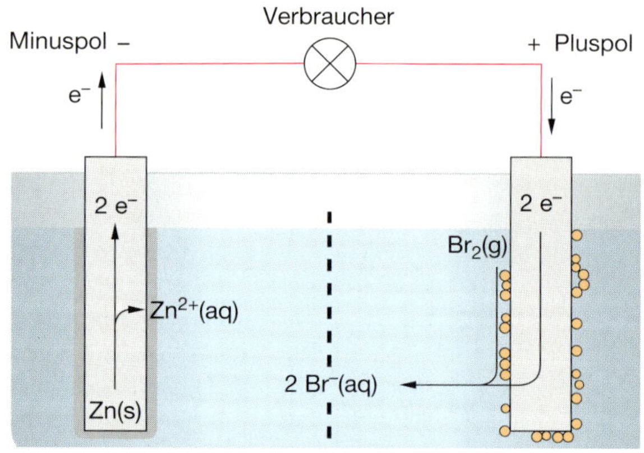

Schematischer Aufbau einer galvanischen Zelle

Bei einer **Elektrolyse** werden Salzlösungen durch elektrischen Gleichstrom zerlegt. So führt die Elektrolyse einer wässerigen Lösung von Zinkbromid zur Bildung von metallischem Zink und gelösten Brom-Molekülen. Diese Reaktion wird durch die zugeführte elektrische Energie erzwungen. Am Minuspol werden dabei Elektronen aufgenommen; gleichzeitig werden am Pluspol Elektronen abgegeben:

Minuspol (Kathode): $Zn^{2+}\,(aq) + 2\,e^- \dashrightarrow Zn\,(s)$

Pluspol (Anode): $2\,Br^-\,(aq) \dashrightarrow Br_2\,(aq) + 2\,e^-$

Gesamtreaktion: $Zn^{2+}\,(aq) + 2\,Br^-\,(aq) \longrightarrow Zn\,(s) + Br_2\,(aq)$

Galvanische Zellen. Elektrolysiert man eine Zinkbromid-Lösung einige Zeit und entfernt dann die Spannungsquelle, so lässt sich zwischen den beiden Elektroden eine Spannung messen. Es ist eine elektrische Spannungsquelle entstanden, die man als *galvanische Zelle* bezeichnet. Sie kann einen kleinen Elektromotor antreiben oder ein Lämpchen zum Leuchten bringen.
Am Minuspol der galvanischen Zelle gehen aus dem metallischen Zink zweifach positiv geladene Zink-Ionen in Lösung. Dabei bleiben je zwei Elektronen an der Graphit-Elektrode zurück und fließen über den Verbindungsdraht zum Pluspol. Dort nehmen gelöste Brom-Moleküle jeweils zwei Elektronen auf; es bilden sich einfach negativ geladene Bromid-Ionen:

Minuspol: $Zn\,(s) \dashrightarrow Zn^{2+}\,(aq) + 2\,e^-$

Pluspol: $Br_2\,(aq) + 2\,e^- \dashrightarrow 2\,Br^-\,(aq)$

Gesamtreaktion: $Zn\,(s) + Br_2\,(aq) \longrightarrow Zn^{2+}\,(aq) + 2\,Br^-\,(aq)$

Die Vorgänge in einer galvanischen Zelle ähneln denen bei der Elektrolyse. Die chemischen Reaktionen an den Elektroden laufen hier jedoch freiwillig in der entgegengesetzten Richtung ab. Galvanische Zellen liefern auf diese Weise elektrische Energie. Dieses Prinzip ist die Grundlage für den Bau von Batterien und Akkumulatoren (Akkus).

DANIELL-Element. Eine traditionell als DANIELL-Element bezeichnete Zink-Kupfer-Zelle geht auf Experimente des englischen Chemikers John F. DANIELL aus dem Jahre 1835 zurück. Er entwickelte eine Versuchsanordnung, die über mehrere Jahrzehnte hinweg die beste Möglichkeit war, elektrische Energie für Untersuchungen im Labor bereitzustellen:
Ein mit Kupfersulfat-Lösung gefüllter poröser Tonzylinder steht in einem Becherglas mit Zinksulfat-Lösung. In die Kupfersulfat-Lösung taucht ein Kupferblech, in die Zinksulfat-Lösung ein Zinkblech. Zwischen beiden Blechen lässt sich eine Spannung von 1,1 V messen; das Zinkblech bildet dabei den Minuspol, das Kupferblech den Pluspol.

In galvanischen Zellen finden freiwillig ablaufende chemische Reaktionen statt, die elektrische Energie liefern.

1 Vergleiche die Vorgänge bei der Elektrolyse mit denen in einer galvanischen Zelle.
2 Stelle Reaktionsgleichungen für die Teilreaktionen und die Gesamtreaktion beim DANIELL-Element auf.
3 a) Skizziere den Aufbau eines DANIELL-Elements.
b) Erkläre, warum der Tonzylinder nicht durch ein Becherglas ersetzt werden kann.
c) Welche Vorgänge laufen beim Betrieb der Zelle an den Elektroden und im Bereich des Tonzylinders ab?

Knopfzellen – klein, aber oho!

Exkurs

Für besonders kleine elektrische Geräte gibt es noch kleinere Batterien, die Knopfzellen. Das sind galvanische Zellen, die wie ein Knopf aussehen. Sie besitzen einen zweiteiligen Stahlmantel. Ein Kunststoffring verbindet die beiden Schalen und isoliert sie gleichzeitig elektrisch voneinander. Die eine Schale bildet den Minuspol, die andere den Pluspol. Im Innern der Knopfzelle werden zwei Räume durch ein poröses Kunststoffplättchen voneinander getrennt. Unter der Schale, der ein Pluszeichen eingeprägt ist, befindet sich pulverförmiges Silberoxid. Unter dem Minuspol befindet sich Zinkpulver. Alle Stoffe sind mit Kalilauge durchtränkt. Wenn die Zink/Silberoxid-Knopfzelle ein elektrisches Gerät antreibt, laufen die folgenden Vorgänge ab:

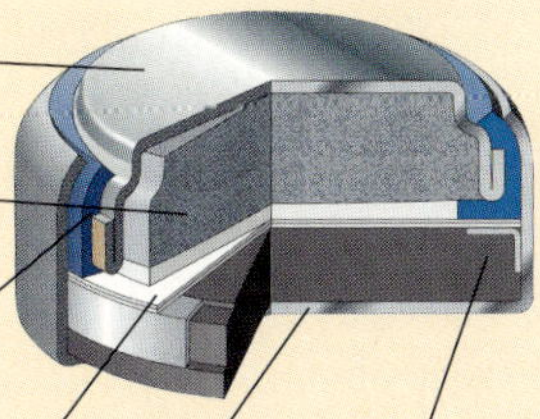

Minuspol: $Zn \dashrightarrow Zn^{2+} + 2\,e^-$

Pluspol: $Ag_2O + 2\,e^- + H_2O \dashrightarrow 2\,Ag + 2\,OH^-$

$Zn\,(s) + Ag_2O\,(s) + H_2O\,(l) \longrightarrow Zn(OH)_2(s) + 2\,Ag\,(s)$

1 Beschreibe den Aufbau einer Zink/Silberoxid-Knopfzelle.
2 Beschreibe die Vorgänge, die sich in einer Zink/Silberoxid-Knopfzelle abspielen, wenn sie Strom liefert.
3 Erkläre, warum die beiden Metallschalen einer Knopfzelle gegeneinander isoliert sein müssen.

Ein Blei-Akkumulator erleichtert den Start

Exkurs

In den Anfängen des Automobil-Zeitalters musste der Motor vor jeder Fahrt mit einer Kurbel mühsam in Schwung gebracht werden. Heute drehen wir nur den Zündschlüssel um, und schon läuft der Motor. Eine Batterie liefert die notwendige Energie. Diese Batterie ist ein Blei-Akkumulator, kurz „Akku" genannt. Akkumulator heißt „Sammler", ein Akkumulator sammelt Energie.

Bau des Blei-Akkumulators. Ein Akku besteht aus einem Behälter mit sechs Kammern. In jeder Kammer befinden sich zwei Pakete aus Blei-Gitterplatten. Die Gitter des einen Pakets bilden den Minuspol. Sie enthalten poröses Blei. Die Gitter des anderen Pakets bilden den Pluspol. Sie sind mit braunem Bleidioxid-Pulver (PbO_2) gefüllt. Die beiden Pakete sind so ineinander gesteckt, dass eine Blei-Platte mit einer Bleidioxid-Platte abwechselt.

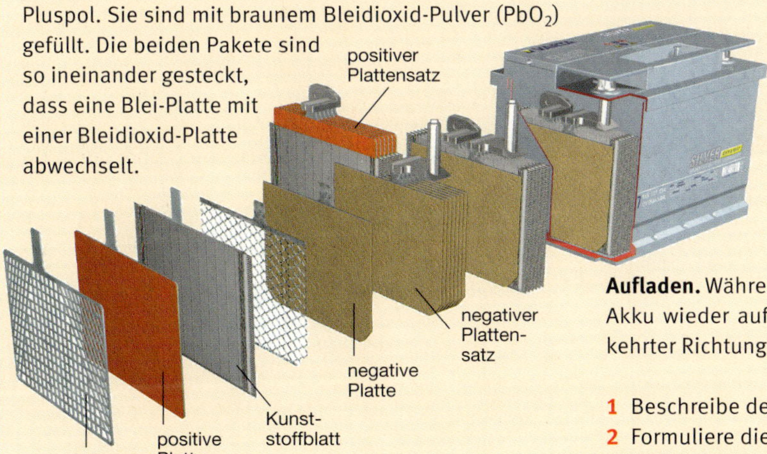

Eingeschobene, poröse Kunststoffblätter verhindern, dass sich die Platten berühren. Alle Platten stehen in 27%iger Schwefelsäure (H_2SO_4). Jede der Kammern ist eine galvanische Zelle und liefert eine Spannung von 2 Volt. Sechs Zellen hintereinander geschaltet erzeugen also 12 Volt.

Entladen. Wenn der Anlasser gestartet wird, liefert der Blei-Akkumulator einen elektrischen Strom von etwa 120 Ampere. Dabei wird der Akku entladen:

Minuspol: $Pb \dashrightarrow Pb^{2+} + 2e^-$

Pluspol: $PbO_2 + 2\,e^- \dashrightarrow Pb^{2+} + 2\,O^{2-}$

An beiden Polen entstehen Blei-Ionen, die mit den Sulfat-Ionen der Schwefelsäure zu schwerlöslichem Bleisulfat ($PbSO_4$) reagieren. Die Sauerstoff-Ionen bilden mit Wasserstoff-Ionen Wasser.

$Pb\,(s) + PbO_2\,(s) + 2\,H_2SO_4\,(aq) \longrightarrow 2\,PbSO_4\,(s) + 2\,H_2O\,(l)$

Aufladen. Während der Fahrt lädt die Lichtmaschine den Akku wieder auf. Dabei laufen die Vorgänge in umgekehrter Richtung ab.

1 Beschreibe den Aufbau eines Blei-Akkumulators.
2 Formuliere die Reaktionen, die beim Laden eine Blei-Akkumulators ablaufen.

Praktikum

Elektrolyse und galvanische Zellen

V1: Umkehrbare Reaktion zwischen Zink und Brom

Materialien: Thermometer, Messzylinder (50 ml), U-Rohr, 2 Graphit-Stäbe, Gleichspannungsquelle (10 V), Spannungsmessgerät, 2 Klemmen, Kabel, kleiner Motor (2 V) mit geringer Anlaufstromstärke;
Zink, Bromwasser (T), Zinksulfat-Lösung ($1 \frac{mol}{l}$), Kaliumbromid-Lösung ($1 \frac{mol}{l}$).

Durchführung:
Direkte Reaktion:
1. Fülle unter dem Abzug ein Reagenzglas mit 20 ml Bromwasser und miss die Temperatur.
2. Füge einen Spatel Zink hinzu, rühre gut um und miss erneut die Temperatur.

Elektrolyse:

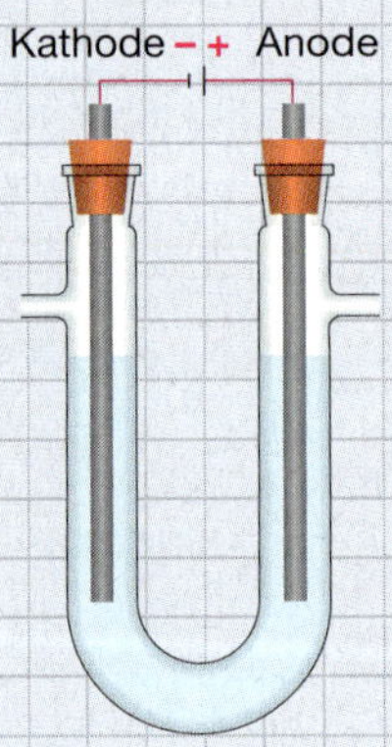

3. Stelle eine Mischung aus 15 ml Zinksulfat-Lösung und 30 ml Kaliumbromid-Lösung her und fülle damit das U-Rohr zu Dreiviertel.
4. Vervollständige die Versuchsanordnung und verbinde die Graphitstäbe mit den Polen der Gleichspannungsquelle.
5. Regle die Spannung auf etwa 5 V und elektrolysiere fünf Minuten lang.
6. Stelle je einen Graphit-Stab in die Schenkel des U-Rohrs. Verbinde jeden Stab mit einem Pol der Gleichspannungsquelle und lege eine Spannung von 10 V an.
7. Elektrolyse fünf Minuten lang.
8. Verbinde die Stäbe mit dem Spannungsmessgerät und miss die Spannung der galvanischen Zelle.
9. Ersetze das Spannungsmessgerät durch den kleinen Motor.

Aufgaben:
a) Notiere und erkläre deine Beobachtungen.
b) Erkläre, weshalb nach der Elektrolyse eine Spannung auftritt.
c) Vergleiche die Vorgänge, die während der Elektrolyse in der Lösung und an den Graphitstäben ablaufen mit denen beim Stromfluss in der galvanischen Zelle.
d) Vergleiche die direkte Reaktion von Brom und Zink mit den Vorgängen in der galvanischen Zelle in Bezug auf Energieumwandlungen.

V2: Kupfergewinnung durch Elektrolyse

Materialien: Messzylinder (50 ml), U-Rohr, 2 Graphit-Stäbe, 2 Klemmen, Gleichspannungsquelle (10 V), Kabel, Absorptionsrohr mit Aktivkohle;
Kupfersulfat-Lösung ($1 \frac{mol}{l}$), Zinkchlorid-Lösung ($1 \frac{mol}{l}$).

Durchführung:

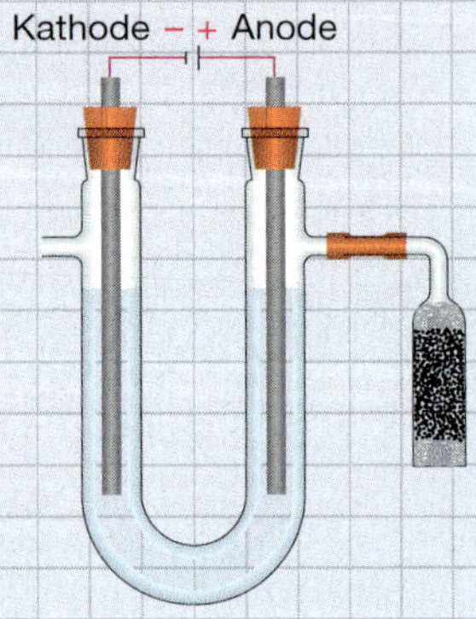

1. Stelle eine Mischung aus 15 ml Kupfersulfat-Lösung und 30 ml Zinkchlorid-Lösung her und fülle damit das U-Rohr zu drei Viertel.
2. Baue die Apparatur nach der Abbildung auf und lege eine Spannung von 10 V an.
3. Elektrolysiere etwa eine Minute lang.

Aufgaben:
a) Notiere deine Beobachtungen.
b) Beschreibe die Vorgänge, die während der Elektrolyse in der Lösung und an den Elektroden ablaufen.
c) Formuliere die Reaktionsgleichungen

V3: DANIELL-Element

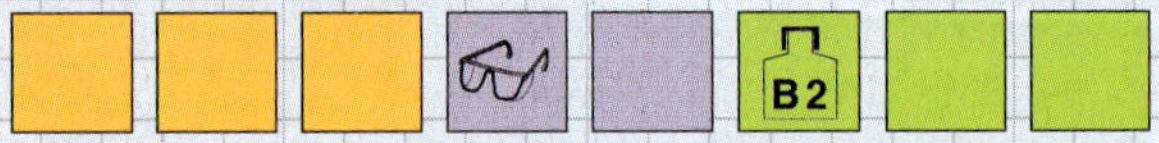

Materialien: U-Rohr mit Fritte, 2 Klemmen, 1 Kupferstab, 1 Zinkstab, Spannungsmessgerät, Kabel;
Kupfersulfat-Lösung, Zinksulfat-Lösung.

Durchführung:
1. Fülle den einen Schenkel des U-Rohres mit der Kupfersulfat-Lösung, den anderen mit der Zinksulfat-Lösung.
2. Stelle die Metallstäbe so in die Schenkel des U-Rohres, dass die Metalle in die entsprechenden Salzlösungen eintauchen.
3. Verbinde die Stäbe mit dem Spannungsmessgerät und miss die Spannung.

Aufgaben:
a) Notiere deine Beobachtungen.
b) Erkläre, weshalb eine Spannung auftritt.
c) Beschreibe die Vorgänge, die an den Metallstäben und in den Metallsalzlösungen ablaufen, wenn ein elektrischer Strom durch die Zelle fließt.

Metalle – Struktur und Reaktionen

Basiswissen

1. Metalle – Metallgitter

Metalle sind gute elektrische Leiter und gute Wärmeleiter. Sie besitzen metallischen Glanz und sind plastisch verformbar.
Im Metallgitter besetzen die positiv geladenen Metall-Ionen die Gitterplätze. Die Außenelektronen sind als **Elektronengas** im Metallgitter frei beweglich.

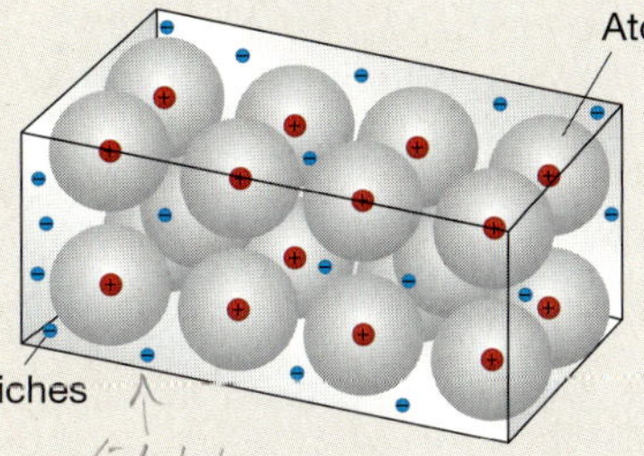

2. Fällungsreihe der Metalle

K Na Mg Al Mn Zn Cr Fe Ni Sn Pb ... Cu Ag Hg Pt Au

unedel
Metalle geben leicht Elektronen ab und bilden Kationen.
Metalle wirken als Elektronendonator.
Metalle lösen sich in verdünnten Säuren.

edel
Metall-Ionen nehmen leicht Elektronen auf.
Metall-Ionen wirken als Elektronenakzeptor.
Metalle lösen sich nicht in verdünnten Säuren.

Jedes Metall scheidet das rechts von ihm stehende aus der entsprechenden Salzlösung ab.
Beispiel: Zink löst sich in Kupfersulfat-Lösung auf, dabei bilden sich Zink-Ionen. Zink gibt Elektronen ab und wirkt somit als **Elektronendonator**.
Kupfer-Ionen bilden unter Elektronenaufnahme Kupfer.

Elektronenübertragungsreaktion:
$Zn\ (s) + Cu^{2+}\ (aq) \longrightarrow Zn^{2+}\ (aq) + Cu\ (s)$

Jedes *Metall-Ion* löst das links von ihm stehende Metall auf.
Beispiel: Silber-Ionen reagieren mit Kupfer, dabei bildet sich Silber. Silber-Ionen nehmen dabei Elektronen auf, sie wirken als **Elektronenakzeptor**.
Aus Kupfer entstehen durch Elektronenabgabe Kupfer-Ionen.

Elektronenübertragungsreaktion:
$2\ Ag^{+}\ (aq) + Cu\ (s) \longrightarrow 2\ Ag\ (s) + Cu^{2+}\ (aq)$

3. Korrosion und Korrosionsschutz

Die Korrosion ist eine langsame, oxidative Zerstörung von Metallen durch Einwirkung von Luft und Wasser.

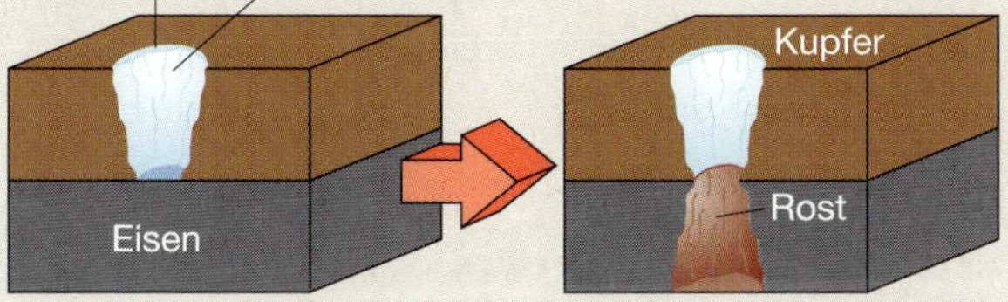

Das unedlere Metall Eisen bildet bei der Beschädigung der Kupferschicht unter Elektronenabgabe Eisen-Ionen. Eisen wird zerstört, es verrostet. Die verletzte Kupferschicht wirkt somit korrosionsfördernd.

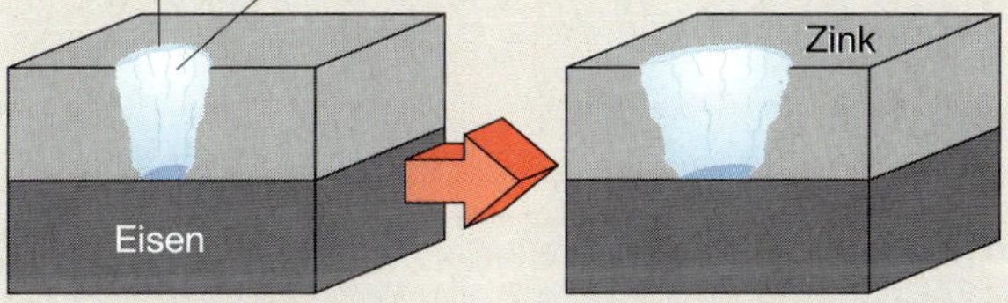

Bei Beschädigung der Zinkschicht geben Zink-Atome Elektronen ab und bilden Zink-Ionen. Eisen-Atome geben keine Elektronen ab. Das metallische Eisen bleibt somit erhalten. Die Zinkschicht wirkt also als *Korrosionsschutz*.

Prüfe dein Wissen

Quiz

A1 a) Erkläre die Begriffe des Fensters.
b) Notiere auf der Vorderseite von Karteikarten den Begriff, auf der Rückseite die Erklärung.

A2 Nenne Eigenschaften der Metalle, die mithilfe des Elektronengas-Modells erklärt werden können.

A3 Stelle in einer Tabelle wichtige Eigenschaften von Magnesium und Silber gegenüber und vergleiche sie.

A4 Eine Zinkplatte wird **a)** in eine Silbernitrat-Lösung und **b)** in eine Magnesiumsulfat-Lösung gestellt.
Welche Reaktion erwartest du? Begründe deine Antwort.

A5 Aluminium und Zink sind unedlere Metalle als Eisen. Erkläre, warum sie trotzdem weniger korrosionsanfällig sind als Eisen.

A6 Beschreibe das Rosten von Eisen mit Reaktionsgleichungen für die Elektronenaufnahme und Elektronenabgabe.

Know-how

A7 Blei reagiert mit Kupfersulfat-Lösung.
a) Stelle die Reaktionsgleichungen für die Teilreaktionen der Elektronenabgabe und Elektronenaufnahme auf.
b) Ordne den Teilreaktionen die Begriffe Oxidation und Reduktion sowie den Ausgangsstoffen die Begriffe Oxidationsmittel und Reduktionsmittel zu.
c) Fasse die Teilreaktionen zur Redoxreaktion zusammen.

A8 Eine galvanische Silber/Zink-Zelle liefert eine Spannung von bis zu 1,6 Volt. Formuliere die Reaktionsgleichungen, die beim Betrieb an den beiden Elektroden ablaufen.

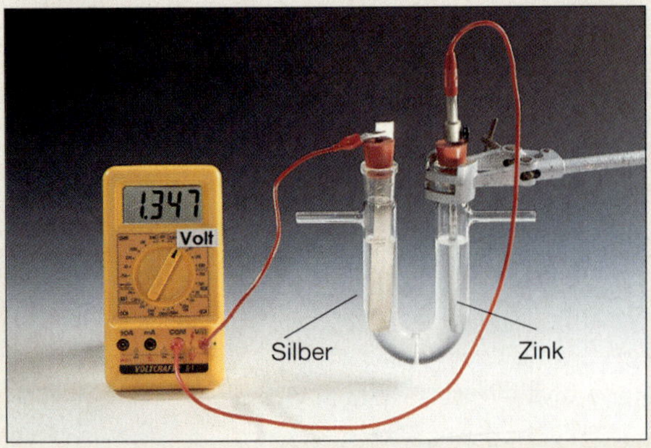

Die wichtigsten Begriffe

- Elektronengas-Modell
- Metallbindung, Metallgitter
- Elektronendonator, Elektronenakzeptor, Elektronenübertragung
- Fällungsreihe der Metalle
- unedle und edle Metalle
- Korrosion
- Korrosionsschutz
- galvanische Zelle

A9 Zinkspäne reagieren mit Bromwasser. Formuliere die Reaktionsgleichung für die Elektronenübertragungsreaktion. Gib an, welches Element als Elektronendonator und welches als Elektronenakzeptor fungiert.

A10 Silberbestecke sind oft „angelaufen". Auf dem Silber hat sich eine dünne Schicht aus Silbersulfid (Ag_2S) gebildet. Nach einem alten Hausrezept können sie wieder zu neuem Glanz gebracht werden, wenn man die Bestecke in Kochsalzlösung legt, die sich in einem mit Aluminiumfolie ausgekleideten Gefäß befindet.
a) Erläutere mithilfe der Fällungsreihe der Metalle die chemischen Grundlagen für diese Art der Reinigung.
b) Formuliere die Reaktionsgleichungen für die ablaufenden Reaktionen.
c) Welche Vorteile hat diese Methode gegenüber anderen Reinigungsmöglichkeiten?

Natur – Mensch – Technik

A11 Aluminium wird elektrolytisch durch kathodische Reduktion aus einer Schmelze von Aluminiumoxid (Al_2O_3) gewonnen. Die Elektrolyse erfolgt in einer Wanne, die mit Kohleblöcken ausgekleidet ist. Das an der Kathode gebildete Aluminium sammelt sich aufgrund seiner Dichte unter der Schmelze und ist damit vor Oxidation geschützt. An der Anode entsteht Kohlenstoffdioxid.
Beschreibe die Vorgänge am Plus- und Minuspol mithilfe von Teilgleichungen und formuliere die Gesamtreaktion.

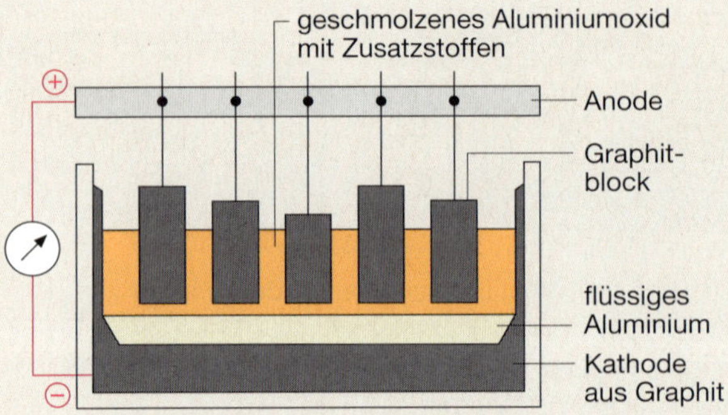

A1 Aluminium – widerstandsfähig durch Eloxieren

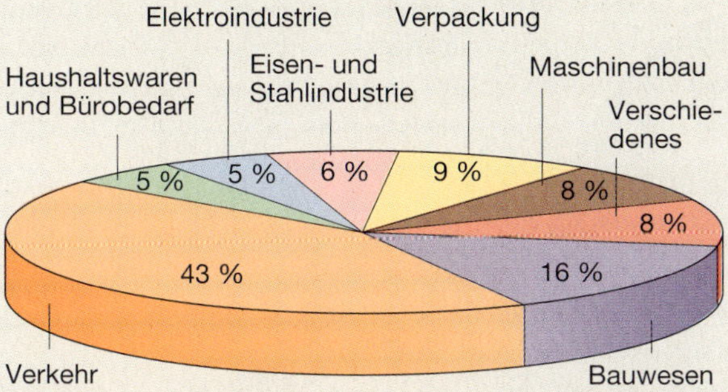

Aluminium ist heute nach Eisen das wichtigste Gebrauchsmetall. Es hat eine geringe Dichte, ist leicht formbar und lässt sich gut zu Legierungen verarbeiten, die leicht und dennoch fest sind. Aufgrund dieser Eigenschaften spielt Aluminium nicht nur in Technik und Industrie, sondern auch in unserem täglichen Leben eine große Rolle. Ein weiterer Vorteil von Aluminium ist seine hohe Korrosionsbeständigkeit. Trotz seines an sich unedlen Charakters reagiert es nicht mit Wasser wie beispielsweise Calcium: Aluminium überzieht sich schon an der Luft mit einer dünnen, *fest haftenden* Schicht aus Aluminiumoxid (Al_2O_3). Diese Schicht schützt das darunter liegende Metall vor weiterer Oxidation. Man sagt, Aluminium ist *passiviert*.

Saure und alkalische Lösungen sowie Lösungen von Schwermetallsalzen zerstören die dünne Schutzschicht und dann auch das Metall. Um die Korrosion zu verhindern, wird die natürliche Oxidschicht durch die **e**lektrolytische **Ox**idation des **Al**uminiums verstärkt.

Im **Eloxal-Verfahren** wird dazu das Werkstück als Anode geschaltet. Die Kathode besteht aus Blei oder Aluminium; als Elektrolyt dient verdünnte Schwefelsäure.

Während sich an der Kathode Wasserstoff bildet, sind die Anodenvorgänge wesentlich komplizierter: Durch Abgabe von Elektronen bilden sich an der Anode Al^{3+}-Ionen. Sie reagieren mit Wasser-Molekülen weiter zu Aluminiumoxid, wobei Wasserstoff-Ionen frei werden. Die Oxidschicht wird durch das Eloxieren um den Faktor 10 auf etwa 0,03 mm verstärkt.

a) Stelle Beispiele für die Verwendung von Aluminium in verschiedenen Bereichen zusammen. Gib die Vorteile der Verwendung von Aluminium gegenüber anderen Metallen an.

b) Aluminium und Calcium gehören zu den unedlen Metallen. Formuliere Reaktionsgleichungen für die Reaktion von Calcium und Aluminium mit Wasser.

c) Erkläre, weshalb Aluminium nicht wie Calcium mit Wasser reagiert.

d) Zeichne eine Elektrolyseapparatur für das Eloxal-Verfahren und formuliere die Elektrodenvorgänge.

A2 Die Entdeckung von galvanischen Zellen

Im Jahre 1789 experimentierte der italienische Naturforscher Luigi GALVANI zufällig mit Froschschenkeln. Bei der Essenszubereitung für seine kranke Frau enthäutete er im Laboratorium Froschschenkel und legte dabei auch Nerven frei. Ihm fiel auf, dass die Muskeln zuckten, wenn bei der zufällig in der Nähe stehenden Elektrisiermaschine ein Funken übersprang. GALVANI folgerte, dass der Organismus die Muskeln über „tierische Elektrizität" bewegt.

Der Legende nach führte eine weitere Zufallsentdeckung zur Grundlagenforschung über den Zusammenhang zwischen Elektrizität und chemischen Reaktionen: GALVANI spießte Froschschenkel-Präparate auf Kupferhaken und hängte sie an ein eisernes Geländer. Im Wind pendelten die Froschschenkel hin und her und zuckten jedes Mal, wenn sie an das Geländer stießen. Er vermutete, dass die Kombination zweier Metalle eine elektrische Spannung liefert. Tatsächlich zuckte ein Froschschenkel auch, wenn er den Nerv des Muskels mit einem *Zinkstab* und die Zehen mit einem *Kupferstab* berührte. GALVANI hatte damit ein neues Prinzip für den Aufbau von elektrischen Spannungsquellen entdeckt. Ihm zu Ehren spricht man heute von *galvanischen Zellen*.

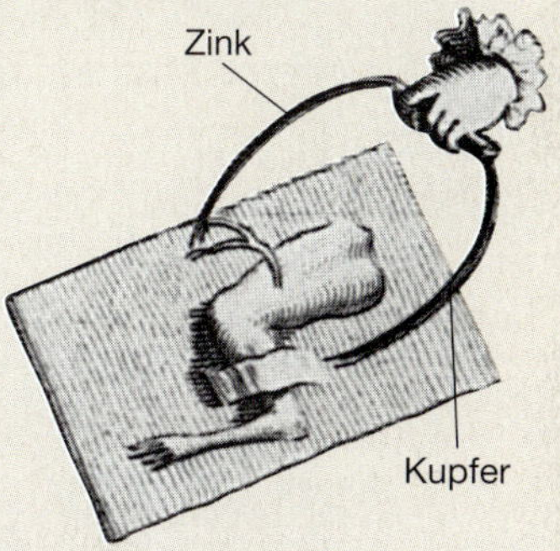

Eine erste leistungsfähige Spannungsquelle dieser Art wurde von Alessandro VOLTA konstruiert. Diese VOLTAsche Säule besteht aus zahlreichen, übereinander gestapelten Metallplatten. Dabei wechseln Zinkplatten und Silberplatten miteinander ab. Zwischen ihnen befindet sich jeweils ein mit verdünnter Schwefelsäure getränkter Filz. Anfang des 19. Jahrhunderts war die VOLTAsche Säule die wichtigste Spannungsquelle für wissenschaftliche Untersuchungen. Später wurde sie dann durch galvanische Zellen verdrängt, die schon ähnlich aufgebaut waren wie unsere heutigen Batterien.

a) Begründe, welches Metall bei GALVANIs Experiment den Pluspol und welches den Minuspol bildete.

b) Recherchiere, wie die von GALVANI verwendete Elektrisiermaschine funktioniert.

c) Skizziere die VOLTAsche Säule und erkläre, wie sie funktioniert.

6 Vom Atom zum Molekül

Viele nichtmetallische Elemente wie Wasserstoff, Sauerstoff, Stickstoff und Chlor sind gasförmig. Die kleinsten Teilchen sind *zweiatomige Moleküle.* Die Bindung zwischen den Atomen eines Moleküls ist sehr stark, die Anziehungskräfte zwischen den Molekülen sind nur schwach.

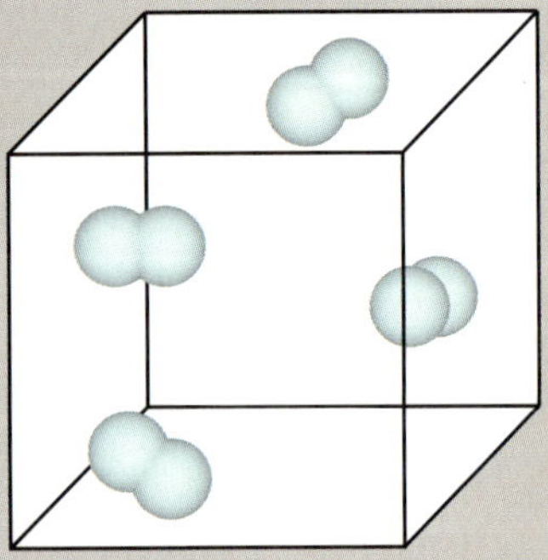

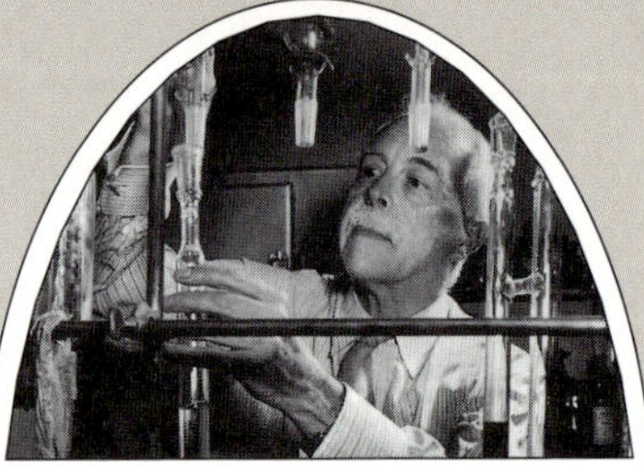

Der amerikanische Chemiker LEWIS stellte 1916 ein Modell vor, mit dem sich die Bildung von Molekülen auf einfache Regeln zurückführen lässt. Im Zentrum des LEWIS-Konzepts steht die Elektronenpaarbindung zwischen den Atomen.

Edelgase wie Helium, Neon und Argon bilden keine Moleküle. Ihre kleinsten Teilchen sind *einzelne Atome,* die sich weder untereinander noch mit Atomen anderer Elemente verbinden.

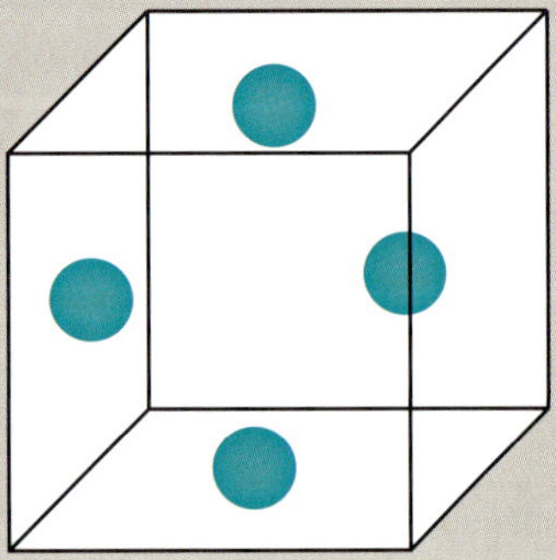

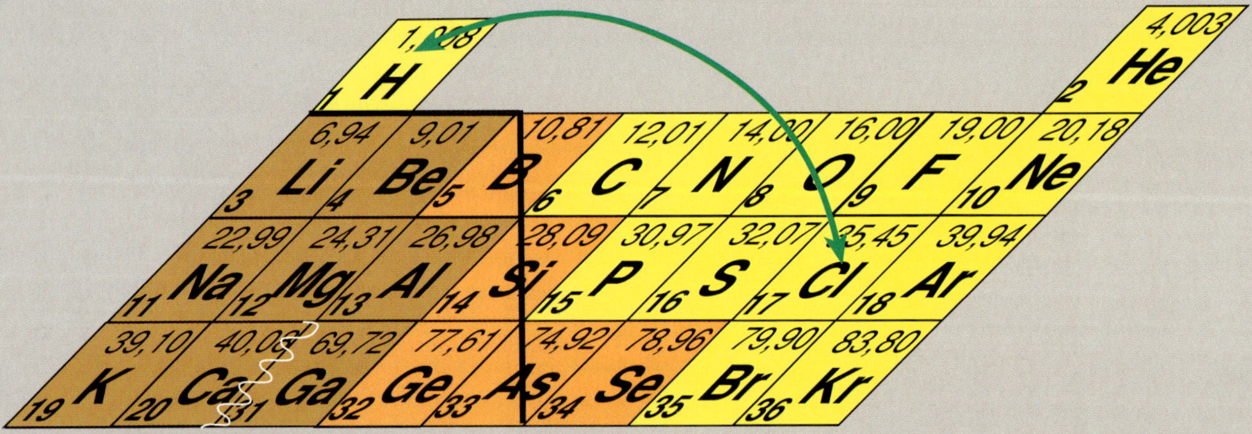

Bei der Reaktion von *Nichtmetallen mit anderen Nichtmetallen* entstehen *Molekülverbindungen.* Es sind meist gasförmige oder flüssige Stoffe.

Beispiel:

$H_2 (g) + Cl_2 (g) \longrightarrow 2 HCl (g)$

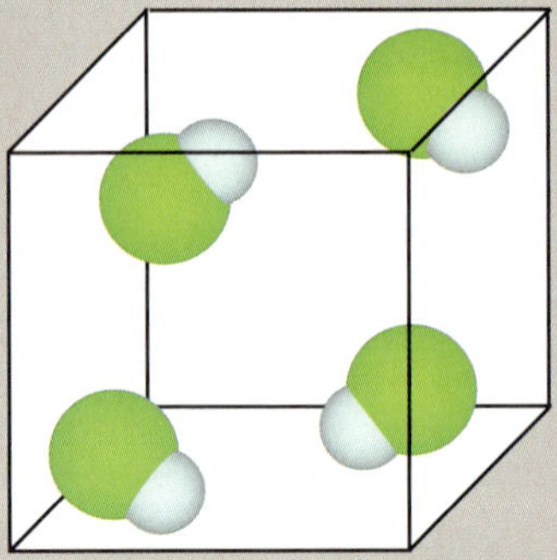

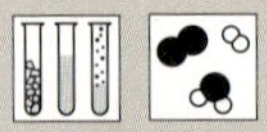

Zentrale Fragen:
- Wie werden Moleküle gebildet und wie erklärt sich ihre Struktur?
- Wie können sich die chemischen Bindungen in Molekülen unterscheiden?
- Wie bestimmt die Elektronenverteilung die Stoffeigenschaften?

6.1 Was Atome in Molekülen zusammenhält

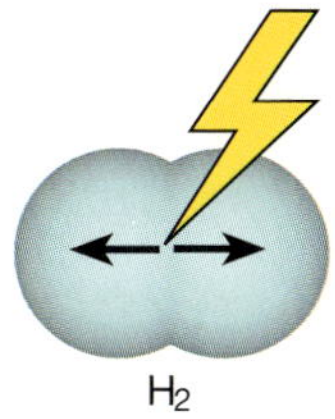

Die Spaltung der Bindung erfordert viel Energie.

Millionen verschiedener Stoffe bestehen aus Molekülen, also ungeladenen Teilchen, die aus zwei oder mehreren Atomen aufgebaut sind. Das einfachste Molekül ist das **Wasserstoff-Molekül (H_2).**

Die *chemische Bindung* zwischen den Wasserstoff-Atomen in einem H_2 Molekül lässt sich nur mit großem Energieaufwand spalten. Wenn sich Wasserstoff-Atome unter Bildung einer chemischen Bindung zu H_2-Molekülen vereinigen, wird entsprechend viel Energie frei.

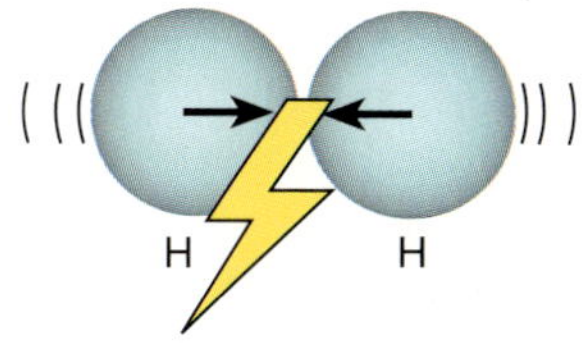

Bei der Bildung der Bindung wird viel Energie frei.

Was die beiden Atome in dem Molekül so fest zusammenhält, ist die Anziehung zwischen den negativ geladenen Elektronen und den beiden positiv geladenen Atomkernen. Aber warum verbinden sich gerade *zwei* Wasserstoff-Atome miteinander?

Um das zu verstehen, hilft ein Vergleich mit den Edelgas-Atomen: Edelgas-Atome besitzen eine Elektronenhülle mit vollständig besetzter Außenschale. Diese Elektronenverteilung, die **Edelgaskonfiguration,** ist energetisch besonders günstig. Edelgas-Atome gehen daher kaum Bindungen ein. Andere Nichtmetall-Atome können dagegen eine Edelgaskonfiguration erreichen, indem sie sich mit anderen Atomen verbinden.

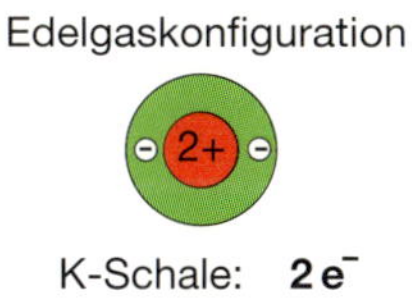

Elektronenanordnung des Helium-Atoms

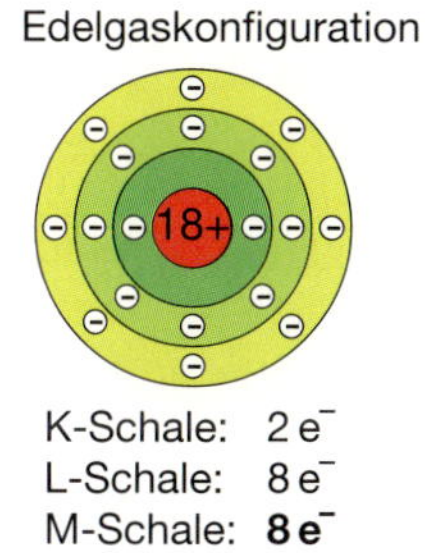

Elektronenanordnung des Argon-Atoms

Wasserstoff-Molekül. Zur vollständig besetzten K-Schale fehlt dem Wasserstoff-Atom noch ein Elektron. Im Wasserstoff-Molekül besitzen die beiden H-Atome insgesamt zwei Elektronen. Jedes H-Atom für sich betrachtet hat mit den zwei Elektronen eine voll besetzte K-Schale, ähnlich wie ein Atom des Edelgases Helium. Man sagt: Im Wasserstoff-Molekül haben die beiden Wasserstoff-Atome ein *gemeinsames Elektronenpaar.* Diese Art der chemischen Bindung wird daher **Elektronenpaarbindung** genannt. Es ist also das gemeinsame Elektronenpaar, das die beiden Wasserstoff-Atome im Wasserstoff-Molekül zusammenhält. Wenn genau zwei Wasserstoff-Atome eine Elektronenpaarbindung eingehen und ein H_2-Molekül bilden, erreichen beide Atome die Edelgaskonfiguration des Heliums.

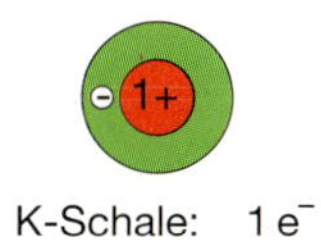

Elektronenanordnung des H-Atoms

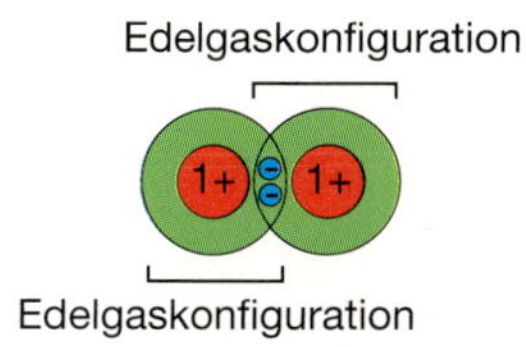

Elektronenanordnung des H_2-Moleküls

Chlor-Molekül. Chlor ist ein Nichtmetall, das aus zweiatomigen Molekülen besteht: Cl_2. Zur vollständig besetzten M-Schale fehlt dem Chlor-Atom noch ein Elektron. Im Chlor-Molekül hat jedes Chlor-Atom durch das gemeinsame Elektronenpaar acht Außenelektronen. Es erreicht so die Edelgaskonfiguration.

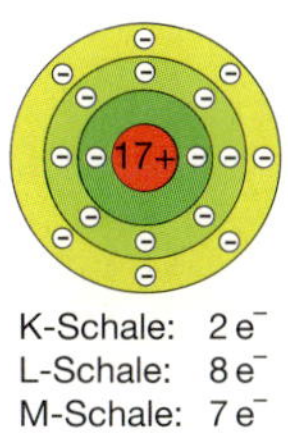

Elektronenanordnung des Cl-Atoms

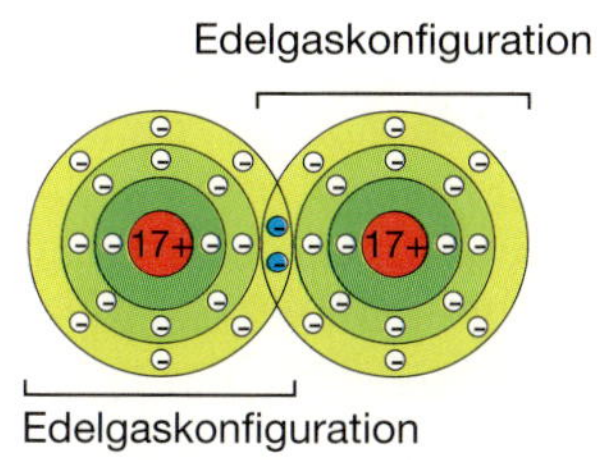

Elektronenanordnung des Cl_2-Moleküls

In Molekülen sind Atome über gemeinsame Elektronenpaare miteinander verbunden. Diese Art der chemischen Bindung wird als Elektronenpaarbindung bezeichnet.

1 a) Zeichne das Schalenmodell des Fluor-Atoms. Wie viele Elektronen fehlen zur Edelgaskonfiguration?
b) Zeichne das Schalenmodell des Fluor-Moleküls. Markiere das gemeinsame Elektronenpaar. Warum besteht Fluor aus Molekülen?

2 a) Entsteht bei der Reaktion von Wasserstoff mit Chlor eine Molekülverbindung oder eine Ionenverbindung? Begründe deine Entscheidung.
b) Stelle die Elektronenverteilung in dem Chlorwasserstoff-Teilchen dar.

6.2 LEWIS-Formeln für Moleküle

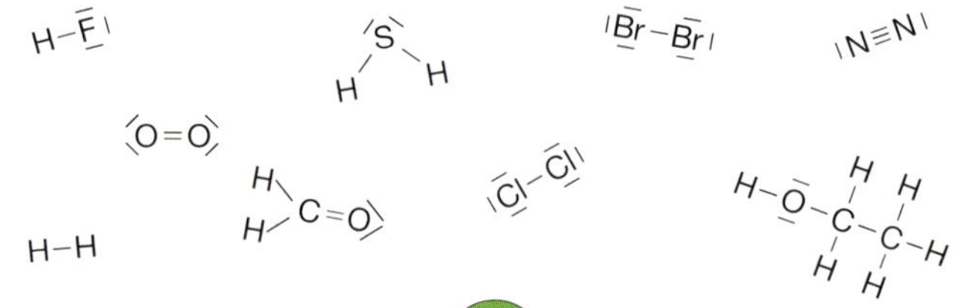

Der amerikanische Chemiker Gilbert LEWIS hat Regeln aufgestellt, wie man die Elektronenverteilung in Molekülen durch Formeln darstellen kann. In diesen *LEWIS-Formeln* werden nur die Außenelektronen berücksichtigt.

Beispiel Methan. Methan ist der Hauptbestandteil des Erdgases. Das Methan-Molekül ist sehr einfach aufgebaut: Ein Kohlenstoff-Atom ist mit vier Wasserstoff-Atomen verknüpft. Die Molekülformel ist CH_4.
Das C-Atom hat in der Außenschale *vier* Elektronen. Die vier Punkte im Bild entsprechen diesen vier Elektronen der L-Schale. Die Punkte werden üblicherweise oberhalb, unterhalb, links und rechts vom Elementsymbol gesetzt. Die voll besetzte innere Schale (K-Schale) mit zwei Elektronen bleibt unberücksichtigt.
Zur voll besetzten L-Schale – wie beim Neon-Atom – fehlen dem C-Atom noch vier Elektronen. Es bildet daher vier Elektronenpaarbindungen mit vier H-Atomen aus. Jedes H-Atom trägt ein Elektron zu einer solchen **Einfachbindung** bei.
Die LEWIS-Formel des Methan-Moleküls ergibt sich, wenn man die beiden Punkte jedes Elektronenpaares durch einen Bindungsstrich ersetzt.

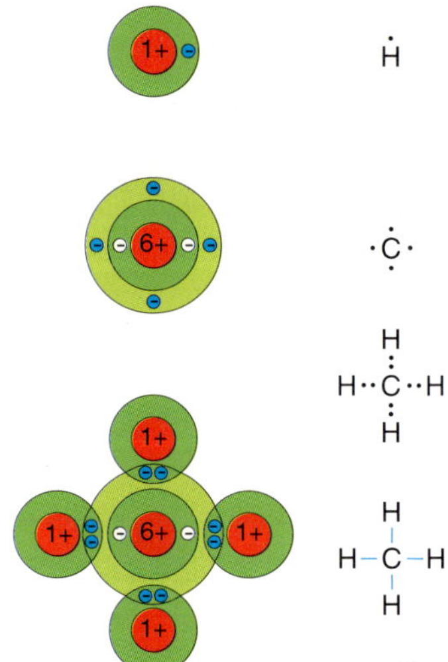

LEWIS-Formel

Beispiel Wasser. Das Wasser-Molekül ist aus einem Sauerstoff-Atom und zwei Wasserstoff-Atomen aufgebaut: H_2O.
Das Sauerstoff-Atom hat in der Außenschale sechs Elektronen. Für die ersten vier Elektronen wird jeweils ein Punkt oberhalb, unterhalb, links und rechts vom Elementsymbol gesetzt. Die Punkte für die beiden restlichen Elektronen bilden mit je einem schon vorhandenen Punkt ein Punktepaar. Die voll besetzte K-Schale bleibt unberücksichtigt.
Zur voll besetzten L-Schale – wie beim Neon-Atom – fehlen dem O-Atom zwei Elektronen. Es bildet daher mit seinen beiden ungepaarten Elektronen zwei Elektronenpaarbindungen zu zwei H-Atomen aus. Jedes H-Atom trägt ein Elektron zur Elektronenpaarbindung bei.
Die LEWIS-Formel des Wasser-Moleküls ergibt sich, wenn man die *bindenden (gemeinsamen)* und die *nichtbindenden (freien)* Elektronenpaare jeweils durch einen Strich ersetzt.

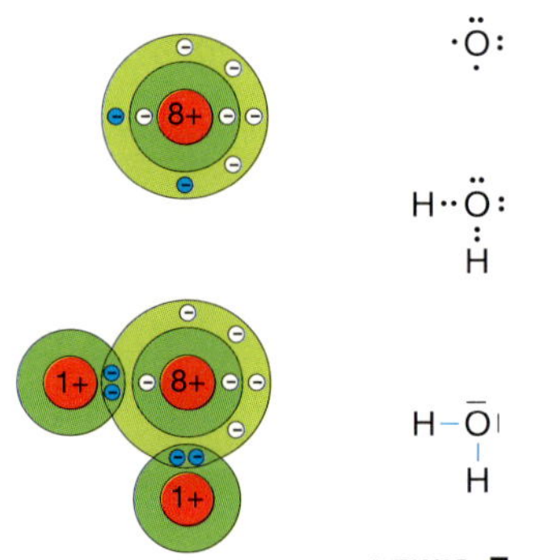

LEWIS-Formel

Beispiel Sauerstoff. Sauerstoff-Moleküle sind aus zwei Sauerstoff-Atomen aufgebaut. Im O_2-Molekül bilden die beiden ungepaarten Elektronen eines Atoms mit den beiden ungepaarten Elektronen des anderen Atoms *zwei* Elektronenpaarbindungen. Es liegt also eine **Zweifachbindung** vor.

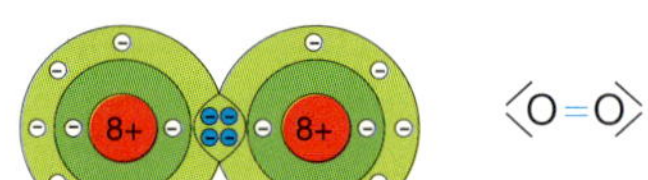

LEWIS-Formel

Oktettregel. Die Beispiele zeigen eine Gemeinsamkeit: Für jedes Atom ergibt sich im Molekül die gleiche Anzahl von Außenelektronen wie bei einem Edelgas-Atom. Diese Edelgaskonfiguration ist energetisch besonders stabil. Im Falle des Wasserstoff-Atoms sind es zwei Elektronen wie beim Helium-Atom. Beim Kohlenstoff-Atom und beim Sauerstoff-Atom sind es **acht** Elektronen wie beim Neon-Atom. Die *Oktettregel* (lat. *octo:* acht) hilft bei der Konstruktion von LEWIS-Formeln:
In einem stabilen Molekül muss jedes Atom von vier Elektronenpaaren umgeben sein, nur das H-Atom hat ein Elektronenpaar.

Der Aufbau von Molekülen lässt sich mit LEWIS-Formeln beschreiben. Dabei hilft die Oktettregel.

1 Stelle schrittweise die LEWIS-Formel des Chlorwasserstoff-Moleküls (HCl) auf, kennzeichne freie und bindende Elektronenpaare und erläutere an diesem Beispiel die Oktettregel.
2 Formaldehyd-Moleküle (CH_2O) enthalten *Mehrfachbindungen*. Stelle Schritt für Schritt die LEWIS-Formel auf und überprüfe die Gültigkeit der Oktettregel.
3 Suche dir drei der ganz oben dargestellten Moleküle aus und benenne sie. Gib Vorkommen oder Verwendung der Stoffe an.

LEWIS-Formeln

Übersicht

Atom	Kohlenstoff	Stickstoff	Sauerstoff	Fluor	Neon
Elektronenkonfiguration	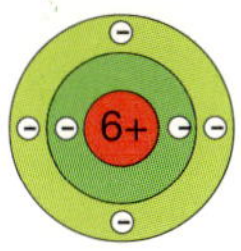	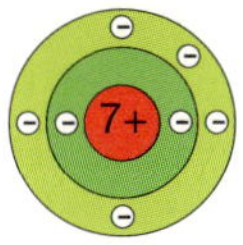	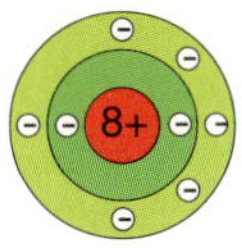	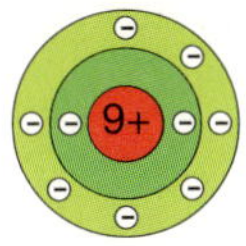	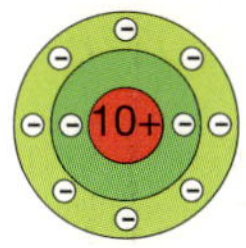
Außenelektronen	4	5	6	7	8
LEWIS-Schreibweise					

Regeln zum Aufstellen von LEWIS-Formeln

1. Die Elementsymbole werden entsprechend der Verknüpfung der Atome im Molekül angeordnet.

2. Man zeichnet an jedem Elementsymbol die Außenelektronen als Punkte ein. Die Elektronen der inneren Schalen bleiben unberücksichtigt.

3. Die Punkte für die Elektronen stehen über, unter sowie rechts und links neben dem Elementsymbol. Der fünfte bis achte Punkt bildet mit einem schon vorhandenen Punkt ein Punktepaar.

4. Zwischen den Atomen werden nun so viele bindende Elektronenpaare gebildet, dass für alle Atome die Oktettregel erfüllt ist. Dabei sind Einfachbindungen und Mehrfachbindungen möglich.
Wasserstoff-Atome gehen nur Einfachbindungen ein.

5. In der endgültigen LEWIS-Formel werden bindende und nichtbindende Elektronenpaare schließlich durch einen Strich dargestellt.

Molekül	Punkt-Schreibweise	Oktettregel	LEWIS-Formel
Methan	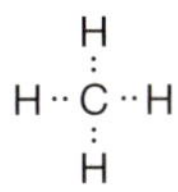	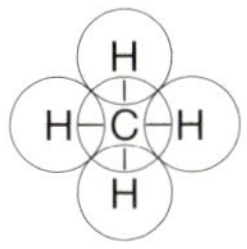	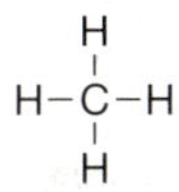
Ammoniak	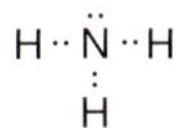	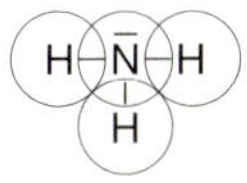	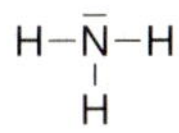
Wasser	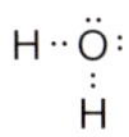	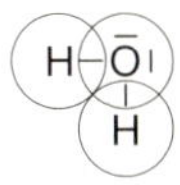	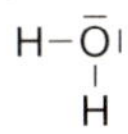
Fluorwasserstoff	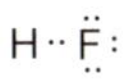	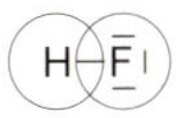	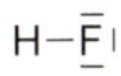
Sauerstoff		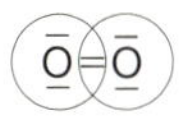	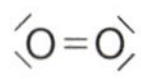
Stickstoff		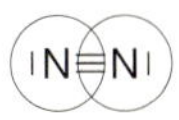	
Kohlenstoffdioxid	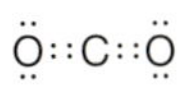	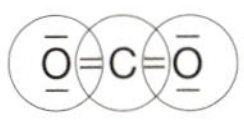	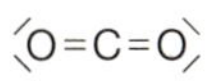

6.3 Die räumliche Struktur der Moleküle

Beispiel: Methan-Molekül

Wolkenmodell

Kalottenmodell

Kugel/Stab-Modell

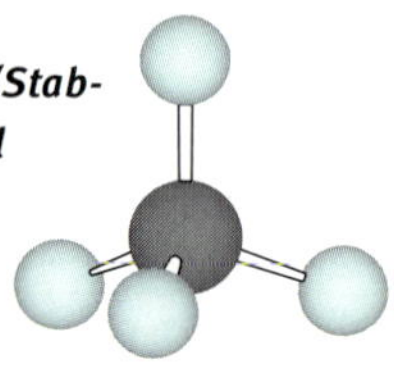

Molekülstruktur

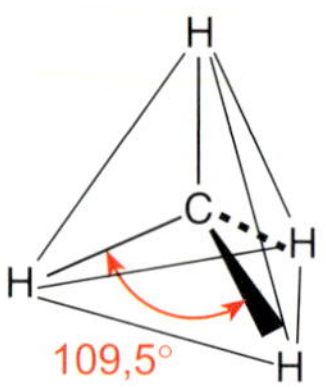

LEWIS-Formel

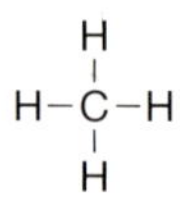

1 a) Beschreibe die Grundannahmen des Elektronenpaarabstoßungs-Modells.
b) Zeichne einen Tetraeder und beschreibe seine Form.

2 a) Stelle die LEWIS-Formel von Ammoniak (NH_3) auf und überprüfe die Gültigkeit der Oktettregel.
b) Leite aus der LEWIS-Formel die räumliche Struktur des Ammoniak-Moleküls ab.

Ein Ziel der Chemie ist es, Eigenschaften und Reaktionen der Stoffe erklären und vorhersagen zu können. Voraussetzung dafür ist, dass man sich auch ein Bild vom räumlichen Aufbau der Teilchen machen kann. Ein einfaches Modell, mit dessen Hilfe sich die Struktur direkt aus der Molekülformel ableiten lässt, ist das **Elektronenpaarabstoßungs-Modell.** Es basiert auf zwei Annahmen:

- Die Außenelektronen halten sich *paarweise* in bestimmten Bereichen um den Atomkern, den Orbitalen, auf: Man stellt sich das modellhaft wie eine Wolke vor und spricht von einer *Elektronenwolke.*
- Die negativ geladenen Elektronenpaare stoßen sich gegenseitig ab. Dadurch ergibt sich für jede Elektronenpaarbindung eine bestimmte Richtung und für jedes Molekül eine eindeutige Struktur.

***Methan:* ein tetraederförmiges Molekül.** Im Methan-Molekül (CH_4) ist das zentrale Kohlenstoff-Atom durch vier Elektronenpaare mit vier Wasserstoff-Atomen verbunden. Die Abstoßung zwischen den vier Elektronenpaaren ist dann am kleinsten, wenn der Abstand zwischen ihnen am größten ist. Sie richten sich deshalb nach den Ecken eines Tetraeders aus. Das Kohlenstoff-Atom bildet das Zentrum des Tetraeders, die Wasserstoff-Atome besetzen die vier Ecken. Der H–C–H-Bindungswinkel beträgt 109,5°.

***Wasser:* ein gewinkeltes Molekül.** Im Wasser-Molekül (H_2O) ist das zentrale Sauerstoff-Atom von zwei bindenden und zwei nicht bindenden Elektronenpaaren umgeben. Die vier Elektronenpaare richten sich nach den Ecken eines Tetraeders aus. Im Zentrum des Tetraeders befindet sich das Sauerstoff-Atom. An zwei Ecken des Tetraeders sind die Wasserstoff-Atome, die beiden nicht bindenden Elektronenpaare weisen in die noch freien Ecken. Der H–O–H-Bindungswinkel beträgt hier nur 105°. Man nimmt an, dass sich die nichtbindenden Elektronenpaare stärker abstoßen als die bindenden.

***Kohlenstoffdioxid:* ein lineares Molekül.** Im Kohlenstoffdioxid-Molekül (CO_2) ist das zentrale Kohlenstoff-Atom über zwei Zweifachbindungen mit den beiden Sauerstoff-Atomen verbunden.
Für die Ermittlung der Struktur werden **Mehrfachbindungen** wie Einfachbindungen behandelt. Es ergibt sich eine lineare Struktur mit dem O–C–O-Bindungswinkel von 180°.

Das Elektronenpaarabstoßungs-Modell erklärt die räumliche Struktur von Molekülen durch die Abstoßung von Elektronenpaaren. Bei vier Elektronenpaaren ergibt sich eine tetraedrische Anordnung der Elektronenwolken.

Beispiel: Wasser-Molekül

Wolkenmodell

Kalottenmodell

Kugel/Stab-Modell

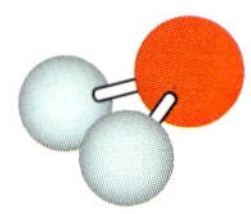

Molekülstruktur

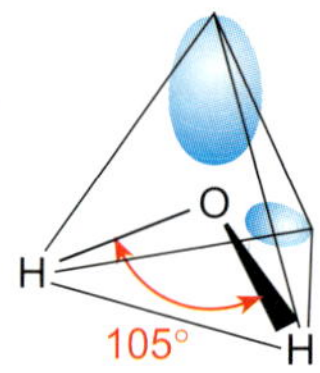

LEWIS-Formel

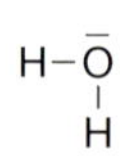

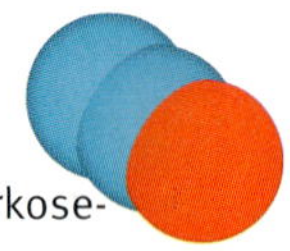

3 Lachgas (N_2O) ist ein Stickstoffoxid. Das Gas wird als Narkosemittel verwendet.
a) Gib den chemischen Namen an.
b) Stelle die LEWIS-Formel auf. In dem Molekül kommen zwei Zweifachbindungen vor.
c) Überprüfe die Gültigkeit der Oktettregel.
d) Leite aus der LEWIS-Formel die räumliche Struktur her.

Das Elektronenpaarabstoßungs-Modell

Verbindung LEWIS-Formel	Elektronenpaare am zentralen Atom	Räumliche Struktur Bindungswinkel	Molekülmodell
Methan 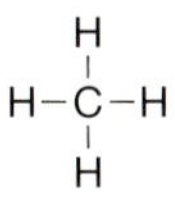	4 Einfachbindungen	tetraedrisch 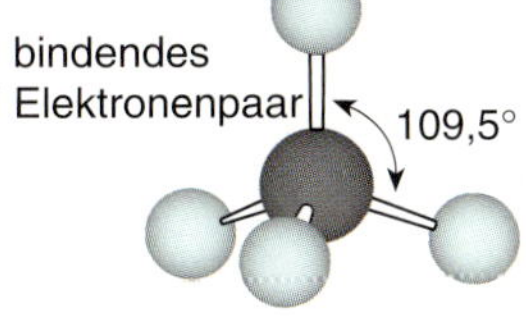	
Ammoniak 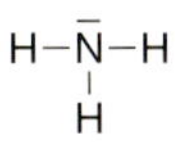	3 Einfachbindungen 1 nichtbindendes Elektronenpaar	pyramidal 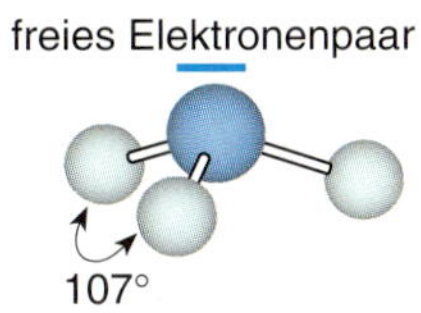	
Wasser 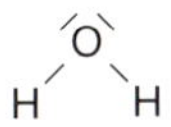	2 Einfachbindungen 2 nichtbindende Elektronenpaare	gewinkelt 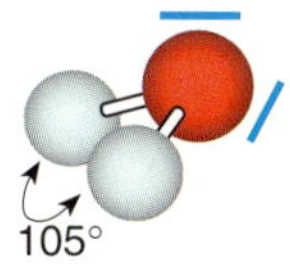	
Fluorwasserstoff 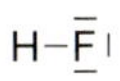	1 Einfachbindung 3 nichtbindende Elektronenpaare	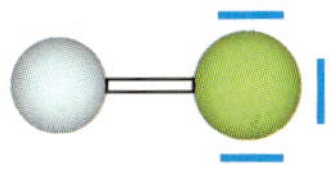	
Kohlenstoffdioxid 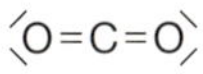	2 Zweifachbindungen	linear 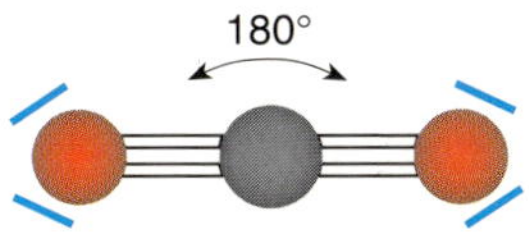	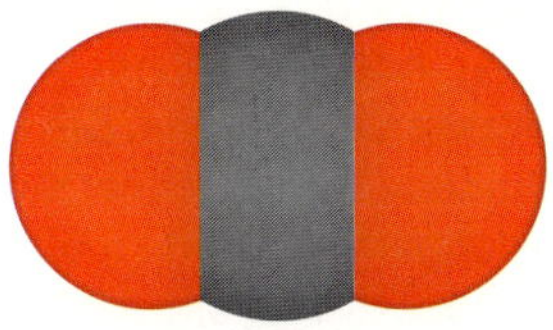
Blausäure 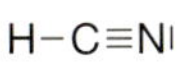	1 Einfachbindung 1 Dreifachbindung	linear 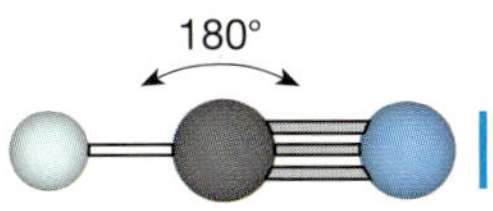	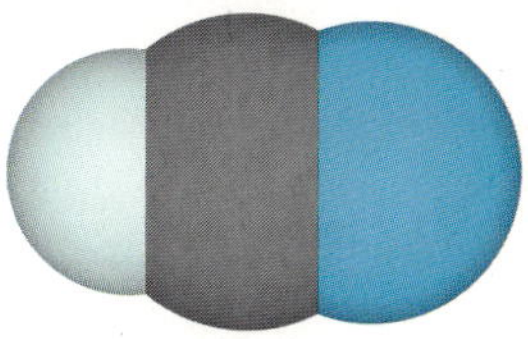
Formaldehyd 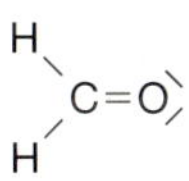	2 Einfachbindungen 1 Zweifachbindung	trigonal 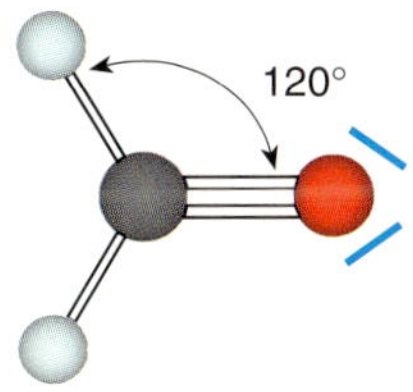	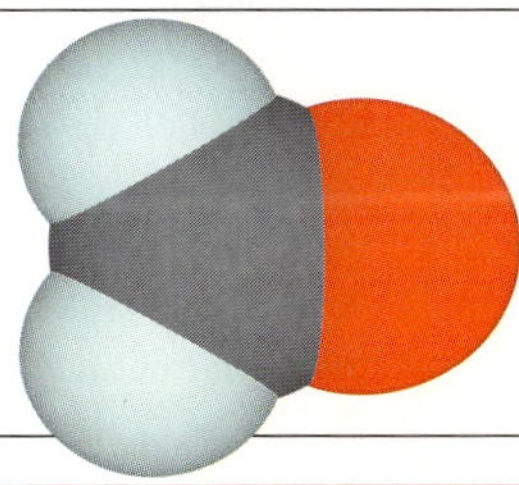

6.4 Das Wasser-Molekül – neutral oder geladen?

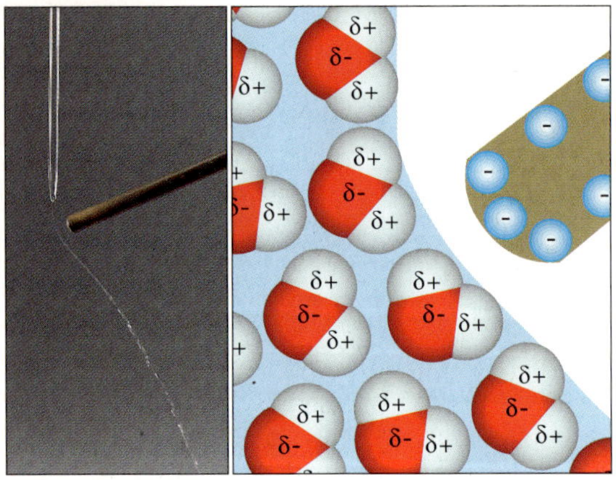

Anziehung eines Wasserstrahls – Experiment und Modell

Ein Kunststoffstab wird mit einem Wolltuch gerieben und so elektrisch aufgeladen. Bringt man den Stab in die Nähe eines feinen Wasserstrahls, wird dieser angezogen. Das Wasser-Molekül ist jedoch insgesamt elektrisch neutral, denn die Anzahl der Protonen im Molekül entspricht der Anzahl der Elektronen.

Dipol-Moleküle. Um die Ablenkung des Wasserstrahls erklären zu können, geht man davon aus, dass die positiven und negativen Ladungen in dem Wasser-Molekül ungleichmäßig verteilt sind. Die acht Protonen des Sauerstoff-Atoms ziehen das gemeinsame Elektronenpaar einer O–H-Bindung viel stärker an als das eine Proton des Wasserstoff-Atoms: Die gleiche Betrachtung gilt für die zweite OH-Bindung im Wasser-Molekül. Das Sauerstoff-Atom erhält daher eine größeren Anteil der Bindungselektronen als die beiden Wasserstoff-Atome. Die Ladungsverschiebung in der Bindung kennzeichnet man mit den Symbolen für *Teilladungen* δ+ und δ– (delta plus, delta minus).
Wie das Elektronenpaarabstoßungs-Modell zeigt, sind Wasser-Moleküle gewinkelt gebaut. Durch die Ladungsverschiebungen in den Bindungen ist eine Seite des Moleküls (das O-Atom) negativ aufgeladen, die Seite, auf der sich die H-Atome befinden, ist entsprechend positiv aufgeladen. Wegen der beiden Pole spricht man von einem **Dipol-Molekül.**

Dipol-Moleküle sind elektrisch neutrale Moleküle mit polaren Elektronenpaarbindungen, in denen die Ladung nicht symmetrisch verteilt ist.

unpolare Elektronenpaarbindung

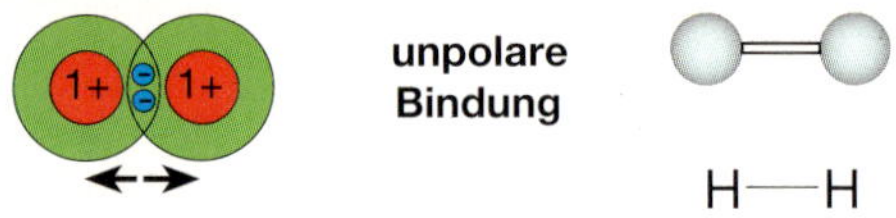

Im Wasserstoff-Molekül werden die beiden negativ geladenen Elektronen der H–H-Bindung gleich stark von den positiv geladenen Atomkernen angezogen. Man spricht in diesem Fall von einer *unpolaren Elektronenpaarbindung.*

polare Elektronenpaarbindung

In einer O–H-Bindung werden die beiden Elektronen des bindenden Elektronenpaares von den acht Protonen des Sauerstoff-Atomkerns viel stärker angezogen als von dem einen Proton des Wasserstoff-Atomkerns. Es kommt zu einer Ladungsverschiebung. Man bezeichnet diese Bindung als eine *polare Elektronenpaarbindung.*

Dipol-Molekül? Die Struktur entscheidet.

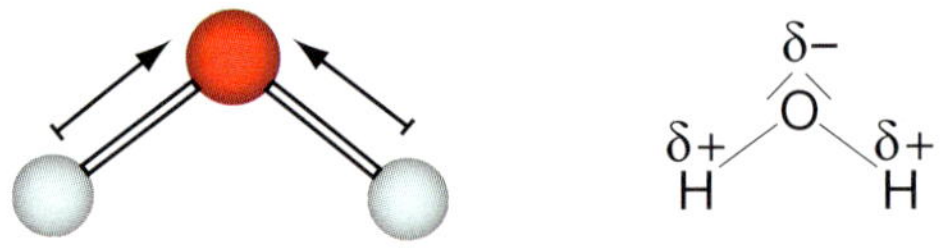

Das Wasser-Molekül hat eine *gewinkelte* Struktur. In diesem Fall verstärken sich die Ladungsverschiebungen der beiden polaren O–H-Bindungen. Das Wasser-Molekül ist daher ein *Dipol-Molekül.*

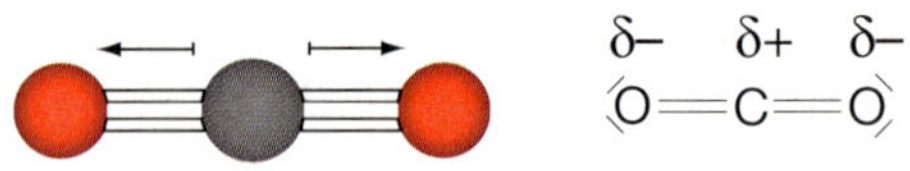

Das Kohlenstoffdioxid-Molekül hat eine *lineare* Struktur. Die Ladungsverschiebungen der beiden polaren C–O-Bindungen sind deswegen genau entgegengesetzt gerichtet. Ihre Wirkungen heben sich gegenseitig auf. Das Kohlenstoffdioxid-Molekül ist daher *kein* Dipol-Molekül.

1 a) Erstelle eine Ladungsbilanz aller positiven und negativen Ladungen im Chlorwasserstoff-Molekül (HCl).
b) Ist das HCl-Molekül ein Dipol-Molekül? Begründe deine Antwort und kennzeichne die Ladungsverschiebungen.

2 Reibt man einen Plexiglasstab mit Watte, lädt er sich positiv auf. Was erwartest du, wenn man ihn vor einen Wasserstrahl hält? Fertige eine Skizze an und überprüfe deine Annahme experimentell.

Elektronegativität

Das Modell der polaren und unpolaren Elektronenpaarbindung ist ein wichtiges Hilfsmittel bei der Erklärung von Eigenschaften und Reaktionen von Stoffen.
Der amerikanische Chemiker Linus PAULING hat bereits 1932 eine Größe eingeführt, mit der sich abschätzen lässt, welches Atom das Bindungselektronenpaar stärker anzieht: die **Elektronegativität**.

Die Elektronegativität ist ein Maß für die Fähigkeit eines Atoms, das gemeinsame Elektronenpaar in einer Bindung anzuziehen. Je stärker die Anziehung ist, desto größer ist der *Elektronegativitätswert*. Die Skala der Werte reicht von 0,7 beim Caesium-Atom bis 4,0 beim Fluor-Atom. Für Edelgas-Atome gibt es keine Werte, da es nur sehr wenige Edelgas-Verbindungen gibt.

Die Elektronegativität hängt von der *Kernladung* und von der *Größe* der Atome ab:
1. Bei gleichem Abstand des Elektronenpaares von dem positiv geladenen Atomkern nimmt die Anziehung mit der Größe der Kernladung zu.
Innerhalb einer *Periode* des Periodensystems befinden sich die für die Elektronenpaarbindungen verantwortlichen Außenelektronen alle in der gleichen Schale, gleichzeitig nimmt die Kernladung von links nach rechts zu: Die Anziehung nimmt zu, die Elektronegativität steigt.
2. Je weiter das Elektronenpaar vom Atomkern entfernt ist, desto schwächer wird die Anziehung.
Innerhalb einer *Hauptgruppe* des Periodensystems wird zwar die Kernladung in 8er-Schritten größer, die Entfernung der Außenelektronen vom Atomkern wächst aber noch stärker an: Die Anziehung nimmt ab, die Elektronegativität sinkt.

Nach diesen Überlegungen haben Fluor-Atome die größte Elektronegativität. Sie sind sehr klein und haben mit neun Protonen schon eine hohe Kernladung. Auch die Atome der übrigen Halogene haben sehr hohe Elektronegativitätswerte, ebenso Sauerstoff- und Stickstoff-Atome. Die Atome der Alkalimetalle haben dagegen die niedrigsten Elektronegativitätswerte. Sie haben innerhalb einer Periode jeweils die kleinsten Kernladungen.

1 a) Beschreibe und erkläre am Beispiel der 2. Periode den Verlauf der Elektronegativitätswerte.
b) Beschreibe und erkläre am Beispiel der VII. Hauptgruppe den Verlauf der Elektronegativitätswerte.
2 Erkläre, warum man für Edelgas-Atome keine Elektronegativitätswerte angibt.
3 Sind die folgenden Elektronenpaarbindungen polar oder unpolar: N–H, C–H, Cl–Cl, H–Cl?
Kennzeichne die Ladungsverschiebungen.

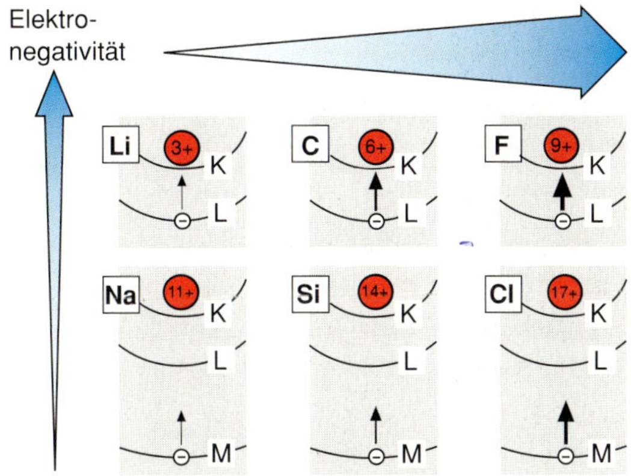

Wer zieht stärker? Die Elektronegativität eines Atoms hängt von seiner Größe und seiner Kernladung ab.

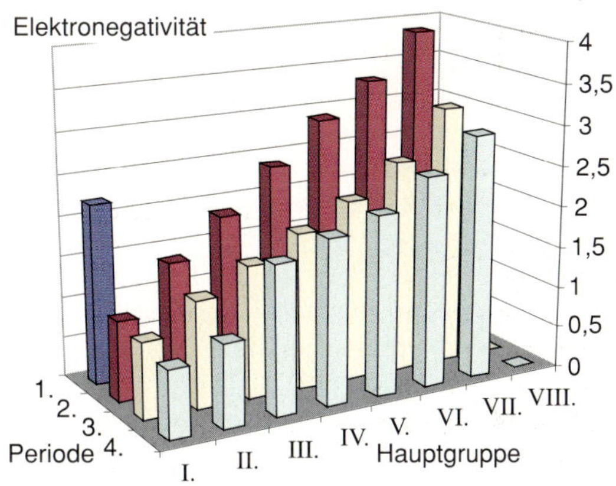

Die Elektronegativität eines Atoms hängt von der Stellung des Elements im Periodensystem ab.

	I	II	III	IV	V	VI	VII	VIII
1	2,1 $_{1}$H							- - $_{2}$He
2	1,0 $_{3}$Li	1,5 $_{4}$Be	2,0 $_{5}$B	2,5 $_{6}$C	3,0 $_{7}$N	3,5 $_{8}$O	4,0 $_{9}$F	- - $_{10}$Ne
3	0,9 $_{11}$Na	1,2 $_{12}$Mg	1,5 $_{13}$Al	1,8 $_{14}$Si	2,1 $_{15}$P	2,5 $_{16}$S	3,0 $_{17}$Cl	- - $_{18}$Ar
4	0,8 $_{19}$K	1,0 $_{20}$Ca	1,6 $_{31}$Ga	1,8 $_{32}$Ge	2,0 $_{33}$As	2,4 $_{34}$Se	2,8 $_{35}$Br	- - $_{36}$Kr
5	0,8 $_{37}$Rb	1,0 $_{38}$Sr	1,7 $_{49}$In	1,8 $_{50}$Sn	1,9 $_{51}$Sb	2,1 $_{52}$Te	2,5 $_{53}$I	- - $_{54}$Xe
6	0,7 $_{55}$Cs	0,9 $_{56}$Ba	1,8 $_{81}$Tl	1,8 $_{82}$Pb	1,9 $_{83}$Bi	2,0 $_{84}$Po	2,2 $_{85}$At	- - $_{86}$Rn

Elektronegativitätswerte nach PAULING

6.5 Die VAN-DER-WAALS-Bindung

Alle Edelgase sind bei Raumtemperatur gasförmig. Kühlt man ein Edelgas-Gemisch stark ab, wird zunächst Xenon bei −108 °C flüssig, es folgen Krypton, Argon und Neon. Helium kondensiert erst bei vier Grad über dem absoluten Nullpunkt.
Von den Halogenen sind bei Raumtemperatur nur Fluor und Chlor gasförmig. Brom ist eine leicht verdampfbare Flüssigkeit und Iod ein Feststoff, der merklich sublimiert.

Siedevorgang. Will man eine Flüssigkeit zum Sieden bringen, muss man erwärmen. Die dabei aufgenommene Energie bewirkt, dass sich die Teilchen der Flüssigkeit schneller bewegen. Beim Erreichen der Siedetemperatur ist ihre Bewegungsenergie dann so groß, dass die Anziehungskräfte nicht mehr ausreichen. In der Gasphase sind die Teilchen frei beweglich. Umgekehrt lässt sich jedes Gas durch Kühlung kondensieren. Die Bewegungsenergie der Teilchen nimmt dann so weit ab, dass die Anziehungskräfte überwiegen.

VAN-DER-WAALS-Bindung. Die zwischen allen ungeladenen Teilchen wirkenden relativ schwachen Bindungskräfte bezeichnet man zu Ehren des Physikers Johannes Diderik **VAN DER WAALS** als **VAN-DER-WAALS-**Bindung. VAN DER WAALS hatte um 1900 den Einfluss von Druck und Temperatur auf die Zustandsänderungen von Gasen und Flüssigkeiten erforscht; 1910 wurde ihm der Nobelpreis verliehen.
Eine anschauliche Erklärung für die Anziehungskräfte zwischen unpolaren Teilchen fanden andere Forscher etwa 20 Jahre später: Die Elektronenverteilung in den Atomhüllen kann zufällig *unsymmetrisch* werden, sodass für kurze Zeit schwache Dipole entstehen. Diese *temporären Dipole* wirken sich durch Anziehungs- und Abstoßungskräfte auf die Elektronenverteilung benachbarter Teilchen aus. Auf diese Weise entstehen weitere schwache Dipole, sogenannte *induzierte Dipole*.

Siedetemperaturen im Vergleich. Die Siedetemperaturen der Edelgase steigen vom Helium bis zum Xenon deutlich an. Mit der größer werdenden Elektronenhülle muss also auch die Stärke der VAN-DER-WAALS-Bindung zunehmen. Dies lässt sich folgendermaßen erklären: Mit wachsender Elektronenzahl steigt auch die Wahrscheinlichkeit, dass sich Elektronen unsymmetrisch verteilen. Der resultierende Dipol wird somit stärker. Zudem lassen sich größere Atome leichter polarisieren als kleine: Mit zunehmendem Atomradius werden die Elektronen nicht mehr so stark vom Kern angezogen, sie lassen sich durch benachbarte Dipole leichter verschieben.

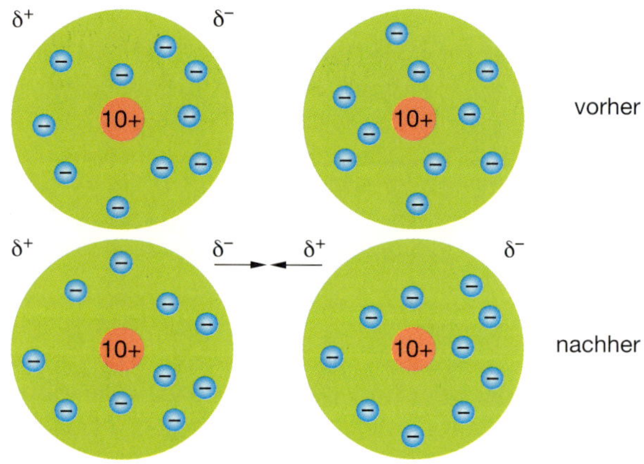

VAN-DER-WAALS-Bindung zwischen Neon-Atomen

Edelgas	Siede-temperatur	Halogen	Siede-temperatur
Helium	− 269 °C		
Neon	− 256 °C	Fluor	− 188 °C
Argon	− 186 °C	Chlor	− 35 °C
Krypton	− 152 °C	Brom	56 °C
Xenon	− 108 °C	Iod	183 °C

Siedetemperaturen der Edelgase und Halogene

Insgesamt gesehen liegen die Siedetemperaturen der Halogene höher als die der Edelgase. Der Grund dafür ist, dass bei Edelgasen einzelne Atome vorliegen, bei Halogenen jedoch zweiatomige Moleküle. Bei Molekülen ist die Berührungsfläche für VAN-DER-WAALS-Bindungen größer als bei Atomen; die Anziehungskräfte werden daher stärker. Dies führt dazu, dass Brom bei Raumtemperatur bereits flüssig und Iod fest ist. Brom verdampft jedoch leicht und Iod sublimiert erkennbar schon bei Raumtemperatur. Darin zeigt sich, dass auch hier die VAN-DER-WAALS-Bindungen nicht allzu stark sind.

VAN-DER-WAALS-Bindungen beruhen auf Anziehungskräften zwischen Atomen und ungeladenen Molekülen. Ursache sind temporäre Dipole, die in benachbarten Atomhüllen ebenfalls Dipole induzieren.

1 Ordne die Gase Sauerstoff, Stickstoff und Wasserstoff nach zunehmender Siedetemperatur. Begründe deine Zuordnung.

2 Erkläre, warum die Siedetemperatur von Xenon unterhalb der von Chlor liegt.

Exkurs

Kleben ohne Klebstoff

In südlichen Ländern laufen farbenfrohe Geckos die Wände hoch, sie schaffen es sogar, kopfüber an der Zimmerdecke hängend auf Jagd zu gehen. Selbst auf spiegelglatten Glasflächen finden sie Halt.
Lange war es der Wissenschaft ein Rätsel, wie dieser Trick funktioniert.

Zunächst dachte man an ein Saugnapfprinzip. Deshalb wurden Testbedingungen und Oberflächen, an denen das Versuchstier entlang laufen sollte, so gewählt, dass unter dem Fuß des Geckos kein Unterdruck entstehen konnte. Aber selbst bei Versuchen im Vakuum hafteten die Füße an der Oberfläche. Die Saugnapfhypothese war damit endgültig widerlegt.
Da der Gecko beim Laufen auf gereinigten Oberflächen keine Spuren hinterließ, schied auch die Hypothese eines Klebstoffes aus.
Daraufhin wurden die Füße eingehender untersucht: Auf jedem Quadratmillimeter einer Zehe befinden sich etwa 5 000 Härchen, die *Setae* genannt werden.

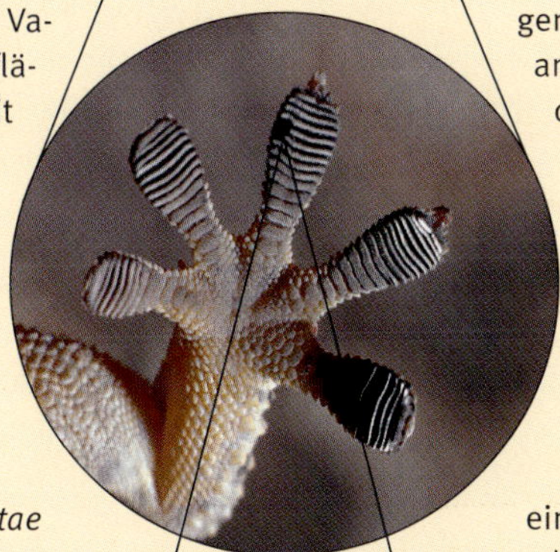

Um zu überprüfen, ob diese Setae wie die Haken bei einem Klettverschluss arbeiten, wurden Versuche an sehr glatt polierten Oberflächen durchgeführt. Aber auch hier konnten sich die Geckos festhalten. Damit schied auch das Funktionsprinzip der Klette aus.

Versuche mit einzelnen Härchen in elektrisch geladener Umgebung bewiesen, dass keine elektrostatischen Kräfte vorliegen konnten, die die Haftung verursachen. Zum Schluss blieb nur noch eine sehr schwache Kraft übrig: VAN-DER-WAALS-Bindungen. Betrachtet man die Härchen unter dem Elektronenmikroskop genauer, erkennt man, dass die Spitze eines Härchens in 100 bis 1000 feinste Spatelchen übergeht.

Wissenschaftler der amerikanischen Universität Berkeley fixierten ein Härchen an einem beweglichen Kraftsensor: Je stärker das Härchen auf eine Fläche gedrückt wurde, desto mehr Spatelchen hafteten auf dem Untergrund. VAN-DER-WAALS-Bindungen sind zwar sehr schwach, aber die große Anzahl der feinen Strukturen sorgt für den notwendigen Halt beim Gecko. Summiert man die gemessenen Kräfte für einen Fuß, so wäre die Zugkraft von 10 g notwendig um das Bein des Geckos abzulösen, ein Mehrfaches seines Körpergewichts. In der Realität liegen zwar nicht alle Spatelchen gleichzeitig am Untergrund an, aber trotzdem muss das Tier eine besondere Technik beim Lösen anwenden: Die Fläche des Fußes wird abgerollt, so dass die Setae *nacheinander* gelöst werden. Dies ist vergleichbar mit dem Lösen eines Klebestreifens.
Technisch ist das Aufbringen solch feiner Strukturen auf so einem kleinen Raum noch nicht möglich. Aber eine Anwendung als „trockener“, rückstandsfreier Klebstoff wäre denkbar.

1 Erkläre, wie sich der Gecko an der Wand hält.
2 Stelle die Unterschiede der Haftprinzipien der Klette und der Setae heraus.
3 Beschreibe Anwendungsmöglichkeiten für einen „trockenen“ Kleber, der auf dem Prinzip von VAN-DER-WAALS-Bindungen beruht.
4 Erkläre, wieso die Forscher Dipol-Wechselwirkungen ausschließen konnten.
5 Erkläre die Wirksamkeit von Elektronenpaarbindungen, Dipol-Wechselwirkungen und VAN-DER-WAALS-Bindungen.
6 Recherchiere den Begriff *Bionik*.

6.6 Die Wasserstoffbrückenbindung – eine Basis des Lebens

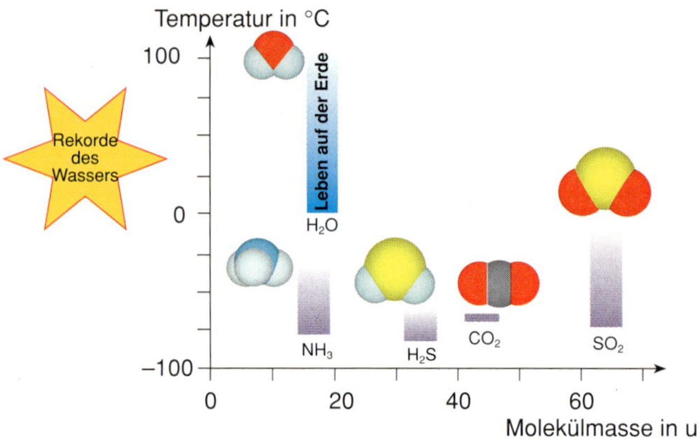

Temperaturbereiche von Flüssigkeiten im Vergleich

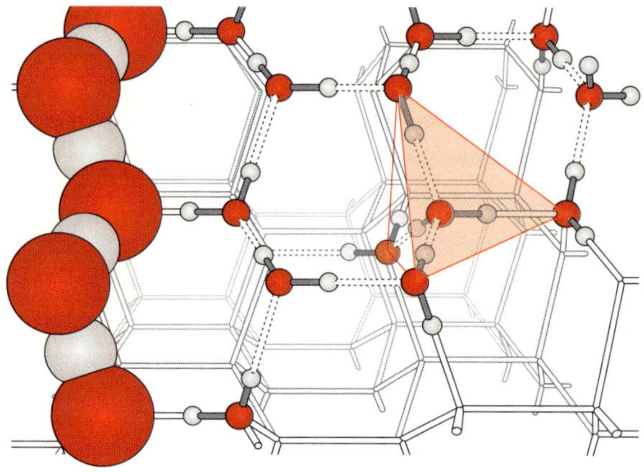

Eisgitter mit Hohlräumen

Bei der Vorhersage von Stoffeigenschaften kann man sich in der Chemie durchweg auf drei Faustregeln verlassen:

- Bei chemisch ähnlichen Verbindungen nehmen Schmelztemperatur und Siedetemperatur mit wachsender Molekülgröße zu.
- Die Dichte eines Feststoffes ist größer als die Dichte der Flüssigkeit.
- Die Dichte einer Flüssigkeit nimmt mit steigender Temperatur ab.

Auf Wasser trifft keine dieser Regeln zu:

- Gemessen an Stoffen mit ähnlich kleinen und leichten Molekülen sollte Wasser bei etwa −100 °C schmelzen und schon bei −80 °C sieden. Es gäbe auf der Erde weder Gletscher, Flüsse noch Meere, sondern nur Wasserdampf und wahrscheinlich kein Leben.
- Ähnlich wie eine Kerze in geschmolzenem Kerzenwachs sollte Eis in Wasser zum Boden sinken. Gewässer würden dann von unten nach oben zufrieren, die Fische würden allmählich an die Oberfläche gedrückt. Glücklicherweise ist es genau umgekehrt: Eis schwimmt auf dem Wasser.
- Wasser hat seine größte Dichte nicht bei 0 °C, sondern bei 4 °C. Im Winter sammelt sich deshalb Wasser von 4 °C am Grund eines zugefrorenen Sees – das reicht den Fischen zum Überleben.

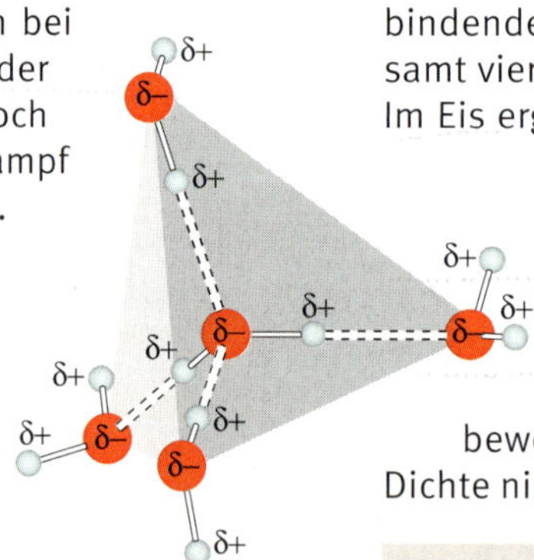

Ursache für die auffallenden Eigenschaften des Wassers sind schwache Bindungen zwischen den Wasser-Molekülen, die *Wasserstoffbrückenbindungen*.

Wasserstoffbrückenbindung. Die besondere Struktur des Wasser-Moleküls ist die Voraussetzung für die Ausbildung von Wasserstoffbrückenbindungen:
1. Die O–H-Bindung ist stark polar.
2. Das Sauerstoff-Atom ist stark elektronegativ und es hat zwei nichtbindende Elektronenpaare.

Bei jeder Wasserstoffbrückenbindung befindet sich ein H-Atom zwischen einem O-Atom, an das es durch eine Elektronenpaarbindung gebunden ist, und einem O-Atom eines anderen Wasser-Moleküls, von dem es durch ein nichtbindendes Elektronenpaar angezogen wird. Jedes Wasser-Molekül kann so über seine beiden H-Atome und über die beiden nichtbindenden Elektronenpaare seines O-Atoms insgesamt vier O–H···O-Brücken ausbilden.
Im Eis ergibt sich so ein regelmäßig gebautes Gitter mit Hohlräumen. Mit steigender Temperatur brechen Wasserstoffbrückenbindungen auf. Das Eis schmilzt und frei gewordene Wasser-Moleküle besetzen die Hohlräume, die Dichte nimmt daher bis 4 °C zu; Oberhalb von 4 °C steigt der Anteil frei beweglicher Wasser-Moleküle weiter an: Die Dichte nimmt wieder ab.

Wasserstoffbrückenbindungen sind zwischenmolekulare Bindungen. Die Eigenschaften des Wassers werden durch solche O–H···O-Brücken bestimmt.

1 a) Beschreibe am Beispiel des Wassers den Zusammenhang zwischen Temperatur, Aggregatzustand und zwischenmolekularen Bindungen.
b) Erkläre, warum Methan bei Raumtemperatur ein Gas ist.
2 a) Erkläre, wie sich das Kristallgitter von Eis ausbildet.
b) Erkläre, warum ein Eiswürfel in Wasser nicht untergeht.

Anomalie des Wassers

V1: Dichte-Anomalien

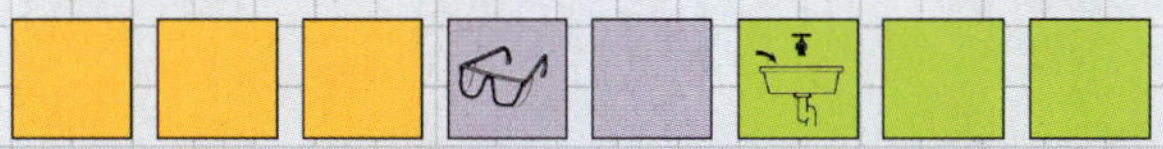

Materialien: Dreifuß, Drahtnetz, Gasbrenner, Messer, Standzylinder, Pipette (20 ml), Pipettierhilfe, Thermometer, Becherglas;
Teelicht, Kaliumpermanganat-Lösung (etwa $2\frac{g}{l}$, Temperatur: unter 4 °C), Eiswürfel oder Würfel aus gefrorener verdünnter Fluorescein-Lösung.

Durchführung:
Anomalie 1:

1. Fülle das Becherglas mit Wasser und lasse einen Eiswürfel hineinfallen.
2. Schneide ein kleines Stück Wachs aus dem Teelicht heraus. Erhitze das Teelicht vorsichtig auf dem Drahtnetz bis das Wachs geschmolzen ist.
3. Lasse das entnommene Stück in die Schmelze fallen.

Anomalie 2:

1. Fülle den Standzylinder bis kurz unter den Rand mit Leitungswasser (etwa 20 °C).
2. Unterschichte das Wasser mit der gekühlten Kaliumpermanganat-Lösung mithilfe der Pipette:
   - Fülle die Pipette mit der Lösung.
   - Säubere die gefüllte Pipette von außen mit einem Papiertaschentuch.
   - Tauche die Pipette vorsichtig in das Wasser ein, sodass ihre Spitze fast den Boden berührt.
   - Entleere die Pipette langsam, damit die Lösung nicht aufgewirbelt wird.
   - Hebe die Pipette vor dem Herausziehen vorsichtig über die Kaliumpermanganat-Schicht und sauge etwas klares Wasser an.
3. Miss vorsichtig die Temperatur der Lösung und der verschiedenen Wasserschichten ohne sie zu vermischen. Notiere die Messwerte.
4. Lege einige Eiswürfel auf die Wasseroberfläche und beobachte 10 min lang.
5. Miss erneut die Temperatur in den verschiedenen Schichten.

Aufgaben:

a) Notiere deine Beobachtungen.
b) Erkläre die Beobachtungen und berücksichtige dabei, dass die Dichte des Wassers temperaturabhängig ist.
c) Die meisten Thermometer enthalten eine rotgefärbte Alkohol-Lösung. Erkläre, warum die Verwendung von wässerigen Lösungen in Thermometern nicht sinnvoll ist. Berücksichtige dabei besonders den Bereich zwischen 0 °C und 6 °C.

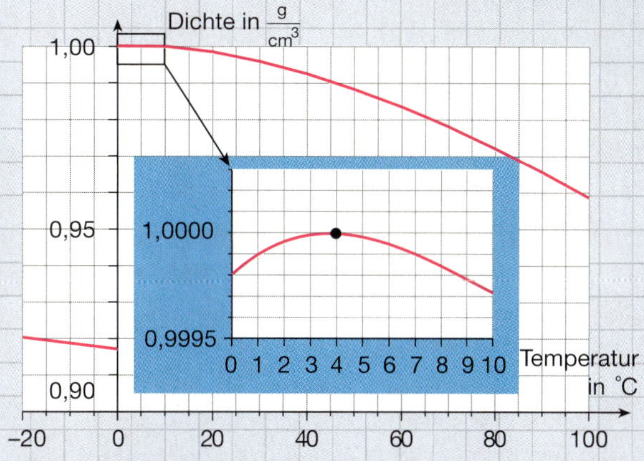

Dichte-Anomalien des Wasser

V2: Wärmespeicher

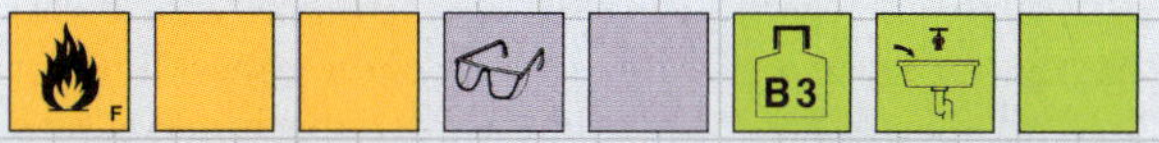

Materialien: Becherglas, Thermometer, Heizplatte; Brennspiritus (F; B3).

Durchführung:

1. Erhitze 100 ml Wasser von Raumtemperatur auf 60 °C und notiere die Aufheizzeit.
2. Wiederhole den Versuch mit 100 ml Brennspiritus.

Aufgaben:

a) Notiere und erkläre deine Beobachtungen.
b) Beschreibe die Wirkung des Golfstroms auf das Klima in Europa.
c) Erläutere, wie sich unsere Umwelt ändern würde, wenn Wasser sich normal verhielte.

V3: Oberflächenspannung

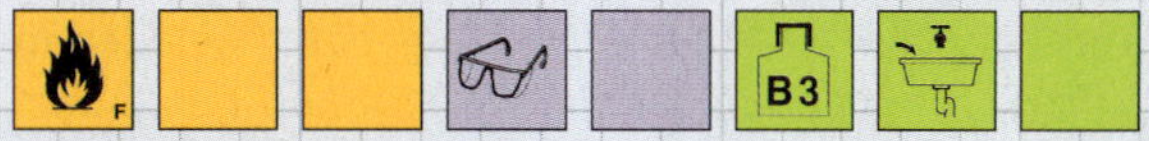

Materialien: Tropfpipetten, 2 Büroklammern, 2 kleine Petrischalen, 2 Bechergläser;
Wasser, Petroleumbenzin (F; B3), weißes festes Papier.

Durchführung:

1. Gib einen Tropfen Wasser auf ein weißes festes Papier.
2. Lege eine Büroklammer vorsichtig mit der flachen Seite auf die Wasseroberfläche in einer Petrischale.
3. Tropfe Wasser aus der Tropfpipette in ein Becherglas und zähle wie viele Tropfen, die in 1 ml enthalten sind.
4. Wiederhole die Schritte 1 bis 3 mit Petroleumbenzin.

Aufgabe: Notiere und erkläre deine Beobachtungen.

6.7 Das Salz in der Suppe – eine Betrachtung im Modell

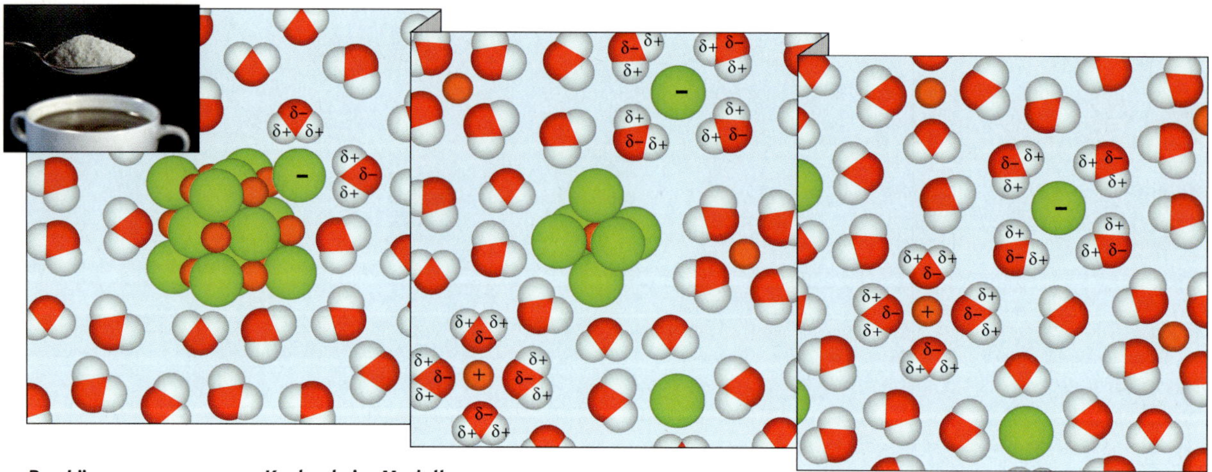

Der Lösungsvorgang von Kochsalz im Modell

Über zu viel oder zu wenig Salz in der Suppe haben sich schon viele Leute Gedanken gemacht. Wer hat aber schon einmal darüber nachgedacht, was eigentlich mit dem Salz geschieht, wenn es plötzlich spurlos, aber nicht geschmacklos in der Suppe verschwindet?

Der **Lösungsvorgang** von Kochsalz beruht auf Dipol/Ionen-Wechselwirkungen:
Wasser besteht aus Dipol-Molekülen. Die Wasser-Moleküle sind gewinkelt. Das Sauerstoff-Atom trägt eine negative Teilladung, die Wasserstoff-Atome haben eine positive Teilladung.
Kochsalz ist dagegen eine Ionenverbindung aus Natrium-Ionen (Na^+) und Chlorid-Ionen (Cl^-). Im Inneren des Kochsalz-Kristalls wird jedes positiv geladene Natrium-Ion von sechs negativ geladenen Chlorid-Ionen auf seinem Gitterplatz gehalten. Umgekehrt ist jedes Chlorid-Ion durch sechs Natrium-Ionen fixiert. An der Oberfläche des Kristalls sind die Ionen dagegen nur von wenigen entgegengesetzt geladenen Nachbarn umgeben. Daher sitzen Ionen besonders an Ecken und Kanten weniger fest auf ihren Gitterplätzen als solche im Innern des Kristalls.

Abbau des Ionengitters. Die Dipol-Moleküle des Wassers greifen zuerst die Ionen an den Ecken und Kanten des Kristalls an: Aufgrund ihrer Teilladung (δ–) lagern sich dabei die Sauerstoff-Atome der Wasser-Moleküle an die Na^+-Ionen an. Die Wasserstoff-Atome mit ihrer positiven Teilladung δ+ treten umgekehrt mit den Cl^--Ionen in Wechselwirkung. So werden die einzelnen Ionen abgetrennt und gehen in Lösung.
Der Lösungsvorgang schreitet von außen nach innen voran, bis das Ionengitter völlig abgebaut ist.

Hydratisierung der Ionen. In der Lösung ist jedes freie Ion vollständig von einer Hülle aus Wasser-Molekülen, einer **Hydrathülle,** umgeben. Man sagt: Die Ionen sind *hydratisiert*.
Die Wasser-Moleküle der Hydrathülle haben eine bestimmte Orientierung: Bei den positiv geladenen Natrium-Ionen weisen die negativ geladenen Enden der Dipol-Moleküle nach innen und die positiv geladenen Seiten nach außen. Bei den negativ geladenen Chlorid-Ionen ist es gerade umgekehrt.

Hydratation und Gitterenergie. Wenn sich ein Salzkristall auflöst, müssen die Bindungskräfte zwischen den Ionen im Kristallgitter überwunden werden. Die dazu benötigte Energie bezeichnet man als **Gitterenergie**. Erstaunlicherweise ist der Lösungsvorgang bei manchen Salzen jedoch exotherm. Dies lässt sich nur damit erklären, dass bei der Hydratation der Ionen Energie freigesetzt wird: Die Lösung erwärmt sich, wenn die freiwerdende **Hydratationsenergie** größer ist als die *Gitterenergie*.

Beim Lösen von Ionenverbindungen in Wasser bilden sich hydratisierte Ionen. Ursache ist der Dipol der Wasser-Moleküle. Temperatureffekte beim Lösungsvorgang zeigen an, dass Gitterenergie und Hydratationsenergie unterschiedlich groß sind.

1 a) Erkläre am Beispiel des Wasser-Moleküls, was man unter einem Dipol-Molekül versteht.
b) Zeichne ein hydratisiertes Natrium-Ion und ein hydratisiertes Chlorid-Ion. Trage alle Ladungen ein.
2 Gibt man einen Löffel Kochsalz in einen 100-ml-Messkolben und füllt mit Wasser auf, so sinkt der Wasserstand, während sich das Salz löst. Gib eine Erklärung.

Temperatureffekte beim Lösen von Salzen

V1: Kalt oder heiß?

Materialien: Becherglas (150 ml), Thermometer, Messzylinder;
Ammoniumchlorid, Kaliumnitrat (O), Natriumchlorid, wasserfreies Kupfersulfat (Xn, N, B2), wasserfreies Calciumchlorid (Xi) und Calciumchlorid-Hydrat ($CaCl_2 \cdot 6\ H_2O$; Xi), Eiswürfel.

Durchführung:

1. Pipettiere zu 2 g Ammoniumchlorid in einem Reagenzglas 10 ml destilliertes Wasser.
2. Schüttle gut und bestimme die Temperaturveränderung.
3. Wiederhole den Versuch mit den anderen Salzen.
4. Mische in einem Becherglas etwa im Verhältnis 1 : 3 Calciumchlorid-Hydrat mit Eisstückchen und miss die Temperaturveränderung.

Hinweis: Das Thermometer sollte zu Beginn der Einzelversuche jeweils die Temperatur des Wassers anzeigen.

Aufgaben:

a) Notiere deine Beobachtungen.
b) Erkläre die Temperaturveränderungen bei den Versuchen. Vergleiche dazu qualitativ die Gitterenergie und die Hydratationsenergie bei den einzelnen Salzen.

V2: Einfluss der Temperatur auf die Löslichkeit.

Materialien: Becherglas, Gasbrenner, Messzylinder (10 ml); Kaliumchlorid, Lithiumcarbonat (Xn), Lithiumcarbonat-Lösung (gesättigt).

Durchführung:

1. Gib zu jeweils 10 ml Wasser in einem Reagenzglas 2 g eines Salzes, rühre jeweils um und ermittle die Temperaturveränderung.
2. Fülle ein Reagenzglas zu einem Viertel mit der gesättigten Lithiumcarbonat-Lösung und erhitze vorsichtig bis zum Sieden.
3. Gib 10 ml Wasser in ein Reagenzglas und füge so viel Kaliumchlorid hinzu, dass nach Umrühren ein Bodensatz verbleibt. Erhitze die gesättigte Lösung.

Aufgaben:

a) Notiere deine Beobachtungen.
b) Vergleiche die Temperatureffekte beim Lösevorgang der Salze mit der Temperaturabhängigkeit ihrer Löslichkeit. Formuliere eine Regel.

V3: Modellversuch zum Wärmekissen

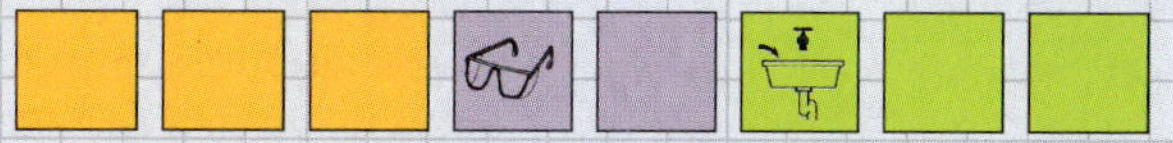

Materialien: 2 Bechergläser, Messpipette (1 ml), Glasstab, Gasbrenner, Waage;
Natriumacetat-Trihydrat.

Durchführung:

1. Wiege 3,5 g Natriumacetat-Trihydrat ab und fülle es in ein Reagenzglas.
2. Gib mit der Messpipette 1 ml Wasser hinzu.
3. Erhitze etwa 100 ml Wasser in einem Becherglas auf 80 – 100 °C.
4. Stelle das Reagenzglas in das heiße Wasserbad, bis eine völlig klare Lösung entsteht. Es dürfen keine Salzkristalle mehr in der Lösung oder am Glasrand zu erkennen sein.
5. Stelle das Reagenzglas mit der Lösung zum Abkühlen in ein Becherglas mit Wasser.
6. Tauche nach dem Abkühlen einen Glasstab in die Lösung und kratze damit von innen an der Glaswand.
7. Wiederhole die Arbeitsschritte 3 bis 6.

Aufgabe: Notiere und erkläre deine Beobachtungen.

Experimentelle Hausaufgabe: Untersuchung eines Wärmekissens

Materialien: Kochtopf, Spagettizange;
käufliches Wärmekissen.

Durchführung:

1. Knicke das Metallplättchen und warte, bis das Wärmekissen wieder Raumtemperatur erreicht hat.
2. Erhitze Wasser im Kochtopf bis zum Sieden und lege das Wärmekissen etwa 10 min in das kochende Wasser.
3. Nimm das Wärmekissen aus dem Topf und lasse es auf Raumtemperatur abkühlen.
4. Wiederhole die Schritte 1 bis 3 nach Belieben.

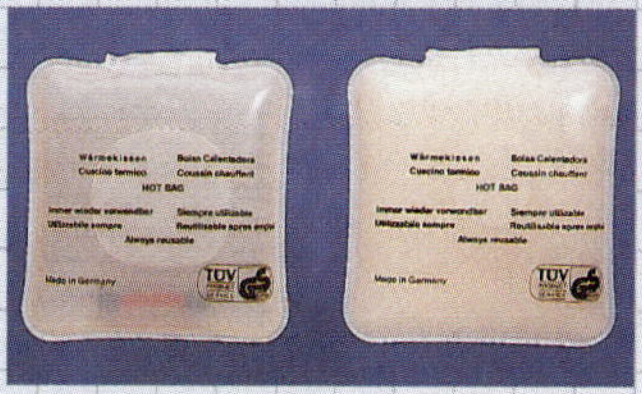

Aufgaben:

a) Notiere deine Beobachtungen.
b) Erkläre die Beobachtungen unter Verwendung der Begriffe Gitterenergie und Hydratationsenergie.

Hinweis: Das Kissen enthält eine *übersättigte* Lösung eines Salzes. Die Kristallisation ist gehemmt, sie kann durch das Knicken des Metallplättchens ausgelöst werden.

6.8 Molekülstruktur und Stoffeigenschaft

Struktur

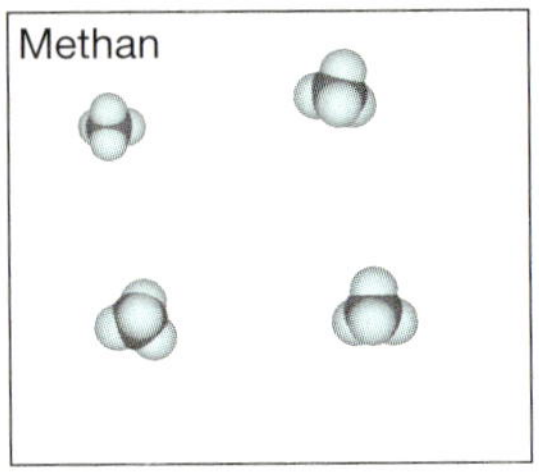

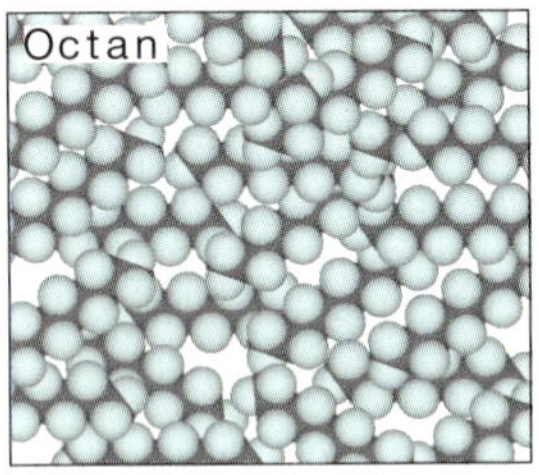

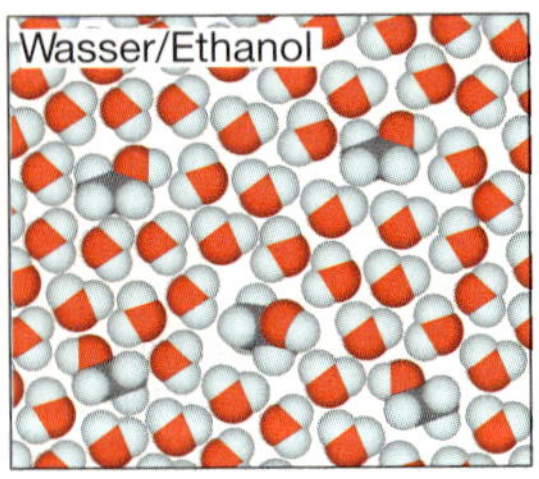

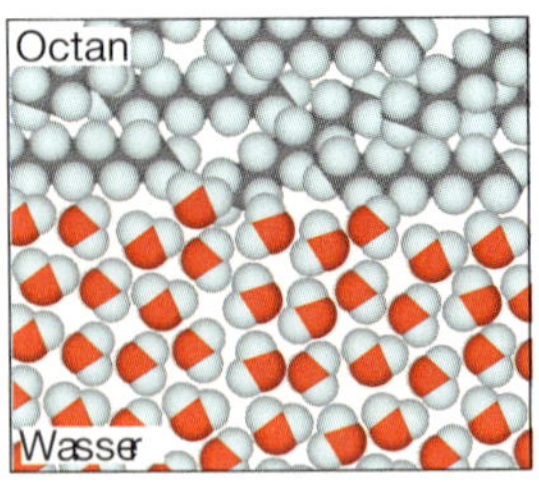

Erdgas und Benzin sind chemisch gesehen eng verwandt, sie gehören beide zur Stoffklasse der Kohlenstoff/Wasserstoff-Verbindungen. Trotzdem haben sie bei Raumtemperatur unterschiedliche Aggregatzustände: Erdgas ist gasförmig und Benzin ist flüssig. Auch *Alkohol* ist ein organischer Stoff. Er mischt sich sehr gut mit Wasser, dagegen ist *Benzin* mit Wasser nicht mischbar. Der Aufbau der jeweils vorliegenden Moleküle liefert Erklärungen für diese Phänomene.

Aggregatzustand. Erdgas ist ein Gemisch verschiedener Gase, Hauptbestandteil ist mit etwa 90 % Methan. Methan-Moleküle sind sehr klein, sie bestehen nur aus einem Kohlenstoff-Atom und vier Wasserstoff-Atomen: CH_4. Zwischen den Molekülen wirken nur sehr schwache Anziehungskräfte. Methan ist daher schon ab −161 °C gasförmig.
Benzin ist ein Gemisch verschiedener Flüssigkeiten, eine davon ist Octan. Octan-Moleküle bestehen aus acht Kohlenstoff-Atomen und 18 Wasserstoff-Atomen: C_8H_{18}. Diese Moleküle sind etwa 7-mal größer als Methan-Moleküle. Zwischen den Octan-Molekülen wirken stärkere Anziehungskräfte als zwischen den Methan-Molekülen. Octan siedet deshalb erst bei 126 °C, fast 300 Grad höher als Methan.
Bei Kohlenstoff-Verbindungen steigt die Siedetemperatur also mit zunehmender Länge der Kette aus Kohlenstoff-Atomen.

Mischbarkeit. Alkohol mischt sich in jedem Verhältnis mit Wasser. So enthält Light-Bier 2 % Alkohol, Rum bis zu 80 %. Selbst eine geringe Menge Benzin ist dagegen in Wasser unlöslich. Auch in diesem Fall liegt die Ursache in der Struktur der Moleküle: Alkohol-Moleküle (C_2H_5OH) enthalten die stark polare OH-Gruppe. Gibt man Alkohol zu Wasser, so bilden sich anstelle von Wasserstoffbrücken zwischen Wasser-Molekülen Wasserstoffbrücken zwischen Alkohol-Molekülen und Wasser-Molekülen. Man sagt: Ethanol verhält sich wasseranziehend oder **hydrophil** (griech. *hydor:* Wasser, *philos:* Freund).
Mischt man Wasser mit Benzin, so bleiben die Wasserstoffbrückenbindungen zwischen den polaren Wasser-Molekülen erhalten. Die unpolaren Octan-Moleküle sind davon ausgeschlossen, denn sie können mit Wasser-Molekülen keine Wasserstoffbrücken ausbilden. Octan wird deshalb als wasserabstoßend oder **hydrophob** (griech. *phobos:* scheu) bezeichnet. Nur Flüssigkeiten ähnlicher Polarität sind also miteinander mischbar.

Eigenschaften von Stoffen wie Siedetemperatur und Mischbarkeit werden durch die Größe der Moleküle und durch ihre Polarität bestimmt.

Eigenschaft

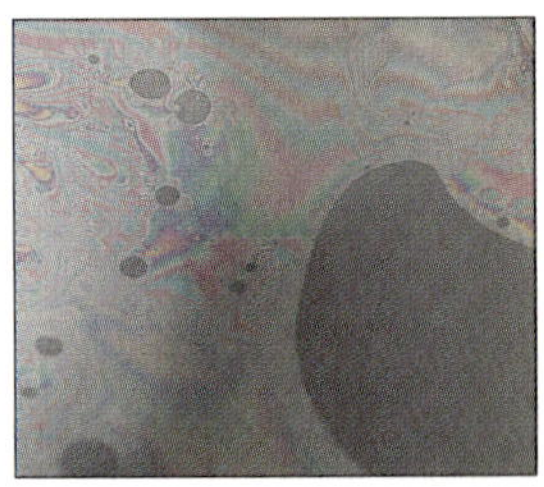

1 Beschreibe und erkläre am Beispiel von Octan den Zusammenhang zwischen Siedetemperatur, Aggregatzustand und den vorliegenden zwischenmolekularen Bindungen.

2 Ethanol mischt sich nicht nur mit Wasser, sondern auch mit Benzin. Erkläre diese Beobachtung anhand der Struktur des Ethanol-Moleküls von Seite 174.

Chemische Bindungen im Vergleich

Metallbindung. Natrium-Kristalle sind aus dicht gepackten, positiv geladenen Natrium-Ionen aufgebaut. Jedes Natrium-Atom hat acht Nachbaratome. Die Außenelektronen bilden ein frei bewegliches *Elektronengas*. Metalle leiten den elektrischen Strom sehr gut, haben eine hohe Wärmeleitfähigkeit und sind plastisch verformbar.

Elektronenpaarbindung. Chlor-Gas besteht aus Cl_2-Molekülen. Die beiden Chlor-Atome im Molekül sind durch eine Elektronenpaarbindung fest miteinander verbunden. Zwischen den Molekülen liegen nur schwache Bindungen vor. Deshalb siedet Chlor bereits bei − 34 °C. Festes Chlor erhält man erst bei Temperaturen unter − 101 °C.

Übergang zwischen Metallbindung und Elektronenpaarbindung. Silicium-Kristalle (Si) haben Diamant-Struktur, leiten aber als Halbleiter im Gegensatz zum Diamanten geringfügig den elektrischen Strom. Die Leitfähigkeit steigt mit zunehmender Temperatur.

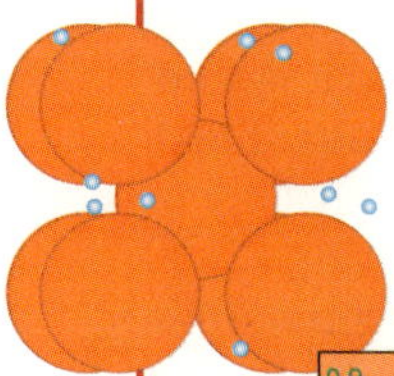

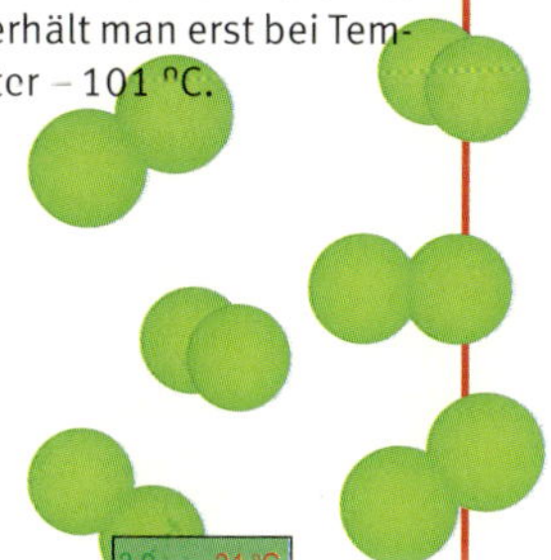

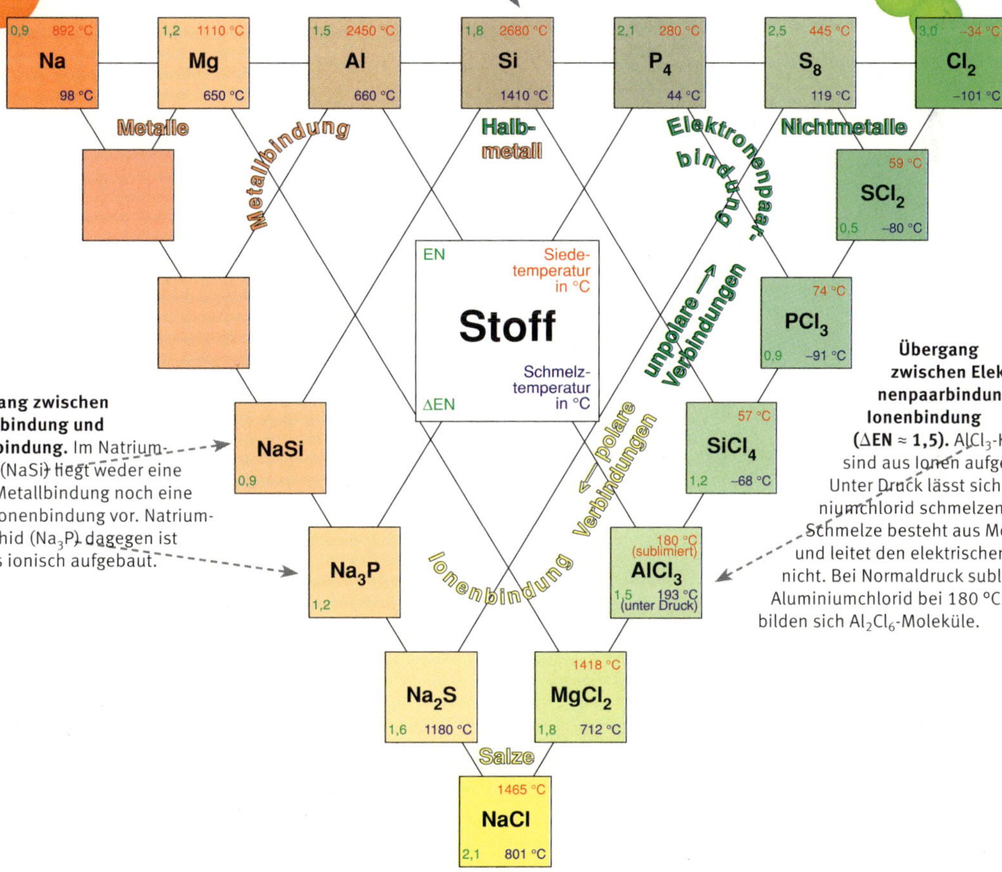

Übergang zwischen Metallbindung und Ionenbindung. Im Natriumsilicid (NaSi) liegt weder eine reine Metallbindung noch eine reine Ionenbindung vor. Natriumphosphid (Na_3P) dagegen ist bereits ionisch aufgebaut.

Übergang zwischen Elektronenpaarbindung und Ionenbindung (ΔEN ≈ 1,5). $AlCl_3$-Kristalle sind aus Ionen aufgebaut. Unter Druck lässt sich Aluminiumchlorid schmelzen. Die Schmelze besteht aus Molekülen und leitet den elektrischen Strom nicht. Bei Normaldruck sublimiert Aluminiumchlorid bei 180 °C, dabei bilden sich Al_2Cl_6-Moleküle.

Ionenbindung. NaCl-Kristalle sind aus Ionen aufgebaut. Jedes Na^+-Ion hat sechs Cl^--Ionen als nächste Nachbarn und jedes Cl^--Ion hat sechs Na^+-Ionen als nächste Nachbarn. Natriumchlorid-Kristalle leiten den elektrischen Strom nicht.

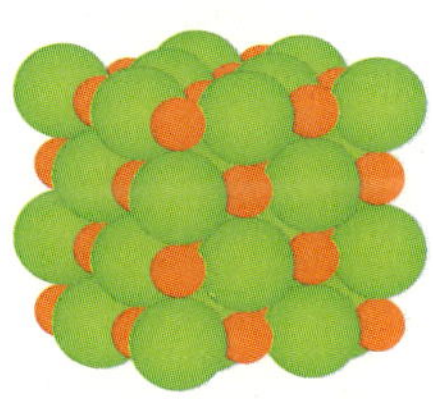

Natriumchlorid ist wasserlöslich. Beim Lösen in Wasser werden die Ionen hydratisiert. Sowohl die Lösung als auch die Schmelze von Natriumchlorid enthält frei bewegliche Ionen, beide leiten daher den elektrischen Strom.

6.9 Kohlenstoff in drei Formen

Graphit – schwarzer Kohlenstoff

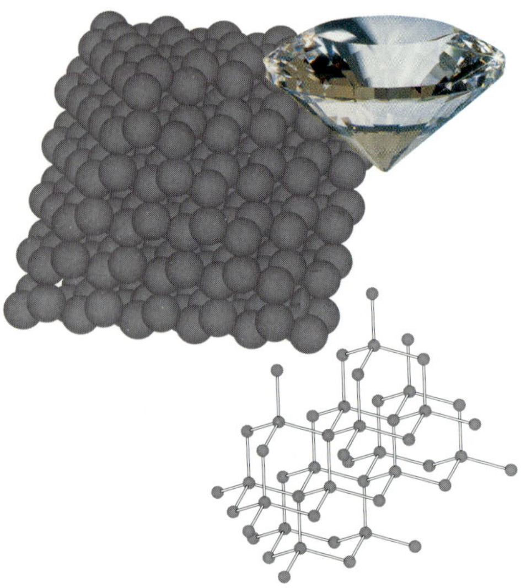

Diamant – funkelnder Kohlenstoff

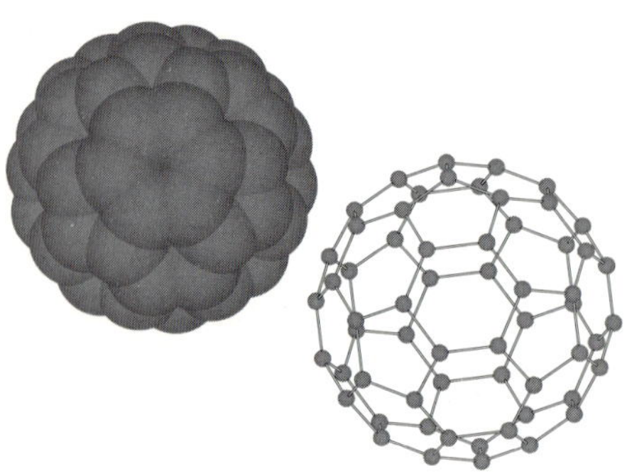

Aufbau des C_{60}-Fullerens

Kohle, Erdöl und Erdgas sind unsere wichtigsten Energieträger. Chemisch handelt es sich dabei um Kohlenstoff-Verbindungen. In elementarem Zustand bietet Kohlenstoff eine Überraschung: Kohlenstoff-Atome können sehr unterschiedliche Elementsubstanzen bilden.

Graphit. Erhitzt man eine Probe des schwarz glänzenden, relativ weichen Graphits an der Luft, so verbrennt sie. Als einziges Verbrennungsprodukt entsteht Kohlenstoffdioxid (CO_2). Graphit-Kristalle bestehen demnach nur aus Kohlenstoff-Atomen.
Obwohl Atome unsichtbar klein sind, ist es den Chemikern gelungen, sich ein Bild von der Anordnung der Kohlenstoff-Atome im Graphit zu machen. Die Anordnung lässt sich in Modellen darstellen. Man erkennt, dass die Kohlenstoff-Atome im Graphit in einzelnen Schichten angeordnet sind. Innerhalb einer Schicht ist jedes Kohlenstoff-Atom über Elektronenpaarbindungen mit drei Nachbaratomen verbunden.

Diamant. Wertvoller Schmuck enthält oft Diamanten. Diese sehr harten, durchsichtigen und stark lichtbrechenden Kristalle verbrennen wie Graphit zu Kohlenstoffdioxid. Diamant ist also ebenfalls aus Kohlenstoff-Atomen aufgebaut.
In einem Modell des Diamanten erkennt man, dass die Kohlenstoff-Atome dichter angeordnet sind als im Graphit. Wegen dieser kompakten Anordnung ist die Dichte von Diamant größer als die von Graphit. Im Falle des Diamants ist jedes Kohlenstoff-Atom von vier weiteren Kohlenstoff-Atomen umgeben und durch jeweils ein gemeinsames Elektronenpaar mit ihnen verknüpft.

Modifikationen. Da sowohl Diamant als auch Graphit nur aus Kohlenstoff-Atomen aufgebaut sind, handelt es sich um zwei verschiedene *Erscheinungsformen* oder *Modifikationen* des Elements Kohlenstoff. Die Unterschiede in den Eigenschaften von Graphit und Diamant hängen also nicht von der Art der Atome ab; sie sind vielmehr auf die unterschiedliche Anordnung der Kohlenstoff-Atome zurückzuführen.

Fullerene. Seit 1985 kennt man weitere Modifikationen des Kohlenstoffs: die Fullerene. Hierbei bilden die Kohlenstoff-Atome große hohlkugelartige Moleküle. Die Molekülformel des zuerst entdeckten Fullerens ist C_{60}. 60 Kohlenstoff-Atome bilden hier ein Molekül, das in seiner Form an einen Fußball erinnert.

Graphit, Diamant und Fullerene sind verschiedene Modifikationen des Elements Kohlenstoff. Die unterschiedlichen Eigenschaften der Modifikationen sind auf die unterschiedliche Anordnung der C-Atome zurückzuführen.

1 Notiere Gemeinsamkeiten und Unterschiede von Graphit und Diamant.
2 Erkläre die unterschiedliche Härte von Graphit und Diamant mithilfe der Gittermodelle.
3 Bleistiftminen enthalten kein Blei, sondern Graphit.
a) Erkläre diese Verwendung von Graphit an Hand des Gittermodells.
b) Recherchiere, wie der irreführende Name zustande gekommen ist.
4 Bei der Suche nach Anwendungen für Fullerene denkt man auch daran, sie als Transportmittel für kleinere Moleküle einzusetzen. Beschreibe den Transport und mögliche Probleme.

Vom Bleistift zum Graphitstift

Exkurs

Schon Ende des 14. Jahrhunderts stellte man Papier her. Man schrieb damals mit einem Silbergriffel. Er bestand aus einer silberglänzenden Blei/Zinn-Legierung.
1564 wurde in England ein Mineral entdeckt, mit dem sich besonders gut schreiben ließ. Wegen seines metallischen Glanzes hielt man es für ein Bleimineral. Man zersägte es in schmale Stäbchen und leimte sie in Holzleisten ein – der erste *Bleistift* war geboren! 200 Jahre später zeigte der schwedische Chemiker Carl Wilhelm SCHEELE, dass es sich bei dem Mineral nicht um eine Bleiverbindung, sondern um Graphit handelt. Der Name *Bleistift* war indessen so verbreitet, dass er bis heute nicht durch den Namen Graphitstift verdrängt wurde.

Heute mischt man zur Herstellung von Bleistiften Graphitpulver mit Ton, formt runde Minen und brennt sie bei 1200 °C. Danach werden die porösen Minen in heißes Wachs getaucht, das in die Poren der Mine dringt.
Je größer der Anteil an Ton gewählt wird, desto härter schreibt der Graphitstift. Ein Anteil von nur 25 % Ton ergibt eine weiche Mine; eine harte Mine enthält bis zu 75 % Ton.
Die Härtegrade werden mit den Buchstaben H und B angegeben: H steht für *hard*, B für *black*, also für eine schwarze Mine mit hohem Anteil an Graphit. Die Abstufungen reichen von 8 B (sehr weich) bis 7 H (sehr hart); HB bezeichnet eine gängige mittelharte Mine.

Vom Graphit zum Diamant

Exkurs

Graphit und Diamant sind aus Kohlenstoff-Atomen aufgebaut. Es sollte deshalb möglich sein, aus billigem Graphit wertvolle Diamanten herzustellen.
In der Tat ist lediglich die Anordnung der Atome zu ändern. Da Diamant eine größere Dichte hat als Graphit, sind die Atome im Diamanten enger gepackt. Graphit müsste also unter hohem Druck erhitzt werden, damit die Atome die dichtere Anordnung einnehmen. Bei dem extremen Druck von 150 000 bar und einer Temperatur von etwa 2000 °C gelingt dies auch: Aus Graphit werden auf diese Weise Industrie-Diamanten gewonnen.
Wegen des großen Aufwands bei der Herstellung sind aber auch Industrie-Diamanten nicht gerade billig. Verwendet werden sie vor allem für Bohrköpfe – sowohl bei der Suche nach Erdöl als auch beim Zahnarzt. Als Schmuck-Diamanten sind die Kristalle leider zu klein.

Spitze eines Zahnarztbohrers

Der größte Diamant

Exkurs

Der größte Rohdiamant, der je gefunden wurde, wog 621,2 g (3106 Karat). König Edward VII. von England beauftragt den Amsterdamer Schleifer ASSCHEN mit der Bearbeitung dieses Edelsteins, der unter dem Namen *Cullinan* bekannt wurde. Beim Spalten des Steins erhielt man 105 Bruchstücke. Die neun größten wurden geschliffen und in Schmuckstücke eingearbeitet: *Cullinan I* ziert das englische Königszepter, *Cullinan II* die englische Königskrone.

Diamanten entstanden in Erdtiefen bis 200 km bei einer Temperatur von etwa 1100 °C; der Druck war dabei mehr als 60 000 Mal so groß wie der normale Luftdruck. Die ältesten Diamanten sind mehr als drei Milliarden Jahre alt. Mit dem glutflüssigen Muttergestein gelangten sie erst vor 90 Millionen Jahren in die Nähe der Erdoberfläche.
Als Schmuckstein wurden Diamanten schon vor mehr als 2500 Jahren in Indien verwendet. Da sie wegen ihrer Härte nicht bearbeitet werden konnten, wurden Diamantkristalle besonders geschätzt, bei denen die natürliche Oktaederform gut ausgebildet war. Erst um 1330 entdeckte man die Möglichkeit, Diamanten zu schleifen: Man streute immer wieder etwas Diamantstaub auf die Schleifscheibe. Der Glanz des Edelsteines erhöhte sich mit einer größeren Zahl von Schliffflächen. Der heute übliche Brillantschliff mit 57 Facetten soll im 17. Jahrhundert entdeckt worden sein.

Exkurs

Schwefel – ein Element mit außergwöhnlichen Eigenschaften

Das Element Schwefel bildet bei normaler Temperatur einen spröden gelben Stoff. Er löst sich nicht in Wasser, wohl aber in den Lösungsmitteln Kohlenstoffdisulfid (CS_2) und Toluol. Schwefel schmilzt bei 115 °C und siedet bei 444 °C.

Ähnlich wie beim Kohlenstoff gibt es auch beim Schwefel verschiedene Stoffe, die nur aus Schwefel-Atomen bestehen. In den Eigenschaften gibt es aber längst nicht so große Unterschiede wie zwischen Diamant und Graphit.

α- und β-Schwefel. In der Natur tritt jedoch nur eine Form des Schwefels auf. Man bezeichnet sie als α-Schwefel oder auch als *rhombischen* Schwefel. Gut ausgebildete Kristalle ähneln kleinen Doppelpyramiden. Solche Kristalle entstehen auch, wenn man eine Lösung von Schwefel auf ein Uhrglas gießt und das Lösungsmittel verdunsten lässt.

Aus einer heißen Lösung von Schwefel in Toluol und aus einer Schwefelschmelze bilden sich dagegen nadelförmige Kristalle. Man spricht von β-Schwefel oder auch von *monoklinem* Schwefel.

In den Lösungen und auch in den beiden kristallinen Formen des Schwefels liegen kronenartige Moleküle aus jeweils acht Schwefel-Atomen vor. In den Kristallen des α-Schwefels sind diese Moleküle etwas dichter gepackt als im β-Schwefel. Rhombischer Schwefel hat deshalb eine höhere Dichte ($2{,}07\,\frac{g}{cm^3}$) als monokliner Schwefel ($1{,}96\,\frac{g}{cm^3}$).

Das S_8-Molekül. Im S_8-Molekül ist jedes Schwefel-Atom über Einfachbindungen mit den Nachbaratomen verknüpft. Außerdem gehören zu jedem Atom noch zwei freie Elektronenpaare. Die Oktettregel ist also erfüllt. Die Bindungswinkel stimmen fast mit dem Tetraederwinkel überein.

Die Schwefelschmelze. Erwärmt man festen Schwefel. so bildet sich bei 115 °C eine hellgelbe, dünnflüssige Schmelze. Wie der feste Schwefel besteht auch sie aus S_8-Molekülen.
Erhitzt man die Schmelze weiter, so färbt sie sich rotbraun und wird bei 160 °C plötzlich sehr zähflüssig. Bei dieser Temperatur bricht ein Teil der S_8-Ringe auf und verbindet sich zu langen Kettenmolekülen. Oberhalb von 250 °C zerbrechen die Schwefelketten in kleinere Stücke. Aus diesem Grund wird die Schmelze dann wieder dünnflüsig.

Gießt man siedenden Schwefel in kaltes Wasser, so erhält man gummiartig dehnbaren Schwefel; man nennt ihn auch *plastischen* Schwefel. Ebenso wie der zähflüssige Schwefel enthält er lange Kettenmoleküle. Bereits innerhalb eines Tages wandelt sich plastischer Schwefel in ein sprödes Produkt um. Es besteht aus vielen kleinen Kristallen des α-Schwefels.
Unterhalb von 95 °C wandelt sich auch β-Schwefel in α-Schwefel um: Die zunächst glasklaren Nadeln werden allmählich trübe. Sie sind dann aus winzigen rhombischen Kristallen zusammengesetzt.

fester Schwefel — flüssiger Schwefel — gasförmiger Schwefel

rhombisch $\underset{}{\overset{95\,°C}{\rightleftarrows}}$ monoklin $\overset{115\,°C}{\rightleftarrows}$ dünnflüssig $\overset{160\,°C}{\rightleftarrows}$ zähflüssig $\overset{444\,°C}{\rightleftarrows}$ gasförmig

Kristalle aus S_8-Molekülen — S_8-Moleküle — S_8-Moleküle und lange Ketten — S_8-Moleküle und Bruchstücke

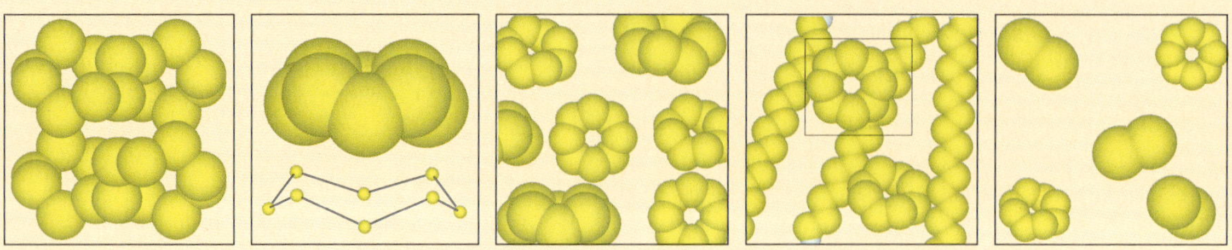

Phosphor – ein „zündendes“ Element

Exkurs

Weißer und roter Phosphor

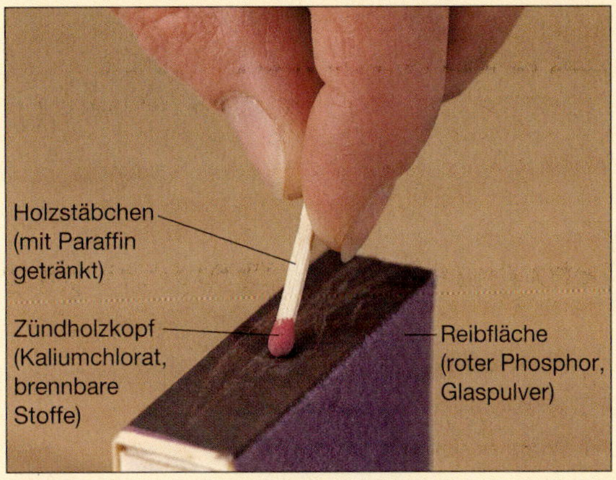

Entzünden eines Streichholzes

Wie Kohlenstoff und Schwefel tritt auch Phosphor in mehreren Modifikationen auf. Die beiden bekanntesten sind der weiße und der rote Phosphor.

Weißer Phosphor. Der sehr giftige weiße Phosphor wird im Labor unter Wasser aufbewahrt, da er sich an der Luft allmählich von selbst entzünden kann. Er verbrennt unter Bildung eines weißen Rauchs; dieses Oxid reagiert mit Wasser zu Phosphorsäure.
Bei langsamer Oxidation sendet Phosphor ein schwaches grünliches Licht aus, das sich im Dunkeln gut erkennen lässt. Auf die Eigenschaft bezieht sich der Namen des Elements (griech. *phosphoros:* Lichtträger).
Weißer Phosphor besteht aus tetraedrisch aufgebauten P_4-Molekülen. Er löst sich daher gut in unpolaren Lösungsmittel wie Kohlenstoffdisulfid. Auch die Schmelztemperatur von nur 44 °C zeigt an, dass die Anziehungskräfte zwischen den Molekülen nicht sehr groß sind.

Roter Phosphor. Erhitzt man weißen Phosphor unter Luftabschluss auf Temperaturen von über 200 °C, so wandelt sich die Schmelze allmählich in festen, roten Phosphor um. Dabei werden Elektronenpaarbindungen in den P_4-Molekülen gespalten und neue Bindungen zu benachbarten Atomen gebildet. Dadurch entsteht ein unregelmäßiges Netzwerk, in dem zahllose Phophor-Atome über Elektronenpaarbindungen miteinander verknüpft sind. Roter Phosphor ist deshalb völlig unlöslich und ungiftig. An der Luft entzündet er sich erst oberhalb von 300 °C.
Erhitzt man roten Phosphor jedoch unter Ausschluss von Sauerstoff auf 500 °C, so bildet sich ein Dampf aus P_4-Molekülen. Beim Abkühlen erhält man also weißen Phosphor.

Phosphor in Zündhölzern. Vorläufer der heutigen Zündhölzer waren in Europa bereits ab 1785 bekannt: In kleine mit weißem Phosphor gefüllten Fläschchen wurde ein Hölzchen gesteckt. Beim Herausziehen blieb etwas Phosphor an dem Hölzchen haften und entzündete sich dann von alleine an der Luft. Mit den Phosphor-Zündhölzern kam es immer wieder zu schweren Vergiftungen und zu Bränden.

Die heute bei uns üblichen Sicherheitszündhölzer enthalten selbst keinen Phosphor. Zusammen mit Glaspulver und einem Bindemittel ist roter Phosphor jedoch ein wichtiger Bestandteil der Reibfläche. Der Zündkopf eines Streichholzes besteht aus einer Zündmasse, die neben verschiedenen brennbaren Stoffen vorwiegend Kaliumchlorat als Sauerstofflieferant enthält. Wenn man mit dem Zündkopf über die Reibfläche streicht, entsteht so viel Reibungswärme, dass durch die Reaktion von Kaliumchlorat mit etwas rotem Phosphor der Zündkopf entflammt. Schließlich brennt das mit Paraffin getränkte Holzstäbchen weiter.
Im Gegensatz zu den Sicherheitszündhölzern kann man *Überallzündhölzer* an jeder rauen Fläche anzünden. Eine Reibfläche an der Schachtel ist nicht notwendig, da der Kopf eine besonders leicht entzündliche Phosphor-Schwefel-Verbindung enthält.

1 Beschreibe, wie ein Sicherheitszündholz funktioniert.
2 Erkläre, warum Schülerversuche mit weißem Phosphor nicht erlaubt sind.
3 Begründe, weshalb weißer Phosphor unter Wasser aufbewahrt wird.

Praktikum

Kochsalz und Kerzenwachs – ein Vergleich

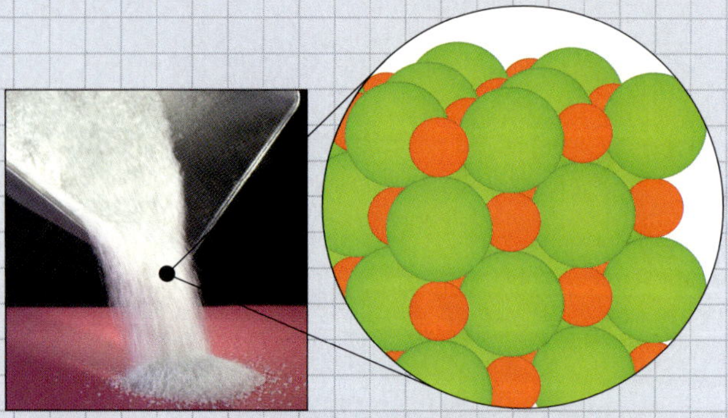

Kochsalz besteht aus Ionen.

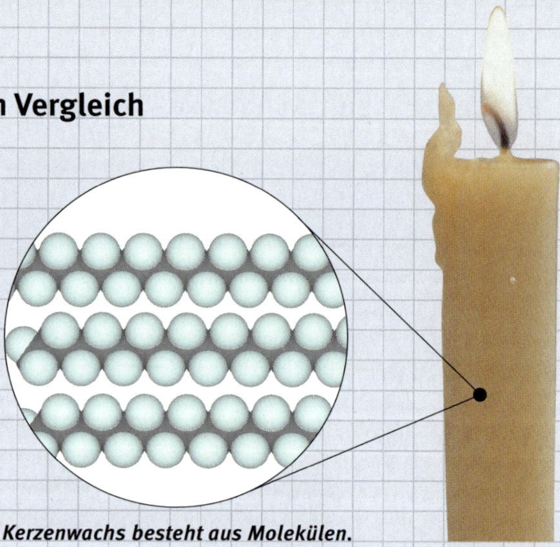

Kerzenwachs besteht aus Molekülen.

V1: Eigenschaften von Kochsalz und Kerzenwachs

Materialien: Spatel, Gasbrenner, Leitfähigkeitsprüfer; Kochsalz, Kerzenwachs.

Durchführung:

Fingerprobe:

1. Zerreibe ein Salzklümpchen zwischen den Fingern.

Schmelztemperatur:

2. Erhitze in einem Reagenzglas eine kleine Probe des Salzes, bis es schmilzt.

Löslichkeit:

3. Gib eine Spatelspitze des Salzes in ein Reagenzglas, fülle es zu einem Drittel mit Wasser. Schüttle kräftig.

Leitfähigkeit:

4. Prüfe die Leitfähigkeit von Kochsalz und der Lösung des Salzes.

5. Wiederhole alle Versuche mit Kerzenwachs.

Aufgabe: Notiere und erkläre deine Beobachtungen. Gehe dabei auch auf die Struktur der Teilchen ein.

Hinweis: Kerzenwachs ist ein Gemisch aus Kohlenwasserstoffen. Die Kohlenwasserstoff-Moleküle sind unpolar. Sie bestehen aus Ketten von Kohlenstoff-Atomen. Die restlichen Bindungen sind mit Wasserstoff-Atomen besetzt.

Molekülausschnitt:

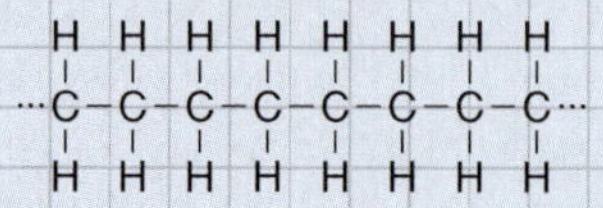

A1: Erstelle jeweils einen Steckbrief für Ionenverbindungen und für Molekülverbindungen.

A2: Gib an, welche der folgenden Formeln Molekülformeln sind. CH_4, CaF_2, H_2O, CsI, HI, $MgCl_2$, Na_2S, PCl_3, RbBr und $SiCl_4$?

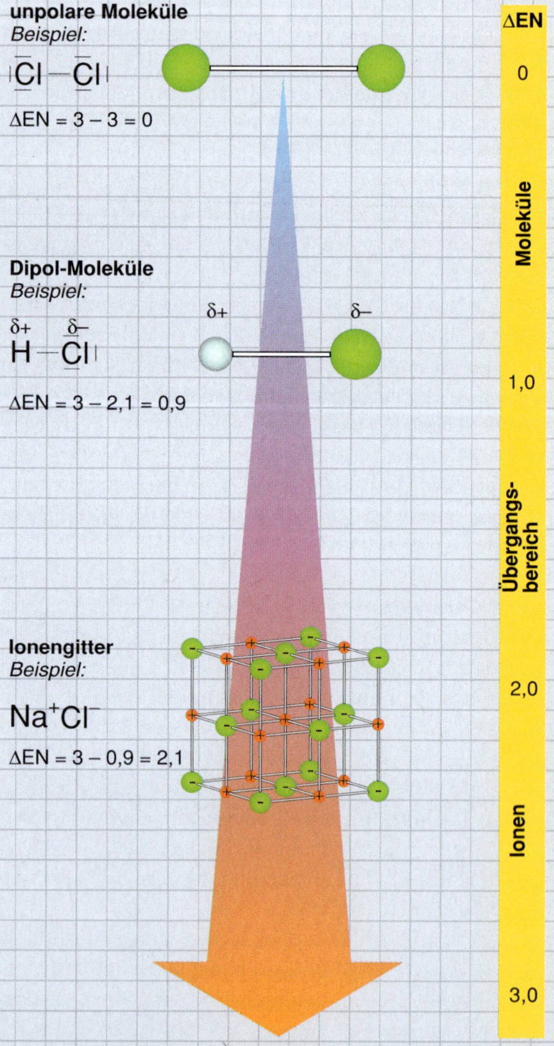

Molekül oder Ion? *Der Unterschied in der Elektronegativität der Bindungspartner (ΔEN) liefert die Antwort.*

Vom Atom zum Molekül

Basiswissen

1. Elektronenpaarbindung

Moleküle bestehen aus Nichtmetall-Atomen, die durch gemeinsame Elektronenpaare miteinander verbunden sind. Diese Art der Bindung heißt Elektronenpaarbindung.

Kalotten-modell

2. Oktettregel

Die Atome in den Molekülen erreichen durch gemeinsame Elektronenpaare eine *Edelgaskonfiguration*. Sie besitzen dann insgesamt acht Elektronen in der Außenschale (Wasserstoff-Atom: zwei Elektronen). Die bindenden Elektronenpaare zählen bei jedem Bindungspartner mit.

Schalen-modell

Punkt-Schreibweise

3. LEWIS-Formel

In den LEWIS-Formeln für Moleküle werden *bindende* und *nichtbindende* Elektronenpaare durch Striche gekennzeichnet. Wenn die Oktettregel erfüllt ist, sind die Atome von vier Elektronenpaaren umgeben. Neben *Einfachbindungen* sind auch *Mehrfachbindungen* zwischen den Atomen möglich.

Für Ionenverbindungen gibt es keine LEWIS-Formeln!

4. Elektronenpaarabstoßungs-Modell

Mit dem Elektronenpaarabstoßungs-Modell lässt sich die räumliche Struktur von Molekülen aus der LEWIS-Formel herleiten. Nach der Oktettregel sind die Atome im Molekül von vier Elektronenpaaren umgeben, die sich gegenseitig abstoßen. Vielfach ergibt sich eine *Tetraeder-Geometrie*. *Mehrfachbindungen* werden in der Art der Abstoßung der Elektronenpaare wie Einfachbindungen behandelt.

Tetraeder-Geometrie

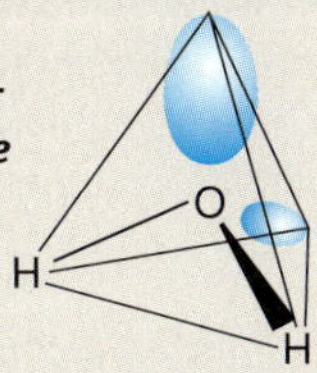

Kugel/Stab-Modell

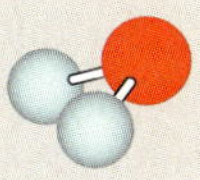

5. Elektronegativität und polare Bindung

Atome verschiedener Elemente ziehen das gemeinsame Elektronenpaar einer Bindung unterschiedlich stark an. Sie unterscheiden sich in ihrer Elektronegativität (EN). Solche Bindungen sind *polar*. Elektronenpaarbindungen zwischen gleichartigen Atomen sind *unpolar*. Elemente, deren EN-Unterschied größer als 1,7 ist, bilden in der Regel Ionenverbindungen.

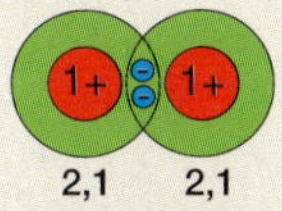

unpolare Bindung H–H

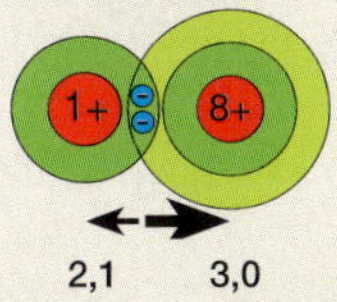

polare Bindung H–Cl

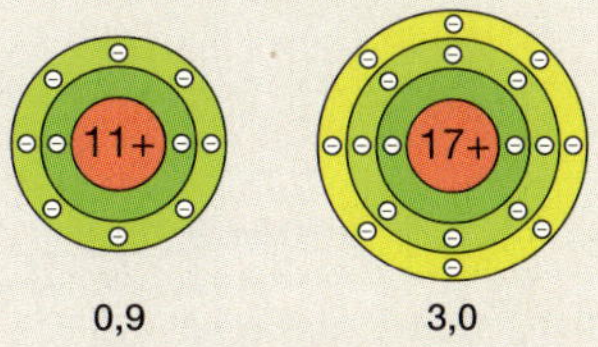

Ionen-Bindung Na^+Cl^-

6. Dipol-Molekül

In Dipol-Molekülen ist die elektrische Ladung nicht symmetrisch verteilt: Auf einer Seite besteht ein kleiner Überschuss an positiver Ladung (δ^+), auf der anderen Seite ein gleichgroßer Überschuss an negativer Ladung (δ^-).

Dipol-Molekül

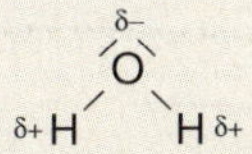

kein Dipol-Molekül

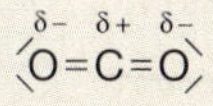

7. Wasserstoffbrückenbindung und VAN-DER-WAALS-Bindung

Zwischen Wasser-Molekülen liegen zwischenmolekulare Bindungen vor. Sie bestehen aus O–H···O-Brücken. Zwischen unpolaren Molekülen entstehen die viel schwächeren VAN-DER-WAALS-Bindungen.

Wasserstoffbrückenbindung

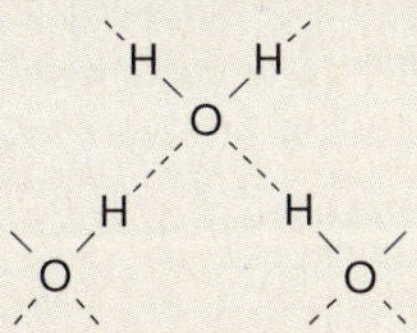

VAN-DER-WAALS-Bindung

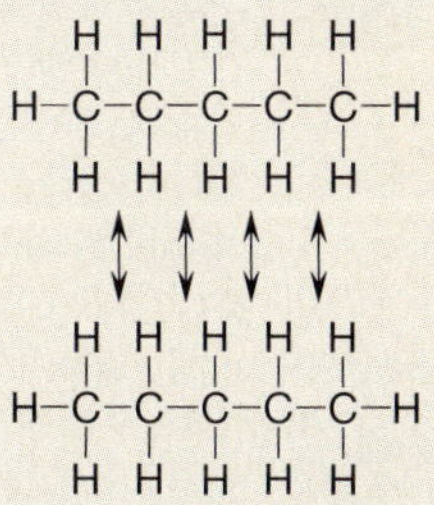

Prüfe dein Wissen

Quiz

A1 a) Erkläre die Begriffe des Fensters.
b) Notiere auf der Vorderseite von Karteikarten den Begriff, auf der Rückseite die Erklärung.

A2 a) Zeichne das Schalenmodell des N^{3-}-Ions. Gib auch die Punkt-Schreibweise an.
b) Beschreibe die Elektronenkonfiguration des Ions.

A3 a) Gib an, wie viele Elektronenpaarbindungen das Stickstoff-Atom in Molekülen ausbildet.

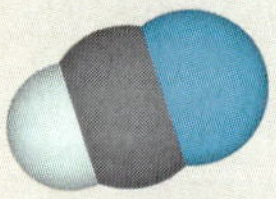

b) Stelle die LEWIS-Formel von Blausäure (HCN) auf und überprüfe die Gültigkeit der Oktettregel.
c) Warum ist das Molekül linear gebaut?

A4 a) Welche der folgenden LEWIS-Formeln sind korrekt? Korrigiere.

|O=C=O| |C≡O| H–S̅–H   H–N–H (mit H unter N)

b) Gib Namen und Vorkommen der Verbindungen an.

A5 Zeichne die Schalenmodelle von Ne, Na^{+} und O^{2-}. Was fällt dir auf?

A6 Aus welchen Teilchen sind folgende Stoffe aufgebaut: Kochsalz, Zucker, Speiseöl, Eisen, Eisenoxid, Wasser, Eis, Sauerstoff, Neon?

A7 Erkläre, warum Molekülverbindungen niedrigere Siedetemperaturen haben als Ionenverbindungen.

Know-how

A8 a) Welche der folgenden Elementkombinationen ergeben Ionenverbindungen, welche Molekülverbindungen? Schwefel/Sauerstoff, Natrium/Brom, Magnesium/Sauerstoff, Kohlenstoff/Wasserstoff, Stickstoff/Wasserstoff?
b) Benenne die Verbindungen.

A9 a) Stelle die LEWIS-Formel von Schwefeldioxid auf.

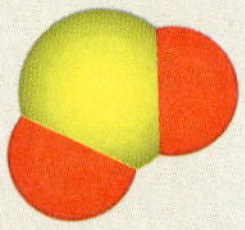

b) Überprüfe die Gültigkeit der Oktettregel.
c) Begründe mit dem Elektronenpaarabstoßungs-Modell die gewinkelte Struktur des Moleküls.
d) Liegt ein Dipol-Molekül vor? Kennzeichne Ladungsverschiebungen.
e) Schwefeldioxid löst sich sehr gut in Wasser. Dieser Prozess ist ein wichtiger Schritt bei der Entstehung von saurem Regen. Begründe die gute Löslichkeit.

Die wichtigsten Begriffe

- Elektronenpaarbindung
- LEWIS-Formel
- Oktettregel
- Elektronenpaarabstoßungs-Modell
- Elektronegativität
- polare und unpolare Elektronenpaarbindung
- Dipol-Molekül
- Wasserstoffbrückenbindung
- VAN-DER-WAALS-Bindung
- Gitterenergie
- Hydratisierung, Hydratationsenergie

A10 a) Trage in einem Diagramm die Siedetemperaturen der Wasserstoffverbindungen der VI. Hauptgruppe gegen die Molekülmasse auf (H_2S: – 62 °C, H_2Se: – 41 °C, H_2Te: – 2 °C). Welche Siedetemperatur hätte Wasser, wenn es sich in diese Reihe einordnen würde?
b) Erkläre die höhere Siedetemperatur von Wasser.

Natur – Mensch – Technik

A11 Die Ozonschicht schützt uns vor der gefährlichen UV-Strahlung der Sonne. Über der Antarktis wird die Ozonschicht immer dünner.
a) Ozon ist chemisch gesehen ein naher Verwanter des Sauerstoffs. Seine Moleküle bestehen aus drei Sauerstoff-Atomen. Gib die LEWIS-Formel an.

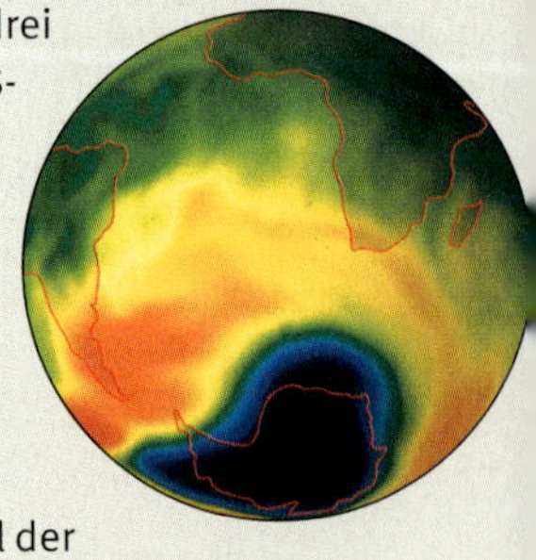

b) Überprüfe die Gültigkeit der Oktettregel.
c) Begründe die gewinkelte Struktur des Moleküls mit dem Elektronenpaarabstoßungs-Modell.

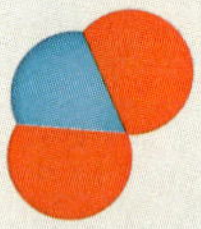

A12 Ein Hauptbestandteil der schädlichen Autoabgase ist Stickstoffdioxid. Seine Gefährlichkeit beruht auf der großen Reaktivität seiner Moleküle.
a) Stelle die LEWIS-Formel des Moleküls auf.
b) Überprüfe die Gültigkeit der Oktettregel.
c) Begründe die besondere Reaktivität der Moleküle.
Hinweis: Teilchen mit ungepaartem Elektron bezeichnet man als **Radikale**.

A13 Alljährlich kommt es zu Katastrophen durch Öltankerunfälle. Erdöl ist ein Gemisch aus unpolaren Kohlenstoff/Wasserstoff-Verbindungen. Es bildet einen dünnen Ölteppich auf der Wasseroberfläche. Erkläre, warum sich das Öl nicht im Wasser löst.

A1 Der See im Laufe der Jahrezeiten

Winterstagnation im See

Herbstzirkulation. Mit sinkender Lufttemperatur kommt es im Herbst zu einer Zirkulationsbewegung im Wasserkörper eines Sees: Oberflächennahe Wassermassen sinken ab, während Tiefenwasser aufsteigt. Diese Zirkulation hört erst auf, wenn das gesamte Wasser eine Temperatur von 4 °C aufweist.

Winterstagnation. Im Winter kommt die Bewegung des Wasserkörpers zum Stillstand. Dabei nimmt die Oberflächentemperatur des Sees im Verlauf der kalten Monate weiter ab. Wenn sie 0 °C erreicht, bildet sich allmählich eine Eisdecke, die auf dem Wasser schwimmt. Je kälter es wird, umso dicker wird diese Eisschicht. In langen frostreichen Wintern können selbst in Mitteleuropa Gewässer mit einer Eisschicht bedeckt sein, die mehr als 50 cm dick ist.
Stehende Gewässer mit einer Tiefe von 80 cm gelten als frostsicher, da sie in der Nähe des Bodens über genügend 4 °C „warmes Wasser“ verfügen. Fische und Amphibien können dort überwintern.

a) Erkläre mithilfe der Dichteanomalie des Wassers, wie es zu der Herbstzirkulation im See kommt.
b) Beschreibe, welche Vorgänge im Frühjahr im Wasserkörper des Sees ablaufen werden. Begründe deine Vorhersage.
c) Erläutere die ökologische Bedeutung der Zirkulationsbewegung.
d) Abweichungen des Wassers zum Verhalten fast aller anderen Stoffe fasst man mit dem Begriff *Anomalie des Wassers* zusammen. Nenne die Abweichungen. Gib an, welche Anomalie des Wassers für die Herbstzirkulation verantwortlich ist.
e) Nenne positive und negative Folgen, die sich aus der Anomalie des Wassers für die Landwirtschaft und den Straßenbau ergeben.

A2 Risiken des Klimawandels

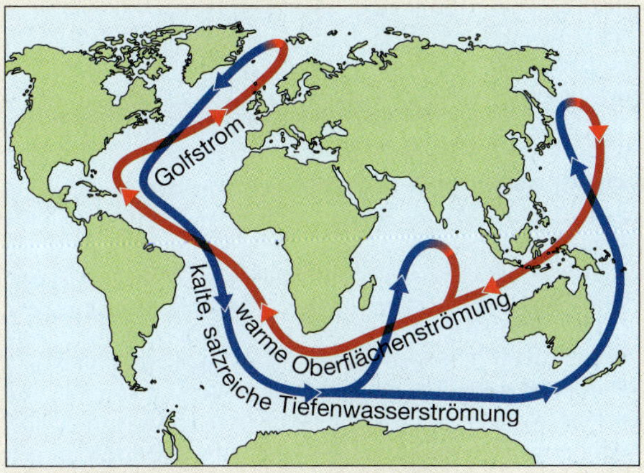

Weltweites ozeanisches Zirkulationsmuster

Golfstrom. Europas Wärmespender ist Teil eines weltweiten Strömungssystems, das sich wie ein Förderband um die Erde zieht: Wasser wird in der Karibik aufgeheizt, bis es, von Winden getrieben, in Richtung Norden abfließt. Auf dem Weg in das Gebiet zwischen Grönland und Nordnorwegen kühlen arktische Winde die aus den Tropen kommenden salzreichen Wassermassen bis auf knapp unter 0 °C ab. Das kalte salzreiche Wasser sinkt dort aufgrund der höheren Dichte wie in einem Gully durch salzärmere Schichten in die Tiefe. Dieser enorme Sog sorgt dafür, dass der Golfstrom überhaupt bis in den Nordatlantik zieht und so als Motor des ozeanischen Strömungssystems wirkt. Der Nordatlantik-Gully funktioniert jedoch nur im Winter, denn im Sommer ist das Oberflächenwasser zu warm. Die Dichte reicht deshalb nicht aus, um abzusinken.

Gigantische Eisberge lösen sich im Sommer von der Arktis und werden durch Strömungen in wärmere Regionen transportiert. Diese Eisberge gefährden die Schifffahrt, da nur ein kleiner Teil aus dem Wasser herausragt; neun Zehntel liegen unterhalb der Wasseroberfläche. Das beim Schmelzen des Eises entstehende Wasser entspricht genau dem Volumen des zuvor verdrängten Wassers.

a) Diskutiere, welche Auswirkungen ein durch die Klimaerwärmung ausgelöstes Abschmelzen der Grönlandgletscher für Europa haben könnte.
b) Ein Schmelzen der Antarktis hätte – anders als im Falle der Arktis – große Auswirkungen auf den Meersspiegel. Begründe.
c) Wenn Gletscher ins Meer rutschen, kühlen sich Wasser und Luft in der Umgebung ab. Beschreibe den Auftau-Vorgang und betrachte dabei zwischenmolekulare Kräfte und Energieaustausch.

7 Saure, alkalische und neutrale Lösungen

Viele Stoffe unseres Alltags sind sauer. Dazu gehören verschiedene Reiniger wie Klarspüler für Geschirrspüler, Entkalker oder WC-Reiniger. Aber auch Lebensmittel und Getränke können sauer sein. Beispiele dafür sind saures Obst, Sauerbraten und Mineralwasser.
Andere Stoffe wie etwa Seifen, Natron oder Rohrreiniger bilden dagegen alkalische Lösungen.

Möchte man feststellen, ob eine Lösung sauer oder alkalisch ist, verwendet man Indikatoren. Dies sind Farbstoffe, die in saurer Lösung eine andere Farbe zeigen als in alkalischer Lösung. Mit Universalindikator, einem Gemisch aus verschiedenen Indikatoren, lässt sich den Lösungen ein pH-Wert zuordnen.

Saure und alkalische Lösungen reagieren miteinander. Bei einem bestimmten Mengenverhältnis heben sich die sauren und alkalischen Eigenschaften gegenseitig auf und es bildet sich eine neutrale Salzlösung.

Zentrale Fragen:
- **Welche Eigenschaften haben saure, alkalische und neutrale Lösungen?**
- **Wo werden saure, alkalische und neutrale Lösungen im Alltag eingesetzt?**
- **Was sind die charakteristischen Teilchen von Säuren und von Laugen?**
- **Was ist eine Neutralisation?**
- **Welche Aussage macht der pH-Wert?**
- **Wie bestimmt man die Konzentration einer Lösung?**

7.1 Säuren in Alltag und Technik

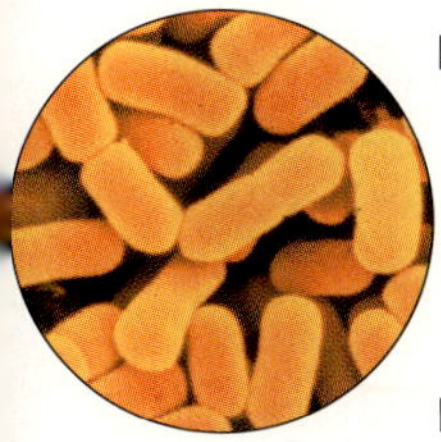

Lässt man Milch zu lange stehen, wird sie sauer: Milchsäurebakterien vermehren sich und wandeln den Milchzucker in der Milch zu *Milchsäure* um. In der nun sauren Lösung gerinnt das Milcheiweiß und flockt aus. Man erhält Dickmilch.
In saurer Lösung können sich Fäulniserreger und Schimmelpilze kaum vermehren. Sauermilchprodukte halten sich deshalb viel länger als Frischmilchprodukte. Jogurt und auch Sauerkraut sind weitere Beispiele, wie Lebensmittel durch Milchsäure haltbar gemacht werden.
Dass sich Lebensmittel mit Säuren konservieren lassen, weiß man schon seit langer Zeit. So wird *Essig* seit mindestens 5000 Jahren als Gewürz und Konservierungsmittel für Gemüse wie beispielsweise Gurken eingesetzt.

Heute werden einigen Lebensmitteln *Propionsäure, Sorbinsäure* und *Benzoesäure* als Konservierungsstoffe zugesetzt. Ihr Einsatz ist gesetzlich geregelt. So darf ein Kilogramm Schnittbrot maximal zwei Gramm Sorbinsäure enthalten.

Fast alle Früchte enthalten Fruchtsäuren. Der angenehm frische Geschmack saurer Äpfel stammt von den im Saft gelösten Säuren *Äpfelsäure* und *Weinsäure*. Eine besondere Bedeutung für die Gesundheit hat *Ascorbinsäure,* besser bekannt unter der Bezeichnung Vitamin C. Größere Mengen dieser Säure kommen in Zitrusfrüchten, schwarzen Johannisbeeren, Holunderbeeren, Hagebutten und auch in Paprika vor. Gesundheitsexperten empfehlen, täglich mindestens 75 mg Vitamin C mit der Nahrung aufzunehmen. Die Lebensmittel sollte man möglichst frisch verzehren, da Ascorbinsäure durch Sauerstoff und Hitze zerstört wird.

Doch nicht nur Pflanzen enthalten Säuren. Ameisen und Quallen geben bei der Jagd oder zur Verteidigung *Ameisensäure* ab, die auf der Haut ein schmerzhaftes Brennen hervorruft.

Säuren spielen auch in vielen anderen Bereichen unseres täglichen Lebens eine Rolle. So enthalten Entkalker für Kaffeemaschinen und Wasserkocher, Bad- oder WC-Reiniger *Zitronensäure, Essigsäure* oder *Ameisensäure,* um Kalkablagerungen oder Urinstein aufzulösen.

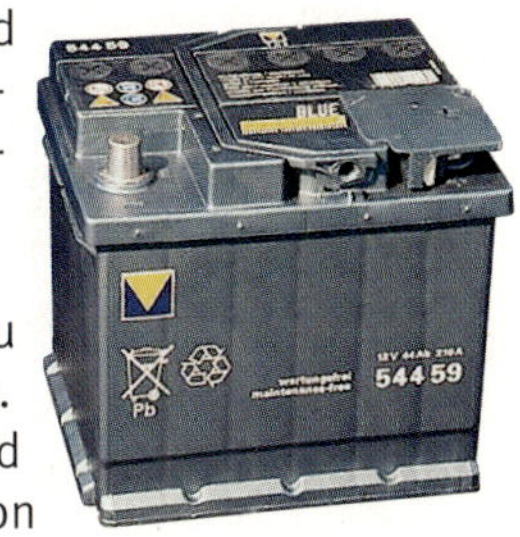

Die wichtigsten Säuren in Labor und Technik sind Salzsäure, Schwefelsäure, Salpetersäure, Phosphorsäure.

Schwefelsäure gehört weltweit zu den wichtigsten Grundchemikalien. 2006 wurden allein in Deutschland rund drei Millionen Tonnen davon hergestellt. Weltweit geht der größte Anteil in die Produktion von Düngemitteln. Im Alltag begegnet uns Schwefelsäure in der Batterieflüssigkeit, ohne die sich kein Auto starten ließe.

Auch die technisch hergestellte *Phosphorsäure* wird überwiegend zur Produktion von Düngemitteln eingesetzt. Daneben wird sie als Korrosionsschutz und als Säuerungsmittel in Lebensmitteln eingesetzt. So enthalten Cola-Getränke Phosphorsäure in geringer Menge.

Salpetersäure ist ein Ausgangsstoff bei der Synthese von Sprengstoffen wie Nitroglycerin und Trinitrotoluol (TNT). Auch für die Herstellung von Mineraldüngern wird sie benötigt. Konzentrierte Salpetersäure kann sogar edle Metalle wie Kupfer und Silber auflösen, nicht aber Gold. Technisch nutzt man diese Eigenschaft aus, um Silber von Gold zu trennen. Konzentrierte Salpetersäure bezeichnet man daher auch als *Scheidewasser.*

Die im Labor besonders häufig verwendete *Salzsäure* wird ausführlich auf der nächsten Seite behandelt.

Viele Stoffe aus unserem Alltag enthalten Säuren. Lebensmittel werden mit Säuren versetzt, um sie zu haltbarer zu machen. Auch im Labor und in der Technik spielen Säuren eine große Rolle.

1 Erstelle eine Mindmap, die die im Text genannten Säuren und deren Verwendung deutlich macht.
2 Nenne Lebensmittel, die mit Essig beziehungsweise Milchsäure konserviert werden. Erläutere, worauf die konservierende Wirkung beruht.
3 Recherchiere, woher die Bezeichnungen *Ascorbinsäure* und *Weinessig* stammen.
4 Erstelle eine Tabelle über die Reinigungsmittel aus eurem Haushalt, die Säuren enthalten. Ordne den Reinigungsmitteln die Säuren zu.
5 Informiere dich über *Königswasser*. Bereite einen Kurzvortrag vor.
6 Recherchiere, welche Rolle Salzsäure im Magensaft spielt.

7.2 Salzsäure

Herstellung von Salzsäure

Salzsäure bildet an der Luft Nebel

Salzsäure ist eine der wichtigsten Säuren im Labor und in der chemischen Industrie. Der Name *Salzsäure* lässt sich auf eine alte Labormethode zurückführen: Man tropft dabei in einem Gasentwickler konzentrierte Schwefelsäure auf Kochsalz. Bei der Reaktion bildet sich ein farbloses Gas: *Chlorwasserstoff (HCl)*. Dieses Gas löst sich sehr gut in Wasser. Ein Liter Wasser kann bei Raumtemperatur und normalem Druck fast 500 Liter Chlorwasserstoff-Gas aufnehmen. Die Lösung färbt Universalindikator rot, sie reagiert also stark sauer. Wässerige Lösungen von Chlorwasserstoff bezeichnet man allgemein als *Salzsäure*.

Leitet man Chlorwasserstoff-Gas auf ein Thermometer, das mit angefeuchtetem Filtrierpapier umwickelt wurde, so zeigt das Thermometer einen Temperaturanstieg an. Die Reaktion von Chlorwasserstoff-Gas mit Wasser verläuft somit exotherm:

$$\underset{\text{Chlorwasserstoff-Gas}}{HCl\ (g)} \xrightarrow{\text{Wasser}} \underset{\text{Salzsäure}}{HCl\ (aq)}\text{; exotherm}$$

Konzentrierte Salzsäure enthält bis zu 37 % Chlorwasserstoff. In 100 g einer 37%igen Salzsäure sind 37 g Chlorwasserstoff-Gas gelöst. Die Angabe „37 %" bezieht sich also auf den Massenanteil an gelöstem Chlorwasserstoff.
An der Luft bildet konzentrierte Salzsäure weiße Nebel. Dies zeigt sich besonders beim Öffnen einer Flasche mit konzentrierter Salzsäure. Wegen dieser Eigenschaft wird konzentrierte Salzsäure auch als *rauchende* Salzsäure bezeichnet. Beim Erhitzen von konzentrierter Salzsäure bilden sich dicke Gasblasen, die zum größten Teil Chlorwasserstoff-Gas und wenig Wasserdampf enthalten.
Im Labor arbeitet man oft mit **verdünnter Salzsäure.** Sie enthält 7 % Chlorwasserstoff. Das entspricht fast 50 Litern Chlorwasserstoff-Gas in einem Liter Lösung.

Viele in Wasser schwerlösliche Salze können durch Reaktion mit Salzsäure gelöst werden. So lassen sich beispielsweise Kalkablagerungen mit Salzsäure entfernen. In der Industrie verwendet man Salzsäure, um Metalloberflächen zu reinigen.

Salzsäure lässt sich herstellen, indem man konzentrierte Schwefelsäure auf Kochsalz tropft und das entstehende Chlorwasserstoff-Gas in Wasser einleitet.

1 Erläutere den Ursprung des Namens Salzsäure.
2 Berechne die Stoffmenge an Chlorwasserstoff in einem Liter verdünnter Salzsäure. $w(HCl) = 7\ \%$; $\rho = 1{,}035\ \frac{g}{ml}$
3 In zwei gleich schweren Messkolben befinden sich je 100 ml Salzsäure. Entwickle einen Versuch, mit dem du prüfen kannst, in welchem Messkolben sich die Salzsäure mit der höheren Konzentration befindet. Die Kolben dürfen nicht geöffnet werden.

Steckbrief:

Chlorwasserstoff
Eigenschaften: farbloses, sehr gut wasserlösliches Gas

Molekülformel:	HCl
Molare Masse:	$36{,}5\ \frac{g}{mol}$
Dichte (20 °C, 1013 hPa):	$1{,}52\ \frac{g}{l}$
Schmelztemperatur:	–114 °C
Siedetemperatur:	–85 °C
Löslichkeit in 100 g Wasser (25 °C):	59 g

Salzsäure

Konzentrierte Salzsäure:	$w\ (HCl) = 37\ \%$
Dichte (20 °C, 1013 hPa)	$1{,}18\ \frac{g}{ml}$

farblose, stechend riechende Flüssigkeit, die an der Luft Salzsäure-Nebel bildet (rauchende Salzsäure)

Halogenwasserstoffe

Exkurs

Wasserstoff verbrennt in Chlor und in Brom

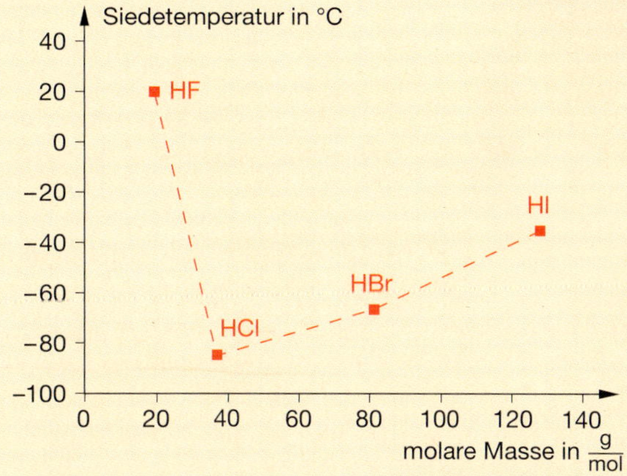

Siedetemperaturen der Halogenwasserstoffe

Die Gase Chlor und Wasserstoff lassen sich mischen, ohne dass eine Reaktion eintritt. Ein einziger Funken lässt das Gemisch jedoch explodieren. Man bezeichnet es daher als **Chlorknallgas.** Die Zündung kann auch durch Hitze oder durch Licht ausgelöst werden.

Gefahrloser verläuft die Reaktion, wenn man eine Wasserstoff-Flamme in ein Gefäß mit Chlor taucht. Der Wasserstoff brennt mit fahlweißer Flamme weiter, und die grüne Farbe des Chlors verschwindet. Bei der Reaktion entsteht ein farbloses Gas, das stechend riecht und an der feuchten Luft Nebel bildet. Bei dem Gas handelt es sich um die Molekülverbindung **Chlorwasserstoff:**

H_2 (g) + Cl_2 (g) ⟶ 2 HCl (g); exotherm
Wasserstoff   Chlor   Chlorwasserstoff

Ähnlich wie mit Chlor kann Wasserstoff auch mit den anderen Halogenen zu gasförmigen Wasserstoffverbindungen umgesetzt werden. So entfärbt sich ein Gemisch aus Wasserstoff und Brom-Dampf unter Bildung von **Bromwasserstoff.** Die Reaktion verläuft deutlich langsamer als mit Chlor und es wird weniger Wärme frei.

H_2 (g) + Br_2 (g) ⟶ 2 HBr (g); exotherm
Wasserstoff   Brom   Bromwasserstoff

Iod-Dampf reagiert mit Wasserstoff nur sehr langsam zu **Iodwasserstoff.** Die Reaktion lässt sich aber beschleunigen, wenn man fein verteiltes Platin als *Katalysator* einsetzt.

H_2 (g) + I_2 (g) ⟶ 2 HI (g); exotherm
Wasserstoff   Iod   Iodwasserstoff

Fluor reagiert als reaktivstes Element so heftig mit Wasserstoff, dass nur in Speziallabors damit experimentiert werden darf.

Halogenwasserstoffe sind bei Raumtemperatur farblose Gase. Die Siedetemperaturen von Chlorwasserstoff (−85 °C), Bromwasserstoff (−67 °C)und Iodwasserstoff (−35 °C) liegen erheblich niedriger als die von Fluorwasserstoff (+19,5 °C). Ursache hierfür sind die starken Wasserstoffbrückenbindungen zwischen den Fluorwasserstoff-Molekülen im flüssigen Zustand. Die Wasserstoffbrückenbindungen sind so stark, dass im gasförmigen Zustand noch mehrere Fluorwasserstoff-Moleküle zusammenhängen.

Halogenwasserstoffsäuren. Alle Halogenwasserstoffe lösen sich gut in Wasser und ergeben dabei saure Lösungen. Sie heißen: *Flusssäure* (HF(aq)), *Salzsäure* (HCl(aq)), *Bromwasserstoffsäure* (HBr(aq)) und *Iodwasserstoffsäure* (HI(aq)). Flusssäure und Fluorwasserstoff haben die Eigenschaft, Glas aufzulösen. Man nutzt dies, um Beschriftungsflächen oder Kennzeichnungen dauerhaft in Glas zu ätzen.
Wie die Halogenwasserstoffe selbst reizen auch ihre wässerigen Lösungen die Schleimhäute. Man sollte die Säure daher weder verschlucken noch die Säurenebel einatmen. Flusssäure verursacht schmerzhafte und schlecht heilende Verätzungen der Haut.

1 Formuliere die Reaktionsgleichung für die Bildung von Fluorwasserstoff aus den Elementen.
2 Beschreibe den Unterschied zwischen Bromwasserstoff und Bromwasserstoffsäure.
3 Flusssäure wird in Kunststoffflaschen aufbewahrt. Begründe diese Art der Lagerung.
4 Bei der Bildung von Iodwasserstoff wird fein verteiltes Platin als Katalysator zugefügt. Informiere dich über die Wirkungsweise von Katalysatoren. Schreibe einen kurzen Informationstext.

7.3 Säuren und saure Lösungen

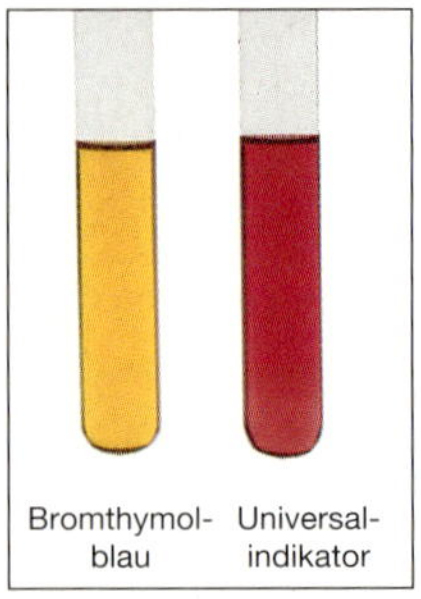

Indikatoren in sauren Lösungen

Der Begriff *Säure* wird nicht einheitlich verwendet. So spricht man von Zitronensäure und meint damit einmal den festen Reinstoff, ein anderes Mal aber seine wässerige Lösung. Diese Doppeldeutigkeit findet man auch bei der Bezeichnung anderer Säuren; oft wird nicht klar zwischen der *reinen Säure* und der mit Wasser gebildeten *sauren Lösung* unterschieden.

Saure Lösungen zeigen immer eine Reihe gemeinsamer Eigenschaften:

- Sie färben Universalindikator rot und lassen sich so im Labor gefahrlos erkennen.

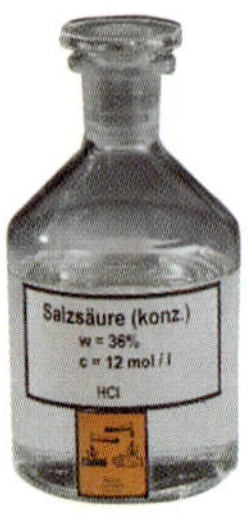

- Konzentrierte Lösungen sind meist gefährlich, da sie ätzend wirken. Verdünnte Lösungen sind in der Regel harmlos; Magensäure beispielsweise ist stark verdünnte Salzsäure.
- Saure Lösungen leiten den elektrischen Strom; sie enthalten also Ionen.
- Bei der Elektrolyse bildet sich am Minuspol Wasserstoff-Gas. Saure Lösungen enthalten demnach positiv geladene Wasserstoff-Ionen.
- Je größer die Konzentration an Wasserstoff-Ionen ist, umso kleiner ist der pH-Wert.

Salzsäure und Schwefelsäure. Als saure Lösungen im Labor verwendet man besonders häufig *verdünnte Salzsäure* und *verdünnte Schwefelsäure*. Salzsäure beschreibt man als wässerige Lösung von Chlorwasserstoff; der in verdünnter Schwefelsäure gelöste Reinstoff wird dagegen ebenfalls als Schwefelsäure bezeichnet. Reine Schwefelsäure ist eine stark ätzende, ölige Flüssigkeit, die aus H_2SO_4-Molekülen besteht. Schwefelsäure bildet sich durch die Reaktion von Schwefeltrioxid mit Wasser:

$$SO_3\,(g) + H_2O\,(l) \longrightarrow H_2SO_4\,(l);\ \text{exotherm}$$

Die Vorgänge bei der Bildung der Lösungen lassen sich folgendermaßen beschreiben:

$$\underset{\text{Chlorwasserstoff}}{HCl\,(g)} \xrightarrow{\text{Wasser}} \underbrace{\underset{\text{Wasserstoff-Ion}}{\mathbf{H^+\,(aq)}} + \underset{\text{Chlorid-Ion}}{Cl^-\,(aq)}}_{\text{Salzsäure}};\ \text{exotherm}$$

$$\underset{\text{Schwefelsäure}}{H_2SO_4\,(l)} \xrightarrow{\text{Wasser}} \underbrace{\underset{\text{Wasserstoff-Ion}}{2\,\mathbf{H^+\,(aq)}} + \underset{\text{Sulfat-Ion}}{SO_4^{2-}\,(aq)}}_{\text{Schwefelsäure}};\ \text{exotherm}$$

Die Bildung der sauren Lösungen entspricht damit formal einer Aufspaltung der Moleküle des gelösten Stoffs in Ionen. Wie alle Ionen in wässeriger Lösung sind auch diese Ionen *hydratisiert,* also durch die Dipol-Moleküle des Wassers eingehüllt. Die positiv geladenen Wasserstoff-Ionen (H^+ (aq)) verursachen jeweils die saure Reaktion der Lösung. Die gleichzeitig entstehenden negativen Ionen bezeichnet man zusammenfassend gelegentlich auch als *Säurerest-Ionen.*

Im Falle der Schwefelsäure entstehen – vor allem bei höherer Konzentration – neben den zweifach negativ geladenen Sulfat-Ionen (SO_4^{2-}) auch einfach negativ geladene Anionen (HSO_4^-). Diese Ionen bezeichnet man als *Hydrogensulfat-Ionen*.

Reaktionen mit unedlen Metallen. Unedle Metalle wie Magnesium, Eisen oder Zink reagieren mit sauren Lösungen in einer exothermen Reaktion unter Bildung von Wasserstoff-Gas. Gleichzeitig entsteht eine Salzlösung. Ein typisches Beispiel ist die Reaktion von Zink mit verdünnter Schwefelsäure:

$$Zn\,(s) + 2\,H^+\,(aq) + SO_4^{2-}\,(aq) \longrightarrow Zn^{2+}\,(aq) + SO_4^{2-}\,(aq) + H_2\,(g)$$

Säuren zerfallen beim Lösen in Wasser in hydratisierte Wasserstoff-Ionen H^+ (aq) und Säurerest-Ionen.

1 **a)** Erläutere an Beispielen, warum man zwischen Säuren und sauren Lösungen unterscheiden sollte.
b) Erkläre die Ursache für die gemeinsamen Eigenschaften aller sauren Lösungen.

2 Welche Stoffe leiten den elektrischen Strom?
a) Zitronensaft, **b)** feste Zitronensäure, **c)** geschmolzene Zitronensäure, **d)** Essig, **e)** Essigsäure, **f)** Salzsäure

3 Erläutere die in der Abbildung zur Untersuchung von Salzsäure dargestellten Vorgänge.

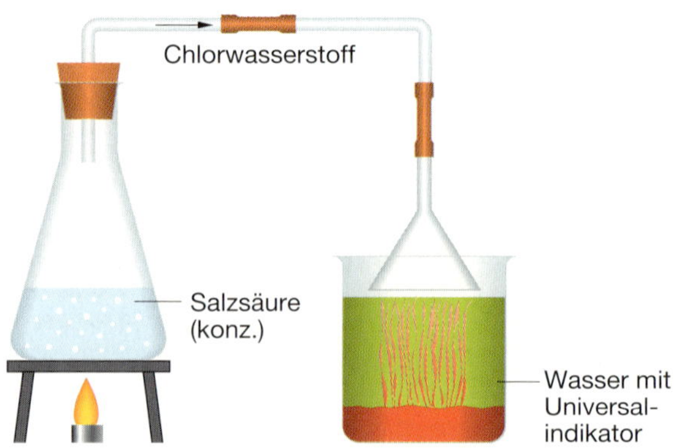

7.4 Laugen und alkalische Lösungen

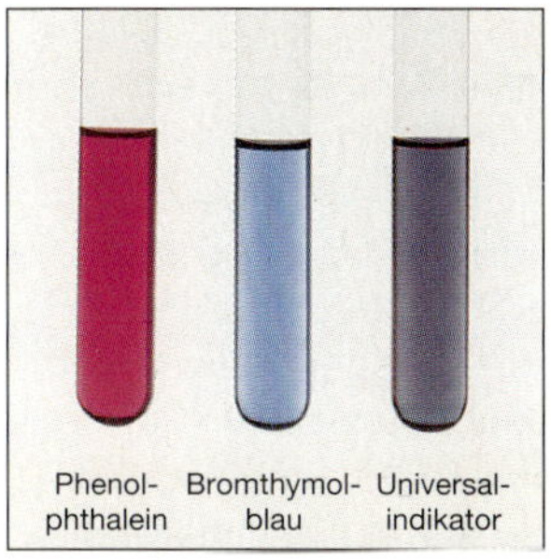

Indikatoren in alkalischen Lösungen

Im Gegensatz zu der in der Alltagssprache mehrdeutigen Bezeichnung Säure, steht der Begriff **Lauge** ausschließlich für *wässerige Lösungen*, die eine Eigenschaft gemeinsam haben: Sie reagieren **alkalisch.** Es gibt also keine Reinstoffe, die man als Laugen bezeichnen könnte.

Das Wort *alkalisch* geht auf das arabische *alqaljan* zurück, was soviel wie Pflanzenasche bedeutet: Schon im Altertum hat man aus Holzasche und der Asche von Meerespflanzen Produkte für die Herstellung von Seifen und von Glas gewonnen. Diese sogenannten *Alkalien* wurden auch genutzt, um die Wirkung von Säuren abzuschwächen oder völlig aufzuheben.

Alkalische Lösungen haben eine Reihe gemeinsamer Eigenschaften:

- Gibt man Universalindikator hinzu, so zeigt sich eine typisch violettblaue Färbung. Besonders charakteristisch ist die violettrote Färbung mit Phenolphthalein, denn dieser Indikator ist in saurer oder neutraler Lösung farblos.
- Sie lassen die Haut aufquellen und fühlen sich glitschig an. Bei höherer Konzentration wirken sie ätzend; besonders gefährdet sind die Augen.
- Alkalische Lösungen leiten den elektrischen Strom, sie enthalten also Ionen. Ursache der alkalischen Reaktion ist das Hydroxid-Ion (OH^-).
- Je größer die Konzentration an Hydroxid-Ionen ist, umso höher ist der pH-Wert.

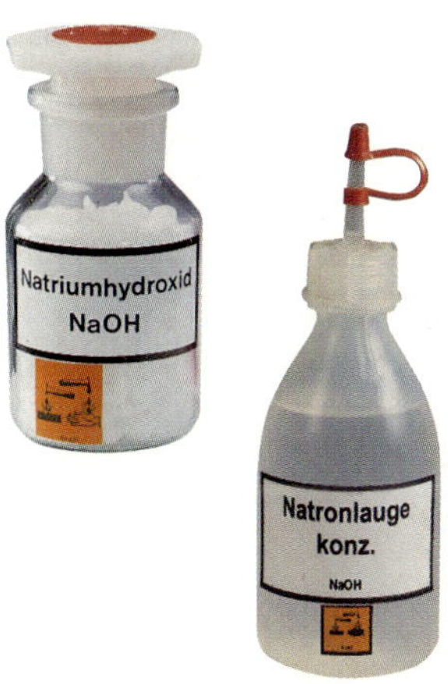

Natronlauge. Die wichtigste alkalische Lösung im Labor ist heute Natronlauge, eine Lösung von **Natriumhydroxid** (NaOH). Das stark ätzende Natriumhydroxid ist eine Ionenverbindung, die aus positiv geladenen Natrium-Ionen (Na^+) und negativ geladenen Hydroxid-Ionen (OH^-) aufgebaut ist. Beim Auflösen in Wasser wird das Ionengitter abgebaut, während sich die Dipol-Moleküle des Wassers um die Ionen lagern und eine Hydrathülle bilden. Bei diesem Vorgang wird viel Wärme frei:

$$\text{NaOH (s)} \xrightarrow{\text{Wasser}} \underbrace{\underset{\text{Natrium-Ion}}{Na^+ \text{(aq)}} + \underset{\text{Hydroxid-Ion}}{\mathbf{OH^- (aq)}}}_{\text{Natronlauge}}\text{; exotherm}$$

Auch die Reaktion von metallischem Natrium mit Wasser führt zur Bildung einer Natriumhydroxid-Lösung. Gleichzeitig entsteht dabei Wasserstoff. In der Praxis spielt diese Reaktion jedoch keine Rolle, denn Natrium ist wesentlich teurer als Natriumhydroxid.

Kalkwasser. Die als *Kalkwasser* bezeichnete stark alkalische Lösung wird vor allem für den Nachweis von Kohlenstoffdioxid eingesetzt. Es handelt sich um eine gesättigte Lösung von Calciumhydroxid ($Ca(OH)_2$). Diese Lösung ist nicht als Gefahrstoff anzusehen, denn Calciumhydroxid löst sich nur in geringem Ausmaß.

Ammoniak-Lösung. Das aus NH_3-Molekülen bestehende Ammoniak-Gas löst sich ähnlich gut in Wasser wie Chlorwasserstoff-Gas. Im Falle von Ammoniak bildet sich eine alkalische Lösung durch die Reaktion mit Wasser-Molekülen:

$$NH_3 \text{ (g)} + H_2O \text{ (l)} \longrightarrow \underset{\text{Ammonium-Ion}}{NH_4^+ \text{(aq)}} + \underset{\text{Hydroxid-Ion}}{\mathbf{OH^- (aq)}}$$

> Alkalische Lösungen enthalten hydratisierte Hydroxid-Ionen: OH^- (aq).
> Hydroxid-Ionen sind Bausteine der festen Hydroxide der Alkalimetalle und Erdalkalimetalle.

1 Alkalische Lösungen haben eine Reihe gemeinsamer Eigenschaften. Gib einige Eigenschaften an und begründe.

2 Beim Experimentieren mit Laugen muss man unbedingt eine Schutzbrille tragen. Erkläre.

3 Formuliere die Reaktionsgleichungen für die Herstellung von Laugen:

a) Natrium + Wasser

b) Magnesium + Wasser

c) Kaliumhydroxid + Wasser

d) Calciumhydroxid + Wasser

4 Erkläre, warum Seifenschaum in den Augen brennt.

5 Die Anstriche alter Möbel werden mit Natronlauge abgebeizt. Welche Eigenschaft der Natronlauge wird hierbei ausgenutzt?

Exkurs

ARRHENIUS und die elektrolytische Dissoziation

Stoffe, deren wässerige Lösungen den elektrischen Strom gut leiten, bezeichnete man schon Mitte des 19. Jahrhunderts als *Elektrolyte*. Den Stromfluss führte man auf die Bewegung von positiv und negativ geladenen Ionen durch die Lösung zurück.

Die meisten Wissenschaftler vertraten damals die Auffassung, dass diese Ionen erst beim Anlegen einer elektrischen Spannung erzeugt werden.

Nach einer Hypothese von Rudolf CLAUSIUS aus dem Jahre 1857 sollten in einer Elektrolytlösung „elektrische Moleküle" bereits teilweise in Ionen gespalten sein, auch wenn kein Strom durch die Lösung fließt.

Svante ARRHENIUS

Bedeutung der Ionen. Im Laufe der Zeit wurde klar, dass Ionen in der Natur sehr häufig vorkommen. Alle Salze sind aus Ionen aufgebaut. Die meisten gasförmigen und flüssigen Stoffe bestehen dagegen aus Molekülen. Nur die Edelgase bestehen aus einzelnen Atomen.

Säuren und Basen. Auf der Grundlage der Ionen-Theorie können die Begriffe *Säure* und *Base* neu definiert werden: Säuren sind Stoffe, die beim Auflösen in Wasser in Wasserstoff-Ionen (H^+-Ionen) und Säurerest-Ionen dissoziieren. Basen bilden alkalische Lösungen, die neben Hydroxid-Ionen (OH^--Ionen) Metall-Ionen enthalten.

Eine Klärung brachten schließlich Untersuchungen des schwedischen Forschers Svante ARRHENIUS, der 1903 durch den Nobelpreis für Chemie ausgezeichnet wurde. ARRHENIUS hatte im Rahmen seiner Doktorarbeit 1882 zahlreiche genaue Messungen der elektrischen Leitfähigkeit von Elektrolytlösungen durchgeführt. In den folgenden Jahren entwickelte er dann eine allgemeine Theorie der *elektrolytischen Dissoziation*. Danach sind in gut leitenden Elektrolytlösungen die gelösten Stoffe von Anfang an weitgehend in Ionen zerfallen. Das gilt sowohl für Salzlösungen als auch für stark saure oder stark alkalische Lösungen.

Gibt man saure und alkalische Lösungen zusammen, so reagieren Wasserstoff-Ionen mit Hydroxid-Ionen zu Wasser:

$$H^+ (aq) + Cl^- (aq) + Na^+ (aq) + OH^- (aq) \longrightarrow Na^+ (aq) + Cl^- (aq) + H_2O (l)$$

Dampft man solch eine Lösung ein, so bilden sich aus Metall-Ionen und Säurerest-Ionen die festen Salze. Metall-Ionen aus der Base und Säurerest-Ionen sind also die Bausteine der Salze.

Elementarladung. Seit der zweiten Hälfte des 19. Jahrhunderts war bereits bekannt, dass Materie drei Arten von Bausteinen enthält: *Atome, Moleküle* und *Ionen*.

Später zeigte sich, dass es für die elektrische Ladung eine kleinste Einheit gibt, die *Elementarladung* (e). Danach tragen Ionen nachweislich immer nur eine oder mehrere positive oder negative Elementarladungen, aber niemals Teile davon. Größere Ladungsmengen setzen sich stets aus Elementarladungen zusammen.

Formel der Säure	Name	Säurerest-Ion
HF	Fluorwasserstoff	F^-
HCl	Chlorwasserstoff	Cl^-
HBr	Bromwasserstoff	Br^-
HI	Iodwasserstoff	I^-
Formel der Base	**Name**	**Metall-Ion**
NaOH	Natriumhydroxid	Na^+
KOH	Kaliumhydroxid	K^+
$Ca(OH)_2$	Calciumhydroxid	Ca^{2+}
$Mg(OH)_2$	Magnesiumhydroxid	Mg^{2+}
$Al(OH)_3$	Aluminiumhydroxid	Al^{3+}
Formel des Salzes	**Name**	**Ionen**
NaI	Natriumiodid	$Na^+ + I^-$
KBr	Kaliumbromid	$K^+ + Br^-$
CaF_2	Calciumfluorid	$Ca^{2+} + 2\,F^-$
$MgBr_2$	Magnesiumbromid	$Mg^{2+} + 2\,Br^-$
$AlCl_3$	Aluminiumchlorid	$Al^{3+} + 3\,Cl^-$

Anorganische Säuren, Basen und Salze

1 Nenne zwei Merkmale, an denen Elektrolyte zu erkennen sind.

2 Erkläre, was CLAUSIUS unter „elektrolytischen Molekülen" verstand.

3 Gib eine Definition für Säuren und Basen nach ARRHENIUS an.

4 Erläutere an zwei Beispielen die Bildung von Metallhydroxiden.

5 Nenne Reinstoffe, die aus Atomen, aus Molekülen sowie aus Ionen aufgebaut sind.

6 Gib die Metall-Ionen an, die in Natriumhydroxid, Kaliumhydroxid und Calciumhydroxid enthalten sind.

7 Gib für die folgenden Salze die Formeln an: Natriumbromid, Kaliumbromid, Aluminiumiodid

Säuren und Laugen

Übersicht

Vom Nichtmetall zur sauren Lösung

Verbrennt man Nichtmetalle an der Luft, so entstehen *Nichtmetalloxide.* Leitet man diese Molekülverbindungen in Wasser, so reagieren sie unter Bildung von sauren Lösungen. Diese sauren Lösungen enthalten positiv geladene Wasserstoff-Ionen (H^+ (aq)) und negativ geladene Säurerest-Ionen der entsprechenden Säure.

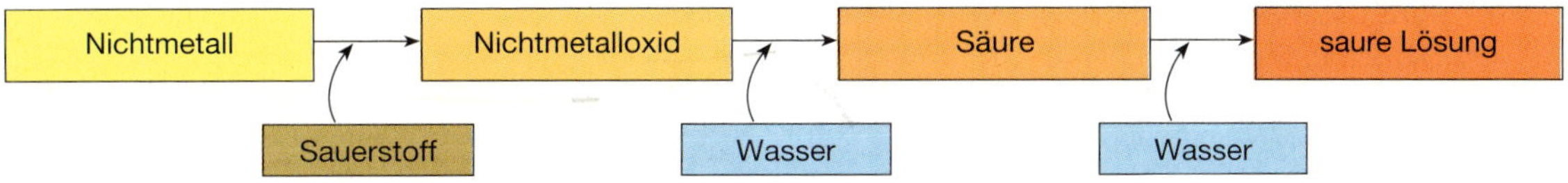

Nichtmetalloxid		Säure		Säurerest-Ion	
Name	**Formel**	**Name**	**Formel**	**Name**	**Formel**
Kohlenstoffdioxid	CO_2	Kohlensäure	H_2CO_3	Hydrogencarbonat-Ion Carbonat-Ion	HCO_3^- CO_3^{2-}
Schwefeldioxid	SO_2	Schweflige Säure	H_2SO_3	Hydrogensulfit-Ion Sulfit-Ion	HSO_3^- SO_3^{2-}
Schwefeltrioxid	SO_3	Schwefelsäure	H_2SO_4	Hydrogensulfat-Ion Sulfat-Ion	HSO_4^- SO_4^{2-}
Phosphoroxid	P_4O_{10}	Phosphorsäure	H_3PO_4	Dihydrogenphosphat-Ion Hydrogenphosphat-Ion Phosphat-Ion	$H_2PO_4^-$ HPO_4^{2-} PO_4^{3-}
Stickstoffdioxid	NO_2	Salpetrige Säure	HNO_2	Nitrit-Ion	NO_2^-
		Salpetersäure	HNO_3	Nitrat-Ion	NO_3^-

Vom Metall zur alkalischen Lösung

Die Alkalimetalle und die Erdalkalimetalle reagieren direkt mit Wasser unter Wasserstoffentwicklung zu alkalischen Lösungen. Bei der Reaktion mit Natrium entsteht Natronlauge, bei der Reaktion mit Calcium bildet sich Calciumhydroxid-Lösung.

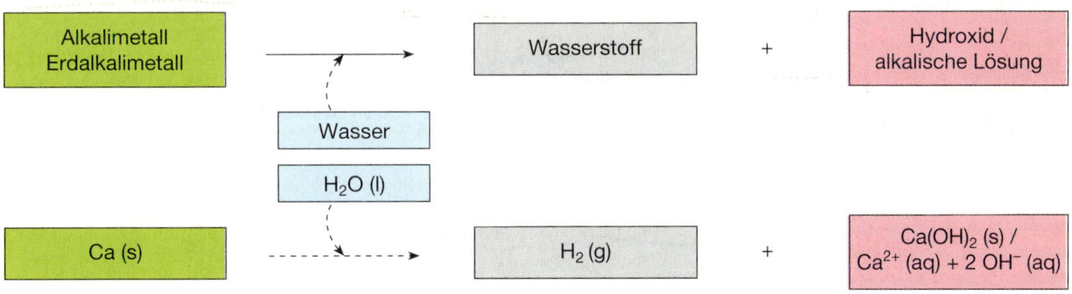

1 Gib – ausgehend von Kohlenstoff – Reaktionsgleichungen für die Bildung einer wässerigen Kohlensäure-Lösung an.

2 Bei der Reaktion von Stickstoffdioxid mit Wasser bilden sich Salpetersäure und Salpetrige Säure. Formuliere die Reaktionsgleichung.

3 Ähnlich wie beim Chlorid-Ion Cl^- handelt es sich beim Sulfid-Ion S^{2-} um ein Säurerest-Anion. Gib den Namen und die Formel der zugehörigen Säure an.

4 Festes Kaliumhydroxid leitet den elektrischen Strom nicht, wohl aber eine Kaliumhydroxid-Schmelze und eine Kaliumhydroxid-Lösung. Gib eine Erklärung dafür.

Praktikum — Saure und alkalische Lösungen

V1: Sauer oder alkalisch?

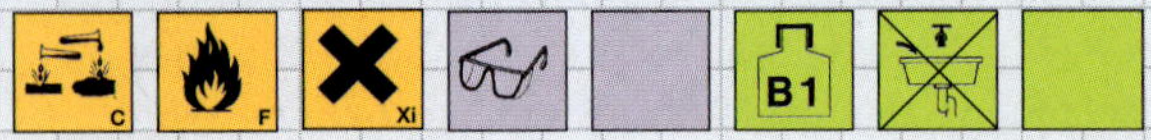

Materialien: Tropfpipette;
Salzsäure (verd.), Schwefelsäure (verd.; Xi), Salpetersäure (verd.; Xi), Essig, Zitronensaft, Natronlauge (verd.; C), Calciumhydroxid-Lösung, wässerige Lösung von Kernseife, Bromthymolblau-Lösung, Phenolphthalein-Lösung (F), Universalindikator-Lösung.

Durchführung:
1. Gib von allen Proben jeweils etwa 2 ml Lösung in ein Reagenzglas. Tropfe überall Bromthymolblau-Lösung zu.
2. Wiederhole die Versuche mit Phenolphthalein-Lösung.
3. Prüfe alle Lösungen mit Universalindikator-Lösung.

Aufgabe: Notiere die Färbungen der Lösungen in einer Tabelle und deute die Farbänderungen.

V2: Saure und alkalische Lösungen im Haushalt

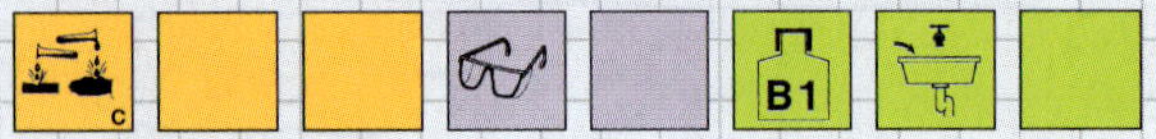

Materialien: Tropfpipette;
Kochsalz, Essig, Zitronensaft, Rhabarbersaft, Buttermilch, Waschpulver, Haushaltsreiniger, Entkalker, Jogurt, Sauerkraut, Natron, Abflussreiniger (C), Bromthymolblau.

Durchführung:
1. Gib jeweils eine kleine Probe in ein Reagenzglas mit 5 ml Wasser und schüttle vorsichtig um.
2. Tropfe in jedes Reagenzglas Bromthymolblau-Lösung und schüttle.

Aufgabe: Notiere deine Ergebnisse in Form einer Tabelle.

V3: Reaktion von sauren Lösungen mit Metallen

Materialien: Gasbrenner;
Salzsäure (verd.), Magnesiumpulver (F), Zinkpulver, Eisenpulver, Kupferpulver.

Durchführung:
1. Gib jeweils eine Spatelspitze Metallpulver in ein Reagenzglas.
2. Fülle in jedes Reagenzglas etwa 5 ml Salzsäure und beobachte die Gasentwicklung. Prüfe, ob Wärme frei wird.
3. Fange das Gas in einem darüber gehaltenen Reagenzglas auf und führe damit die Knallgasprobe durch.

Aufgaben:
a) Notiere deine Beobachtungen und stelle die Reaktionsgleichungen auf.
b) Ordne die Metalle nach zunehmender Reaktionsfreudigkeit.

V4: Reaktion von Nichtmetalloxiden mit Wasser

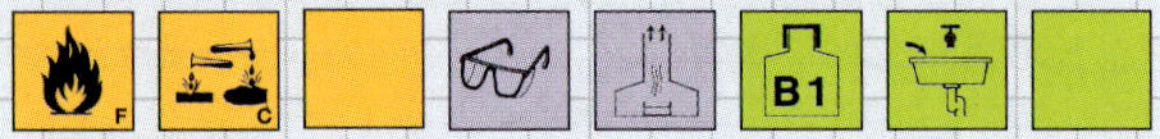

Materialien: Erlenmeyerkolben mit Stopfen, Verbrennungslöffel, Tropfpipette, Trinkhalm;
Schwefel, Phosphoroxid (P_4O_{10}; C, B1), Universalindikator-Lösung.

Durchführung:

Umsetzung von Schwefel:
1. Gib etwa 1 cm hoch Leitungswasser in den Erlenmeyerkolben. Setze einige Tropfen Universalindikator-Lösung zu.
2. Entzünde unter dem Abzug etwas Schwefel im Verbrennungslöffel. **Achtung!** Es entsteht ein giftiges Gas (T)! Bringe den Löffel in den Erlenmeyerkolben und verschließe ihn mit dem Stopfen entsprechend der Abbildung. Warte, bis die Flamme erlischt. Schüttle dann den Kolben.

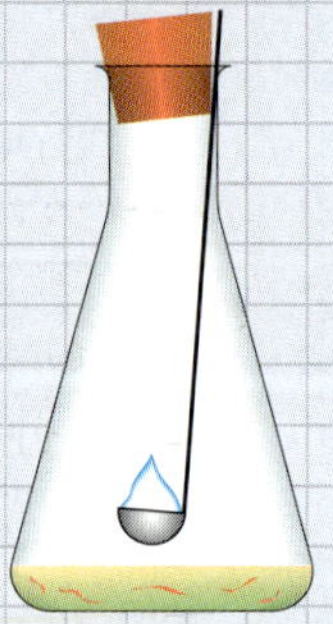

Umsetzung von Kohlenstoffdioxid:
1. Gib etwas Leitungswasser in ein Reagenzglas und setze einige Tropfen Universalindikator-Lösung hinzu.
2. Blase mit dem Trinkhalm vorsichtig Atemluft in die Lösung.

Umsetzung von Phosphoroxid:
1. Fülle ein Reagenzglas zu einem Drittel mit Leitungswasser und gib einige Tropfen Universalindikator-Lösung hinzu.
2. Gib eine Spatelspitze Phosphoroxid in die Lösung und schüttle vorsichtig.

Aufgaben:
a) Notiere deine Beobachtungen.
b) Formuliere die Reaktionsgleichungen.

V5: Reaktion von Erdalkalimetallen und deren Oxiden mit Wasser

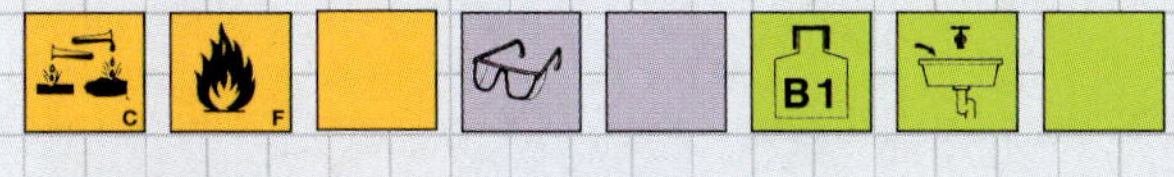

Materialien: Trichter, Filtrierpapier, Becherglas, Gasbrenner, Schleifpapier oder Schleifwolle;
Calcium (F), Calciumoxid (C), Magnesium-Band (F), Magnesiumoxid, Universalindikator-Lösung, Phenolphthalein-Lösung (F).

Durchführung:

1. Fülle etwa 2 ml Wasser in ein Reagenzglas und gib ein kleines Stück Calcium dazu. Fange das entstehende Gas in einem umgekehrt darüber gehaltenen Reagenzglas auf und führe damit die Knallgasprobe durch. Prüfe die entstandene Lösung mit Universalindikator-Lösung.
2. Gib etwas Calciumoxid in ein Reagenzglas mit Wasser, schüttle gut durch und filtriere die Lösung. Prüfe das Filtrat mit Universalindikator-Lösung.
3. Fülle etwa 2 ml Wasser in ein Reagenzglas und gib ein Stück blankes Magnesiumband hinzu. Füge einige Tropfen Phenolphthalein-Lösung zu und erwärme leicht. Fange das entstehende Gas wie in Arbeitsschritt 1 auf und prüfe es mit der Knallgasprobe.
4. Wiederhole den Arbeitsschritt 2 mit Magnesiumoxid.

Aufgabe: Notiere deine Beobachtungen und formuliere die Reaktionsgleichungen.

V6: Reaktion von Säuren mit Carbonaten

Materialien: Glasstab; 3 Tropfpipetten;
Salzsäure (verd.), Salpetersäure (verd., Xi), Schwefelsäure (verd., Xi), Marmorstücke, Backpulver (Natriumhydrogencarbonat, $NaHCO_3$), Kalk (Calciumcarbonat, $CaCO_3$), Kalkwasser.

Durchführung:

1. Gib in drei Reagenzgläser je ein Marmorstück.
2. Fülle in jedes Reagenzglas 2 ml einer der Säuren.
3. Tauche einen Glasstab in Kalkwasser und halte den anhaftenden Kalkwassertropfen jeweils in den Gasraum des Reagenzglases.
4. Wiederhole den Versuch mit den anderen Carbonaten. Gib dazu jeweils eine Spatelspitze des Carbonats in die Reagenzgläser.

Aufgabe: Notiere deine Beobachtungen und stelle die Reaktionsgleichungen auf.

V7: Elektrolyse von verdünnten Säuren

Materialien: U-Rohr mit seitlichen Ansätzen, Gasableitungsrohr, Becherglas (600 ml), 2 Graphit-Stäbe, durchbohrte Stopfen, 2 Klemmen, Gleichspannungsquelle;
Schwefelsäure (verd., Xi), Essigsäure (verd., Xi)

Durchführung:

1. Baue eine Elektrolyseapparatur entsprechend der Abbildung auf und fülle das U-Rohr bis etwa 2 cm unterhalb des Ansatzrohres mit Schwefelsäure.

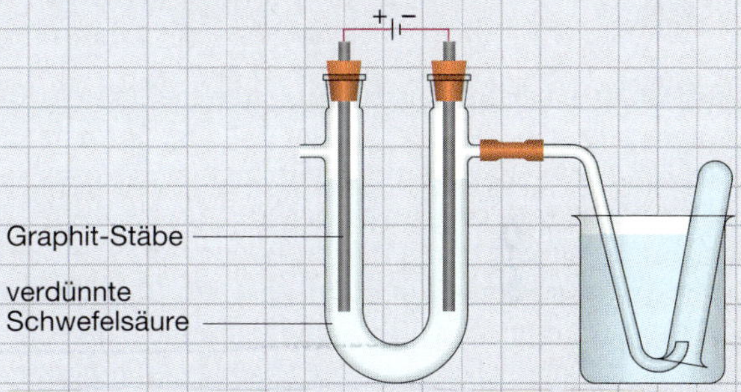

2. Fülle das Reagenzglas mit Wasser, verschließe es mit dem Daumen und tauche es mit der Öffnung nach unten in das Becherglas, ohne dass Luft in das Reagenzglas eindringt.
3. Verbinde die Graphitstifte mit der Spannungsquelle und lege eine Spannung von 10 V an. Elektrolysiere so lange, bis das Reagenzglas zu zwei Dritteln mit Gas gefüllt ist.
4. Untersuche das Gas mit der Knallgasprobe.
5. Wiederhole den Versuch mit Essigsäure.

Aufgaben:

a) Notiere deine Beobachtungen.

b) Formuliere die Reaktionsgleichung für die Reaktion am Minuspol und benenne das nachgewiesene Gas.

c) Vergleiche die Intensität der Gasbildung bei beiden Säuren. Erkläre den Unterschied.

d) Führt man das gleiche Experiment mit Salzsäure durch, so lassen sich ganz ähnliche Erscheinungen beobachten. Allerdings muss man den Versuch unter einem Abzug durchführen. Erkläre diese Sicherheitsmaßnahme.

e) Bei der Elektrolyse von verdünnter Schwefelsäure im HOFMANNschen Apparat kann man zeigen, dass sich an der Anode halb so viel Gas wie an der Kathode entwickelt. Verwendet man anstatt der Platin-Elektroden Graphit-Elektroden, so lässt sich noch weniger Gas an der Anode auffangen. Erkläre diese Beobachtungen.

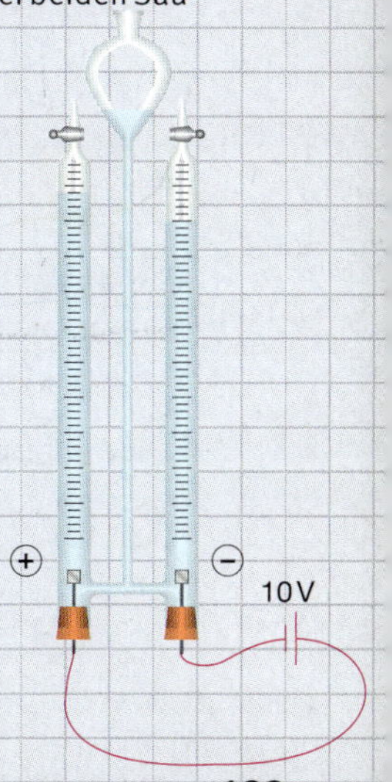

7.5 Neutralisation – Gegensätze heben sich auf

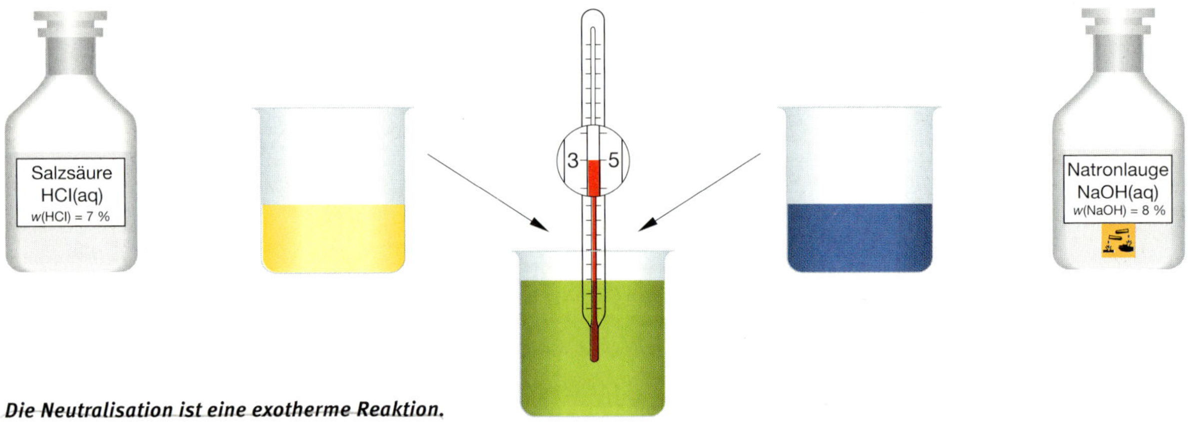

Die Neutralisation ist eine exotherme Reaktion.

Gießt man Salzsäure und Natronlauge zusammen, so erhöht sich die Temperatur der Lösung. Setzt man den Lösungen vorher Bromthymolblau zu, so entstehen beim Vermischen der sauren und der alkalischen Lösung grüne Schlieren. Beide Beobachtungen zeigen, dass eine Reaktion stattfindet. Im Bereich der grünen Schlieren sind die Wirkungen sowohl der sauren als auch der alkalischen Lösung aufgehoben. Dort ist die Lösung weder sauer noch alkalisch, sondern *neutral*. Die Reaktion zwischen der sauren und der alkalischen Lösung nennt man daher **Neutralisation.**

Gibt man einander entsprechende Mengen Salzsäure und Natronlauge zusammen, entsteht eine neutrale Lösung, aus der sich beim Verdampfen des Wassers Kochsalz abscheidet. Bei der Neutralisation von Salzsäure und Natronlauge ist also eine Kochsalz-Lösung entstanden. Die in ihr enthaltenen Natrium-Ionen stammen aus der Natronlauge, die Chlorid-Ionen aus der Salzsäure. Die Wasserstoff-Ionen und die Hydroxid-Ionen reagieren bei der Neutralisation zu Wasser:

$$\mathbf{H^+\,(aq)} + Cl^-\,(aq) + Na^+\,(aq) + \mathbf{OH^-\,(aq)} \longrightarrow$$
Salzsäure Natronlauge

$$Na^+\,(aq) + Cl^-\,(aq) + \mathbf{H_2O\,(l)};\ \text{exotherm}$$
Kochsalz-Lösung Wasser

Die bei der Reaktion frei werdende Wärme bezeichnet man als *Neutralisationswärme.*

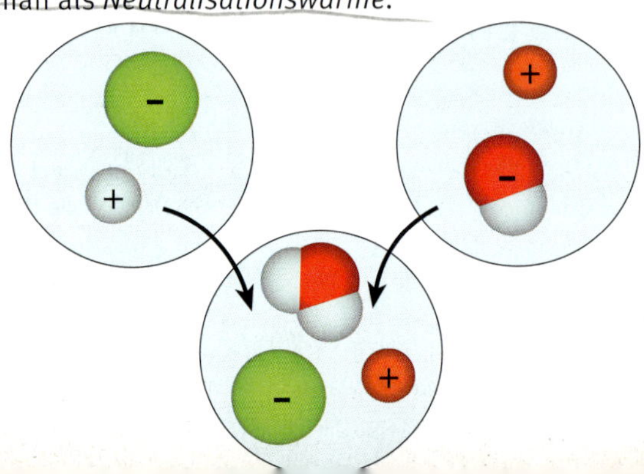

Die bei der Neutralisation entstehenden Salzlösungen enthalten positiv geladene Metall-Ionen aus der alkalischen Lösung und negativ geladene Säurerest-Ionen aus der sauren Lösung:

alkalische Lösung + saure Lösung $\xrightarrow{\text{Neutralisation}}$ Salzlösung + Wasser

Neutralisation in Labor und Technik. Abwässer aus Produktionsanlagen der chemischen Industrie sind vielfach stark sauer oder stark alkalisch. Sie würden die Lebewesen in den biologischen Kläranlagen schädigen, wenn man sie direkt einleitet. Industrielle Abwässer werden daher ständig auf ihren pH-Wert überprüft und automatisch durch gezielte Zugabe von Lauge oder Säure neutralisiert.

Auch im Chemielabor dürfen stark saure oder stark alkalische Lösungen nicht direkt in den Ausguss geschüttet werden. Denn auf Dauer könnten die Abwasserrohre beschädigt werden. Größere Mengen könnten sich sogar störend in der Kläranlage bemerkbar machen.

Bei der Neutralisation reagieren die Wasserstoff-Ionen der sauren Lösung mit den Hydroxid-Ionen der alkalischen Lösung zu Wasser-Molekülen:
$H^+\,(aq) + OH^-\,(aq) \longrightarrow H_2O\,(l)$;
Dabei entsteht eine neutrale Salzlösung.

1 Erkläre die Begriffe Neutralisation und Neutralisationswärme.
2 Bei Magenbeschwerden durch zuviel Magensäure kann man Präparate einnehmen, die Aluminiumhydroxid ($Al(OH)_3$) enthalten. Gib eine Reaktionsgleichung für die Reaktion im Magen an.

Chemie-Recherche

Location: http://www.schroedel.de/chemie_heute.html

Suche:

Salze

Ergebnisse:

→ **Natriumchlorid (NaCl)**
Ionen im Kristallgitter: Na^+; Cl^-
$2\,Na\,(s) + Cl_2\,(g) \longrightarrow 2\,NaCl\,(s)$
Vorkommen: Steinsalz in Salzlagerstätten, Meerwasser, Salzseen
Verwendung: Kochsalz, Konservierung von Lebensmitteln, Streusalz, Gewinnung von Natrium, Chlor und Natronlauge

→ **Natriumhydrogensulfat ($NaHSO_4$)**
Ionen im Kristallgitter: Na^+; HSO_4^-
Technische Herstellung: $NaCl\,(s) + H_2SO_4\,(l) \longrightarrow NaHSO_4\,(s) + HCl\,(g)$
Verwendung: saure Reinigungsmittel

→ **Natriumhydrogencarbonat ($NaHCO_3$)**
Ionen im Kristallgitter: Na^+; HCO_3^-
$Na_2CO_3\,(aq) + H_2O\,(l) + CO_2\,(g) \longrightarrow 2\,NaHCO_3\,(s)$
Verwendung: Backpulver, Brausepulver, Feuerlöscher, Medikament (bindet Magensäure)

→ **Kaliumnitrat (KNO_3)**
Ionen im Kristallgitter: K^+; NO_3^-
Gewinnung aus Natriumnitrat (Chilesalpeter): $NaNO_3\,(aq) + KCl\,(aq) \xrightarrow{\text{Kälte}} KNO_3\,(aq) + NaCl\,(s)$
Verwendung: Düngemittel, Schwarzpulver, Zusatz in Pökelsalz

→ **Calciumsulfat ($CaSO_4$)**
Ionen im Kristallgitter: Ca^{2+}; SO_4^{2-}
$Ca\,(s) + 2\,H^+\,(aq) + SO_4^{2-}\,(aq) \longrightarrow CaSO_4\,(s) + H_2\,(g)$
Vorkommen: Gipsgestein, $CaSO_4 \cdot 2\,H_2O$ (mit Kristallwasser)
Verwendung: Gips als Baustoff, Modellgips ($CaSO_4 \cdot \frac{1}{2}\,H_2O$), Herstellung von Wandtafelkreide

→ **Calciumcarbonat ($CaCO_3$)**
Ionen im Kristallgitter: Ca^{2+}; CO_3^{2-}
$Ca(OH)_2\,(aq) + CO_2\,(g) \longrightarrow CaCO_3\,(s) + H_2O\,(l)$
Vorkommen: Kalkgestein, Marmor, Muschelkalk
Verwendung: Düngemittel, Kalkmörtel, Baustoffe

→ **Calciumdihydrogenphosphat ($Ca(H_2PO_4)_2$)**
Ionen im Kristallgitter: Ca^{2+}; $2\,H_2PO_4^-$
$Ca(OH)_2\,(aq) + 2\,H_3PO_4\,(aq) \longrightarrow Ca(H_2PO_4)_2\,(aq) + 2\,H_2O\,(l)$
Verwendung: Düngemittel

Aufgaben

1 Für die Salze NaCl, $CaSO_4$, $CaCO_3$ und $Ca(H_2PO_4)_2$ ist jeweils eine mögliche Herstellungsmethode angegeben.
a) Ordne diesen Methoden jeweils das allgemeine Reaktionsschema zu.
b) Formuliere jeweils die Reaktionsgleichungen für zwei weitere Methoden zur Herstellung dieser Salze.

2 Benenne folgende Salze und gib die Ionen an: LiCl, K_2HPO_4, $NaHSO_4$, K_2CO_3, $Ca(NO_3)_2$.

3 Stelle die Reaktionsgleichung für die Reaktion von Magnesium mit verdünnter Schwefelsäure auf.

4 Kaliumnitrat-Lösung soll durch Neutralisation hergestellt werden. Gib die Reaktionsgleichung an.

5 Magnesiumoxid reagiert mit Salzsäure. Stelle die Reaktionsgleichung auf.

6 Woher stammt der Wasserstoff, der bei der Reaktion eines Metalls mit einer sauren Lösung entsteht?

7 Gib die Reaktionsgleichungen für alle Methoden zur Herstellung von Aluminiumbromid an.

8 Gibt man reine Schwefelsäure auf Natriumchlorid, so entsteht ein stechend riechendes Gas. Stelle die Reaktionsgleichung auf.

9 Tropft man Salzsäure auf ein Stück Kalk, so bildet sich an der Auftropfstelle Schaum. Ein geruchloses Gas entweicht. Gib die Reaktionsgleichung an.

Übersicht

Bildung und Benennung von Salzen

Metall + Nichtmetall

$$Ca\,(s) + Cl_2\,(g) \longrightarrow CaCl_2\,(s)$$

Calcium

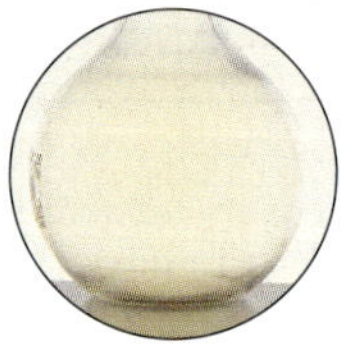

Chlor

Metall + saure Lösung

$$Ca\,(s) + 2\,H^+\,(aq) + 2\,Cl^-\,(aq) \longrightarrow \underbrace{Ca^{2+}\,(aq) + 2\,Cl^-\,(aq)}_{CaCl_2\,(aq)} + H_2\,(g)$$

Calcium

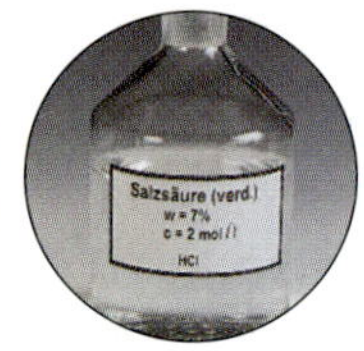

Salzsäure

Calciumchlorid-Kristalle $CaCl_2 \cdot 6\,H_2O$

Calciumoxid

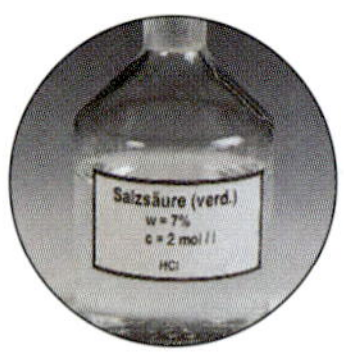

Salzsäure

$$CaO\,(s) + 2\,H^+\,(aq) + 2\,Cl^-\,(aq) \longrightarrow \underbrace{Ca^{2+}\,(aq) + 2\,Cl^-\,(aq)}_{CaCl_2\,(aq)} + H_2O\,(l)$$

Metalloxid + saure Lösung

Calciumhydroxid

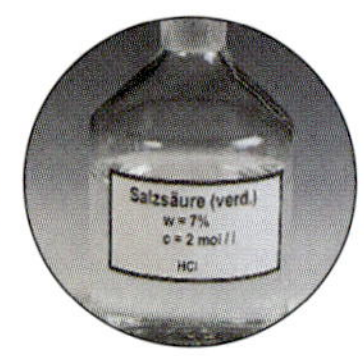

Salzsäure

$$Ca(OH)_2\,(s) + 2\,H^+\,(aq) + 2\,Cl^-\,(aq) \longrightarrow \underbrace{Ca^{2+}\,(aq) + 2\,Cl^-\,(aq)}_{CaCl_2\,(aq)} + 2\,H_2O\,(l)$$

Metallhydroxid + saure Lösung

Salz	Ionen	Formel
Natriumchlorid	Na^+, Cl^-	$NaCl$
Kaliumiodid	K^+, I^-	KI
Ammoniumchlorid	NH_4^+, Cl^-	NH_4Cl
Natriumsulfat	$2\,Na^+$, SO_4^{2-}	Na_2SO_4
Bariumsulfat	Ba^{2+}, SO_4^{2-}	$BaSO_4$

Salz	Ionen	Formel
Natriumhydrogensulfat	Na^+, HSO_4^-	$NaHSO_4$
Calciumcarbonat	Ca^{2+}, CO_3^{2-}	$CaCO_3$
Natriumhydrogencarbonat	Na^+, HCO_3^-	$NaHCO_3$
Natriumphosphat	$3\,Na^+$, PO_4^{3-}	Na_3PO_4
Kaliumnitrat	K^+, NO_3^-	KNO_3

1 Formuliere die Reaktionsgleichung für die Reaktion, die bei jeder Neutralisation abläuft.

2 Stelle Reaktionsgleichungen für die folgenden Reaktionen auf:

a) Salzsäure + Kaliumhydroxid-Lösung

b) Schwefelsäure + Natronlauge

c) Kohlensäure + Calciumhydroxid-Lösung

d) Phosphorsäure + Natronlauge

e) Salpetersäure + Bariumhydroxid-Lösung

3 Magnesiumnitrat soll durch eine Neutralisation hergestellt werden. Formuliere die Reaktionsgleichung.

4 Konzentrierte Schwefelsäure darf keinesfalls mit konzentrierter Natronlauge neutralisiert werden. Erkläre.

5 Aluminiumchlorid soll auf verschiedenen Wegen hergestellt werden. Gib dazu die Reaktionsgleichungen an.

6 Auf zwei Vorratsflaschen steht der Name Calciumchlorid. Einmal ist die Formel $CaCl_2 \cdot 6\,H_2O$ und einmal $CaCl_2$ angegeben. Erkläre den Unterschied zwischen beiden Stoffen.

7 Wenn bei einem Unfall Säure auf die Haut gelangt, darf man die betroffenen Stellen nicht mit Natronlauge behandeln, sondern muss sie mit viel Wasser abspülen. Gib dafür eine Begründung.

Bildung von Salzen

V1: Metall und Säure

Materialien: Becherglas (150 ml), Gasbrenner; Salzsäure (verd.), Calcium (gekörnt; F), Magnesium (Späne; F).

Durchführung:

1. Glb etwa 3 ml verdünnte Salzsäure in ein Reagenzglas.
2. Gib wenige Körnchen Calcium in die Salzsäure.
3. Halte das Reagenzglas während der Reaktion mit der Mündung an die Flamme des Gasbrenners.
4. Gieße den Inhalt des Reagenzglases in ein Becherglas und dampfe nach Ende der Reaktion die Lösung vorsichtig ein.
4. Wiederhole den Versuch mit Magnesium

Aufgaben:

a) Notiere deine Beobachtungen.
b) Stelle die Reaktionsgleichung auf.

V2: Metalloxid und Säure

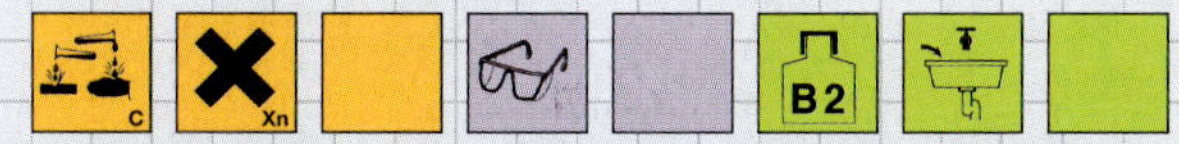

Materialien: Bechergläser (150 ml), Gasbrenner, Trichter, Filtrierpapier; Calciumoxid (C), Kupferoxid (Xn), Salzsäure (verd.; Xi), Schwefelsäure (verd.; Xi).

Durchführung:

1. Gib in einem Reagenzglas etwas Salzsäure zu einer Spatelspitze Calciumoxid.
2. Schüttle vorsichtig um und filtriere gegebenenfalls restliches Calciumoxid ab.
3. Dampfe die Lösung in einem Becherglas vorsichtig ein.
4. Wiederhole den Versuch mit Kupferoxid und Schwefelsäure. Die Mischung muss dabei etwas erwärmt werden (B2).

Aufgaben:

a) Notiere deine Beobachtungen.
b) Begründe, dass in beiden Fällen eine Reaktion stattgefunden hat.
c) Stelle die Reaktionsgleichungen auf.

A1: Gib alle Methoden zur Herstellung von Magnesiumbromid und von Aluminiumsulfat an. Stelle jeweils die Reaktionsgleichungen auf.

V3: Lauge und Säure

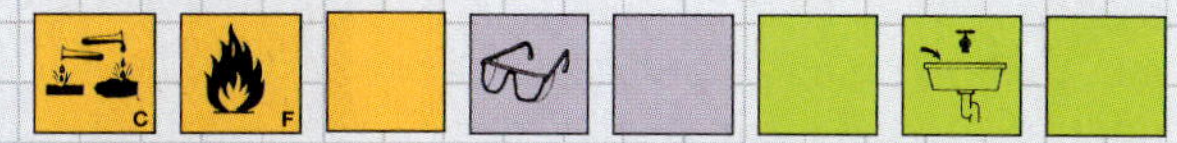

Materialien: Bechergläser (150 ml), Tropfpipetten, Gasbrenner; Natronlauge (verd.; C), Calciumhydroxid-Lösung, Salzsäure (verd.; Xi), Schwefelsäure (verd.; Xi), Phenolphthalein-Lösung (F).

Durchführung:

1. Gib 10 ml Natronlauge in ein Becherglas.
2. Setze einige Tropfen Phenolphthalein-Lösung hinzu.
3. Gib tropfenweise Schwefelsäure zu, bis der Indikator umschlägt.
4. Dampfe die Lösung vorsichtig ein.
5. Wiederhole den Versuch mit Calciumhydroxid-Lösung und Salzsäure.

Aufgaben:

a) Notiere deine Beobachtungen.
b) Formuliere die Reaktionsgleichungen.

V4: Salz und Säure

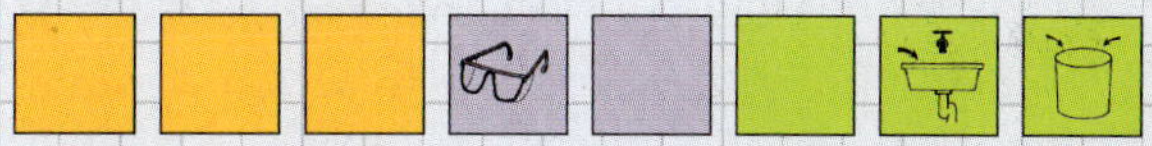

Materialien: Reagenzglas mit seitlichem Ansatz, Stopfen mit Bohrung, Winkelrohr, Schlauchstück, Tropfpipette, Trichter, Filtrierpapier, Gasbrenner; Calciumcarbonat, Salzsäure (verd.), Calciumhydroxid-Lösung.

Durchführung:

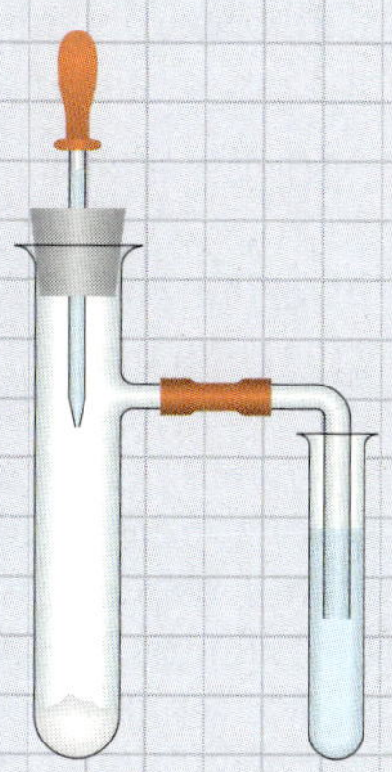

1. Gib einen Spatel Calciumcarbonat in das Reagenzglas und setze den Versuchsaufbau gemäß der Abbildung zusammen.
2. Fülle das Reagenzglas zu zwei Dritteln mit klarem Kalkwasser und tauche das Gasableitungsrohr ein.
3. Tropfe so viel Salzsäure auf das Calciumcarbonat, bis es aufgelöst ist.
4. Fülle die Lösung aus dem Reagenzglas mit Ansatz in ein Reagenzglas und dampfe sie vorsichtig ein.

Aufgaben:

a) Notiere deine Beobachtungen.
b) Formuliere die Reaktionsgleichung für die Bildung des Salzes.

7.6 Wie konzentriert ist die Lösung?

Gibt man gleiche Volumina Salzsäure und Natronlauge zusammen, so ist die entstehende Lösung meist nicht neutral. Eine neutrale Lösung erhält man nur, wenn in der Säure genauso viele Wasserstoff-Ionen enthalten sind wie Hydroxid-Ionen in der Lauge. Um die für eine Neutralisation notwendigen Volumina an Säure und Lauge zu ermitteln, muss man daher wissen, wie viele Teilchen in der Lösung vorliegen.

Herstellen einer Natronlauge-Maßlösung $(0,1\,\frac{mol}{l})$

Stoffmengenkonzentration. Eine Gehaltsangabe für Lösungen, die sich direkt auf die Teilchenzahl bezieht, ist die *Stoffmengenkonzentration c* (engl. *concentration*). Sie gibt an, welche Stoffmenge eines Stoffes in einem bestimmten Volumen vorliegt:

$$c = \frac{n}{V}; \quad \text{Einheit: } \frac{\text{mol}}{\text{l}}$$

Beispiel: Man löst 8 g Natriumhydroxid in Wasser und füllt auf 100 ml Lösung auf. Die Stoffmengenkonzentration der Natronlauge ergibt sich folgendermaßen:

1. Man ermittelt die molare Masse *M* von Natriumhydroxid:

$$M\,(\text{NaOH}) = (23 + 16 + 1)\,\frac{\text{g}}{\text{mol}} = 40\,\frac{\text{g}}{\text{mol}}$$

2. Man berechnet die verwendete Stoffmenge *n*:

$$n\,(\text{NaOH}) = \frac{m\,(\text{Natriumhydroxid})}{M\,(\text{NaOH})} = \frac{8\text{ g}}{40\,\frac{\text{g}}{\text{mol}}} = 0{,}2\text{ mol}$$

3. Die Stoffmengenkonzentration *c* ist der Quotient aus der Stoffmenge und dem Volumen der Lösung:

$$c\,(\text{NaOH}) = \frac{n\,(\text{NaOH})}{V\,(\text{Lösung})} = \frac{0{,}2\text{ mol}}{0{,}1\text{ l}} = 2\,\frac{\text{mol}}{\text{l}}$$

Titration. Im Labor verwendet man häufig Lösungen mit genau bekannter Stoffmengenkonzentration, sogenannte *Maßlösungen*. Mit ihrer Hilfe lassen sich unbekannte Konzentrationen anderer Lösungen ermitteln. Soll die Konzentration einer Natronlauge ermittelt werden, entnimmt man mit der Pipette ein bestimmtes Volumen. Dieser Probe setzt man in einem Erlenmeyerkolben einige Tropfen Indikator-Lösung zu. Dann lässt man aus einer Bürette eine Maßlösung von Salzsäure so lange zutropfen, bis der Indikator gerade umschlägt. Das Volumen der benötigten Maßlösung wird abgelesen.

Die Lösung ist neutral, wenn gleiche Stoffmengen an Wasserstoff-Ionen und Hydroxid-Ionen reagiert haben.

Da die Stoffmenge der Wasserstoff-Ionen in dem Volumen der zugetropften Maßlösung bekannt ist, lässt sich die Stoffmenge und die Konzentration der Hydroxid-Ionen in der Probe berechnen. Das geschilderte Analyseverfahren nennt man *Titration*.

> Die Stoffmengenkonzentration *c* ist der Quotient aus der Stoffmenge des gelösten Stoffes und dem Volumen der Lösung.
> Die Stoffmengenkonzentration lässt sich durch eine Titration ermitteln. Man tropft dabei eine Maßlösung zur Probelösung, bis ein Indikator umschlägt.

1 5 g Natriumhydroxid werden in Wasser gelöst und mit Wasser auf 500 ml aufgefüllt. Bestimme die Stoffmengenkonzentration der Natronlauge.

2 500 ml Lösung enthalten 1 g Kaliumnitrat (KNO_3). Berechne die Stoffmengenkonzentration.

3 **a)** Berechne die Stoffmenge an Wasserstoff-Ionen, die in 25 ml Salzsäure mit der Konzentration $0{,}1\,\frac{mol}{l}$ enthalten ist.
b) Wie viele Milliliter Natronlauge mit der Konzentration $0{,}125\,\frac{mol}{l}$ benötigt man, um die saure Lösung von a) zu neutralisieren?

4 20 ml Salzsäure werden mit Natronlauge ($c = 0{,}1\,\frac{mol}{l}$) titriert. Bis zum Umschlag des Indikators werden 15,8 ml Maßlösung verbraucht. Berechne die Stoffmengenkonzentration der Säure.

5 Natronlauge mit dem Massenanteil $w = 10\ \%$ enthält 10 g Natriumhydroxid in 100 g Lösung. Die Dichte beträgt $\varrho = 1{,}075\,\frac{g}{ml}$. Rechne in die Stoffmengenkonzentration um.

6 Bei der Titration von je 25 ml Natronlauge werden einmal 20 ml Schwefelsäure ($c\,(H_2SO_4) = 1\,\frac{mol}{l}$), ein andermal 40 ml Salzsäure ($c\,(HCl) = 1\,\frac{mol}{l}$) verbraucht. Erkläre den Unterschied.

s. Mappe

Titration

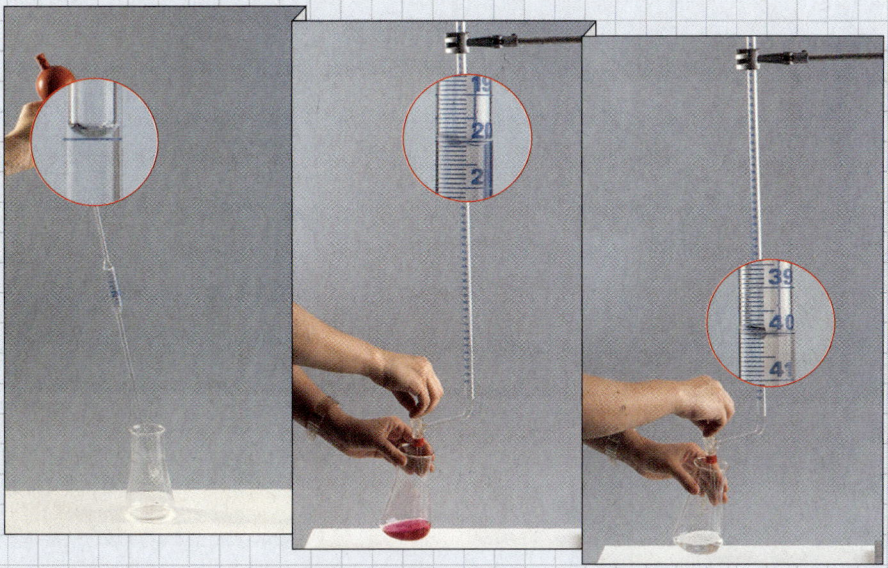

V1: Titration von Natronlauge

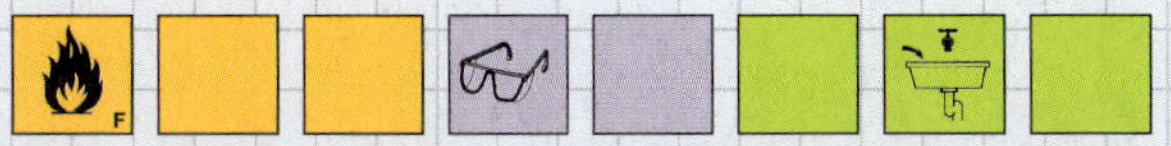

Materialien: Erlenmeyerkolben (200 ml, weit), Pipette (20 ml), Pipettierhilfe, Bürette, kleiner Trichter, Becherglas (100 ml);
Probelösung: Natronlauge ($c \approx 0{,}1\ \frac{\text{mol}}{\text{l}}$),
Maßlösung: Salzsäure ($0{,}1\ \frac{\text{mol}}{\text{l}}$), Phenolphthalein-Lösung (F).

Durchführung:

1. Miss mit der Pipette 20 ml Natronlauge genau ab und lass die Lösung in den Erlenmeyerkolben laufen.
   Hinweis: Die Pipette darf *nicht* ausgeblasen werden, sie ist auf Auslauf geeicht.
2. Setze einige Tropfen Indikator-Lösung zu.
3. Fülle die Bürette mit Salzsäure-Maßlösung. Lass einige Tropfen in das Becherglas ablaufen, damit der Bürettenauslauf gefüllt ist. Lies den Flüssigkeitsstand in der Bürette ab.
4. Unter ständigem Umschwenken des Erlenmeyerkolbens lässt man nun Salzsäure in die Natronlauge tropfen, bis die Farbe des Indikators umschlägt. Lies das Volumen an der Bürette ab.

Aufgabe: Berechne die Stoffmengenkonzentration der Natronlauge.

A1: a) Bei der Titration von 50 ml Natronlauge verbraucht man 25 ml Salzsäure ($c = 1\ \frac{\text{mol}}{\text{l}}$). Bestimme die Stoffmengenkonzentration der Hydroxid-Ionen in der Lauge.
b) Begründe, warum zur Auswertung einer Säure/Base-Titration folgende Formel verwendet werden darf:
$c(\text{H}^+) \cdot V(\text{Säure}) = c(\text{OH}^-) \cdot V(\text{Lauge})$

Rechenbeispiel

20 ml Natronlauge werden mit einer Salzsäure-Lösung der Stoffmengenkonzentration $0{,}1\ \frac{\text{mol}}{\text{l}}$ titriert. Der Verbrauch an Maßlösung beträgt 27,3 ml. Berechne die Stoffmengenkonzentration der Natronlauge.

1. Notieren der gegebenen und gesuchten Werte:

gegeben: $c(\text{Salzsäure}) = 0{,}1\ \frac{\text{mol}}{\text{l}}$
$V(\text{Salzsäure}) = 27{,}3\ \text{ml}$
$V(\text{Natronlauge}) = 20\ \text{ml}$

gesucht: $c(\text{Natronlauge})$

2. Aufstellen der Reaktionsgleichung:

$$\text{Na}^+(\text{aq}) + \mathbf{OH^-}(\text{aq}) + \mathbf{H^+}(\text{aq}) + \text{Cl}^-(\text{aq}) \longrightarrow \text{Na}^+(\text{aq}) + \text{Cl}^-(\text{aq}) + \mathbf{H_2O}(\text{l})$$

3. Umstellen der Größengleichung nach der gesuchten Größe:

$$c = \frac{n}{V} \Rightarrow n = c \cdot V$$

Am Umschlagspunkt des Indikators gilt allgemein:

$$n(\text{H}^+) = n(\text{OH}^-)$$

$$c(\text{H}^+) \cdot V(\text{Salzsäure}) = c(\text{OH}^-) \cdot V(\text{Natronlauge})$$

$$c(\text{OH}^-) = \frac{c(\text{H}^+) \cdot V(\text{Salzsäure})}{V(\text{Natronlauge})}$$

4. Einsetzen der bekannten Größen und Berechung der gesuchten Größe:

$$c(\text{Natronlauge}) = c(\text{OH}^-) = 0{,}1\ \frac{\text{mol}}{\text{l}} \cdot \frac{27{,}3\ \text{ml}}{20\ \text{ml}} = 0{,}136\ \frac{\text{mol}}{\text{l}}$$

Die Stoffmengenkonzentration der Natronlauge beträgt $c = 0{,}136\ \frac{\text{mol}}{\text{l}}$.

7.7 Der pH-Wert – ein Gradmesser für saure und alkalische Lösungen

Süßwasseraquarium, pH = 6,5

Meerwasseraquarium, pH = 8,5

Aquarienfreunde müssen regelmäßig die Wasserqualität im Aquarium prüfen. Süßwasserfische kann man nur in Leitungswasser halten, das fast neutral ist, dagegen benötigen Meerwasserfische leicht alkalisches Wasser. Wird das Wasser zu sauer, sterben die Fische. Die Konzentration von Wasserstoff-Ionen und Hydroxid-Ionen im Wasser ist also von größter Bedeutung, sie muss daher immer wieder mithilfe von Teststreifen gemessen werden. Da die Konzentrationen recht klein sind, gibt man das Ergebnis der Messungen üblicherweise nicht als Stoffmengenkonzentration, sondern in übersichtlicheren Zahlenwerten als **pH-Wert** an. Der pH-Wert einer Lösung ist ein Maß für die Konzentration an Wasserstoff-Ionen oder Hydroxid-Ionen.

pH-Skala. Die pH-Skala umfasst die Zahlen von 0 bis 14. *Neutrale Lösungen* haben den pH-Wert 7. Sie enthalten Wasserstoff-Ionen und Hydroxid-Ionen in sehr geringen, aber *gleich großen Konzentrationen,* sodass sich ihre Wirkungen aufheben. Saure Lösungen besitzen pH-Werte kleiner als 7, alkalische Lösungen größer als 7; in ihnen überwiegen die Hydroxid-Ionen.
Je kleiner der pH-Wert ist, desto größer ist die Konzentration an Wasserstoff-Ionen und umso stärker sauer ist eine Lösung: Salzsäure mit der Konzentration $1\frac{mol}{l}$ hat den pH-Wert 0. Verdünnt man sie auf das zehnfache Volumen, so sinkt die Konzentration auf $0{,}1\frac{mol}{l}$, der pH-Wert steigt auf 1. Verdünnt man eine Lösung mit pH = 1 auf das zehnfache Volumen, so erhöht sich der pH-Wert auf 2. Eine Konzentrationsänderung um den Faktor 10 bedeutet also eine Änderung des pH-Werts um eine Einheit.

Natronlauge mit der Konzentration $1\frac{mol}{l}$ besitzt den pH-Wert 14. Verdünnt man sie auf das zehnfache Volumen, sinkt der pH-Wert auf 13. Verdünnt man diese Lösung wiederum auf das zehnfache Volumen, fällt der pH-Wert auf 12. Die Konzentration der Hydroxid-Ionen beträgt nach dem zweiten Verdünnen nur noch ein Hundertstel der ursprünglichen Konzentration. Je größer der pH-Wert ist, desto stärker alkalisch ist also eine Lösung.

Mathematisch lässt sich der Zusammenhang zwischen dem pH-Wert und der Konzentration an Wasserstoff-Ionen durch den **Logarithmus (lg)** darstellen. Eine saure Lösung mit dem pH-Wert von 2 enthält $0{,}01\frac{mol}{l}$ H^+-Ionen. Der Logarithmus von 0,01 ist –2. Daher lässt sich der pH-Wert als negativer Logarithmus des Wertes der Konzentration an Wasserstoff-Ionen in der Lösung beschreiben: $pH = -lg\ c(H^+)$.

Der pH-Wert einer Lösung ist ein Maß für die Konzentration an Wasserstoff-Ionen. Ein Unterschied von einer Einheit auf der pH-Skala bedeutet einen Konzentrationsunterschied um den Faktor 10.

1 Erkläre den Aufbau der pH-Skala.

2 **a)** Aus einem Liter Salzsäure mit pH = 2 will man Salzsäure mit pH = 3 herstellen. Beschreibe die Vorgehensweise.

b) Aus einem Liter Natronlauge mit pH = 13 will man Natronlauge mit pH = 11 herstellen. Beschreibe die Vorgehensweise.

3 10 ml Salzsäure mit pH = 1 werden auf 10 Liter verdünnt. Gib die Änderung des pH-Werts an.

4 Die Oberfläche der Haut hat einen pH-Wert von 5,5.

a) Beschreibe die Vorgänge beim Waschen mit Seife.

b) In der Werbung werden *pH-neutrale* oder *hautneutrale* Reinigungsmittel angepriesen. Erkundige dich, was man darunter versteht.

Die pH-Skala

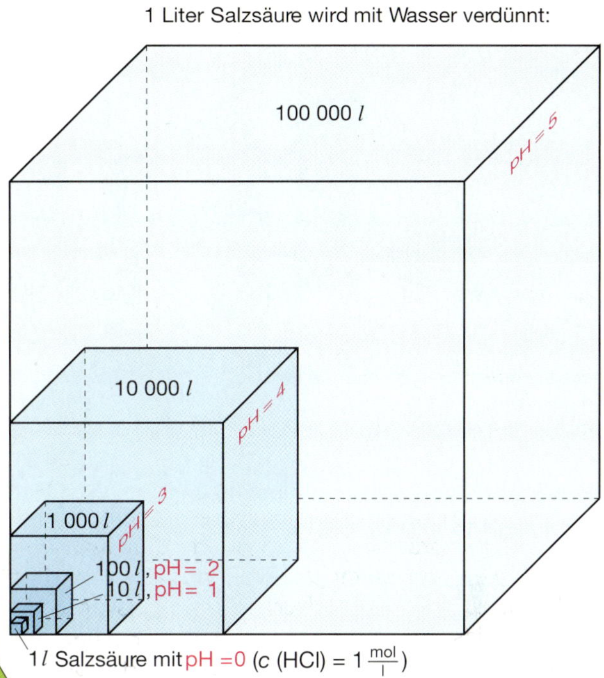

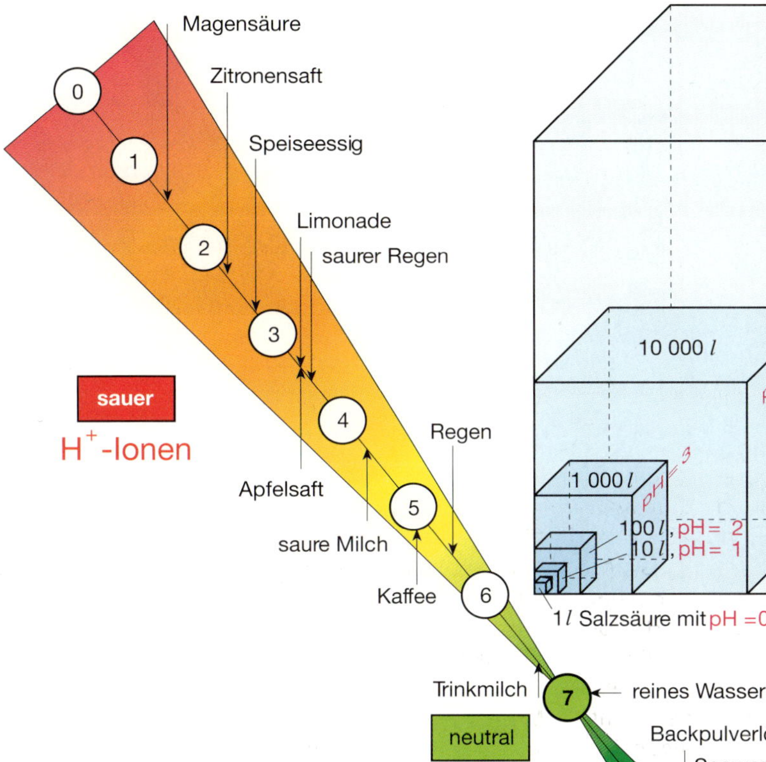

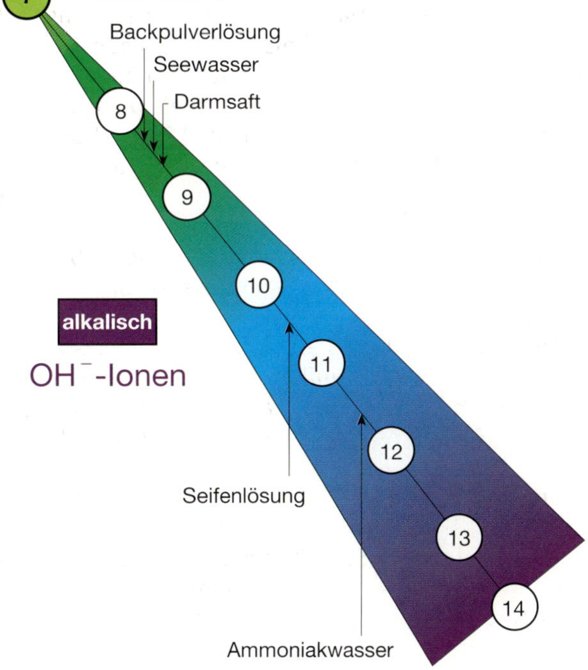

c (H^+ (aq)) $\frac{mol}{l}$	pH	c (OH^- (aq)) $\frac{mol}{l}$
$10^0 = 1$	0	10^{-14}
10^{-1}	1	10^{-13}
10^{-2}	2	10^{-12}
10^{-3}	3	10^{-11}
10^{-4}	4	10^{-10}
10^{-5}	5	10^{-9}
10^{-6}	6	10^{-8}
10^{-7}	7	10^{-7}
10^{-8}	8	10^{-6}
10^{-9}	9	10^{-5}
10^{-10}	10	10^{-4}
10^{-11}	11	10^{-3}
10^{-12}	12	10^{-2}
10^{-13}	13	10^{-1}
10^{-14}	14	$10^0 = 1$

(Pfeil nach oben: zunehmend sauer; Pfeil nach unten: zunehmend alkalisch)

1 a) Berechne, wie viele Liter Wasser nötig sind, um den pH-Wert von 250 Litern durch Salzsäure verunreinigtem Abwasser von pH = 1 auf pH = 6 anzuheben.
b) Beurteile diese Methode, Abwasser so unschädlich zu machen.

2 In einem Schwimmbecken von 25 m Länge, 20 m Breite und 2 m Tiefe ist der pH-Wert auf 4 gesunken. Berechne das nötige Volumen an Natronlauge mit pH = 14, damit der pH-Wert des Wassers auf 7 ansteigt.

Methode Ordnen und Vergleichen

Ungeordnete Bücher muss man suchen, ...

... geordnete Bücher ...

... findet man schneller

Oft sagen wir: „Wozu Ordnung; Genies überblicken das Chaos." Im Alltag zeigt sich aber oft, dass wir keine Genies sind, denn wir verbringen viel Zeit mit Suchen! Je besser die Ordnung, desto schneller finden wir, was wir suchen.

Einfache *Ordnungssysteme* gibt es beispielsweise bei Büchern: Man kann sie nach Größe, nach Autoren oder nach Themen *sortieren*. Das Sortieren nach der Größe macht oft keinen Sinn. Besser ist es, Bücher nach dem Autor oder Titel alphabetisch zu *ordnen*; dann findet man sie schneller. Man kann die *Ordnungskriterien* auch kombinieren: Man sortiert nach Themengebieten und in diesen nach Autoren. So arbeiten die meisten Bibliotheken.

Beim Ordnen ist es wichtig, sich darüber Gedanken zu machen, wonach man am besten ordnet. Dazu schaut man sich die **Merkmale** und **Eigenschaften** der Objekte an, die man sortieren will. Bei Büchern ist das einfach, denn es gibt nur wenige Merkmale, nach denen *sinnvoll* geordnet werden kann. Oft haben Dinge aber sehr viele verschiedene Eigenschaften und Merkmale. Dann muss man prüfen, welche davon sich für den Aufbau eines Ordnungssystems eignen.

Viele der in den Naturwissenschaften entwickelten Fachbegriffe sind Bestandteile leistungsfähiger Ordnungssysteme. Ein einfaches Beispiel liefert die Einordnung von Verbindungen in *Stoffklassen,* also Gruppen von Stoffen, die sich in bestimmten Eigenschaften ähnlich sind. Für die außerordentlich große Zahl an *Verbindungen* lässt sich zunächst nur ein sehr allgemeines Merkmal angeben: Es sind Stoffe, an deren Aufbau Atome verschiedener Elemente beteiligt sind. Nach der Art der beteiligten Elemente oder nach speziellen Eigenschaften können Verbindungen schrittweise in Gruppen mit bestimmten ähnlichen Eigenschaften unterteilt werden wie beispielsweise Salze oder Säuren. Die Stoffgruppe „Säuren" lässt sich noch weiter unterteilen; sie umfasst sowohl sauerstoffhaltige, wie auch sauerstofffreie Säuren.

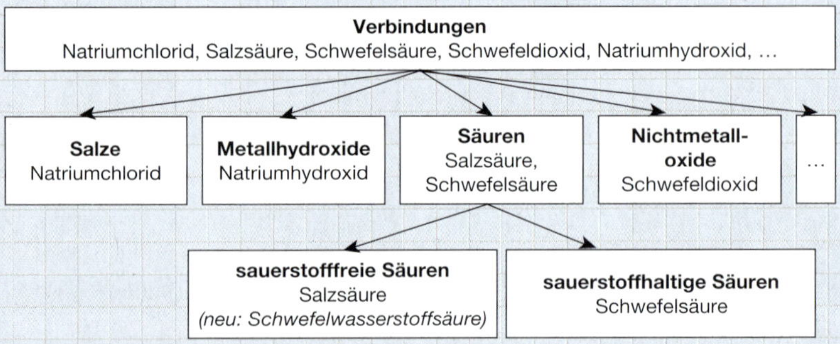

Beispiel für ein Ordnungssystem in der Chemie

Soll eine neue Verbindung in solch ein Ordnungssystem eingeordnet werden, fängt man stets mit dem Vergleichen allgemeiner Merkmale an. Berücksichtigt man dann nach und nach auch die spezielleren Eigenschaften, kommt man schließlich zu einer Gruppe, die sich nicht mehr weiter unterteilen lässt.

Hat man im Chemieunterricht beispielsweise ein Gas kennengelernt, das bei der Reaktion von Eisensulfid (FeS) mit Salzsäure (HCl (aq)) gebildet wird, so kann es sich nur um eine Wasserstoff-Verbindung des Schwefels handeln. Da Schwefel in derselben Gruppe des Periodensystems der Elemente steht wie der Sauerstoff, sollten auch die Moleküle der Wasserstoff-Verbindungen ähnlich aufgebaut sein: Der Aufbau der Schwefelwasserstoff-Moleküle (H_2S) entspricht also dem der Wasser-Moleküle (H_2O).

Schwefelwasserstoff löst sich in Wasser; ein Indikator zeigt an, dass die Lösung sauer reagiert. Die Schwefelverbindung ähnelt in dieser Hinsicht dem Chlorwasserstoffgas, dessen Lösung als Salzsäure bekannt ist.

Die wässerige Lösung von Schwefelwasserstoff kann deshalb als Schwefelwasserstoffsäure zusammen mit Salzsäure bei den sauerstofffreien Säuren eingeordnet werden.

Um die Vielfalt der Stoffe und Reaktionen überschauen zu können, ist für die Chemie die Entwicklung von Ordnungssystemen besonders wichtig. Eines dieser unverzichtbaren Hilfsmittel ist das **„Periodensystem der Elemente“.**

Ende des 18. Jahrhunderts waren 63 Elemente bekannt. Sie wurden meist zufällig entdeckt. Der russische Chemiker D.I. MENDELEEV wollte Ordnung in die Vielzahl von Elementen bringen. Grundlage seiner zunächst erfolglosen Versuche des Ordnens waren die für jedes Element bekannten Eigenschaften. Schließlich hatte er im Februar 1869 die entscheidende Idee: Er ordnete die Elemente nach der steigenden Atommasse. Die Karteikarten mit den Daten der Elemente verschob er so, dass er die Elemente mit zunehmender Atommasse von oben nach unten und gleichzeitig Elemente mit ähnlichen Eigenschaften nebeneinander positioniert hatte. Durch diese Ordnung zeigte er den Zusammenhang von Atommasse und Eigenschaften eines Elements.

Dabei bewies er Mut zur Lücke, denn er ließ Positionen einfach frei, wenn kein bekanntes Element in das Ordnungssystem passte. So wurde deutlich, dass noch Elemente fehlten und er konnte sogar deren Eigenschaften voraussagen! Die Richtigkeit seiner Ordnung wurde mit der Entdeckung der entsprechenden Elemente bestätigt: 1875 fand man das Element, das er mit der Atommasse 68 angegeben hatte. Es wurde *Gallium* genannt. 1885 entdeckte der deutsche Wissenschaftler Clemens WINKLER im sächsischen Freiberg das Element, das später *Germanium* genannt wurde. In den nächsten Jahren wurden weitere Elemente entdeckt, deren vorausgesagte Eigenschaften nahezu vollständig mit den gefundenen identisch waren.

Gleichzeitig mit dieser Ordnung der Elemente entdeckte MENDELEEV das Gesetz der Periodizität, das dem Periodensystem der Elemente zugrunde liegt. Es besagt, dass eine periodische Änderung im Bau der Atomhülle der Elemente den periodischen Änderungen der Eigenschaften der Elemente entspricht.

Vorgehen beim Vergleichen

1. Bestimme die Objekte, die verglichen werden sollen.
2. Nenne möglichst viele Merkmale der Objekte und stelle sie in einer Tabelle zusammen.
3. Unterstreiche die gemeinsamen Merkmale. Schreibe sie am besten unter die Tabelle.
4. Überprüfe noch mal, ob du wirklich alle Gemeinsamkeiten gefunden hast.
5. Ziehe Schlussfolgerungen aus dem Vergleich.

Aufgabe: Vergleiche Wasserstoff und Sauerstoff anhand ihrer Eigenschaften. Erstelle dazu eine Tabelle nach untenstehendem Muster.

Eigenschaft	Wasserstoff	Sauerstoff
Formel		
Farbe		
Aggregatzustand		
Geruch		
Dichte		
Schmelztemperatur		
Siedetemperatur		
Nachweis		
typische Reaktionen		

Gemeinsamkeiten: ______________________

Schlussfolgerungen: ______________________

Vorgehen beim Ordnen

1. Bestimme die Objekte, die geordnet werden sollen.
2. Nenne Merkmale, nach denen man ordnen kann.
3. Schreibe die Objekte unter die entsprechenden Merkmale und bilde einen Oberbegriff für diese Gruppe.
4. Überlege, ob es innerhalb einer Gruppe weitere Gemeinsamkeiten gibt. Wenn ja, bilde Untergruppen. Ordne ihnen einen Unterbegriff zu.
5. Entwickle eine Übersicht, aus der die ermittelten Zusammenhänge zwischen den Objekten hervorgehen.

Übung: Ordne die folgenden Begriffe anhand des angegebenen Schemas: Elektronenpaarbindung, polare Elektronenpaarbindung, Ionenbindung, Salze, Metallhydroxide, Säuren, Metalloxide, Nichtmetalloxide, chemische Bindung.

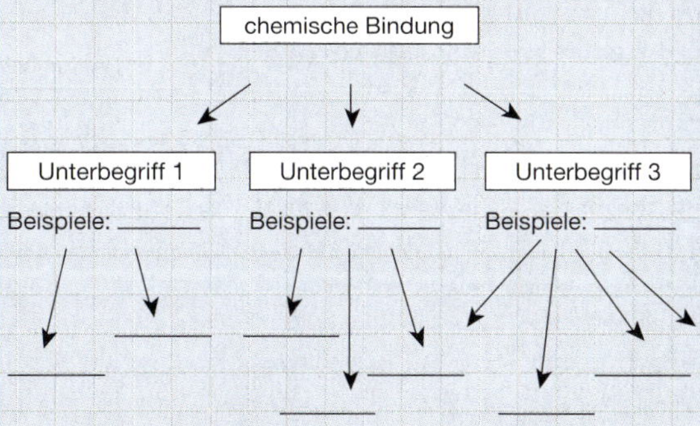

7.8 Wasserhärte

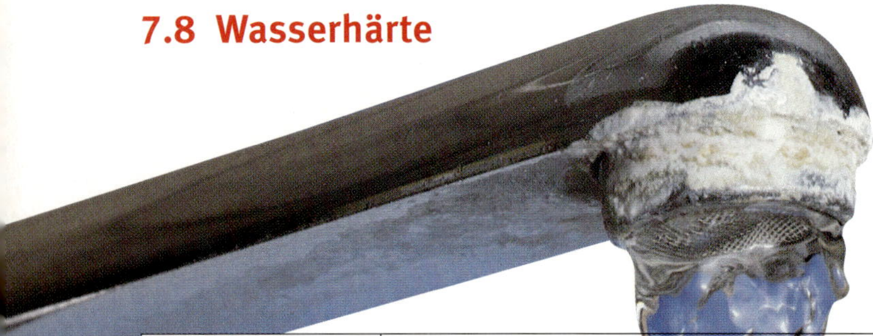

Sie erhalten von uns: **Trinkwasser**	Härtebereich: **2 Mittel** **8,5 Grad deutscher Härte**			
Härtebereich	**1**	**2**	**3**	**4**
Wasserhärte in $\frac{mmol}{l}$	bis 1,3	1,3 bis 2,5	2,5 bis 3,8	über 3,8
in °d	0 bis 7	7 bis 14	14 bis 21	über 21
Bezeichnung	weich	mittel	hart	sehr hart
Bitte mit Trinkwasser sparsam umgehen!				

Ein Grad deutscher Härte (1 °d) bedeutet:
100 Liter Wasser enthalten ebenso viele Calcium-Ionen wie ein Gramm Calciumoxid, das entspricht c (Ca^{2+}) = 0,18 $\frac{mmol}{l}$.

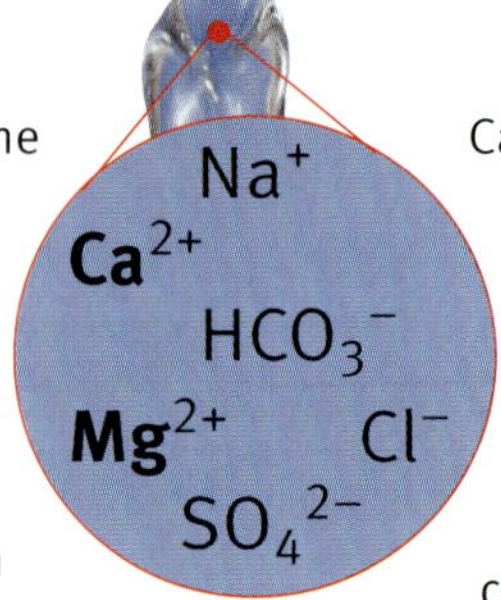

Aus der Dusche rieseln nur noch dünne Wasserstrahlen, denn weißliche Ablagerungen verstopfen teilweise die Düsen des Duschkopfs. Die Ursache dafür ist *hartes Wasser:* Es enthält gelöste Salze. Bei den Kationen sind es neben Natrium-Ionen vor allem Calcium- und Magnesium-Ionen, bei den Anionen neben Chlorid- und Sulfat-Ionen (SO_4^{2-}) hauptsächlich Hydrogencarbonat-Ionen (HCO_3^-).

Die **Wasserhärte** ist ein Maß für die Konzentration an Calcium- und Magnesium-Ionen im Wasser. Sie hängt von den Bodenschichten und Gesteinen ab, durch die das Regenwasser ins Grundwasser gelangt. Dringt Regenwasser in den Boden ein, so nimmt es Kohlenstoffdioxid auf, denn die Luft im Boden enthält bis zu 100mal so viel davon wie die Atmosphäre. Der Grund für diesen hohen Gehalt an Kohlenstoffdioxid sind Bodenlebewesen, die das Gas bei der Atmung freisetzen.

Sickert das kohlenstoffdioxidreiche Wasser durch kalkhaltige Schichten, so reagiert es mit Calciumcarbonat zu Calciumhydrogencarbonat. Calcium-Ionen und Hydrogencarbonat-Ionen gehen in Lösung und es entsteht hartes Wasser:

$$CaCO_3\ (s) + H_2O\ (l) + CO_2\ (g) \longrightarrow Ca^{2+}\ (aq) + 2\ HCO_3^-\ (aq)$$

Erhitzt man hartes Wasser, so fällt Kalk aus. Er setzt sich als *Kesselstein* an den Wänden von Rohren, Heißwasserspeichern oder Heizspiralen ab und behindert dort den Wärmeaustausch. Der chemische Name für Kalk ist Calciumcarbonat. Es entsteht, wenn beim Erhitzen des Wassers Calcium-Ionen mit Hydrogencarbonat-Ionen reagieren:

$$Ca^{2+}\ (aq) + 2\ HCO_3^-\ (aq) \xrightarrow{\text{erhitzen}} CaCO_3\ (s) + CO_2\ (g) + H_2O\ (l)$$

Durch Kesselstein verstopfte Duschkopfdüsen oder verkalkte Heizstäbe lassen sich reinigen, indem man sie in verdünnte Säuren wie Essig oder Zitronensäure legt. Dabei entstehen Kohlenstoffdioxid und lösliche Calciumsalze.

Hartes Wasser erkennt man auch beim Händewaschen. Die glitschige Seifenschicht ist schnell abgewaschen und im Waschwasser bilden sich weiße Flocken. Dies sind wasserunlösliche *Kalkseifen,* die sich aus den Calcium-Ionen des harten Wassers und den Anionen der Seife bilden. Erst wenn alle Calcium-Ionen gebunden sind, kann die Seife schäumen und ihre volle Waschwirkung entfalten. Beim Waschen mit weichem Wasser entsteht sofort Schaum. Textilien sollte man nicht mit Seife in hartem Wasser waschen, da sich die Kalkseifen im Gewebe festsetzen. Moderne Waschmittel enthalten daher *Enthärter,* die Calcium-Ionen binden.

Die Wasserhärte ist ein Maß für den Gehalt von Calcium-Ionen und Magnesium-Ionen im Wasser.

1 Nenne Nachteile von hartem Wasser im Haushalt.
2 Beschreibe, wie man eine Kaffemaschine „entkalkt“.
3 Früher setzte man hartem Wasser vor dem Waschen Soda (Natriumcarbonat) als Wasserenthärter zu. Gib eine Erklärung anhand einer Reaktionsgleichung.
4 In der Schwäbischen Alb ist das Trinkwasser hart, im Schwarzwald weich. Gib eine Erklärung.
5 Erkläre, warum die Heizstäbe in Waschmaschinen weniger verkalken als die in Heißwassergeräten.

Nachweisreaktionen für einige Anionen

V1: Sulfat-Ionen

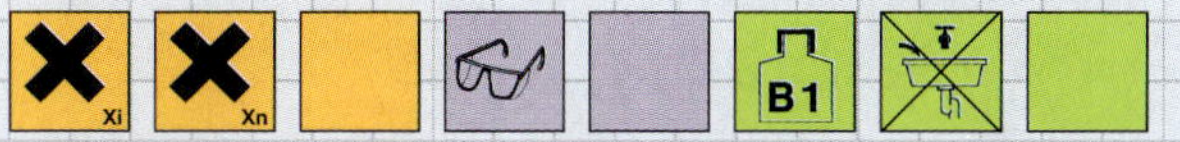

Materialien: Tropfpipetten;
Salzsäure (verd.), Bariumchlorid-Lösung (Xn),
Proben: Natriumsulfat-Lösung (verd.), Schwefelsäure (verd.; Xi), Leitungswasser, Mineralwasser.

Durchführung:

1. Fülle Reagenzgläser zu einem Drittel mit den zu untersuchenden Proben.
2. Gib einige Tropfen Salzsäure und einige Tropfen Bariumchlorid-Lösung hinzu und schüttle.

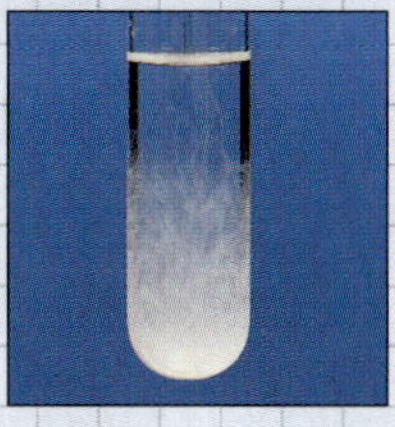

Aufgaben:

a) Beschreibe den sich bildenden Niederschlag.
b) Formuliere die Reaktionsgleichung für die Reaktion.
c) Carbonat-Ionen bilden mit Barium-Ionen ebenfalls einen weißen Niederschlag. Erkläre, wieso man bei diesem Nachweis dennoch sicher sein kann, dass es sich um Sulfat-Ionen und nicht um Carbonat-Ionen handelt.

V2: Nitrat-Ionen

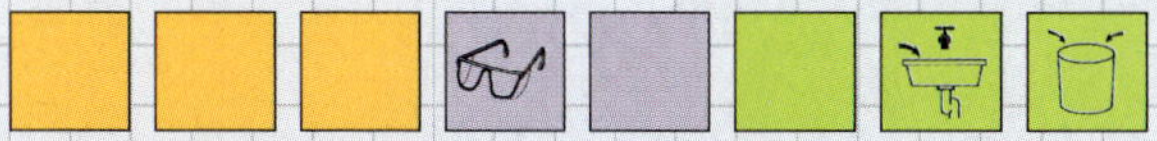

Materialien: Reibschale, Nitrat-Teststäbchen;
Proben: Flüssigdünger, Karotten, Kopfsalat.

Durchführung:

1. Zerkleinere Kopfsalat und Karotten und mische den Brei jeweils mit etwas Wasser.
2. Tauche ein Teststäbchen kurz in die Probe.
3. Vergleiche nach zwei Minuten die Farbe des Stäbchens mit der Farbskala.
4. Verdünne den Flüssigdünger gegebenenfalls so weit mit Wasser, bis der Farbton des Teststäbchens innerhalb des Messbereichs liegt.

Aufgabe: Beschreibe und deute deine Beobachtungen.

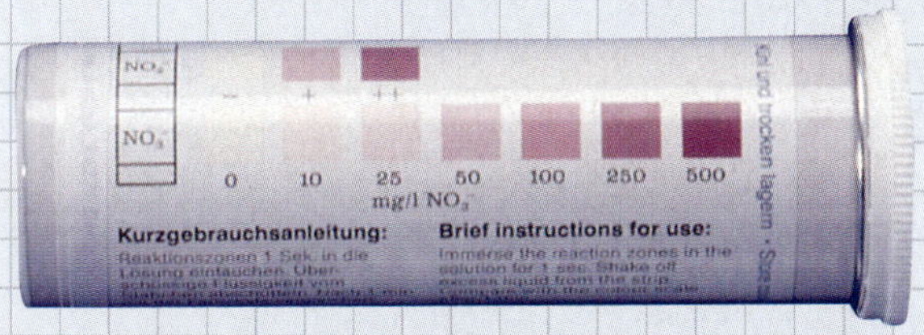

V3: Phosphat-Ionen

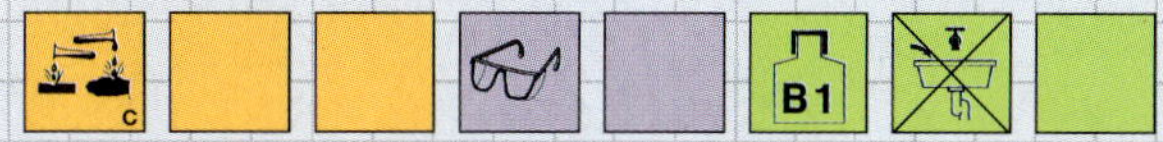

Materialien: Gasbrenner, Tropfpipetten;
Phosphat-Reagenz (C; zuvor zubereitet aus: 15 g Ammoniummolybdat, 40 g Ammoniumnitrat in 100 ml Wasser gelöst und mit 100 ml Salpetersäure (halbkonz.) gemischt),
Proben: Natriumphosphat, Waschpulver, Milch, Mineralwasser.

Durchführung:

1. Stelle verdünnte Lösungen der zu untersuchenden Stoffe her.
2. Gib zu 3 ml jeder verdünnten Lösung 20 Tropfen Phosphat-Reagenz und erhitze vorsichtig.

Aufgaben:

a) Nenne die Beobachtung, die auf Phosphate hinweist.
b) In welchen Proben lassen sich Phosphat-Ionen nachweisen?

V4: Carbonat-Ionen

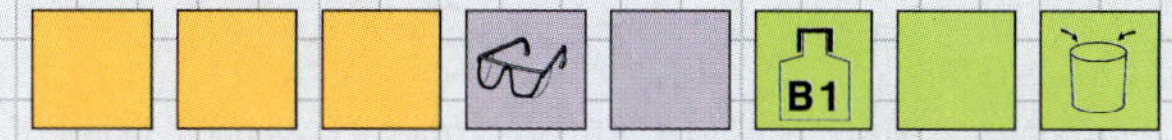

Materialien: durchbohrter Gummistopfen mit gewinkeltem Glasrohr;
Salzsäure (verd.), Kalkwasser,
Proben: Natriumcarbonat, Marmor, Tafelkreide.

Durchführung:

1. Gib die zu untersuchende Probe in ein Reagenzglas.
2. Fülle ein zweites Reagenzglas zu einem Drittel mit Kalkwasser.
3. Versetze die Probe mit etwas Salzsäure und setze rasch den Gummistopfen mit dem Glasrohr auf. Leite das entstehende Gas in das Kalkwasser ein.

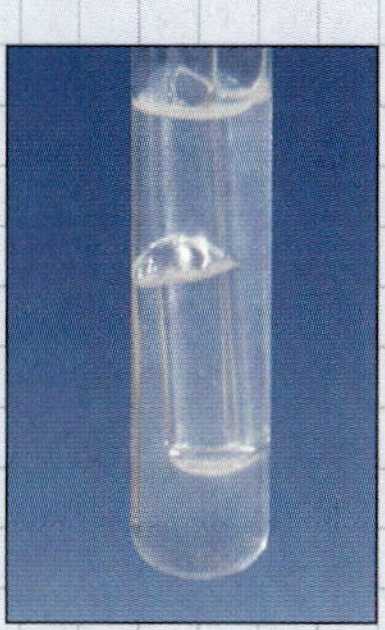

Aufgaben:

a) Beschreibe und deute deine Beobachtungen.
b) Nenne die Beobachtung, die auf Carbonate hinweist.
c) Erkläre, warum es einige Zeit dauert, bis sich das Kalkwasser trübt.
d) Eine Flasche mit Kalkwasser sollte man nicht offen an der Luft stehen lassen. Begründe.

Projekt

Chemie im Haushalt

	Härtebereich	mmol · l^{-1}	°d
	1 (weich)	0–1,3	0–7
	2 (mittelhart)	1,3–2,5	7–14
	3 (hart)	2,5–3,8	14–21
	4 (sehr hart)	> 3,8	> 21

Arbeitsaufträge: 1. Fertige eine Karte deiner Region an. Trage drei Wasserwerke ein und notiere den Härtebereich des von den Wasserwerken angegebenen Wassers.
2. Lies die Erläuterungen auf Waschmittelpackungen: Wie kann man ein und dasselbe Waschmittel bei unterschiedlichen Wasserhärten einsetzen? Welche Stoffe enthärten das Wasser? Wird ein zusätzlicher Wasserenthärter empfohlen?

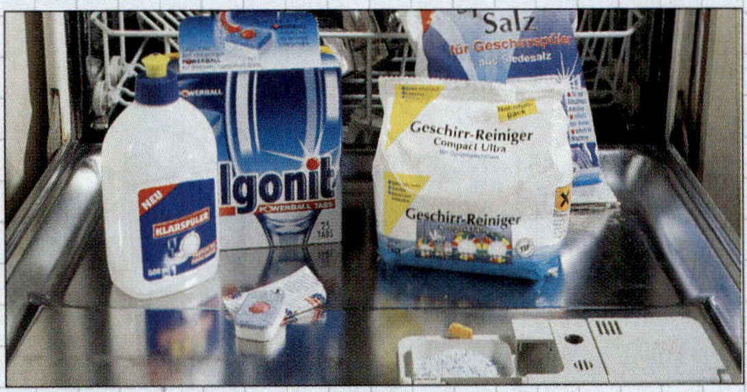

Arbeitsaufträge: 1. Sammle Informationen über die Inhaltsstoffe von *Reiniger, Klarspüler* und *Regeneriersalz* und stelle sie in einer Tabelle zusammen. Welche Information erhält man über ihre Funktion? Vergleiche dabei Produkte unterschiedlicher Hersteller.
2. Stelle Vorteile und Nachteile eines Geschirrspülers einander gegenüber. Ist das Spülen mit der Hand umweltfreundlicher?

Arbeitsaufträge:

1. Sammle verkalkte Küchengeräte, beschaffe ein Glas mit Kalkflecken.
2. Überprüfe an diesen Gegenständen die Wirksamkeit eines Klarspülers und eines handelsüblichen Entkalkers.
3. Stelle selbst einen Entkalker her. Prüfe auch seine Wirksamkeit.
4. Besorge handelsübliche flüssige Entkalker und vergleiche, welche Inhaltsstoffe auf der Flasche angegeben sind. Hängen die Anwendungshinweise von den Inhaltsstoffen ab? Einige Entkalker enthalten einen Indikator. Wird dadurch die Anwendung erleichtert?

Arbeitsaufträge: 1. Wie arbeitet ein handelsüblicher Vollentsalzer? Woran erkennt man, dass er verbraucht ist? Ist die Entsorgung problematisch?
2. Wie könnte man seine Wirkung überprüfen?
3. Informiere dich über den Einsatz und die Arbeitsweise von Vollentsalzern und Teilenthärtern.

V1: Wie wirkt ein Entkalker?

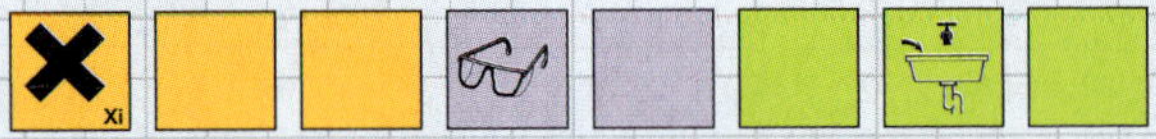

Materialien: Ameisensäure (verd.; Xi), Salzsäure (verd.), Calciumcarbonat.

Durchführung:

1. Fülle in zwei Reagenzgläser etwa die gleiche Menge Calciumcarbonat, sodass der Boden gerade bedeckt ist.
2. Gib in das eine Reagenzglas Ameisensäure und in das andere Salzsäure, bis die Reagenzgläser zu einem Drittel gefüllt sind.
3. Vergleiche die beiden Proben.

V2: Härte von Leitungswasser

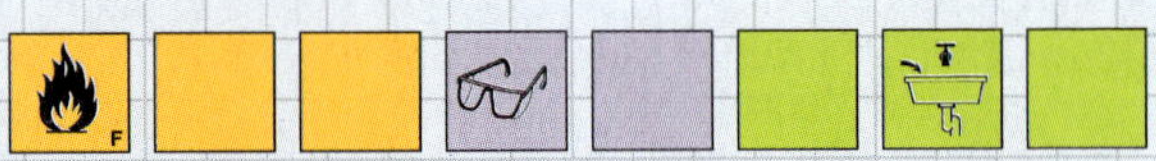

Materialien: Messzylinder;
handelsübliche Teststäbchen, alkoholische Seifenlösung (F), Leitungswasser, destilliertes Wasser.

Durchführung:

1. Fülle jeweils 10 ml destilliertes Wasser und Leitungswasser in ein Reagenzglas.
2. Bestimme in beiden Proben die Wasserhärte mit den Teststäbchen.
3. Füge jeweils fünf Tropfen Seifenlösung hinzu.
4. Schüttle beide Reagenzgläser gleich lange.

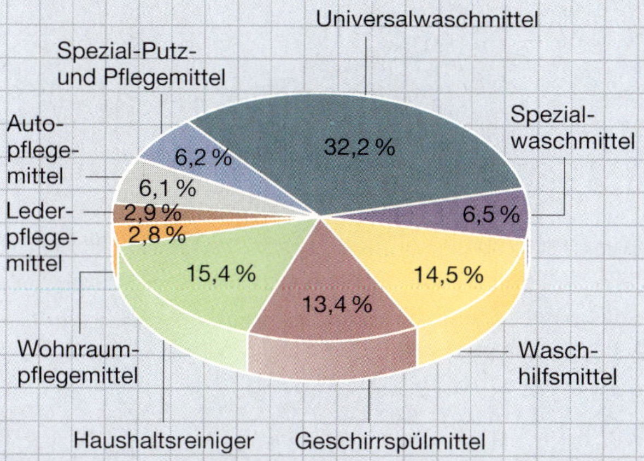

Produktion von Reinigungsmitteln

Wirkstoffe	Beispiele	Wirkung
Säuren	Ameisensäure, Essigsäure, Zitronensäure	Entfernung von Kalk und Metalloxiden
Laugen	Natriumhydroxid	Abbau organischer Stoffe
Salze	Soda	Schmutz wird leichter abgelöst.
Tenside	Seifen	Schmutz wird von der Unterlage gelöst, bleibt in der Schwebe, wird weggeschwemmt.
Bleichmittel	Hypochlorite, Wasserstoffperoxid	Oxidation von Farbstoffen und Obstflecken; töten Bakterien
Quarzmehl, Marmormehl		mechanische Entfernung von Schmutz
Lösungsmittel	Ethanol, Glykol	Lösen von Fetten, Wachs und Farbflecken

Wirkstoffe in Reinigungsmitteln

V3: Abflussreiniger

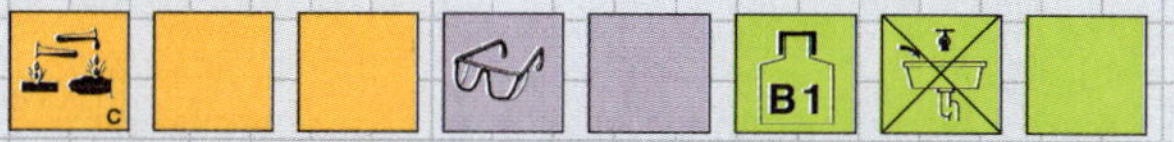

Materialien: Uhrgläser, Pinzette, Bechergläser (100 ml), Thermometer;
Abflussreiniger (C), Indikatorpapier, Haare, Papier, Kunststoff.

Durchführung:

1. Gib auf ein Uhrglas einen Löffel Abflussreiniger; sortiere die Körnchen nach Aussehen mit der Pinzette. Gib gleichartige Körnchen jeweils in ein Reagenzglas mit Wasser und miss den pH-Wert.
2. Gib einen gehäuften Spatel Abflussreiniger in ein Reagenzglas. Füge etwas Wasser hinzu und miss sofort den Temperaturverlauf (*Schutzbrille!*).
3. Gib Proben von Haaren, Papier und Kunststoff jeweils in ein Becherglas und übergieße mit einer Lösung des Abflussreinigers (1 Löffel in 50 ml Wasser). Überprüfe die Beschaffenheit der Proben nach einer Stunde.

V4: Sanitärreiniger

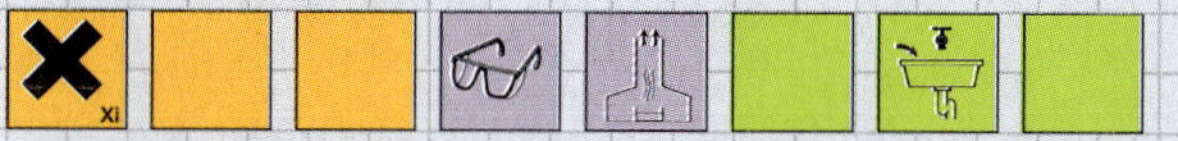

Materialien: Sanitärreiniger (Xi), Indikatorpapier, schwarze Tinte.

Durchführung:

1. Gib etwa 1 ml Sanitärreiniger in ein Reagenzglas, gib etwas Wasser hinzu und bestimme den pH-Wert.
2. Gib etwas Sanitärreiniger in ein Reagenzglas und verdünne mit wenig Wasser. Füge dann etwas schwarze Tinte hinzu.

Test	**Allzweckreiniger (Konzentrate)**			
Fabrikat	Aktiv	Multi	Rein	Clean
Inhalt in ml	500	250	500	540
Preis in Euro	1,89	1,85	1,63	5,08
Preis für 5 l Reinigungslösung in Cent	9,7	7,2	4,1	24,5
Qualitätsurteil	**gut**	**gut**	**gut**	**zufriedenstellend**
Gebrauchseigenschaften	gut	gut	gut	gut
Reinigungsleistung	+	+	+	+
Materialschonung	o	o	+	+
Hautverträglichkeit	++	+	+	++
Umwelteigenschaften	gut	gut	gut	zufriedenstellend
Dosiergenauigkeit	+	+	o	o
Abwasserbelastung	+	+	+	+
Abfallbelastung (Verpackung)	o	+	+	o

++ sehr gut + gut o zufriedenstellend – mangelhaft – – sehr mangelhaft

Arbeitsaufträge:

1. Bringe Reinigungsmittel mit und sortiere sie nach Gruppen.
2. Stelle auf einer Liste die Inhaltsstoffe vergleichbarer Reiniger zusammen.
3. Sammle Informationen über die Wirkungsweise der einzelnen Inhaltsstoffe.
4. Was muss man beim Umgang mit den Reinigern beachten? Gibt es Hinweise auf der Verpackung?
5. Stelle sinnvolle Kriterien auf, mit denen man Reiniger unterschiedlicher Marken vergleichen kann.
6. Schreibe Hersteller und Verbraucherverbände an und bitte um Informationen über Haushaltsreiniger und ihre Umweltverträglichkeit.
7. Recherchiere in den Archiven von Tageszeitungen und im Internet über Unfälle mit Haushaltschemikalien. Wie kann man sich gegen Gefährdungen schützen?

Exkurs

Weiches Wasser für den Haushalt

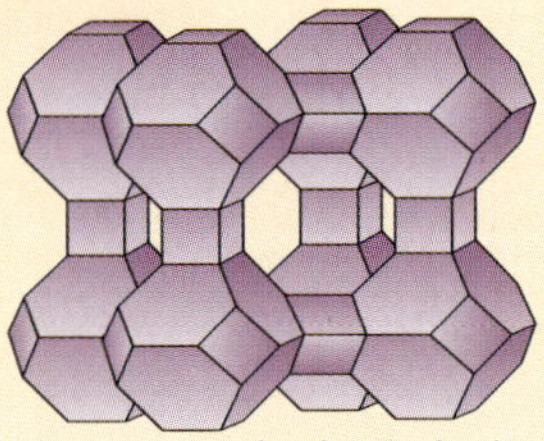

Für den Waschvorgang benötigt man weiches Wasser. Früher enthielten die Vollwaschmittel als **Enthärter** spezielle Phosphate, die Calcium-Ionen an sich binden. Zu viel Phosphat im Abwasser schadet jedoch der Umwelt. „Phosphatfrei" verkünden heute die Aufschriften auf den Waschmittelpackungen. Als Wasserenthärter verwendet man jetzt bestimmte wasserunlösliche Mineralstoffe, die als pulverförmige Produkte technisch hergestellt werden. Sie gehören zur Stoffgruppe der *Zeolithe,* die auch natürlich vorkommen. Zeolithe bilden Kristalle mit Kanälen und Hohlräumen, in denen Natrium-Ionen eingelagert sind. Die Wirkung der Zeolithe beruht darauf, dass die Natrium-Ionen aus den Hohlräumen gegen die Calcium-Ionen und Magnesium-Ionen des harten Wassers ausgetauscht werden. Beim Spülvorgang werden die Zeolithe vollständig aus der Wäsche herausgespült.
In Geschirrspülmaschinen verwendet man zur Wasserenthärtung Kunststoffharze als **Ionenaustauscher.** Auch hier werden Calcium-Ionen gegen Natrium-Ionen ausgetauscht. Im Kunststoffharz sind Natrium-Ionen locker gebunden. Fließt das harte Wasser durch die Hohlräume zwischen den Kunstharzkügelchen, setzen sich Calcium-Ionen und Magnesium-Ionen an die Stellen der im Harz gebundenen Natrium-Ionen.

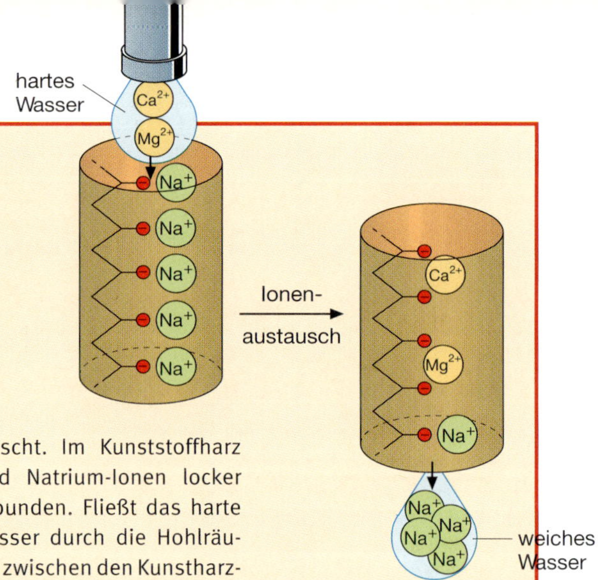

Der Ionenaustauscher muss immer wieder regeneriert werden. Dazu gibt man Natriumchlorid in einen Vorratsbehälter des Geschirrspülers. Es löst sich im Wasser, bis eine konzentrierte Lösung entstanden ist. Wird diese Lösung durch den Ionenaustauscher geleitet, verdrängen die dann in hoher Konzentration vorliegenden Natrium-Ionen wieder Calcium-Ionen und Magnesium-Ionen. Der Austauscher ist wieder einsatzbereit.

Exkurs

Tropfsteinhöhlen

Überall auf der Welt sind sie das Ziel staunender Touristen – Tropfsteinhöhlen mit ihren märchenhaften Formationen. Wie sind sie entstanden? Tropfsteinhöhlen bilden sich in Gebieten, die überwiegend aus Kalkgestein bestehen. Ein Teil des Regenwassers fließt hier nicht oberirdisch ab, sondern dringt in den Boden ein. Aus der im Boden enthaltenen Luft löst sich Kohlenstoffdioxid im Wasser. Das Regenwasser versickert dann in feinen Rissen des Kalkgesteins und reagiert mit dem Calciumcarbonat zu wasserlöslichem Calciumhydrogencarbonat:

$$CaCO_3\ (s) + H_2O\ (l) + CO_2\ (aq) \longrightarrow Ca^{2+}\ (aq) + 2\ HCO_3^-\ (aq)$$

Die Risse erweitern sich zu Spalten und Höhlen, in denen das Wasser unterirdisch abfließt.

Tropfsteine bilden sich, wenn Sickerwasser mit gelöstem Calciumhydrogencarbonat von der Decke einer Höhle tropft. Sowohl an der Decke als auch an der Auftropfstelle am Boden wird aus den Wassertropfen wieder Kohlenstoffdioxid an die Höhlenluft abgegeben. Dabei entsteht wieder festes Calciumcarbonat. Die obige Reaktion läuft also umgekehrt ab.
Man unterscheidet die von der Decke der Höhle wachsenden *Stalaktiten* und die vom Boden aufwärts wachsenden *Stalagmiten.* Sie wachsen nur Bruchteile eines Millimeters im Jahr, nach langer Zeit können sie jedoch zu mächtigen Säulen werden. Enthält das herabtropfende Wasser Eisen-Verbindungen oder Kupfer-Verbindungen, so entstehen gefärbte Tropfsteine.

Saurer Regen – Entstehung und Folgen

Exkurs

„pH = 3,5: Regen fast so sauer wie Essig!" Solche Pressemitteilungen beunruhigten in den 1970er Jahren die Öffentlichkeit. Regenwasser ist aber schon von Natur aus leicht sauer: Das in der Luft enthaltene Kohlenstoffdioxid löst sich in den Wassertropfen und es entsteht eine schwach saure Lösung mit einem pH-Wert um 5.
Die Verbrennung von Kohle, Erdöl und Erdgas liefert weitere Säurebildner: Schwefel-Verbindungen in den Brennstoffen werden beim Verbrennen zu *Schwefeldioxid* umgesetzt. Autoabgase belasten die Atmosphäre vor allem mit *Stickstoffoxiden*, die im Motor bei hohen Temperaturen durch Oxidation von Luftstickstoff entstehen. Die häufig verwendete Formel NO_x deutet an, dass sowohl Stickstoffmonooxid (NO) als auch Stickstoffdioxid (NO_2) vorliegen.

Radikale – reaktive Teilchen in der Atmosphäre. Unter dem Einfluss des Sonnenlichts wirkt die Atmosphäre wie ein großes Reaktionsgefäß. Vor allem der energiereiche UV-Anteil des Lichts führt zur Bildung von sehr reaktionsfähigen Teilchen, die man allgemein als Radikale bezeichnet. Radikale sind überwiegend ungeladene Teilchen mit einer ungeraden Anzahl an Außenelektronen. Ein wichtiges Beispiel ist das *Hydroxyl*-Radikal O–H.
Auf 100 Billionen ($100 \cdot 10^{12} = 100\,000\,000\,000\,000$) Teilchen in der Luft entfallen im Durchschnitt nur zwei OH-Radikale. Aber auch dieser extrem kleine Anteil entspricht bereits 500 000 OH-Radikalen in einem einzigen Kubikzentimeter Luft.
Hydroxyl-Radikale spielen eine entscheidende Rolle beim Aufbau von organischen Spurenstoffen in der Luft. Sie werden deshalb oft als „Waschmittel der Atmosphäre" bezeichnet.
Andererseits sind sie an der Bildung des sauren Regens beteiligt, denn durch die Reaktion mit Stickstoffoxiden entstehen Moleküle der Salpetrigen Säure (HNO_2) und der Salpetersäure (HNO_3):

$$NO\ (g) + OH\ (g) \longrightarrow HNO_2\ (g)$$

$$NO_2\ (g) + OH\ (g) \longrightarrow HNO_3\ (g)$$

Auswirkungen auf Böden und Pflanzen. Saurer Regen kann weitab von der Quelle der Luftverschmutzung niedergehen. Fällt er auf kalkhaltigen Boden, so werden die Säuren durch das Calciumcarbonat neutralisiert und der pH-Wert des Bodens ändert sich zunächst nicht. In kalkarmen Böden werden die Wasserstoff-Ionen kaum neutralisiert – die Böden versauern. Durch die Versauerung wird die Bodenstruktur verändert: Wasserstoff-Ionen aus dem sauren Regen verdrängen die an Bodenpartikel gebundenen Calcium- und Magnesium-Ionen. Diese werden mit dem Regenwasser ausgewaschen. Den Pflanzen fehlen so wichtige Nährsalze. Zusätzlich gehen aus dem Boden Aluminium-Ionen in Lösung, die für die Pflanzen giftig sind. Die Versauerung der Böden wird als *eine* Ursache von **Waldschäden** angesehen.

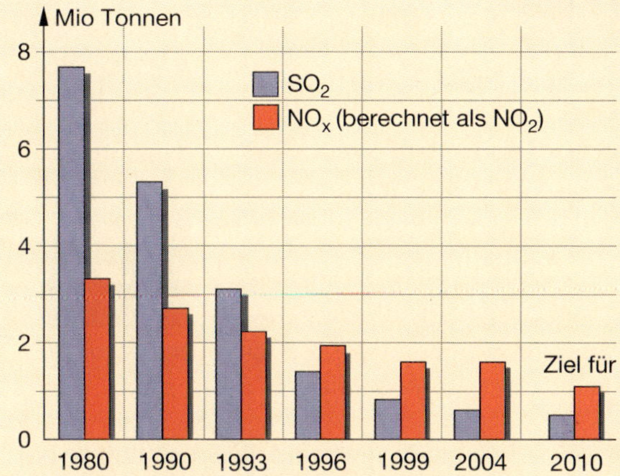

Emission von Luftschadstoffen in Deutschland (in Millionen Tonnen)

Maßnahmen gegen den sauren Regen. Infolge aufwändiger Abgasreinigungsverfahren ist der Ausstoß von Schadstoffen heute weitaus niedriger als noch vor 30 Jahren.
In den *Entschwefelungsanlagen* von Kohlekraftwerken wird das Abgas unter Luftzufuhr mit einer Löschkalk-Suspension besprüht. Dabei wird Schwefeldioxid zu Calciumsulfat umgesetzt, das sich als Gips in der Bauindustrie weiter verwenden lässt:

$$2\ Ca(OH)_2\ (aq) + 2\ SO_2\ (g) + O_2\ (g) \longrightarrow 2\ CaSO_4 \cdot \tfrac{1}{2}\,H_2O\ (s) + H_2O\ (l)$$

Stickstoffoxide in den Abgasen von Kraftwerken werden in *Entstickungsanlagen* durch die Reaktion mit Ammoniak unschädlich gemacht:

$$6\ NO\ (g) + 4\ NH_3\ (g) \longrightarrow 5\ N_2\ (g) + 6\ H_2O\ (g)$$

Auch Autoabgase lassen sich wirkungsvoll nur mit einem *Katalysator* reinigen. Die Schadstoffe (CO, NO, NO_2, Kohlenwasserstoffe) reagieren dabei an fein verteiltem Platin zu Kohlenstoffdioxid, Stickstoff und Wasserdampf. Abgase aus Haushalten lassen sich bisher nicht reinigen. Die Verbraucher sollten daher schwefelarme Brennstoffe wie Erdgas verwenden und die Heizungsanlagen regelmäßig warten lassen.

1 Das Kalken von Waldböden wird als eine Maßnahme gegen die Wirkungen des sauren Regens durchgeführt. Begründe die Wirkung anhand einer Reaktionsgleichung.

7.10 Protonen auf Wanderschaft: Säure/Base-Reaktionen

Die bisher verwendete Beschreibung für das Reaktionsverhalten saurer und alkalischer Lösungen lässt sich folgendermaßen zusammenfassen:

- Saure Lösungen enthalten Wasserstoff-Ionen (H^+).
- Alkalische Lösungen enthalten Hydroxid-Ionen (OH^-).
- Die Neutralisation beruht auf der Vereinigung von Wasserstoff-Ionen und Hydroxid-Ionen zu Wasser-Molekülen.

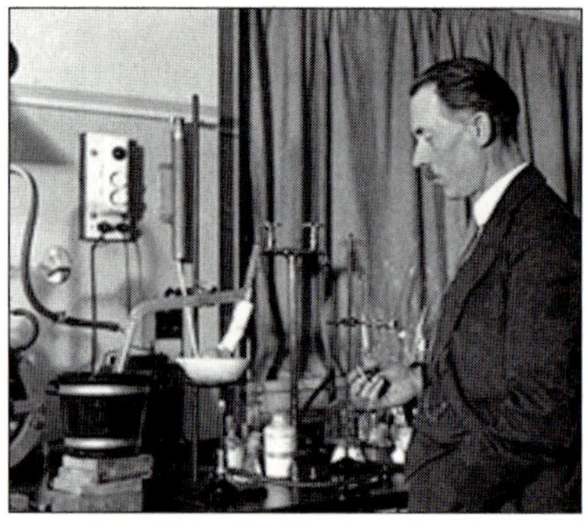

BRÖNSTED *(1879–1947)*

Diese Feststellungen gehen auf die Erkenntnisse des schwedischen Chemikers Svante ARRHENIUS aus den 1880er Jahren zurück. Nach seiner Auffassung beruht die Bildung einer sauren oder alkalischen Lösung auf einer Aufspaltung (Dissoziation) des gelösten Stoffes in Ionen.

Beispiel: $HCl\ (g) \xrightarrow{\text{Wasser}} \underbrace{H^+\ (aq) + Cl^-\ (aq)}_{\text{Salzsäure}}$

Heute verwendet man meist die folgende Reaktionsgleichung, um die Beteiligung von Wasser als Reaktionspartner deutlich zu machen:

$$HCl\ (g) + H_2O\ (l) \longrightarrow H_3O^+\ (aq) + Cl^-\ (aq)$$

Es wird demnach ein Wasserstoff-Ion vom Chlorwasserstoff-Molekül auf ein Wasser-Molekül übertragen. Diese Beschreibung wurde um 1920 durch den dänischen Chemiker Nicolaus BRÖNSTED entwickelt. Er berücksichtigte dabei neuere Erkenntnisse über den Aufbau von Atomen und Molekülen.

Nach BRÖNSTED ist eine **Säure** ein Teilchen, das ein Proton abgibt und damit als **Protonendonator** wirkt.

Ein Teilchen, das ein Proton aufnimmt und damit als **Protonenakzeptor** wirkt, bezeichnet man nach BRÖNSTED als **Base.** Im Falle der Reaktion von Chlorwasserstoff mit Wasser reagiert also das HCl-Molekül als Säure, das H_2O-Molekül als Base.

Säure/Base-Reaktionen. Die zwischen einer BRÖNSTED-Säure und einer BRÖNSTED-Base ablaufende Protonenübertragung bezeichnet man auch kurz als *Säure/Base-Reaktion*.

Reagieren Teilchen gegenüber Wasser als BRÖNSTED-Säure, so erhält man eine saure Lösung, in der H_3O^+-Ionen vorliegen: Das von der Säure abgegebene Proton lagert sich an ein freies Elektronenpaar eines Wasser-Moleküls an. Wie auch bei anderen Ionen bildet sich eine Hydrathülle um das H_3O^+-Ion. (H_3O^+ (aq)). Dieses für saure Lösungen charakteristische hydratisierte Ion bezeichnet man meist als *Hydronium-Ion*.

Reagieren Teilchen gegenüber Wasser als BRÖNSTED-Base, so entsteht eine alkalische Lösung, die Hydroxid-Ionen (OH^-) enthält. Ein typisches Beispiel dafür ist die Reaktion von Ammoniak-Gas (NH_3) mit Wasser:

$$NH_3\ (g) + H_2O\ (l) \longrightarrow NH_4^+\ (aq) + OH^-\ (aq)$$

Bei dieser Reaktion wird ein Proton von einem Wasser-Molekül auf ein Ammoniak-Molekül übertragen. Das Proton lagert sich an das freie Elektronenpaar des Ammoniak-Moleküls an. Es entsteht ein Ammonium-Ion.

Allgemein gilt: Ob ein Teilchen als BRÖNSTED-Säure oder als BRÖNSTED-Base reagiert, hängt jeweils vom Reaktionspartner ab.

Teilchen wie Wasser-Moleküle, die einerseits als BRÖNSTED-Base, andererseits als BRÖNSTED-Säure reagieren können, bezeichnet man als *Ampholyte*.

Säure/Base-Reaktionen im Sinne von BRÖNSTED können nicht nur in wässeriger Lösung, sondern auch in der Gasphase ablaufen. So reagiert Ammoniak-Gas mit Chlorwasserstoff-Gas zu festem Ammoniumchlorid. Hier ist das Chlorwasserstoff-Molekül die Säure, das Ammoniak-Molekül die Base:

$$NH_3\ (g) + HCl\ (g) \longrightarrow NH_4Cl\ (s)$$

Nach BRÖNSTED ist eine Säure ein Teilchen, das ein Proton abgibt.
Eine Base ist ein Teilchen, das ein Proton aufnimmt.
Eine Säure/Base-Reaktion beruht auf der Übertragung von Protonen.

1 Eine Lösung von Chlorwasserstoff in Benzin leitet den elektrischen Strom nicht. Welche Schlussfolgerungen kann man daraus ableiten?

2 Zeige, dass die Reaktion einer sauren Lösung mit einer alkalischen Lösung eine Säure/Base-Reaktion ist.

3 Erkläre die folgenden Beobachtungen:

a) Eine Ammoniumchlorid-Lösung reagiert sauer.

b) Tropft man Natronlauge auf Ammoniumchlorid, entweicht Ammoniak-Gas.

c) Bei der Reaktion von Magnesiumoxid mit Salzsäure entsteht eine Lösung von Magnesiumchlorid. Liegt eine Säure/Base-Reaktion vor?

Protonenübertragungen

Übersicht

$$HCl + H_2O \longrightarrow Cl^- + H_3O^+$$

Chlorwasserstoff reagiert mit Wasser. *Es entsteht eine saure Lösung.*

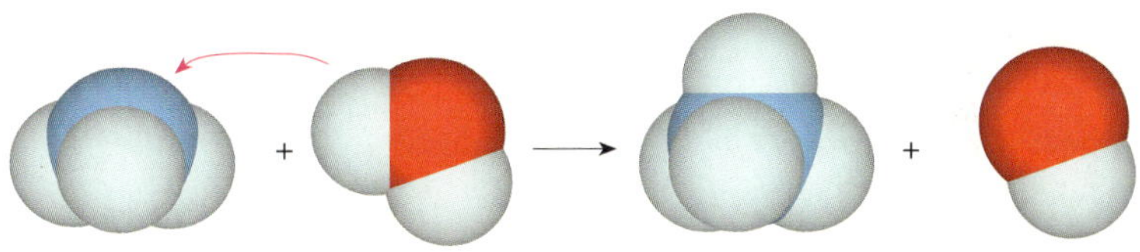

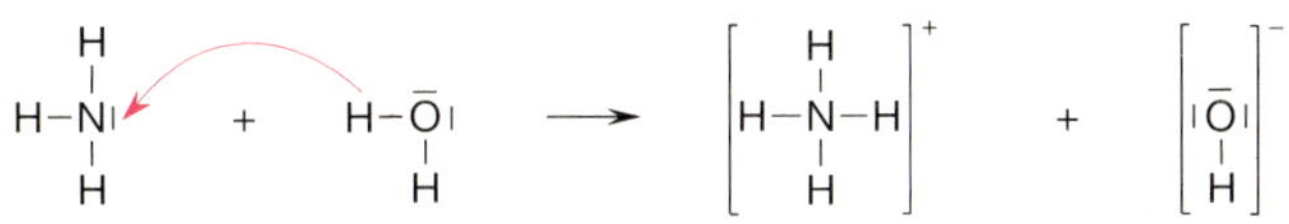

$$NH_3 + H_2O \longrightarrow NH_4^+ + OH^-$$

Ammoniak reagiert mit Wasser. *Es entsteht eine alkalische Lösung.*

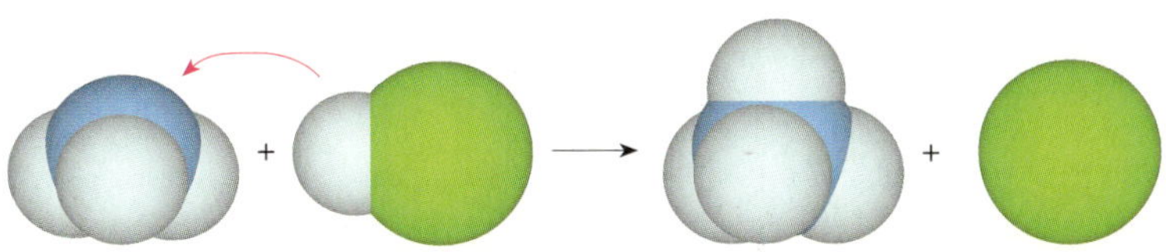

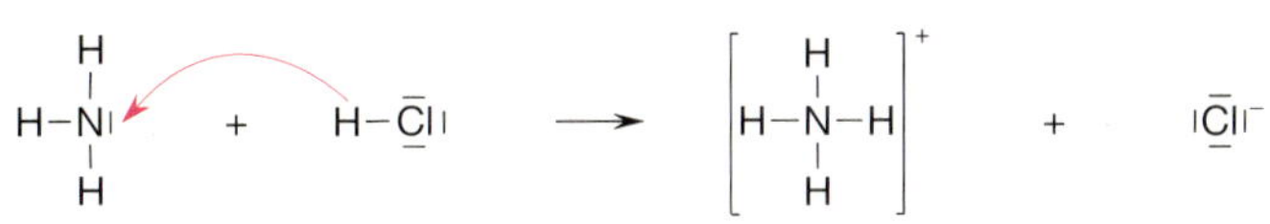

$$NH_3 + HCl \longrightarrow (NH_4)^+Cl^-$$

Ammoniak reagiert mit Chlorwasserstoff. *Es entsteht Ammoniumchlorid, eine Ionenverbindung.*

Praktikum

Protolyse

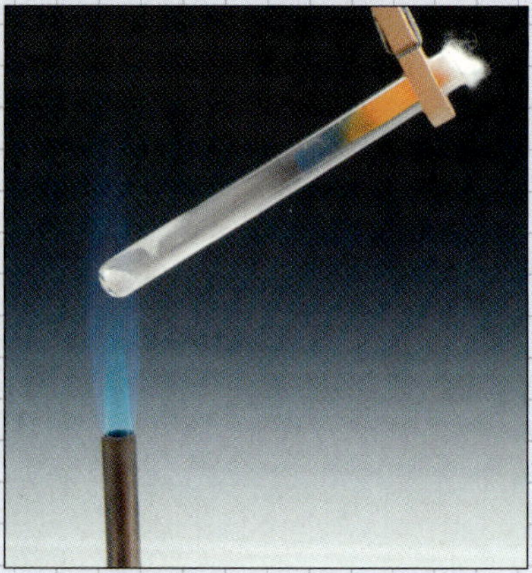

V1: Springbrunnen

Materialien: Rundkolben (250 ml), Stativring (möglichst offen), Stopfen mit Glasrohr, Gasbrenner, Glaswanne, Pipette (1 ml);
Ammoniak-Lösung (konz.; C), Salzsäure (konz.; C), Universalindikator-Lösung, Bromthymolblau-Lösung, Phenolphthalein-Lösung (F).

Durchführung:

1. Fülle die Glaswanne mit destilliertem Wasser, füge einige Tropfen Phenolphthalein-Lösung hinzu und rühre um.
2. Pipetiere in den Kolben 1 ml Ammoniak-Lösung und setze den Stopfen mit Glasrohr auf.
3. Halte den Kolben am Hals und erhitze den Kolbenboden vorsichtig bis die Flüssigkeit fast vollständig verdampft ist.

Hinweis: Die Kolbenöffnung darf nicht auf eine Person gerichtet werden.

4. Hänge den Kolben in den Stativring ein.
5. Wiederhole den Versuch mit konzentrierter Salzsäure und verwende als Indikator Bromthymolblau-Lösung.
6. Vergleichsversuch: Wiederhole den Versuch mit 1 ml Wasser.

Hinweis: Das Glasrohr sollte jeweils möglichst tief in das Wasser eintauchen und in der Mitte des Kolbens enden.

Aufgaben:

a) Notiere deine Beobachtungen und deute diese.
b) Erläutere, welche Rückschlüsse sich aus dem Vergleichsversuch ziehen lassen.
c) Formuliere die Reaktionsgleichungen und gib an, welche Ionen für die alkalische oder saure Reaktion verursachen.

V2: Versuche mit Ammoniumchlorid

Materialien: Gasbrenner, Reibschale, Glaswolle, Universalindikator-Papier;
Ammoniumchlorid (Xn), Natriumhydroxid (C; B1).

Durchführung:
Thermische Zersetzung:

1. Gib eine Spatelspitze Ammoniumchlorid in ein Reagenzglas.
2. Feuchte einen Streifen Indikatorpapier mit Wasser an und befestige ihn mit der Glaswolle entsprechend der Abbildung im Reagenzglas.
3. Erhitze nun vorsichtig das Ammoniumchlorid.

Reaktion mit Natriumhydroxid:

1. Verreibe in einer Reibschale etwas Ammoniumchlorid mit Natriumhydroxid.
2. Halte ein feuchtes Universalindikator-Papier über die Reibschale.

Aufgaben:

a) Notiere deine Beobachtungen.
b) Formuliere Reaktionsgleichungen für die in den beiden Versuchen ablaufenden.
c) Erkläre, warum beim Erhitzen von Ammoniumchlorid eine Sublimation ausgeschlossen werden kann.
d) Stelle Vermutungen an, welche Rolle die Glaswolle bei dem Versuch zur thermischen Zersetzung spielt.
e) Erkläre die Farbänderungen der Indikatorpapiere mithilfe der BRÖNSTEDschen Säure/Base-Theorie
f) Recherchiere, wofür Ammoniumchlorid im Haushalt und in der Technik verwendet wird.

Saure, alkalische und neutrale Lösungen

1. Saure Lösungen

a) Saure Lösungen sind wässerige Lösungen, die hydratisierte Wasserstoff-Ionen ($H^+(aq)$) enthalten.

b) Säuren sind Verbindungen, die beim Lösen in Wasser Wasserstoff-Ionen (Protonen) abspalten.

c) Säurerest-Ionen sind negativ geladene Ionen, die durch Abspaltung eines oder mehrerer Wasserstoff-Ionen (Protonen) aus Säure-Molekülen entstehen.

d) Bildung saurer Lösungen:

$$\text{Halogenwasserstoff} \xrightarrow{\text{Wasser}} \underbrace{\text{Halogenid-Ionen + Wasserstoff-Ionen}}_{\text{saure Lösung}}$$

$$\text{Nichtmetalloxid + Wasser} \longrightarrow \underbrace{\text{Säurerest-Ionen + Wasserstoff-Ionen}}_{\text{saure Lösung}}$$

2. Alkalische Lösungen

a) Alkalische Lösungen sind wässerige Lösungen, die *Hydroxid-Ionen* ($OH^-(aq)$) enthalten.

b) Hydroxide sind Feststoffe. Es sind Ionenverbindungen aus positiv geladenen Metall-Ionen und negativ geladenen Hydroxid-Ionen (OH^-).

c) Bildung alkalischer Lösungen:

Metallhydroxid $\xrightarrow{\text{Wasser}}$ Metall-Ionen + Hydroxid-Ionen

Metalloxid + Wasser $\longrightarrow$ Metall-Ionen + Hydroxid-Ionen

Alkalimetall/Erdalkalimetall + Wasser $\longrightarrow$ Metall-Ionen + Hydroxid-Ionen + Wasserstoff

3. Neutralisation

Die Reaktion zwischen Wasserstoff-Ionen ($H^+(aq)$) und Hydroxid-Ionen ($OH^-(aq)$) bezeichnet man als Neutralisation. Sie läuft ab, wenn man eine saure und eine alkalische Lösung zusammengibt:

$H^+(aq) + OH^-(aq) \longrightarrow H_2O(l)$

Gleichzeitig bildet sich eine neutrale Salzlösung.

4. Säure/Base-Definition nach BRÖNSTED

BRÖNSTED-Säure: Teilchen, das ein Proton abgibt (Protonendonator).
BRÖNSTED-Base: Teilchen, das ein Proton aufnimmt (Protonenakzeptor). Reagiert das Wasser-Molekül als BRÖNSTED-Base, so entstehen **Hydronium-Ionen:** $H_3O^+(aq)$.
Säure/Base-Reaktion: Protonenübertragungsreaktion

5. pH-Wert

Der pH-Wert ist ein Maß für den Gehalt einer Lösung an Wasserstoff-Ionen oder Hydroxid-Ionen.

6. Salze

a) Verbindungen aus positiv geladenen Metall-Ionen und negativ geladenen Säurerest-Ionen bezeichnet man als Salze.

b) Bildung von Salzen:
Metall + Nichtmetall $\longrightarrow$ Salz
Metall + saure Lösung $\longrightarrow$ Salzlösung + Wasserstoff
Metalloxid + saure Lösung $\longrightarrow$ Salzlösung + Wasser
Metallhydroxid + saure Lösung $\longrightarrow$ Salzlösung + Wasser

7. Wasserhärte

Die Härte von Wasser wird vor allem durch Calcium-Ionen verursacht. Beim Erhitzen von hartem Wasser bildet sich wasserunlösliches Calciumcarbonat.

8. Saurer Regen

Verursacher	Schadstoffe	Folgen
Kraftwerke Industrie Haushalte Verkehr	*Schwefeldioxid* bildet Schwefelsäure. *Stickstoffoxide* bilden Salpetersäure.	Versauerung von Böden und Gewässern; Waldsterben; Zerstörung von Bauwerken

9. Stoffmengenkonzentration

Die **Stoffmengenkonzentration** c ist der Quotient aus der Stoffmenge n des gelösten Stoffs und dem Volumen V der Lösung:

$$c\,(\text{Stoff}) = \frac{n\,(\text{Stoff})}{V\,(\text{Lösung})}; \quad \text{Einheit: } \frac{\text{mol}}{\text{l}}$$

10. Titration

Die Titration ist eine Methode zur Ermittlung der Stoffmengenkonzentration. Dabei tropft man eine Maßlösung genau bekannter Konzentration zu einem bestimmten Volumen an Probelösung, bis ein Indikator umschlägt.

Prüfe dein Wissen

Quiz

A1 a) Erkläre die Begriffe des Fensters.
b) Notiere auf der Vorderseite von Karteikarten den Begriff, auf der Rückseite die Erklärung.

A2 Gib die Ionen an, die in verdünnter Salzsäure, in verdünnter Schwefelsäure beziehungsweise in Natronlauge vorliegen.

A3 Nenne die Eigenschaften von sauren Lösungen.

A4 Nenne drei Indikatoren und gib jeweils die Färbung in saurer und in alkalischer Lösung an.

A5 Gib die Formeln für folgende Salze an: Kaliumiodid, Natriumsulfat, Magnesiumcarbonat, Calciumnitrat, Natriumphosphat, Natriumhydrogencarbonat.

A6 Nenne die Ionen, die die Härte des Wassers bewirken.

A7 Eine saure Lösung hat den pH-Wert 0, eine andere den pH-Wert 3. Zeige anhand einer Berechnung der Wasserstoff-Ionen-Konzentration, welche Lösung gefährlicher ist.

Know-how

A8 Nenne zwei Methoden, wie man im Labor Wasserstoff in kleinen Mengen herstellen kann. Gib dazu die Reaktionsgleichungen an.

A9 Hält man trockenes Indikatorpapier in Chlorwasserstoff-Gas, zeigt sich nur sehr langsam eine Veränderung; angefeuchtetes Indikatorpapier wird dagegen sofort rot. Erkläre den Unterschied.

A10 In welchem der abgebildeten Versuche leuchtet die Glühlampe? Begründe deine Antwort.

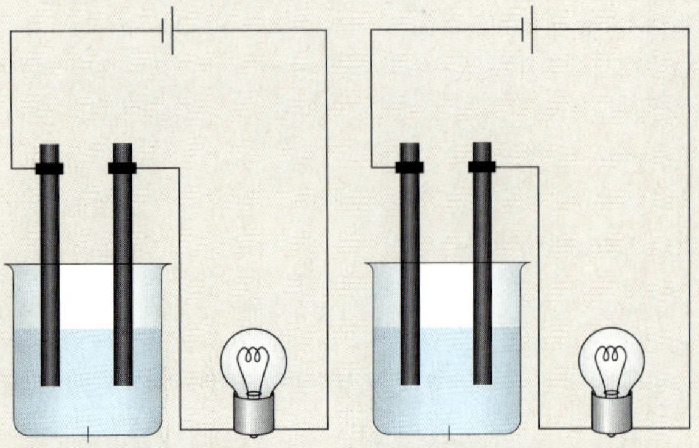

verdünnte Essigsäure — konzentrierte Essigsäure

Die wichtigsten Begriffe

- saure Lösung, Säure
- alkalische Lösung, Lauge
- pH-Wert
- Salzbildung
- Neutralisation
- Stoffmengenkonzentration
- Titration
- Wasserhärte
- saurer Regen
- BRÖNSTED-Säure
- BRÖNSTED-Base
- Säure/Base-Reaktion

A11 a) Zur Neutralisation von 20 ml Salzsäure unbekannter Konzentration verbraucht man 27,2 ml Natronlauge ($0{,}1\frac{mol}{l}$). Berechne die Konzentration der Salzsäure.
b) 25 ml Natronlauge werden mit Schwefelsäure ($0{,}1\frac{mol}{l}$) titriert. Der Verbrauch beträgt 20 ml. Berechne die Konzentration der Natronlauge.
c) Eine Probe von 20 ml Calciumhydroxid-Lösung wird mit Salzsäure ($0{,}1\frac{mol}{l}$) titriert. Bis zum Indikatorumschlag werden 5,3 ml Salzsäure verbraucht. Berechne die Konzentration der Calciumhydroxid-Lösung. Wie viel Milligramm Calciumhydroxid enthält die Probe?

A12 Verdünnte Salpetersäure reagiert mit Kalilauge.
a) Stelle die Reaktionsgleichung auf.
b) Handelt es hier um eine Säure/Base-Reaktion im Sinne von BRÖNSTED? Begründe deine Antwort.

Natur – Mensch – Technik

A13 a) Erkläre, warum vor allem Warmwasserleitungen verkalken.
b) Formuliere eine Reaktionsgleichung.

A14 Geologen führen für Gesteinsuntersuchungen im Gelände stets ein Fläschchen Salzsäure mit sich. Was können sie mit der Säure überprüfen?

A15 Pulverförmige WC-Reiniger enthalten Natriumhydrogensulfat. Eine wässerige Lösung des Salzes reagiert sauer. Erkläre dies anhand einer Reaktionsgleichung.

A16 In Haushaltsessig beträgt die Konzentration an Essigsäure etwa $1\frac{mol}{l}$. Der pH-Wert liegt bei pH = 3. Mit Essig kann man ohne Probleme Speisen würzen. Salzsäure mit der Konzentration $1\frac{mol}{l}$ hat dagegen den pH-Wert 0, man sollte eine Schutzbrille tragen. Erkläre den Unterschied.

A1 Sodbrennen

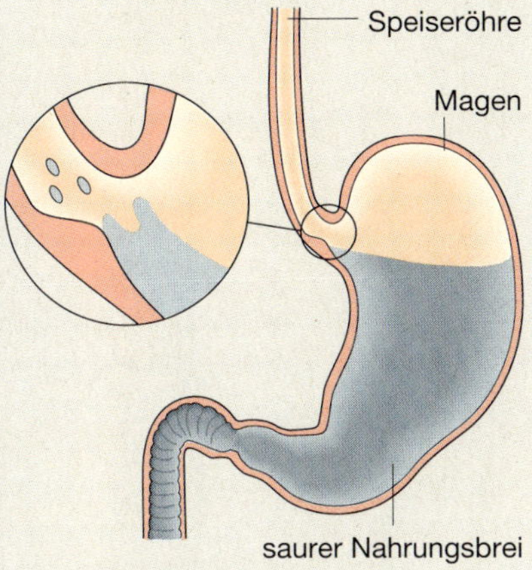

Etwa jeder dritte Bundesbürger leidet häufig unter Sodbrennen. Dabei steigt Magensaft in die Speiseröhre auf und verursacht in der Höhe des Brustbeins brennende Schmerzen. Beim gesunden Menschen verhindert ein Schließmuskel am Magenmund das Aufsteigen des Magensaftes. Durch Alkohol, Nikotin, stark gewürzte Nahrung, Stress oder geringe Flüssigkeitsaufnahme kann es zu Funktionsstörungen des Schließmuskels kommen. Auf Dauer kann die Magensäure ernst zu nehmende Entzündungen der Speiseröhrenschleimhaut bewirken.

Bei leichteren Beschwerden hilft es häufig schon, wenn man ein Glas Wasser oder Kräutertee trinkt. Darüber hinaus gibt es in der Apotheke eine ganze Reihe von frei verkäuflichen Medikamenten. Als Wirkstoffe enthalten diese *Antazida* meist Carbonate oder Hydroxide:

Handelsname	Wirkstoff
Bullrich Salz®	$NaHCO_3$ (Natron)
Rennie®	$CaCO_3/MgCO_3$
Solugastril®	$Al(OH)_3/CaCO_3$
Almag	$Al(OH)_3/Mg(OH)_2$

Antazida können bei empfindlichen Personen Völlegefühl und ein unangenehmes Aufstoßen bewirken. Sie sollten daher nur bei selten auftretenden Beschwerden eingenommen werden. Länger andauerndes und regelmäßig wiederkehrendes Sodbrennen sollte dagegen unbedingt von einem Arzt behandelt werden.

a) Begründe, weshalb es bei leichtem Sodbrennen ausreicht, Wasser oder Tee zu trinken, um die Beschwerden zulindern.

b) Erkläre die Wirkung der Antazida bei Sodbrennen. Formuliere die Reaktionsgleichungen für die Reaktionen der Wirkstoffe mit der Magensäure.

c) Erkläre die Folgen einer Überdosierung von Antazida. Beziehe auch die Bedeutung der Magensäure für die Verdauung in deine Überlegungen ein.

A2 Waldsterben hat viele Ursachen

Anfang der 70er Jahre des 20. Jahrhunderts beobachtete man in Deutschland erhebliche Schäden an den Bäumen der Wälder. Man sprach von *neuartigen Waldschäden* oder auch kurz vom *Waldsterben*. Seit dieser Zeit wird jährlich in einem Waldzustandsbericht über das Ausmaß der Waldschäden berichtet.

Als Ursache vermutete man die damals stark zunehmende Luftverschmutzung und den dadurch verursachten sauren Regen. Genauere Untersuchungen zeigten, dass es sich um ein komplexes Problem handelt, bei dem viele Ursachen ineinander greifen:

Schwefeldioxid und Ozon gelangen durch die Spaltöffnungen der Blätter und Nadeln in die Blattzellen. Dort verändert Schwefeldioxid das Chlorophyll, wodurch die Photosynthese beeinträchtigt wird. Darüber hinaus behindert es das Schließen der Spaltöffnungen; Blätter und Nadeln trocknen aus. Als starkes Oxidationsmittel zerstört Ozon die Zellmembranen und beeinträchtigt den Stoffwechsel der Pflanze.

Saurer Regen greift die Oberfläche von Blättern und Nadeln an, wodurch sie anfälliger für Infektionen oder Fraßinsekten werden. Weiterhin versauert der Boden. Dadurch werden einerseits wichtige Nährsalze wie Magnesium- und Calcium-Ionen ausgewaschen, andererseits giftige Aluminium- und Schwermetall-Ionen freigesetzt. Diese gelangen in die Pflanze und schädigen insbesondere den Wurzelbereich.

Schädlinge wie Borkenkäfer oder Schmetterlingsraupen und *Krankheitserreger* wie Bakterien, Pilze und Viren sind für Bäume eine ständige Bedrohung. Je geschwächter ein Baum ist, desto lebensbedrohlicher ist ein Schädlingsbefall.

Extreme Wetter- und *Klimaverhältnisse* wie Temperaturstürze, kalte Winter, lange Trockenheit oder die gerade in jüngster Zeit zunehmenden Stürme machen Bäumen auch zu schaffen und haben sich schon immer negativ auf den Waldbestand ausgewirkt.

a) Erstelle mithilfe deines Biologiebuches eine Schemazeichnung eines Blattquerschnittes und trage die im Text genannten Schadstoffwege und deren Wirkungen ein.

b) Erstelle eine Concept-Map über die möglichen Ursachen von Waldschäden.

c) Schädlinge oder ungünstige Witterungsverhältnisse verschlimmern das Waldsterben, verursachen es aber nicht. Erkläre diese Aussage.

8 Einfache organische Stoffe – nicht nur Energieträger

In den letzten Jahren wurden zahlreiche landwirtschaftliche Biogasanlagen errichtet. Sie erzeugen ein Gasgemisch durch den bakteriellen Abbau von pflanzlichem Material. Hauptbestandteil dieses Biogases ist Methan, ein Kohlenwasserstoff. Dieses Biogas wird in Gasmotoren verbrannt. Über einen Generator wird so chemische Energie in elektrische Energie umgewandelt.

Experten schätzen, dass durch Fäulnisprozesse weltweit pro Jahr etwa 800 Millionen Tonnen Methan in die Luft gelangen. Vor allem aus dem sumpfigen Untergrund von Reisfeldern steigen große Mengen dieses Gases in die Atmosphäre auf.

Auch das Rind ist eine Art „Biogasanlage“: Im Rindermagen helfen Methanbakterien bei der Verdauung von Cellulose. Ein Rind gibt daher täglich bis zu 200 Liter Methan an die Luft ab.

Obwohl Methan nur einen geringen Anteil der Atmosphäre ausmacht, spielt es eine wichtige Rolle als Treibhausgas. So führt die weltweit zunehmende Rinderhaltung nicht nur zu mehr Gülle und Mist, sondern sie verstärkt auch den Treibhauseffekt.

Zentrale Fragen:
- Was sind organische Stoffe?
- Aus welchen Stoffen besteht Biogas?
- Welche Einteilungen von Kohlenwasserstoffen gibt es?
- Wie unterscheiden sich Alkane und Alkanole?
- Wie wird Alkohol hergestellt und wozu wird er verwendet?

8.1 Organische Stoffe – Organische Chemie

Ein einfacher chemischer Nachweis für organische Stoffe

Verkohltes Toastbrot beim Frühstück oder schwarze Würstchen bei der Grillparty sind ein ärgerliches Missgeschick. Ungewollt hat man dabei einen wichtigen chemischen Nachweis durchgeführt: Brot und Fleisch zersetzen sich bei hohen Temperaturen; übrig bleibt eine ungenießbare, kohleartige Masse. Diese *Verkohlung* ist typisch für viele Verbindungen, an deren Aufbau Kohlenstoff-Atome beteiligt sind. Allgemein bezeichnet man solche Substanzen als *organische Stoffe*.

Zucker und Kochsalz sehen zum Verwechseln ähnlich aus. Beides sind farblose kristalline Substanzen. Beim Erhitzen zeigt sich, dass Zucker eine organische Verbindung ist: Bei 185 °C bildet sich eine braune, zähe Schmelze, Gase entweichen und bei weiterem Erhitzen bleibt schließlich poröse „Zuckerkohle" zurück. Kochsalz schmilzt dagegen erst bei einer Temperatur von etwa 800 °C. Es entsteht eine klare Schmelze, aus der beim Abkühlen das Salz ohne erkennbare Veränderung wieder auskristallisiert; eine Zersetzung findet nicht statt. Kochsalz gehört zu den *anorganischen Stoffen*.

Holz, Bienenwachs, Medikamente, Farbstoffe und Kunststoffe sind weitere Beispiele für organische Stoffe. Die Chemie der Kohlenstoff-Verbindungen wird allgemein als **organische Chemie** bezeichnet. Nur einige Kohlenstoff-Verbindungen rechnet man zur **anorganischen Chemie.** Dazu gehören Kohlenstoffmonooxid und Kohlenstoffdioxid sowie die Kohlensäure und ihre Salze, die Carbonate.

Organische Stoffe sind Kohlenstoff-Verbindungen.
Die organische Chemie ist die Chemie der Kohlenstoff-Verbindungen.

1 Nenne die Atom-Art, die immer am Aufbau organischer Verbindungen beteiligt ist. Gib Elementsymbol, Atommasse, Ordnungszahl sowie die Stellung im Periodensystem an.
2 Erkläre den Begriff „Zuckerkohle".
3 Plane und erläutere ein Experiment, mit dem man zeigen kann, dass Kunststoffe organische Verbindungen sind.

Die Anfänge der organischen Chemie

Exkurs

Bis ins 18. Jahrhundert untersuchten die Naturforscher vor allem Stoffe aus der unbelebten Natur. Viele dieser Verbindungen konnten synthetisiert werden. Um 1800 wurden dann auch viele Reinstoffe aus der belebten Natur isoliert und analysiert. Der schwedische Chemiker Jöns Jacob BERZELIUS schlug für sie 1807 die Bezeichnung **organische Stoffe** vor. Zu dieser Zeit ließ sich keine dieser Verbindungen im Labor herstellen. Man führte ihre Bildung deshalb auf eine besondere „Lebenskraft" des Organismus zurück.

WÖHLERs Harnstoff-Synthese. Im Jahre 1828 berichtete der deutsche Chemiker Friedrich WÖHLER in einem Brief an BERZELIUS über seine Untersuchungen: „Ich kann, so zu sagen, mein chemisches Wasser nicht halten und muß ihnen sagen, daß ich Harnstoff machen kann, ohne dazu Nieren oder überhaupt ein Thier, sey es Mensch oder Hund, nöthig zu haben. Ich fand, daß immer wenn man Cyansäure mit Ammoniak zu verbinden sucht, eine kristallisierte Substanz entsteht, die ... weder auf Cyansäure noch Ammoniak reagierte ..., und es bedurfte nun weiter Nichts als einer vergleichenden Untersuchung mit Pisse-Harnstoff, den ich in jeder Hinsicht selbst gemacht hatte, und dem Cyan-Harnstoff. Wenn nun ... kein anderes Produkt als Harnstoff entstanden war, so mußte endlich ... der Pisse-Harnstoff genau dieselbe Zusammensetzung haben, wie das cyansaure Ammoniak. Und dies ist in der That der Fall ..."
WÖHLER hatte mit dem Harnstoff die erste organische Verbindung synthetisiert und so den Einstieg in die organische Chemie gefunden.

1 Erkläre den auf BERZELIUS zurückgehenden Begriff *organische Stoffe*.
2 Erläutere die Bedeutung von WÖHLERS Experiment zur Harnstoffsynthese.
3 Nenne je zwei Beispiele für Stoffe aus der belebten und unbelebten Natur.

Praktikum

Nachweis von Kohlenstoff und Wasserstoff in organischen Verbindungen

V1: Untersuchung von organischen Stoffen

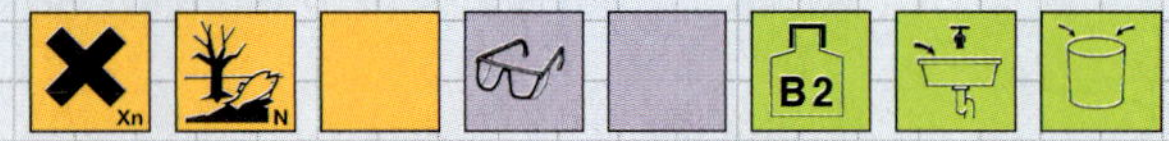

Materialien: Gasbrenner;
Zucker, Mehl, Milchpulver, Kaffeefilter, weißes Kupfersulfat (Xn, N).

Durchführung:

1. Fülle ein Reagenzglas 2 cm hoch mit Zucker. Erhitze es zuerst vorsichtig und dann kräftig bis zur Farbänderung und lasse das Reagenzglas danach abkühlen.

2. Gib auf die Tröpfchen, die sich an den kälteren Stellen des Reagenzglases niedergeschlagen haben, eine Spatelspitze weißes Kupfersulfat.

3. Wiederhole den Versuch mit Mehl, Milchpulver und kleingeschnittenem Kaffeefilter-Papier.

Aufgaben:

a) Notiere deine Beobachtungen.

b) Welche Elemente hast du nachgewiesen?

V2: Nachweis von Kohlenstoff und Wasserstoff in brennbaren Stoffen

Materialien: Becherglas (100 ml, hohe Form), Gasbrenner, Porzellantiegel, Holzspan, Tiegelzange;
Feuerzeuggas (F^+), Kalkwasser, weißes Kupfersulfat (Xn, N), Brennspiritus (F).

Durchführung:

1. Halte mit der Tiegelzange ein trockenes Becherglas mit der Öffnung nach unten über die Brennerflamme. Gib auf die Rückstände an der Innenwand des Becherglases etwas weißes Kupfersulfat.

2. Spüle ein Becherglas mit etwas Kalkwasser aus, so dass kleine Tropfen an der Innenwand bleiben. Halte es mit der Öffnung nach unten über die Flamme.

3. Wiederhole die Versuche mit brennendem Feuerzeuggas sowie mit Brennspiritus. Gib dazu zehn Tropfen Brennspiritus in den Porzellantiegel und entzünde ihn.

Aufgaben:

a) Notiere deine Beobachtungen.

b) Gib die Reaktionsgleichung für die Reaktion mit Kalkwasser an. Welches Element wurde nachgewiesen?

c) Durch welche Reaktion wurde letztlich Wasserstoff nachgewiesen? Gib die Wortgleichung an.

d) Formuliere die Reaktionsgleichung für die Verbrennung des Feuerzeuggases (C_4H_{10}).

V3: Untersuchung von Gummibärchen und Knäckebrot

Materialien: Reibschale, Becherglas, Gasbrenner, großes Reagenzglas, Gasableitungsrohr, durchbohrter Stopfen; Kalkwasser, weißes Kupfersulfat (Xn, N), Kupferoxid-Pulver.

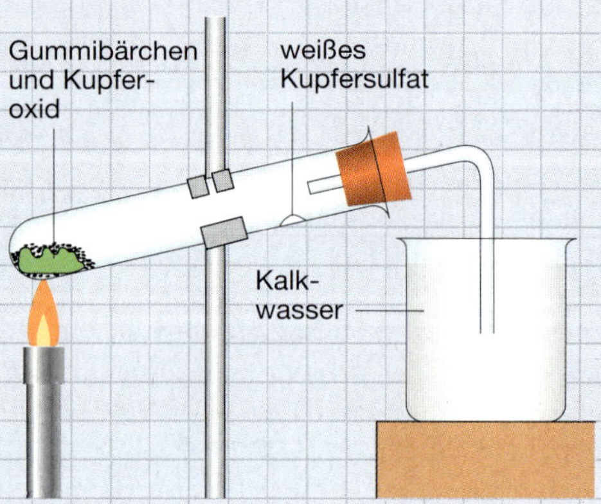

Durchführung:

1. Gib ein Gummibärchen und vier Spatelspitzen Kupferoxid in das trockene Reagenzglas.

2. Baue die Apparatur entsprechend der Abbildung auf.

3. Spanne das Reagenzglas schräg ein; gib etwas weißes Kupfersulfat in den oberen Teil des Reagenzglases.

4. Erhitze das Gemisch kräftig mit dem Gasbrenner.

5. Wiederhole den Versuch mit zerstoßenem Knäckebrot.

Hinweis: Vermeide ein Zurücksteigen des Kalkwassers in das Reagenzglas, indem Du das Gasableitungsrohr sofort nach dem Erhitzen aus der Lösung ziehst.

Aufgaben:

a) Notiere deine Beobachtungen.

b) Gib an, welche Elemente in den Gummibärchen und in Knäckebrot enthalten sind.

c) Erläutere die Funktion des Kupferoxids.

d) Erkläre die Sicherheitsmaßnahme im Hinweis.

e) Das weiße Kupfersulfat könnte durch Cobaltchlorid-Papier ersetzt werden. Recherchiere wie dieses mit den Verbrennungsprodukten reagiert.

8.2 Methan – der einfachste Kohlenwasserstoff

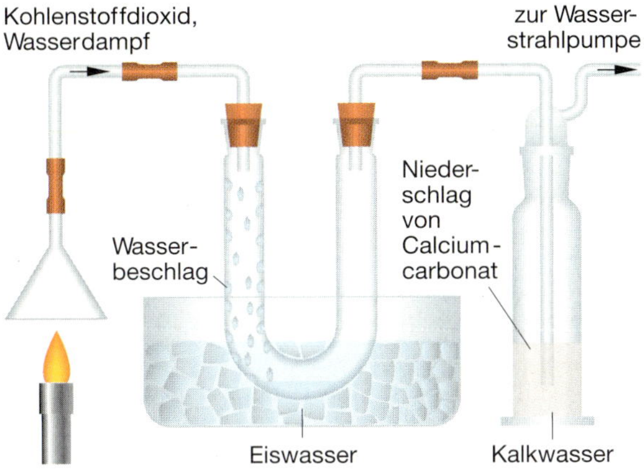

Qualitative Analyse von Methan

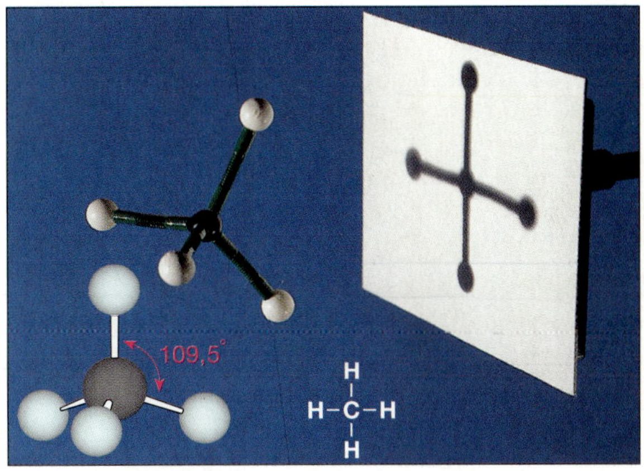

Das Methan-Molekül

Erdgas besteht fast ausschließlich aus Methan. Bei der Verbrennung von Erdgas bilden sich als Reaktionsprodukte Wasserdampf und Kohlenstoffdioxid. Methan-Moleküle müssen also Kohlenstoff-Atome und Wasserstoff-Atome enthalten. Allgemein bezeichnet man alle Verbindungen, die nur aus Kohlenstoff-Atomen und Wasserstoff-Atomen aufgebaut sind, als **Kohlenwasserstoffe.** Methan ist die einfachste Verbindung dieser Art.

Steckbrief: Methan (CH_4)

Vorkommen: Hauptbestandteil des Erdgases; entsteht durch Abbau pflanzlichen Materials in Sümpfen, Deponien, Faultürmen oder Kläranlagen, Wiederkäuermägen und Biogasanlagen.

Eigenschaften: farbloses, geruchloses und brennbares Gas; brennt mit bläulicher Flamme; Methan/Luft-Gemische sind explosiv (Schlagwetter in Bergwerken);
Dichte: $0{,}67 \frac{g}{l}$ (bei 20 °C und 1013 hPa)
Schmelztemperatur: – 182 °C
Siedetemperatur: – 161 °C

Verwendung: Heizgas in Kraftwerken und Haushalten; wichtiger Rohstoff für die chemische Industrie

Hochentzündlich

R 12 Hochentzündlich
S 9 Behälter an einem gut gelüfteten Ort aufbewahren
S 16 Von Zündquellen fern halten
S 33 Maßnahmen gegen elektrostatische Aufladungen treffen

Molekülformel von Methan. Das Atomanzahlverhältnis im Molekül ergibt sich aus der *quantitativen Analyse:* Dazu oxidiert man in einer geschlossenen Apparatur Methan mit Kupferoxid vollständig zu Wasser und Kohlenstoffdioxid.
Aus der Masse des entstandenen Wassers und dem Volumen des gebildeten Kohlenstoffdioxids ergibt sich das Atomanzahlverhältnis N (C) : N (H) = 1 : 4 und damit die *Verhältnisformel* C_1H_4.
Die Volumina von eingesetztem Methan und erhaltenem Kohlenstoffdioxid sind gleich groß. Nach dem Gesetz von AVOGADRO ergibt sich damit auch **CH_4** als *Molekülformel* für Methan.

Struktur des Methan-Moleküls. Im Methan-Molekül sind die vier Wasserstoff-Atome jeweils über eine Elektronenpaarbindung mit dem Kohlenstoff-Atom verbunden. Die Atome ordnen sich dabei tetraederförmig an. Im Zentrum des Tetraeders befindet sich das Kohlenstoff-Atom, an den vier Ecken sind die Wasserstoff-Atome. Der H–C–H-Bindungswinkel beträgt 109,5°. Diesen Winkel bezeichnet man als **Tetraederwinkel.** Am *Kugel/Stab-Modell* lässt sich der räumliche Bau des Moleküls sehr gut erkennen. Die übliche *LEWIS-Formel* entspricht der Projektion des Modells in die Zeichenebene.

Kohlenwasserstoffe sind Verbindungen, deren Moleküle nur aus Kohlenstoff-Atomen und Wasserstoff-Atomen aufgebaut sind. Methan, der einfachste Kohlenwasserstoff, besteht aus tetraederförmigen CH_4-Molekülen.

1 Formuliere die Reaktionsgleichungen für **a)** die Verbrennung von Methan; **b)** die Oxidation von Methan mit Kupferoxid; **c)** den Nachweis von Kohlenstoffdioxid mit Kalkwasser.

8.3 Flüssiggas – Was ist das?

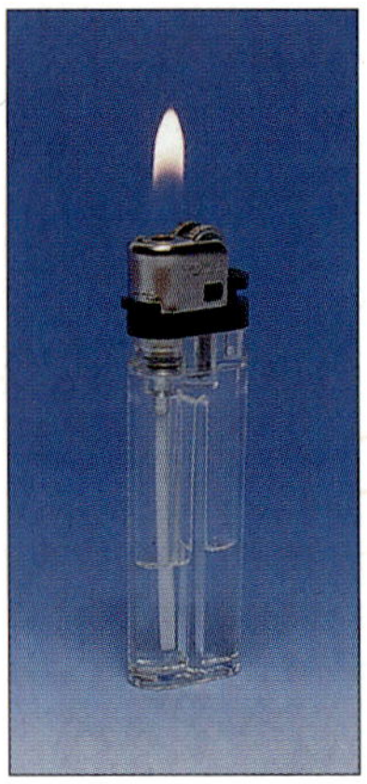

Neben Methan als Hauptbestandteil des Erdgases werden noch weitere Kohlenwasserstoffe als Energieträger genutzt. So verwendet man in Feuerzeugen und Gaskartuschen Kohlenwasserstoffe, die unter normalem Druck gasförmig sind, sich aber durch erhöhten Druck leicht verflüssigen lassen. Solche Stoffe werden daher auch als **Flüssiggase** bezeichnet. Man verwendet sie beispielsweise als Autogas (LPG, liquified petroleum gas) für den Antrieb von Kraftfahrzeugen. In durchsichtigen Feuerzeugen kann man das Flüssiggas direkt beobachten.

Das übliche Feuerzeuggas besteht aus drei Kohlenwasserstoffen, die sich in ihren Siedetemperaturen unterscheiden: −42 °C, −12 °C und −1 °C.
Die erste Komponente ist *Propan* mit der Molekülformel C_3H_8. Die beiden anderen Bestandteile haben erstaunlicherweise dieselbe Molekülformel: C_4H_{10}. Es handelt sich um *Butane*, die sich in ihrer Molekülstruktur unterscheiden.

Struktur von Butan-Molekülen. Durch Kombination von vier Kohlenstoff-Atomen und zehn Wasserstoff-Atomen lassen sich zwei verschiedene Strukturen aufbauen: Im ersten Fall erhält man ein Molekül, in dem die Kohlenstoff-Atome in einer Kette angeordnet sind. Es handelt sich dabei um die Struktur von normalem Butan (*n*-Butan). Im zweiten Fall ergibt sich ein verzweigtes Molekül, das *iso*-Butan.

Name	Strukturformel	Siedetemperatur	Schmelztemperatur	Dichte (20 °C)
Propan	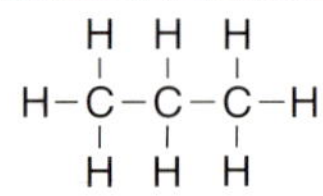	−42 °C	−188 °C	1,84 $\frac{g}{l}$
n-Butan	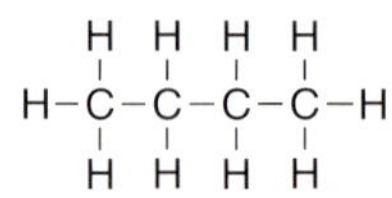	−1 °C	−138 °C	2,47 $\frac{g}{l}$
iso-Butan	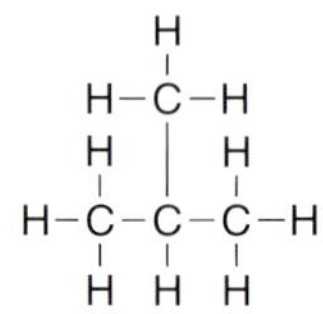	−12 °C	−159 °C	2,17 $\frac{g}{l}$

Propan (C_3H_8) und Butan (C_4H_{10}) sind gasförmige Kohlenwasserstoffe, die sich unter Druck leicht verflüssigen lassen; sie werden als Heizgas verwendet. Es gibt zwei Butane mit unterschiedlichen Molekülstrukturen: *n*-Butan und *iso*-Butan.

1 Benenne die drei Fraktionen bei der Destillation von Flüssiggas und gib ihre Siedetemperaturen an.
2 Beschreibe den unterschiedlichen Molekülaufbau von *n*-Butan und *iso*-Butan.
3 Berechne die molare Masse von Butan:
a) aus der Dichte,
b) aus der Molekülformel.
4 Gasfeuerzeuge darf man nicht längere Zeit an einem sonnenbestrahlten Ort liegen lassen. Erläutere diesen Gefahrenhinweis.

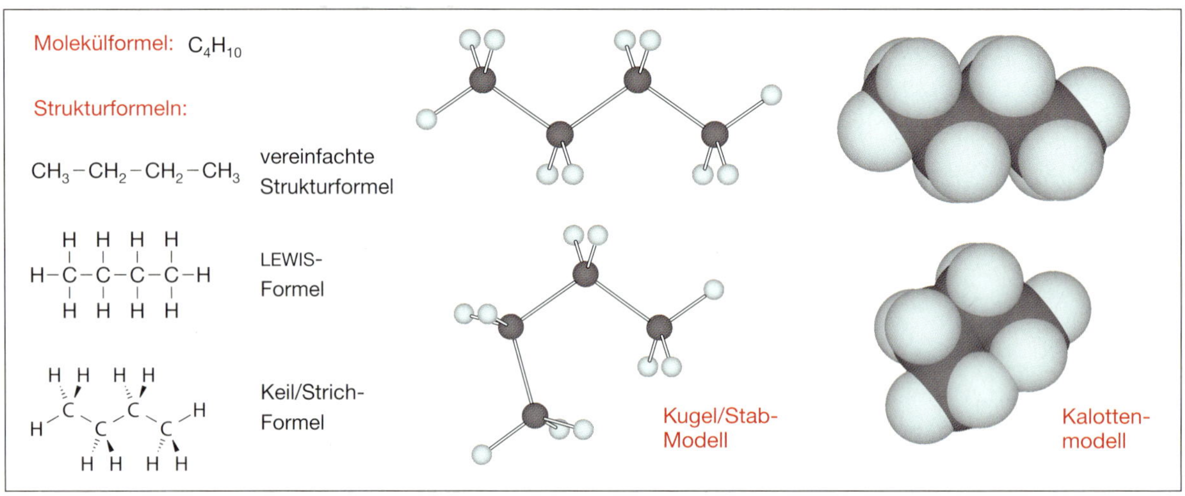

Von der LEWIS-Formel zum Kalottenmodell. Verschiedene Darstellungsmöglichkeiten des Butan-Moleküls.

Suche:

Einfache Kohlenwasserstoffe

Ergebnisse:

→ **Erdgas**

Erdgas ist ein Gemisch verschiedener Gase. Der wichtigste Bestandteil ist **Methan:**

Molekülformel: CH_4

Eigenschaften: farbloses, geruchloses Gas;

Siedetemperatur: –161 °C

hochentzündlich (F+); Methan/Luft-Gemische sind explosiv

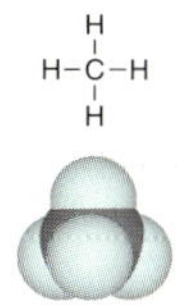

→ **Benzin**

Benzin besteht aus einem Gemisch flüssiger Kohlenwasserstoffe. Ein Bestandteil ist **Octan:**

Molekülformel: C_8H_{18}

Eigenschaften: farblose Flüssigkeit;

Schmelztemperatur: –57 °C; Siedetemperatur: 126 °C

leichtentzündlich (F); narkotisierende Dämpfe;

unlöslich in Wasser

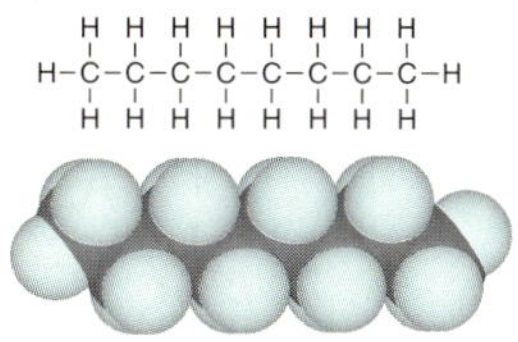

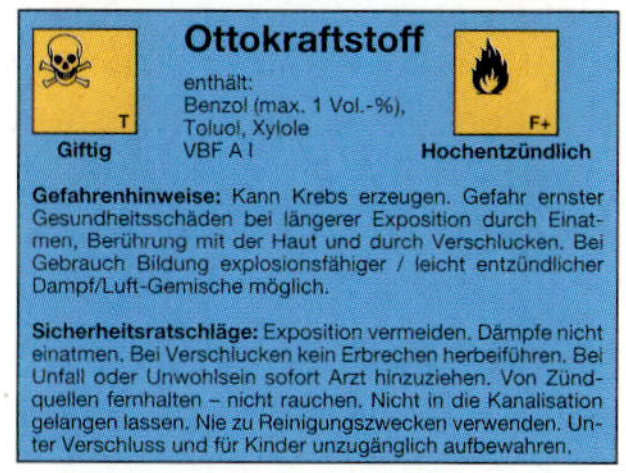

→ **Paraffinöl**

Paraffinöl ist ein Gemisch flüssiger Kohlenwasserstoffe. Es ist in Lampenöl, Holzpolituren, Fußbodenpflegemitteln und Cremes enthalten. Einer der Hauptbestandteile von Vaselinöl ist **Heptadecan**

Molekülformel: $C_{17}H_{36}$

Eigenschaften: geruch- und geschmacklose Flüssigkeit;

Schmelztemperatur: 22 °C

unlöslich in Wasser; löslich in Benzin

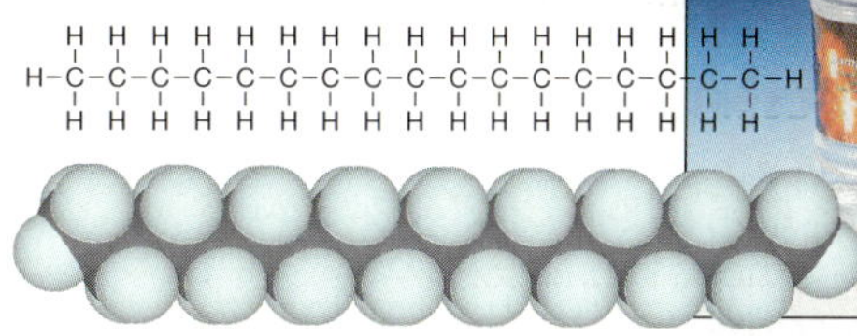

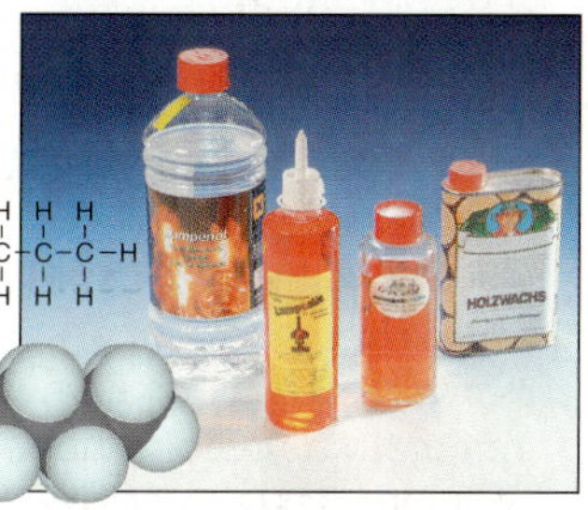

→ **Paraffin**

Paraffin ist ein Gemisch fester Kohlenwasserstoffe. Es wird als Kerzenwachs und in Wachsmalstiften verwendet. Paraffin enthält beispielsweise **Eicosan:**

Molekülformel: $C_{20}H_{42}$

Eigenschaften: farblose Kristalle;

Schmelztemperatur: 36 °C

unlöslich in Wasser; löslich in Benzin

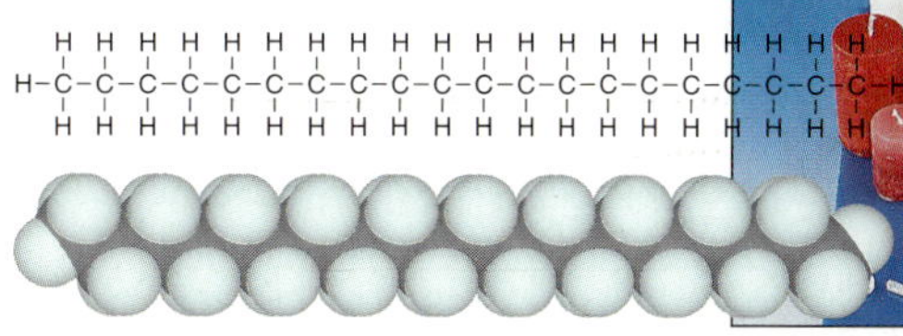

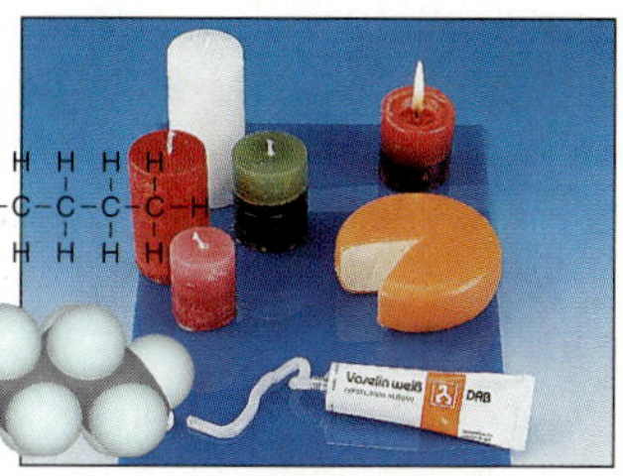

→ **Polyethen (PE)**

Polyethen ist ein Kunststoff, der aus sehr langen Kettenmolekülen besteht. Aus Polyethen werden Eimer, Tragetaschen, Mülltonnen und Spielzeug hergestellt.

Eigenschaften: durchscheinender Feststoff

Erweichungstemperatur: unter 100 °C

unlöslich in Wasser

Aufgaben

1 Recherchiere die wichtigsten Erdgasförderländer.

2 Die Zapfpistolen der modernen Tanksäulen besitzen zusätzlich eine Saugeinrichtung. Erläutere diese Schutzmaßnahme.

3 Bei Öl-Lampen findet man folgende Gebrauchsanweisung:

- *Docht so einstellen, dass Flamme rußfrei brennt, erforderlichenfalls nachregulieren.*
- *In geschlossenen Räumen brennende Lampe nicht der Zugluft aussetzen.*
- *Brennende Lampe nicht unbeaufsichtigt lassen.*

Begründe die einzelnen Hinweise.

8.4 Die Alkane – eine homologe Reihe

Neben den im Erdgas enthaltenen *Methan* sowie *Propan* und *Butan* gibt es eine große Anzahl weiterer Kohlenwasserstoffe. Dazu gehören auch zahlreiche flüssige und feste Verbindungen.
Die Vielfalt der Kohlenwasserstoffe beruht auf einer Eigenschaft, die bei dem Element Kohlenstoff besonders ausgeprägt ist: In einem Molekül können beliebig viele Atome über Elektronenpaarbindungen direkt miteinander verknüpft werden. Neben unterschiedlich langen Ketten können auch verzweigte Ringe oder Ketten gebildet werden.

Bei den Kohlenwasserstoffen unterscheidet man zwischen den *gesättigten* und *ungesättigten* Verbindungen. Zu den gesättigten Kohlenwasserstoffen gehören alle Verbindungen, in denen die Kohlenstoff-Atome jeweils vier Bindungspartner haben. Zwischen den C-Atomen liegen nur Einfachbindungen vor. Diese Stoffgruppe bezeichnet man als **Alkane.**
Bei den ungesättigten Kohlenwasserstoffen treten dagegen auch C/C-Mehrfachbindungen auf.

Homologe Reihe. Die Alkane lassen sich nach der Anzahl der Kohlenstoff-Atome im Molekül ordnen. Mit der Molekülformel CH_4 steht das *Methan* an erster Stelle. Es folgt das *Ethan* mit der Molekülformel C_2H_6. Fügt man formal eine CH_2-Gruppe ein, erhält man ein C_3H_8-Molekül, ein Molekül des *Propans*.
Innerhalb der Stoffgruppe der Alkane wachsen die Moleküle jeweils um eine CH_2-Gruppe gegenüber dem vorhergehenden Molekül; eine solche regelmäßige Reihe bezeichnet man als **homologe Reihe.**
Aufgrund dieses regelmäßigen Aufbaus ergibt sich für alle Glieder der Alkan-Reihe die *allgemeine Molekülformel* $\mathbf{C_nH_{2n+2}}$.

Innerhalb der homologen Reihe der Alkane steigen mit wachsender Kettenlänge sowohl die Schmelz- als auch die Siedetemperatur. Die Kettenlänge der Moleküle bestimmt auch die Anwendungsmöglichkeiten. So ist *Octan* (C_8H_{18}) ein Bestandteil des Benzins; *Octadecan* ($C_{18}H_{38}$) ist in Kerzenwachs enthalten.

Benennung von Alkanen. Die Namen der ersten vier Glieder der homologen Reihe entstanden zu einer Zeit als der Aufbau der Moleküle noch nicht bekannt war. Auch heute noch werden diese Trivialnamen verwendet. Die Namen der weiteren Glieder werden gebildet, indem man vor die Endung **-an** ein lateinisches oder griechisches Zahlwort setzt, das die Anzahl der Kohlenstoff-Atome im Molekül angibt: *Pentan* (C_5H_{12}), *Hexan* (C_6H_{14}), *Heptan* (C_7H_{16}).

Alkyl-Gruppen. Spaltet man formal von einem Alkan-Molekül ein Wasserstoff-Atom ab, erhält man eine Alkyl-Gruppe. So leitet sich die *Methyl*-Gruppe ($-CH_3$) vom Methan und die *Ethyl*-Gruppe ($-CH_2CH_3$) vom Ethan ab. Allgemein spricht man auch von **Alkyl-Resten.** In Formeln bezeichnet man sie kurz durch –R.

Die Alkane bilden eine homologe Reihe mit der allgemeinen Molekülformel C_nH_{2n+2}. Zwischen den Kohlenstoff-Atomen nur Einfachbindungen vor.

1 Nenne den Unterschied zwischen gesättigten und ungesättigten Kohlenwasserstoffen.
2 Gib Namen und Formel des Alkans mit 15 C-Atomen an.
3 Auch die Alkyl-Gruppen bilden eine homologe Reihe. Gib Namen, Formeln der ersten vier Glieder an. Stelle eine allgemeine Formel auf.

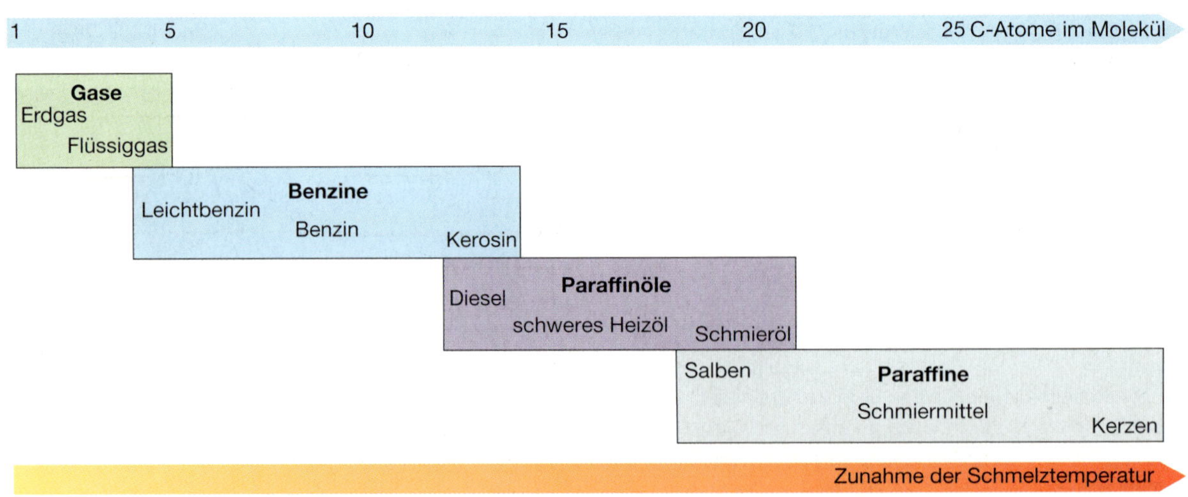

Alkane – Stoffgruppeneinteilung nach der Anzahl der Kohlenstoff-Atome und ihre Verwendung

Homologe Reihe der Alkane

Übersicht

Alkane	Kugel/Stab-Modell	Molekülformel	LEWIS-Formel	Schmelztemp. in °C	Siedetemp. in °C	Dichte in $\frac{g}{cm^3}$
Methan		CH_4	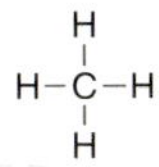	−182	−161	0,424*
Ethan		C_2H_6	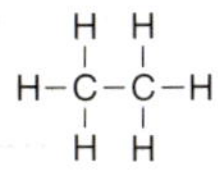	−183	−89	0,546*
Propan		C_3H_8	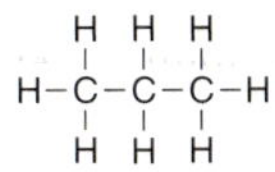	−189,7	−42	0,582*
Butan	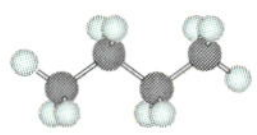	C_4H_{10}	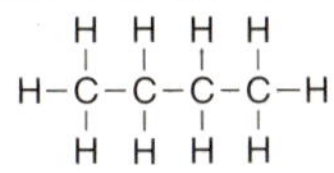	−135	−1	0,579*
Pentan	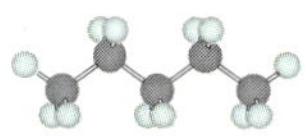	C_5H_{12}	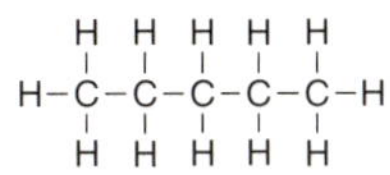	−130	36	0,626
Hexan	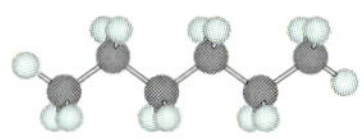	C_6H_{14}	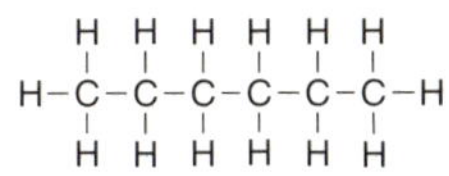	−95	69	0,659
Heptadecan		$C_{17}H_{36}$	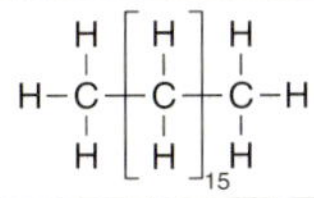	22	302	0,778

* Wert gilt für die Flüssigkeit bei Siedetemperatur; übrige Werte für 25 °C

Chemie-Rekorde – die längsten Kohlenstoffketten

Exkurs

1985 gelang es Wissenschaftlern, einen *reinen* Kohlenwasserstoff mit besonders langen Molekülen zu synthetisieren. Es handelt sich dabei um das *Nonacontatrictan*, ein Alkan mit einer Kette aus 390 Kohlenstoff-Atomen im Molekül: $C_{390}H_{782}$. Das Nonacontatrictan kann, wie Polymere auch, auf Oberflächen wie Graphit kristallisieren. Es bildet dabei dünne Schichten aus. Die Schichten können mit dem Rasterkraftmikroskop abgetastet und so dargestellt werden. Mit dem Rasterkraftmikroskop (Nanoscope) ist es möglich, die Eigenschaften von Nonacontatrictan-Oberflächen zu untersuchen. So können beispielsweise chemische und mechanische Eigenschaften bestimmt werden.
Das größte bekannte Ringsystem unter den synthetischen Kohlenwasserstoffen weist 288 Kohlenstoff-Atome auf. Der systematische Name für dieses Cycloalkan mit der Molekülformel $C_{288}H_{576}$ ist Cyclooctaoctacontadictan.
Ob einzelne Riesenmoleküle stabil sind, hängt entscheidend von der Temperatur ab. In der Wärme werden die Molekülschwingungen so stark, dass bei einem langen Molekül die Wahrscheinlichkeit für den Bruch einer Bindung ansteigt. Deshalb bleibt es abzuwarten, ob diese Stoffe mit ihren spezifischen Eigenschaften jemals Einzug in unseren Alltag halten.

8.5 Vielfalt – Verzweigung und Ringbildung

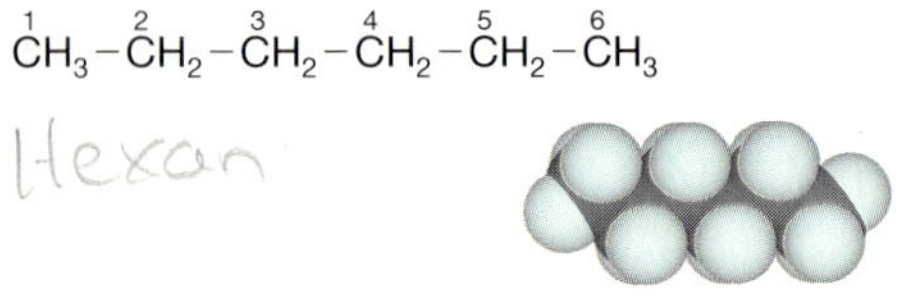
Hexan

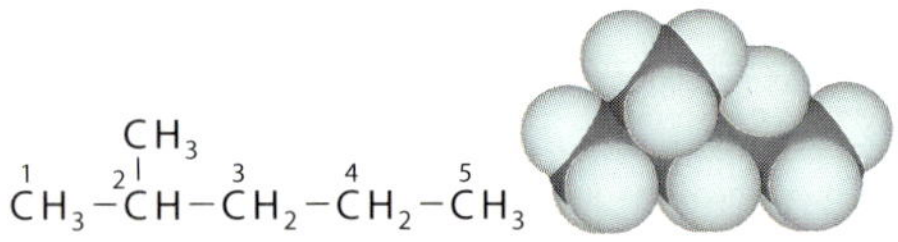
2-Methylpentan

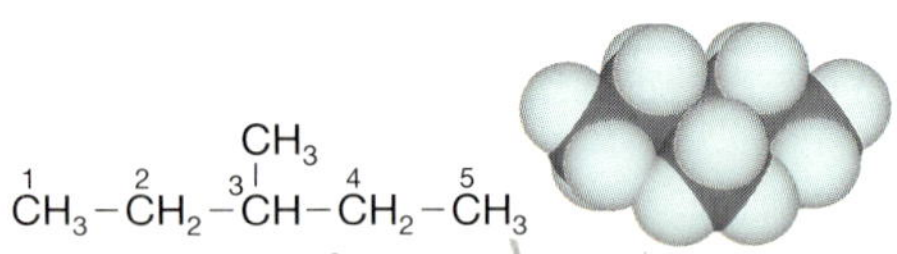
3-Methylpentan

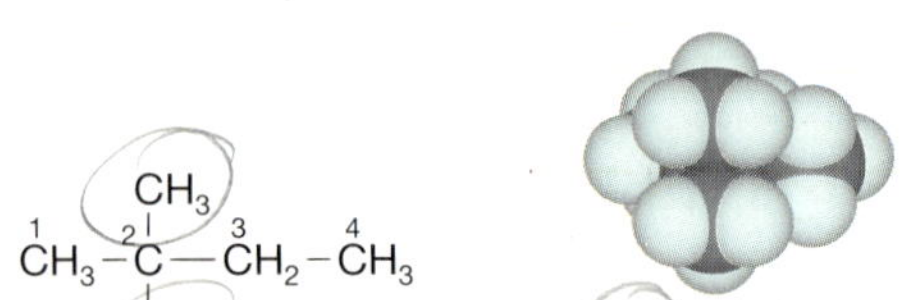
2,2-Dimethylbutan

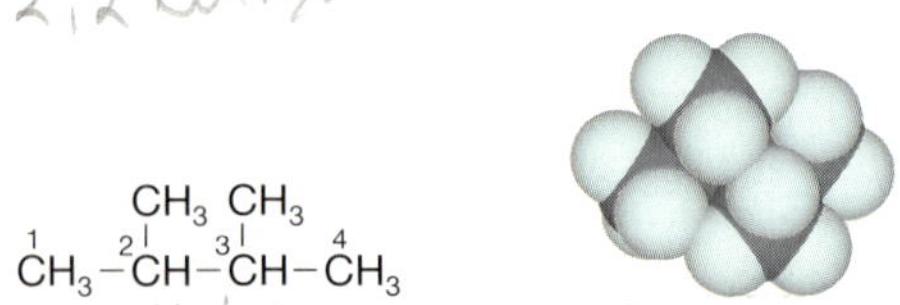
2,3-Dimethylbutan

Isomere des Hexans

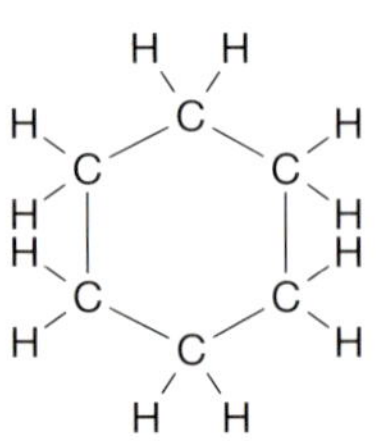

Sesselkonformation:

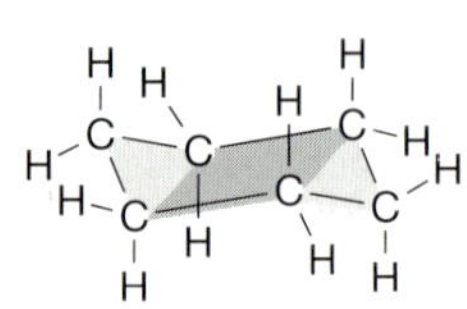

Cyclohexan

Hexan wird häufig als Lösungsmittel eingesetzt. Man beobachtet einen Siedebereich von 50 °C bis 70 °C. Diese Flüssigkeit hat also keine einheitliche Siedetemperatur. Somit kann es sich nicht um einen Reinstoff handeln, sondern nur um ein Gemisch.

Isomerie. Das Gemisch besteht aus unterschiedlich gebauten Hexan-Molekülen. Während im *unverzweigten* Hexan-Molekül (*n*-Hexan) alle sechs Kohlenstoff-Atome eine Kette bilden, zeigen die anderen Hexan-Moleküle eine *verzweigte* Anordnung der Kohlenstoff-Atome. Die verschiedenartigen Hexan-Moleküle haben die gleiche Molekülformel C_6H_{14}, unterscheiden sich aber in der Verknüpfung der Atome. Man bezeichnet diese Erscheinung als **Isomerie** und die einzelnen Verbindungen als *Isomere*.

Die Zahl der möglichen Isomeren einer Verbindung nimmt mit der Anzahl der Kohlenstoff-Atome stark zu: Vom Butan (C_4H_{10}) gibt es *zwei* Isomere, vom Hexan (C_6H_{14}) schon *fünf* und beim Decan ($C_{10}H_{22}$) sind es bereits *75*. Im Falle von Eicosan ($C_{20}H_{42}$) sind 366 319 Isomere denkbar.

In der Regel ist die Siedetemperatur eines Isomers um so niedriger, je stärker verzweigt seine Molekülstruktur ist. So siedet 2,2-Dimethylbutan bei 50 °C, während die Siedetemperatur von *n*-Hexan bei 69 °C liegt.

Cycloalkane. Gesättigte Kohlenwasserstoffe können auch ringförmige Moleküle bilden, die *Cycloalkane*. In ihren Eigenschaften sind die Cycloalkane mit den Alkanen vergleichbar. Ihre Moleküle enthalten aber zwei Wasserstoff-Atome weniger als die Alkane mit gleicher Anzahl an Kohlenstoff-Atomen.

Das wichtigste Cycloalkan ist *Cyclohexan* (C_6H_{12}). Es hat ähnliche Eigenschaften wie Hexan und wird ebenfalls als Lösungsmittel verwendet. Wie bei allen gesättigten Kohlenwasserstoffen betragen die Bindungswinkel im Molekül 109,5°. Cyclohexan-Moleküle sind daher nicht eben gebaut. Hierbei gibt es verschiedene Strukturmöglichkeiten mit unterschiedlichen räumlichen Stellungen der Atome zueinander.

Allgemein bezeichnet man verschiedene räumliche Anordnungen von Atomen in Molekülen als *Konformationen*. Bei den Cyclohexanen ist die *Sesselkonformation* die stabilste Konformation, weil hier alle Wasserstoff-Atome den größtmöglichen Abstand voneinander haben.

Es gibt unverzweigte oder verzweigte kettenförmige Alkane und ringförmige Alkane. Ein wichtiges Cycloalkan ist das Cyclohexan. Die räumliche Anordnung von Atomen in einem Molekül nennt man Konformation.

1 Zeichne die LEWIS-Formeln der isomeren Heptane.

2 Gib die Molekülformeln für Cyclopropan und Cyclobutan an. Leite daraus eine allgemeingültige Molekülformel ab.

3 Zeichne die Strukturformeln von Cyclopropan, Cyclobutan und Cyclopentan.

4 Butan lässt sich durch Druck oder Abkühlen verflüssigen. Bei –1 °C kondensiert ein Teil des Gases, während der übrige Teil erst bei –12 °C flüssig wird. Erkläre diese Erscheinung und ordne die verschiedenen Siedetemperaturen zu.

5 Bei der Wannenkonformation von Cyclohexan sind die Kohlenstoff-Atome in Form einer Wanne angeordnet. Zeichne das Kugel/Stab-Modell für die Wannenkonformation. Begründe, weshalb die Wannenkonformation weniger stabil ist als die Sesselkonformation.

8.6 Nomenklatur – Namen leicht zu finden

Bis heute wurden bereits mehr als zehn Millionen organische Verbindungen näher untersucht, darunter zahlreiche isomere Alkane. Damit trotz dieser Vielzahl der Überblick nicht verloren geht, war es notwendig, ein eindeutiges und möglichst rationelles System der Namensgebung, eine *Nomenklatur,* einzuführen. Heute halten sich die Chemiker bei der Benennung organischer Verbindungen weltweit an Regeln, die von den zuständigen Kommissionen der **IUPAC** (**I**nternational **U**nion of **P**ure and **A**pplied **C**hemistry) erarbeitet werden.

Für die wissenschaftlich exakte Benennung der isomeren Alkane gelten folgende IUPAC-Regeln: Zuerst wird die längste Kohlenstoff-Kette im Molekül, die *Hauptkette,* bestimmt. Dann betrachtet man die Verzweigungen. Diese *Seitenketten* bezeichnet man allgemein als Alkyl-Gruppen. Die Namen der Alkyl-Gruppen ergeben sich, indem man die Silbe -an im Namen des zugehörigen Alkans durch die Endung **-yl** ersetzt. Die einfachsten Alkyl-Reste sind der Methyl-Rest (CH_3-Rest) und der Ethyl-Rest (C_2H_5-Rest).

Nomenklaturregeln für Alkane:

1. Alkane haben die Endung **-an.** Der Name des Alkans, das die Hauptkette bildet, liefert den *Stammnamen* der Verbindung.

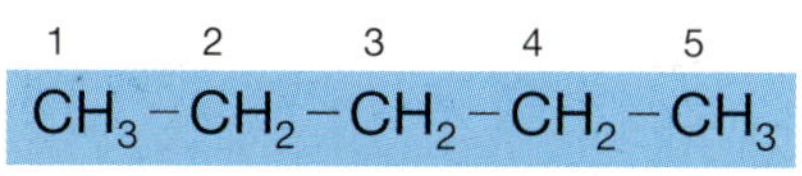

Beispiel: Pentan

2. Die Namen der Seitenketten werden dem Stammnamen vorangestellt.
Um anzuzeigen, an welches C-Atom die Seitenkette gebunden ist, wird die Hauptkette nummeriert. Die Verzweigungsstellen sollen dabei möglichst kleine Zahlen erhalten. Diese Zahlen werden den Namen der Seitenketten vorangestellt.

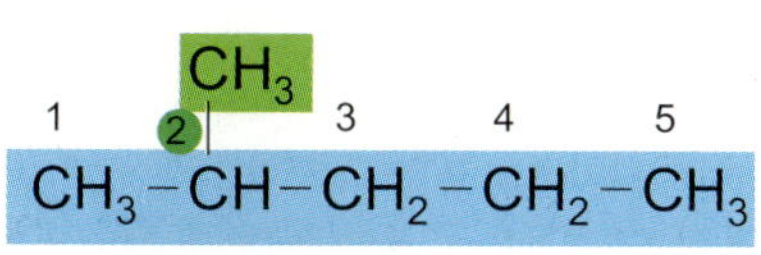

Beispiel: 2-Methylpentan

Achtung! 2-Methylpentan ist ein Isomer des *Hexans.* Die Benennung erfolgt aber nach der Anzahl der Kohlenstoff-Atome in der längsten Kette: Der Stammname ist deshalb *-pentan.*

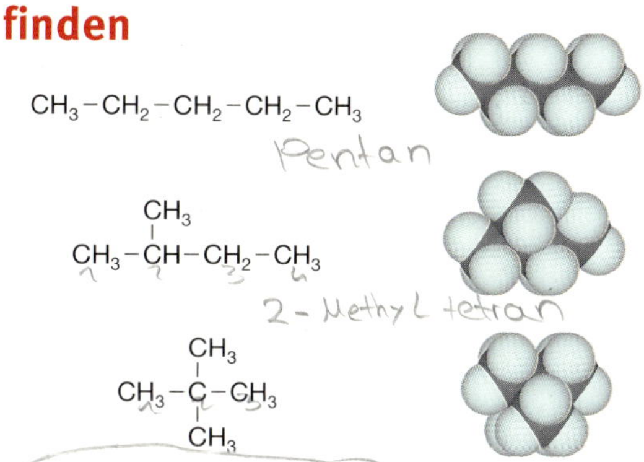

Pentan und seine Isomere

3. Treten gleiche Seitenketten mehrfach in einem Molekül auf, so wird ein entsprechendes Zahlwort (di-, tri-, tetra-, penta-) vorangestellt.
Unterschiedliche Seitenketten werden alphabetisch nach den Namen der Alkyl-Gruppen geordnet.
Beispiel:

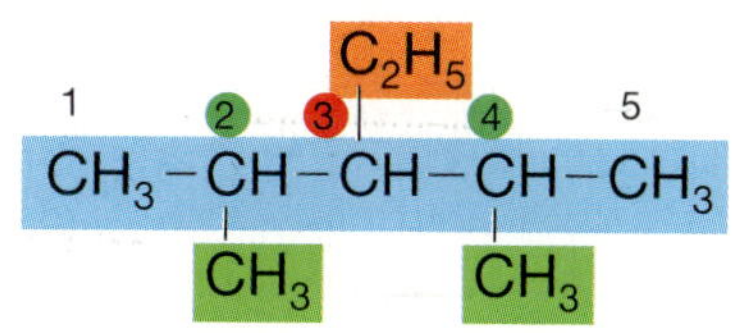

3-Ethyl-2,4-dimethylpentan

1 Benenne die oben dargestellten isomeren Pentane.
2 Welches *n*-Alkan ist ein Isomeres von 2,2-Dimethylpropan? Begründe.
3 Gib die Strukturformeln folgender Verbindungen an: 3-Ethylpentan, 3-Ethyl-2-methylhexan, 2,2,4-Trimethylpentan und 2,2,3-Trimethyl-4-propylheptan.
4 Auch bei Alkyl-Resten tritt Isomerie auf. Zeige dies am Beispiel der Propyl-Gruppe.
5 Benenne folgende Alkane:

a)

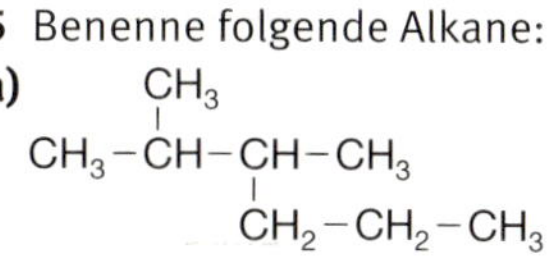

b)

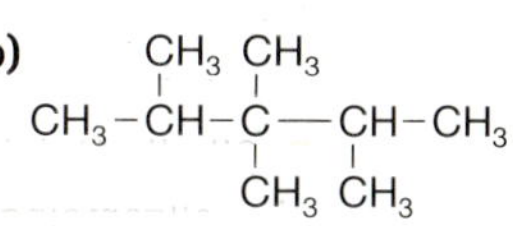

c)

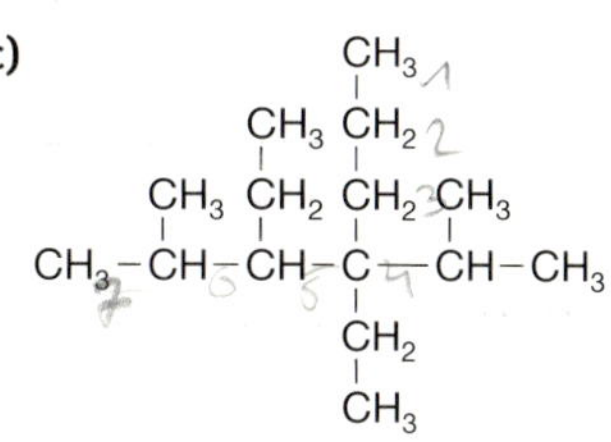

Hinweis:
$-CH(CH_3)_2$
= *iso*-Propyl-Rest

8.7 VAN-DER-WAALS-Bindung und Stoffeigenschaften

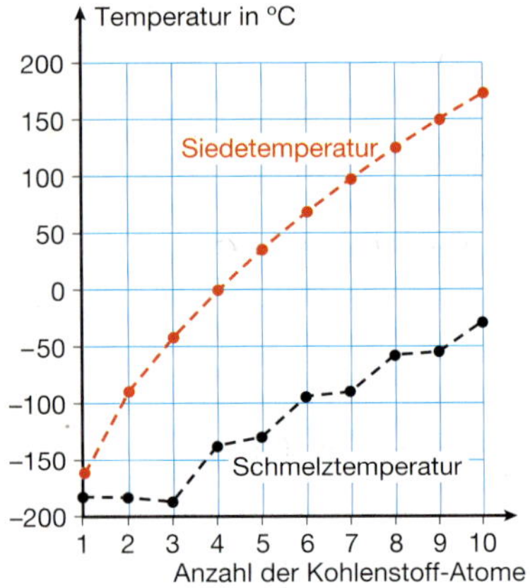

Schmelztemperaturen und Siedetemperaturen unverzweigter Alkane

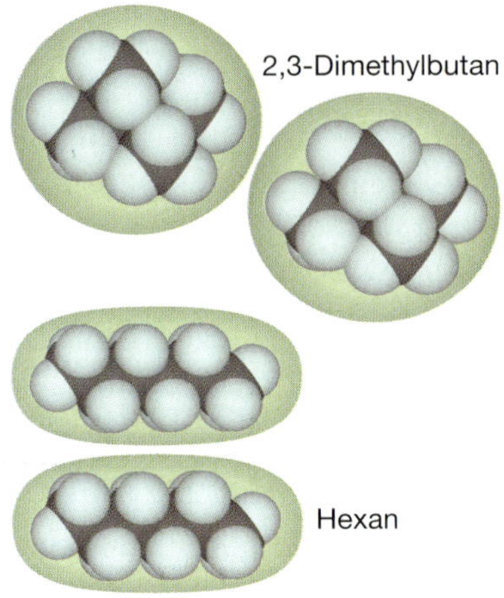

Verzweigungsgrad und Berührungsfläche

	Schmelztemperatur in °C	Siedetemperatur in °C
2-Methylbutan	−159,9	28
2,2-Dimethylpropan	−16,6	10
2-Methylpentan	−153,7	60
3-Methylpentan	−162,9	63
2,2-Dimethylbutan	−99,9	50
2,3-Dimethylbutan	−128,5	58

Schmelztemperaturen und Siedetemperaturen verzweigter Alkane

Aufgrund des gleichartigen Aufbaus ihrer Moleküle haben Alkane ähnliche chemische Eigenschaften. Die Abstufungen der physikalischen Eigenschaften weisen auf Unterschiede in den Anziehungskräften zwischen den Molekülen hin. Größe und Form der Moleküle spielen dabei eine Rolle.

VAN-DER-WAALS-Bindung. Die Moleküle der Kohlenstoff-Atome und der Wasserstoff-Atome haben eine ähnliche Elektronegativität. Aufgrund zufälliger Unterschiede in der Elektronenverteilung ergeben sich Anziehungskräfte zwischen den Molekülen.
Diese zwischenmolekularen Bindungen bezeichnet man nach dem niederländischen Physiker Johannes Diderik VAN DER WAALS als VAN-DER-WAALS-Bindungen. Verglichen mit Elektronenpaarbindungen sind sie viel schwächer, doch erreichen sie bei größeren Molekülen insgesamt etwa die Stärke einer Elektronenpaarbindung.

Schmelztemperaturen und Siedetemperaturen. Die kurzkettigen Alkane von Methan bis Butan sind bei Raumtemperatur Gase. Ab Pentan folgen flüssige Kohlenwasserstoffe. Alkane mit 18 und mehr Kohlenstoff-Atomen im Molekül sind fest. Weil lange Moleküle mehr Berührungsstellen untereinander besitzen als kurze, wirken sich die VAN-DER-WAALS-Wechselwirkungen bei ihnen besonders stark aus.

Bei isomeren Alkanen hat meist der Stoff die niedrigere Siedetemperatur, dessen Moleküle stärker verzweigt sind. Auch hier spielt die Kontaktmöglichkeit zwischen den Molekülen eine Rolle: Je mehr sich Moleküle der Kugelform nähern, desto kleiner ist ihre Berührungsfläche und desto weniger wirken sich die VAN-DER-WAALS-Bindungen aus.

Löslichkeit. Untereinander sind Alkane in jedem Verhältnis mischbar. Auch weitgehend unpolare Stoffe wie Fett oder Iod lösen sich gut in den unpolaren Alkanen. In diesen Fällen bilden sich zwischen den Molekülen VAN-DER-WAALS-Wechselwirkungen aus. Dagegen sind Alkane mit Wasser nicht mischbar, man bezeichnet sie als wasserabstoßend oder **hydrophob.**

Stark polare Stoffe wie Zucker oder Ionenverbindungen wie Kochsalz sind in Alkanen unlöslich, da die VAN-DER-WAALS-Wechselwirkungen zu schwach sind, um den Kristallverband aufzulösen. Zucker und Kochsalz lösen sich dagegen leicht in Wasser. Es gilt die Regel: *Stoffe ähnlicher Polarität lösen sich ineinander.*

Die Schmelztemperaturen und Siedetemperaturen der Alkane steigen mit zunehmender Kettenlänge.
Zwischen unpolaren Molekülen liegen VAN-DER-WAALS-Bindungen vor. Unpolare Stoffe lösen sich in unpolaren Lösungsmitteln, nicht aber in polaren Lösungsmitteln.

1 a) Zeichne die Strukturformeln von 2-Methylpentan und 2,2-Dimethylbutan.
b) Warum handelt es sich um Isomere?
c) Begründe die unterschiedlichen Siedetemperaturen.
2 Erkläre, warum sich Brom gut in Heptan löst, während Kaliumbromid in Heptan unlöslich ist.
3 Beschreibe den Unterschied zwischen VAN-DER-WAALS-Bindungen und Wasserstoffbrückenbindungen.
4 Vergleiche am Beispiel des Heptans die Bindungen zwischen den Atomen eines Moleküls mit den zwischenmolekularen Bindungen.
5 Beschreibe und erkläre den in der Grafik oben links dargestellten Verlauf der Siedetemperaturen für die *n*-Alkane.

Eigenschaften gesättigter Kohlenwasserstoffe

Praktikum

V1: Heptan als Lösungsmittel

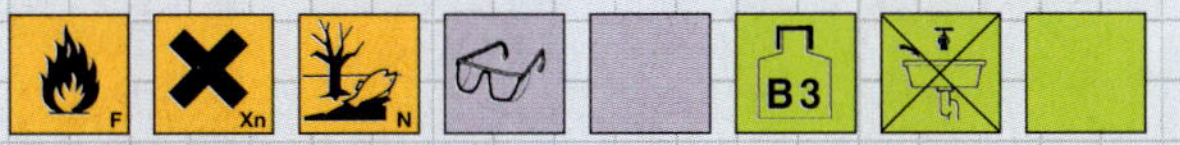

Materialien: Stopfen, Messpipette (10 ml) mit Pipettierhilfe;
Heptan (F, Xn, N)
zu lösende Stoffe: Speisefett, Paraffinöl, Natriumchlorid, Iod (Xn), Sudanrot, Methylenblau (Xn).

Durchführung:
1. Gib in sechs Reagenzgläser kleine Proben der zu lösenden Stoffe und füge jeweils 3 ml Heptan zu.
2. Verschließe die Reagenzgläser und schüttle kräftig.
3. Gib zu den gefärbten Lösungen etwa gleich viel Wasser und schüttle erneut.

Aufgaben:
a) Notiere deine Beobachtungen in einer Tabelle.
b) Erkläre, warum sich Natriumchlorid und Iod so stark in ihrer Löslichkeit in Heptan und Wasser unterscheiden.

V2: Entflammbarkeit von Alkanen

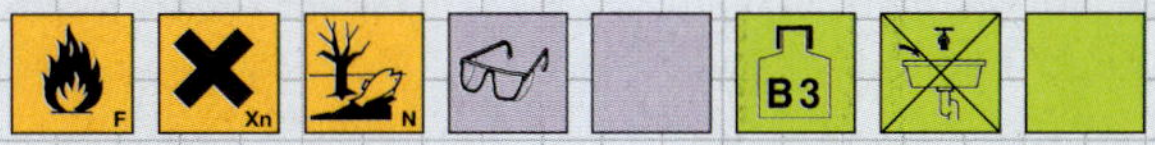

Materialien: Tropfpipetten, 3 kleine Porzellantiegel, Tiegelzange, Holzspan, Becherglas (400 ml), Gasbrenner; Heptan (F, Xn, N), Petroleum, Paraffinöl.

Durchführung:
1. Gib jeweils etwa 2 ml der Flüssigkeiten in einen Porzellantiegel. Versuche, die Flüssigkeit mit einem brennenden Holzspan zu entzünden.
2. Erwärme den Tiegel mit den Stoffen, die sich nicht entzünden lassen in einem Becherglas mit wenig heißem Wasser. Versuche erneut, die Flüssigkeit zu entzünden.

Aufgabe: Notiere deine Beobachtungen

Zündtemperatur:	Methan	600 °C
Temperatur, bei der sich der	Ethan	515 °C
Stoff an der Luft selbst ent-	Butan	365 °C
zündet und weiterbrennt.	Heizöl	220 °C

Methanhydrat – Methan-Moleküle im Käfig

Exkurs

Auf dem Grund der Ozeane werden große Vorkommen *Methanhydrat* vermutet. Dieses Hydrat ist eine Einschlussverbindung, bei der Methan-Moleküle in käfigartige Eisstrukturen eingelagert sind. Der Aufbau lässt sich vereinfacht darstellen, indem man nur die Sauerstoff-Atome der Wasser-Moleküle zeichnet. Die Wasserstoff-Atome werden also weggelassen. Sie liegen zwischen zwei Sauerstoff-Atomen. Mit einem O-Atom sind sie durch eine Elektronenpaarbindung verknüpft, mit dem anderen durch eine Wasserstoffbrückenbindung.

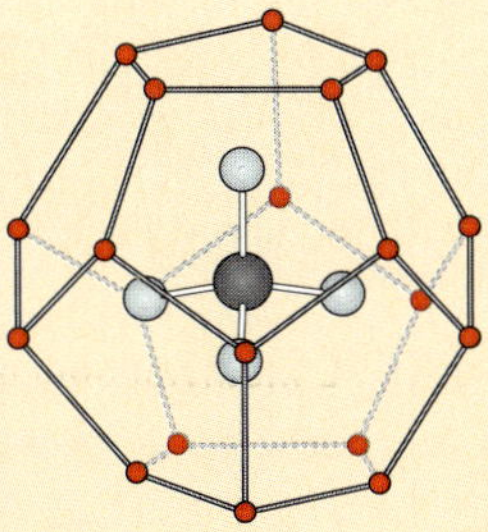

Methanhydrat bildet sich, wenn Wasser und Methan bei niedriger Temperatur hohem Druck ausgesetzt werden: Die Methan-Moleküle werden unter diesen Bedingungen von den eisähnlichen Verbänden der Wasser-Moleküle „eingefangen". Auf diese Weise wird Methan sehr viel dichter gepackt als im gasförmigen Zustand. Schmilzt ein Liter Gashydrat im Labor, so gasen 164 Liter Methangas aus; zurück bleiben 0,8 Liter Wasser.

Bei einer Temperatur von 0 °C ist das Methanhydrat nur dann stabil, wenn ein Druck von mehr als 30 bar herrscht. Wird der Druck geringer oder die Temperatur höher, zerfällt das Hydrat und Methan wird wieder frei. Deshalb brennt Methanhydrat, wenn man es anzündet; das frei werdende Wasser tropft ab.

Als man die ersten Vorkommen an Methanhydrat fand, schätzt man, dass die weltweit gespeicherte Menge an Kohlenstoff in Form von Methan die anderen fossilen Energievorräte bei weitem übertrifft. Heute korrigiert man diese Schätzung nach unten. Trotzdem bleibt Methanhydrat als Energiequelle interessant. Jedoch ist die Nutzung derzeit noch zu aufwendig.

Bei der Gewinnung von Methan muss man noch ein zusätzliches Problem im Auge behalten: Methan ist ein wichtiger Klimafaktor. Da das Gas als Treibhausgas wirkt, kann es bei Freisetzung größerer Mengen zu einer Erwärmung des Klimas auf der Erde kommen.

Projekt

Biogas ... Methan aus Mist

Methanbakterien gewinnen lebensnotwendige Energie durch Zersetzung organischen Materials. Das dabei gebildete **Biogas** besteht vorwiegend aus Methan (etwa 60 %) und Kohlenstoffdioxid (etwa 35 %). Außerdem enthält es noch Wasserstoff, Stickstoff und Schwefelwasserstoff. Große Mengen an Methan entweichen durch solche Vorgänge aus dem sumpfigen Untergrund von Reisfeldern.
Im Rindermagen ermöglichen Methanbakterien die Verdauung von Cellulose. Für die Zersetzung organischer Stoffe benötigen die Methanbakterien keinen Sauerstoff. Die *Methan-Gärung* verläuft *anaerob*.

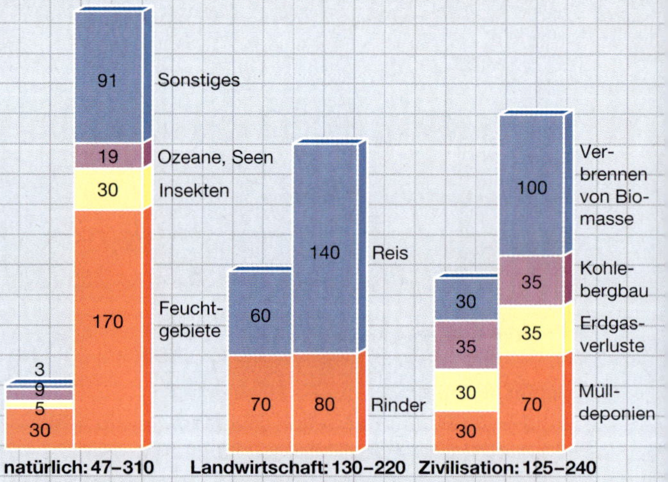

Methan-Quellen *(Emission in Millionen Tonnen pro Jahr)*

V1: Biogas aus der Thermosflasche

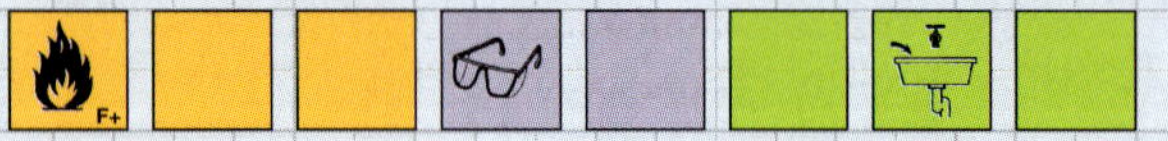

Materialien: Erlenmeyerkolben (300 ml) mit Stopfen, Waage, Wasserbad, Thermosflasche (mindestens 700 ml), Stopfen mit zwei Löchern, Thermometer, gewinkeltes Glasrohr, Kolbenprober mit Hahn (100 ml);
Kohlenstoffdioxid, frische Pferdeäpfel, Kochsalzlösung (0,9 %).

Durchführung:

1. Gib etwa 150 g der frischen Pferdeäpfel und 130 ml der Kochsalzlösung in den Erlenmeyerkolben.
2. Erwärme den Ansatz im Wasserbad auf 40 °C.
3. Spüle die Thermosflasche mit Kohlenstoffdioxid und fülle den Inhalt des Erlenmeyerkolbens in die Thermosflasche. Dabei muss zwischen Substanz und Stopfen ein Zwischenraum von 2 cm bleiben.
4. Baue nun die Apparatur nach der Abbildung zusammen.
5. Notiere über einige Tage den Temperaturverlauf und das gebildete Gasvolumen. Schüttle die Thermosflasche dabei gelegentlich, ohne sie aber zu öffnen. Beende den Versuch, wenn die Gasentwicklung merklich nachlässt.
6. *Zusatz:* Verschließe den Kolbenprober mit dem Hahn und verwende das Biogas (F+) für Versuch 2.

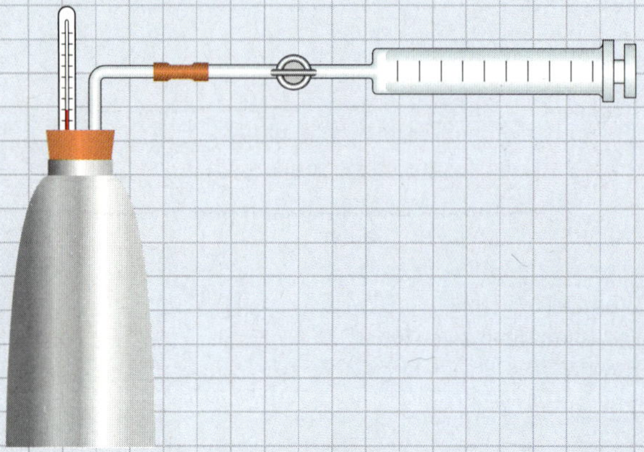

V2: Analyse von Biogas

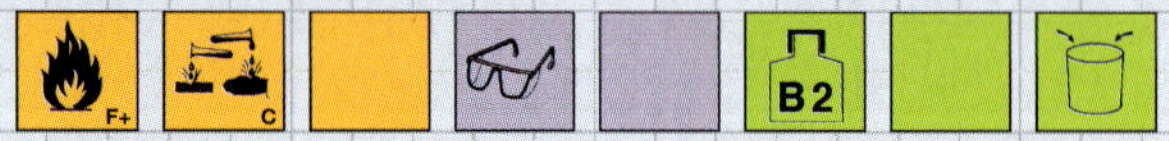

Materialien: Luftballon, Absorptionsrohr mit Natronkalk (C), Schlauchstück, Glasrohre, Bleiacetat-Papier;
Kolbenprober mit Hahn mit Biogas (F+) aus Versuch 1.

Durchführung:

Quantitative Bestimmung von Kohlenstoffdioxid:

1. Baue die Apparatur nach der Abbildung zusammen.
2. Öffne den Hahn am Kolbenprober und schiebe das Biogas in die Apparatur.
3. Bewege das Gas so lange mit dem Kolbenprober hin und her, bis sich das Volumen nicht mehr ändert. Die Volumenabnahme entspricht dem Anteil an Kohlenstoffdioxid.

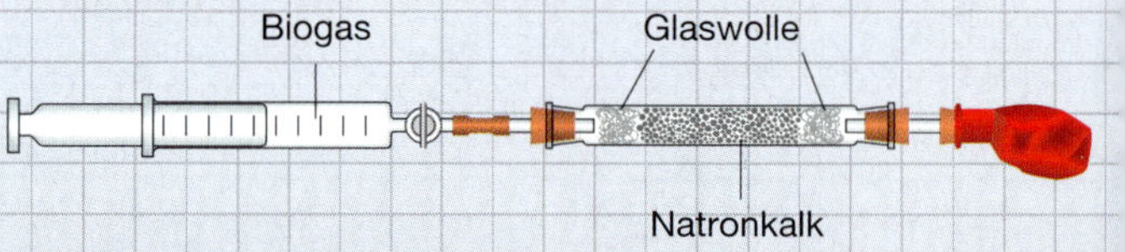

Nachweis von Schwefelwasserstoff:

1. Leite etwas Biogas über feuchtes Bleiacetat-Papier.

Hinweis: Schwefelwasserstoff muss vor der Verbrennung des Biogases in Gasmotoren entfernt werden. Schwefelwasserstoff ist ein giftiges, nach faulen Eiern riechendes Gas.

Arbeitsaufträge:

Informiere dich vor Ort über:

a) den Aufbau einer Biogasanlage
b) die Nutzung des Biogases
c) die Art des eingesetzten Materials
d) die notwendige Anbaufläche
e) den Wirkungsgrad
f) die Nutzung der Abwärme.

V3: Biogas als Energieträger

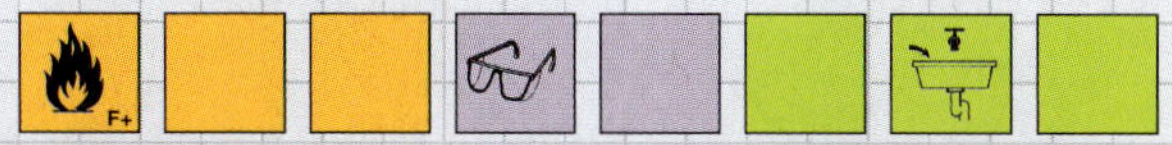

Materialien: Weithalsflasche (250 ml) mit Graduierung, Stopfen mit zwei Löchern, Dreiwegehahn, Ausgleichsbehälter mit Glasrohr mit kapillarer Spitze, gewinkeltes Glasrohr mit Spitze, leere Getränkedose (Blechdose), Thermometer (Einteilung 0,1 °C), Messzylinder (100 ml);
Erdgas oder Methan (F+), Biogas (F+).

Durchführung:

1. Fülle die graduierte Glasflasche mit Wasser und baue die Apparatur nach der Abbildung zusammen.
2. Leite über den Dreiwegehahn 250 ml Erdgas oder Methan in die Flasche. Dabei wird das Wasser in den Ausgleichsbehälter verdrängt.
3. Fülle 75 ml Wasser in die Getränkedose und lies die Temperatur des Wassers auf 0,1 °C genau ab.
4. Stelle nun den Dreiwegehahn so ein, dass Gas durch die Glasspitze strömt und entzünde das Gas.
5. Bringe die Getränkedose mit dem Wasser und dem Thermometer über die Flamme. Stelle den Gasstrom ab, wenn ein Gasvolumen von 150 ml verbrannt ist.
6. Durchmische das Wasser in der Dose und lies die Temperatur ab. Ermittle die Temperaturänderung.
7. Ersetze das Wasser in der Blechdose durch 75 ml frisches Wasser und führe den Versuch mit Biogas erneut durch.

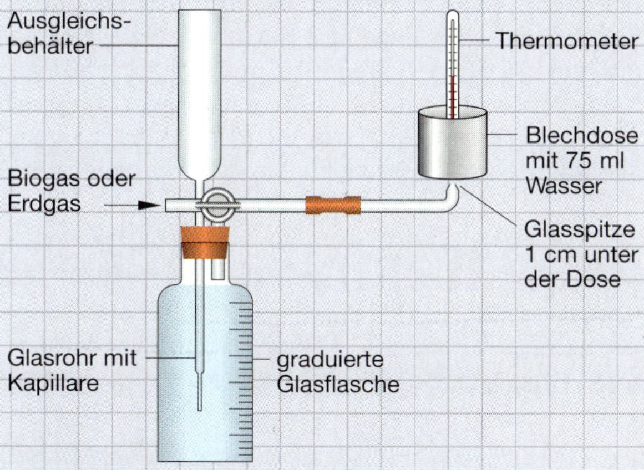

Aufgaben:

a) Vergleiche deine Werte mit den folgenden Durchschnittswerten: Temperaturerhöhung bei Biogas 7 °C; bei Erdgas 11,4 °C (jeweils bei 150 ml Gas).
b) Vergleiche die Heizwerte von Biogas und Erdgas.

Heizkosten, Heizwerte und CO_2-Emission

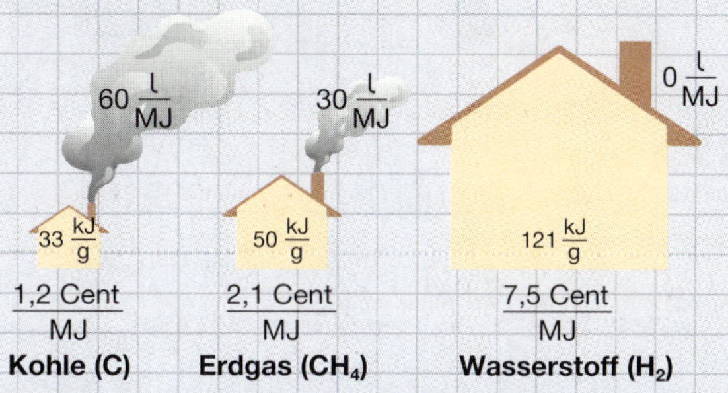

Aufgaben: 1. Vergleiche die Heizwerte der Brennstoffe und die CO_2-Produktion bei ihrer Verbrennung.
2. Vergleiche die Brennstoffe unter ökologischen und wirtschaftlichen Gesichtspunkten.

Biogas als Energieträger

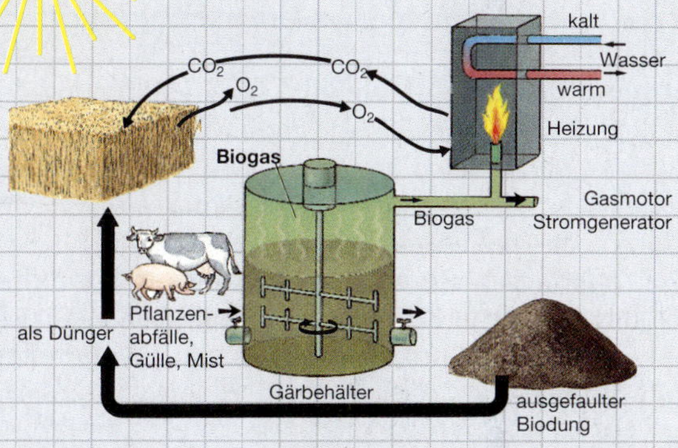

Aufgabe: Aus fast allen organischen Abfällen lässt sich Biogas gewinnen. Wieso kann man das Methan im Biogas als *regenerativen Energieträger* bezeichnen?

Bereits um 1930 gewannen die Städte Halle, Pforzheim, Essen, Heilbronn, Erfurt und München im Bereich ihrer Kläranlagen Biogas für ihren Fuhrpark. Heute könnte man aus den organischen Abfällen eines Einwohners etwa 35 Liter Biogas pro Tag gewinnen. Umgerechnet auf die Einwohnerzahl Deutschlands ließen sich so jährlich 650 Millionen Kubikmeter Biogas erzeugen. Bei einem durchschnittlichen Heizwert von 25000 $\frac{kJ}{m^3}$ könnten dadurch 600 Millionen Liter Heizöl ersetzt werden.

Aufgaben: 1. Warum lassen sich durch Biogas Rohstoffe einsparen und Umweltschäden vermindern?
2. Wieso wird die Biogasproduktion trotzdem nicht umfassend realisiert?

8.8 Ethen – ein Alken

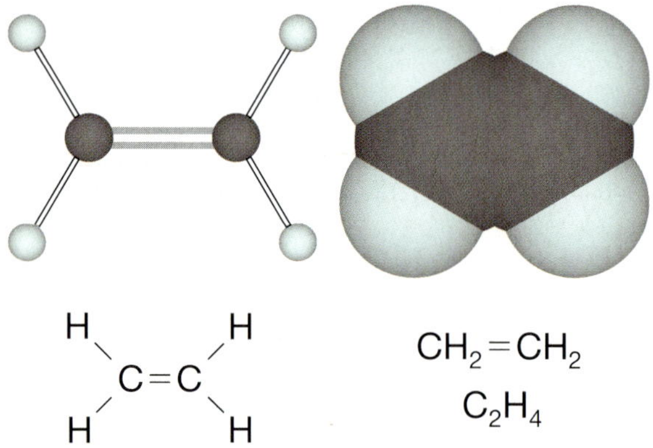

Das Ethen-Molekül

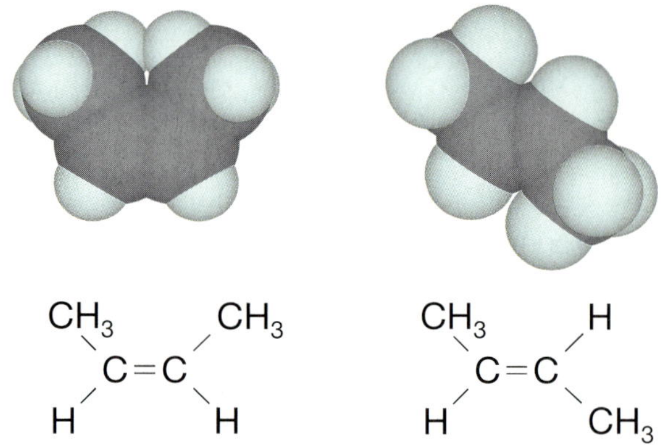

cis-But-2-en und trans-But-2-en

Erhitzt man Paraffinöl in Gegenwart eines Katalysators, so entsteht ein Produktgemisch aus dünnflüssigen und gasförmigen Kohlenwasserstoffen. Der Hauptbestandteil des Gasgemisches ist **Ethen,** ein farbloses Gas.

Struktur des Ethen-Moleküls. Die Bestimmung der Molekülformel von Ethen ergibt C_2H_4. An jedes Kohlenstoff-Atom sind zwei Wasserstoff-Atome gebunden. Da ein Kohlenstoff-Atom immer vier Bindungen eingeht, muss im Ethen-Molekül eine **C=C-Zweifach-bindung** vorliegen. Ethen ist daher ein **ungesättigter Kohlenwasserstoff.** Die Moleküle ungesättigter Kohlenwasserstoffe enthalten mindestens eine C/C-Mehrfachbindung.

Die beiden C-Atome sind durch *zwei* gemeinsame Elektronenpaare verbunden. Die Oktettregel ist damit für beide Atome erfüllt. Der Abstand zwischen den beiden Kohlenstoff-Atomen ist mit 134 pm kleiner als in der C–C-Einfachbindung mit 154 pm. Sämtliche Atome des Moleküls liegen in einer Ebene, alle Bindungswinkel betragen etwa 120°.

Alkene. Ethen ist das erste Glied der *homologen Reihe der Alkene*. Diese Kohlenwasserstoff-Moleküle haben je *eine* C=C-Zweifachbindung; ihre allgemeine Formel lautet C_nH_{2n}. Die Namen der Alkene werden gebildet, indem die Endung *-an* des entsprechenden Alkans durch **-en** ersetzt wird.
Alkene unterscheiden sich in ihren physikalischen Eigenschaften kaum von den Alkanen. Ihre Löslichkeit ist ähnlich und bei gleicher Kettenlänge haben sie fast identische Schmelztemperaturen und Siedetemperaturen. Alken-Moleküle sind wie Alkan-Moleküle unpolar und gehen untereinander VAN-DER-WAALS-Wechselwirkungen ein.

Von Buten an gibt es isomere Moleküle, sie unterscheiden sich in der Lage der C=C-Zweifachbindung. Die Stellung der C=C-Zweifachbindung wird durch eine Ziffer vor der Silbe *-en* angegeben. Verbindungen mit *zwei* C=C-Zweifachbindungen bezeichnet man als *Di*ene.

1 2 3 4	1 2 3 4	1 2 3 4
$CH_2{=}CH{-}CH_2{-}CH_3$	$CH_3{-}CH{=}CH{-}CH_3$	$CH_2{=}CH{-}CH{=}CH_2$
But-1-en	But-2-en	Buta-1,3-dien

***cis/trans*-Isomerie.** Im Gegensatz zur C–C-Einfachbindung können die Molekülteile um die C=C-Zweifachbindung nicht gedreht werden. Daraus ergibt sich eine neue Art von Isomerie, die ***cis/trans*-Isomerie:** Beim *cis*-But-2-en liegen die beiden Methyl-Gruppen auf der gleichen Seite der C=C-Zweifachbindung, beim *trans*-But-2-en stehen sie einander gegenüber. *cis/trans*-Isomere unterscheiden sich in ihren Eigenschaften, beispielsweise in den Siedetemperaturen.

Alkene sind ungesättigte Kohlenwasserstoffe mit einer C=C-Zweifachbindung. Die allgemeine Molekülformel ist C_nH_{2n}. Die Molekülteile sind nicht frei um die C=C-Zweifachbindung drehbar. Daraus ergibt sich die *cis/trans*-Isomerie.

1 Benenne die folgenden Verbindungen:
$CH_2{=}CH{-}CH{=}CH{-}CH_3$

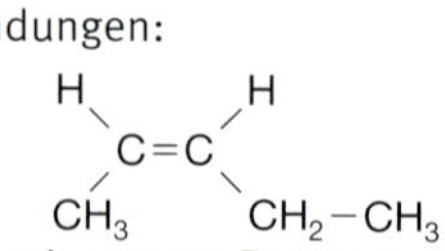

2 Zeichne die Strukturformeln der isomeren Pentene und benenne die Verbindungen.

3 Zeige am Beispiel des Ethen-Moleküls, dass die Oktettregel für beide Kohlenstoff-Atome erfüllt ist.

4 Grüne Bananen werden mit Ethen begast. Recherchiere den Grund für diese Behandlung.

8.9 Ethin – ein Alkin

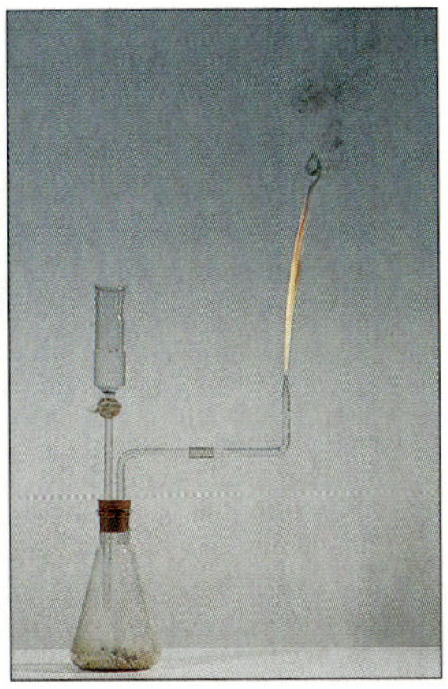

Tropft man Wasser auf festes Calciumcarbid, so entsteht ein farbloses Gas, das mit rußender Flamme verbrennt. Es handelt sich um **Ethin.**

CaC_2 (s) + 2 H_2O (l) ⟶
Calciumcarbid Wasser

C_2H_2 (g) + $Ca(OH)_2$ (s); exotherm
Ethin Calciumhydroxid

In Museen kann man noch die großen Scheinwerfer von alten Fahrrädern und Autos bewundern. Es handelt sich dabei um Carbidlampen, die mit Calciumcarbid und Wasser betrieben wurden. Das frei werdende Ethin wurde entzündet und man verfügte so über eine transportable Lichtquelle.

Ethin ist der einfachste Vertreter der homologen Reihe der **Alkine.** Darunter versteht man ungesättigte Kohlenwasserstoffe mit *einer* C≡C-Dreifachbindung und der allgemeinen Formel C_nH_{2n-2}.

Struktur des Ethin-Moleküls. Die starke Rußentwicklung bei der Acetylenflamme deutet auf einen geringen Wasserstoffanteil im Molekül hin. Die Bestimmung der molaren Masse ergibt $26 \frac{g}{mol}$. Daraus leitet sich die *Molekülformel* C_2H_2 ab. Wegen der Vierbindigkeit des Kohlenstoff-Atoms muss zwischen den beiden Kohlenstoff-Atomen eine *C≡C-Dreifachbindung* vorliegen. Die beiden Kohlenstoff-Atome sind also durch drei gemeinsame Elektronenpaare miteinander verbunden.

H–C≡C–H
CH≡CH
C_2H_2

Die Bindungslänge der C≡C-Dreifachbindung ist mit 120 pm noch geringer als bei der C=C-Zweifachbindung mit 134 pm. Da die Kohlenstoff-Atome im Ethin-Molekül jeweils nur ein Wasserstoff-Atom als Bindungspartner haben, liegen sämtliche Atome des Moleküls auf einer Geraden: Das Ethin-Molekül ist linear gebaut; der H–C–C-Bindungswinkel beträgt 180°.

Eigenschaften und Verwendung. Ethin wird auch als *Acetylen* bezeichnet. Gemische mit Luft, die zwischen 1,5 % und 82 % Ethin enthalten, können explodieren. In der Technik wird Ethin zum Schweißen und Schneiden von Eisen oder Stahl verwendet. Dabei wird das Gas im Schweißbrenner mit Sauerstoff verbrannt:

2 C_2H_2 (g) + 5 O_2 (g) ⟶
4 CO_2 (g) + 2 H_2O (g); exotherm

Diese Reaktion ist stark exotherm; es werden Temperaturen über 3000 °C erreicht, sodass Eisen und Stahl schmelzen.

Ethin zerfällt unter Druck explosionsartig in die Elemente. Es kann daher nicht wie Ethan und Ethen direkt in Stahlflaschen gepresst werden. Das Gas wird zuerst in Aceton gelöst und dann unter einem verhältnismäßig geringen Druck von 12 bar in Stahlflaschen gefüllt, die Kieselgur zum Aufsaugen der Lösung enthalten. Unter diesen Bedingungen lösen sich 300 Liter Ethin-Gas in einem Liter Aceton.

An der C≡C-Dreifachbindung der Alkin-Moleküle sind Additionsreaktionen möglich. Die Addition von Wasserstoff führt zu Alkenen und zu Alkanen. Auch Halogene oder Halogenwasserstoffe können an die C≡C-Dreifachbindung addiert werden.

Ethin ist der einfachste ungesättigte Kohlenwasserstoff mit einer C≡C-Dreifachbindung. Er gehört zur homologen Reihe der Alkine mit der allgemeinen Formel C_nH_{2n-2}.

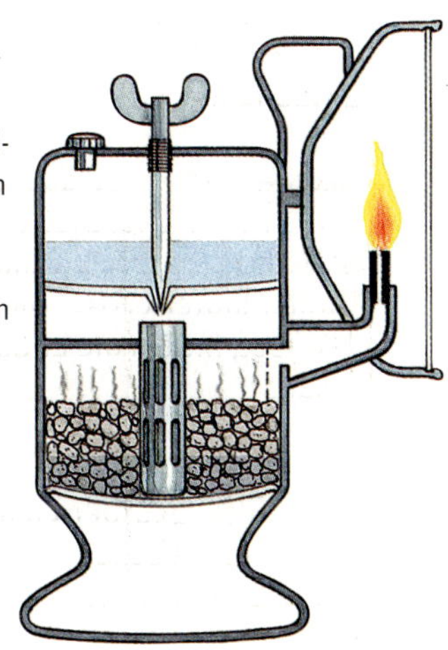

1 Gib die Strukturformeln von Propin und von Butin an.
2 Formuliere die Reaktionsgleichungen für **a)** die Addition von Brom an Ethin, **b)** die Reaktion von Ethin zu Ethen und dann zu Ethan, **c)** die Herstellung von Chlorethen aus Ethin.
3 Gibt es bei den Alkinen *cis/trans*-Isomere?
4 Ethin wird heute vorwiegend durch unvollständige Verbrennung von Methan hergestellt. Formuliere die Reaktionsgleichung.
5 Erkläre die Funktionsweise der Carbidlampe.

8.10 Addition und Eliminierung

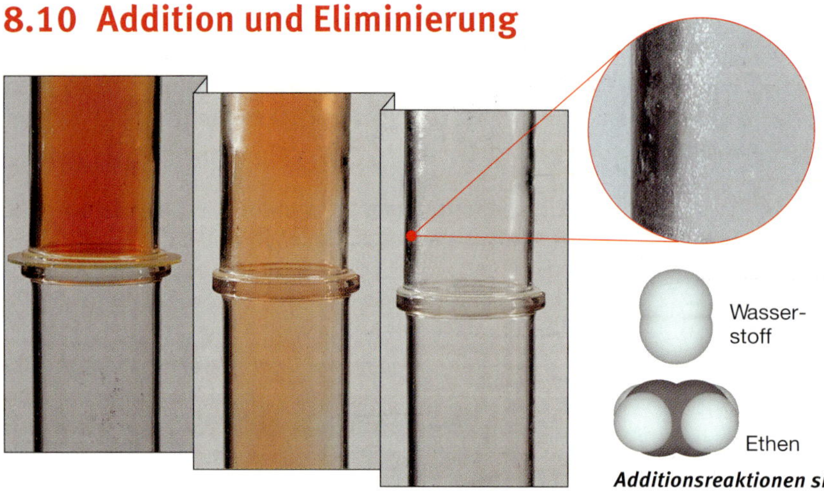

Reaktion von Ethen mit Brom

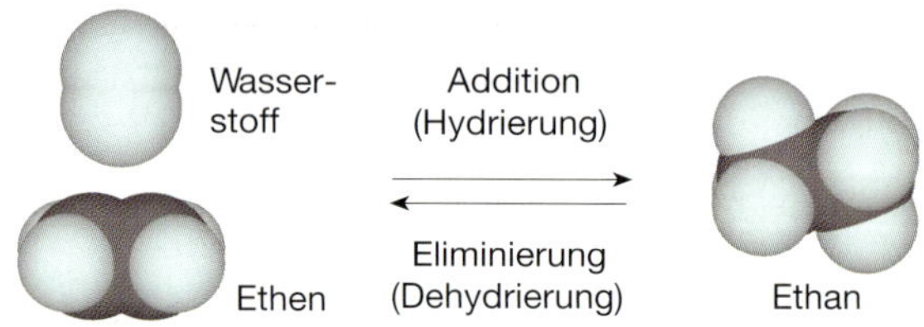

Additionsreaktionen sind umkehrbar, dabei läuft eine Eliminierungsreaktion ab.

Alkene sind wesentlich reaktionsfähiger als Alkane. Dies zeigt sich besonders deutlich bei einem Experiment mit Brom:
Ein Standzylinder wird mit Ethen gefüllt und mit einer Glasscheibe abgedeckt. Dann setzt man einen mit Brom-Dampf gefüllten Standzylinder umgekehrt darauf. Sobald man die Glasscheiben entfernt, mischen sich die beiden Gase. Das Gemisch entfärbt sich und an der Glaswand bilden sich farblose Tropfen von 1,2-Dibromethan.

Addition. Bei der Reaktion wird jedes Kohlenstoff-Atom der C=C-Zweifachbindung mit einem Brom-Atom verknüpft. Gleichzeitig geht die Zweifachbindung in eine C–C-Einfachbindung über. Man sagt: *Brom wird an die C=C-Zweifachbindung addiert.*
Solche Reaktionen, bei denen sich zwei Moleküle zu *einem* Molekül unter Aufbrechen einer Mehrfachbindung vereinigen, bezeichnet man allgemein als **Additionsreaktionen.**

$$\underset{\text{Ethen}}{CH_2{=}CH_2\ (g)} + \underset{\text{Brom}}{Br_2\ (g)} \longrightarrow \underset{\text{1,2-Dibromethan}}{CH_2Br{-}CH_2Br\ (l)}\text{; exotherm}$$

Die rasche Entfärbung bei der Reaktion mit Brom dient auch als *Nachweisreaktion für Alkene.*

Wird Wasserstoff an Ethen addiert, so bildet sich Ethan. Bei dieser als **Hydrierung** bezeichneten Reaktion entsteht somit aus einem ungesättigten Kohlenwasserstoff ein gesättigter Kohlenwasserstoff:

$$\underset{\text{Ethen}}{CH_2{=}CH_2\ (g)} + \underset{\text{Wasserstoff}}{H_2\ (g)} \longrightarrow \underset{\text{Ethan}}{CH_3{-}CH_3\ (g)}\text{; exotherm}$$

Durch die Addition von Wasser an Alkene lassen sich Alkohole herstellen. So entsteht durch die Reaktion von Ethen mit Wasser Ethanol (C_2H_5OH).

Eliminierung. Additionsreaktionen sind *umkehrbar.* Bei hohen Temperaturen lassen sich aus den Molekülen von gesättigten Kohlenwasserstoff-Verbindungen kleine Moleküle abspalten. Solche Reaktionen bezeichnet man als **Eliminierungsreaktionen.**

Besonders wichtig ist die Abspaltung von Wasserstoff-Molekülen aus Alkan-Molekülen. Eine Eliminierung von Wasserstoff nennt man **Dehydrierung.** Aus dem gesättigten Kohlenwasserstoff Ethan bildet sich auf diese Weise Ethen:

$$\underset{\text{Ethan}}{CH_3{-}CH_3\ (g)} \longrightarrow \underset{\text{Ethen}}{CH_2{=}CH_2\ (g)} + \underset{\text{Wasserstoff}}{H_2\ (g)}\text{; endotherm}$$

Aus Halogenalkan-Molekülen lassen sich Halogenwasserstoff-Moleküle eliminieren. Aus Bromethan erhält man so Ethen und Bromwasserstoff:

$$\underset{\text{Bromethan}}{CH_3{-}CH_2Br\ (l)} \longrightarrow \underset{\text{Ethen}}{CH_2{=}CH_2\ (g)} + \underset{\text{Bromwasserstoff}}{HBr\ (g)}\text{; endotherm}$$

Bei einer Additionsreaktion wird ein Molekül an eine C/C-Mehrfachbindung eines ungesättigten Kohlenwasserstoff-Moleküls addiert.

1 Folgende Stoffe werden an Propen addiert: Chlor, Wasserstoff, Chlorwasserstoff. Formuliere die Reaktionsgleichungen und gib die Namen der Produkte an.
2 Gib eine Reaktionsgleichung für die Dehydrierung von Butan an. Stelle die Strukturformeln für die Isomere auf.
3 Welches Produkt erwartest du bei der Dehydrierung von Ethen? Schlage eine Molekülformel vor.
4 Ethen-Moleküle können auch miteinander reagieren. Dabei entsteht der Kunststoff Polyethen (PE). Zeichne einen Formelausschnitt mit sechs kettenförmig angeordneten Kohlenstoff-Atomen.

Eigenschaften ungesättigter Kohlenwasserstoffe

V1: Eigenschaften ungesättigter Kohlenwasserstoffe

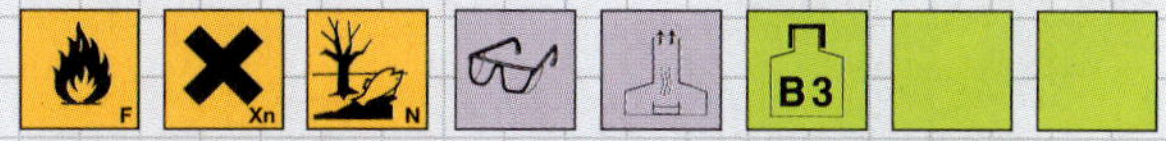

Materialien: Tropfpipetten, Stopfen;
BAEYER-Reagenz (Kaliumpermanganat-Lösung mit Zusatz von Natriumcarbonat, frisch angesetzt), Cyclohexan (F, Xn, N), Cyclohexen (F, Xn).

Durchführung:

1. Gib in ein Reagenzglas etwa 5 ml BAEYER-Reagenz.
2. Füge einige Tropfen Cyclohexen hinzu.
3. Verschließe das Reagenzglas mit dem Stopfen und schüttle.
4. Wiederhole den Versuch mit Cyclohexan.

Aufgaben:

a) Notiere deine Beobachtungen.

b) Kaliumpermanganat reagiert mit C/C-Mehrfachbindungen. Dabei entsteht Braunstein, der in braunen Flocken ausfällt. Mit der BAEYER-Probe kann somit der ungesättigte Charakter einer Verbindung nachgewiesen werden. Erkläre deine Beobachtungen.

c) Erläutere, wie Hexin mit dem BAEYER-Reagenz reagiert.

V2: Reaktion mit Bromwasser

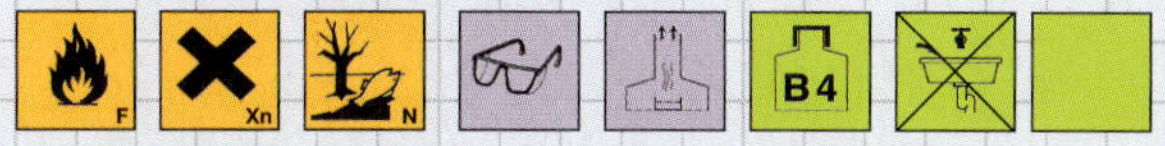

Materialien: Tropfpipetten, Stopfen;
Bromwasser (gesättigte Lösung zuvor auf das vierfache Volumen verdünnen), Cyclohexan (F, Xn, N), Cyclohexen (F, Xn).

Durchführung:

1. Gib einige Tropfen Cyclohexen in ein Reagenzglas und füge einige Tropfen Bromwasser hinzu.
2. Verschließe das Reagenzglas mit dem Stopfen und schüttle.
3. Wiederhole den Versuch mit Cyclohexan.

Aufgaben:

a) Notiere deine Beobachtungen.

b) Formuliere die Reaktionsgleichungen.

c) Auch Alkine reagieren mit Brom-Dampf. Im ersten Additionsschritt entsteht ein Dibromalken, bei dem die Halogen-Atome die *trans*-Stellung aufweisen.
Formuliere die stufenweise ablaufenden Additionsreaktionen von Ethin mit Brom.

V3: Bananenreifung

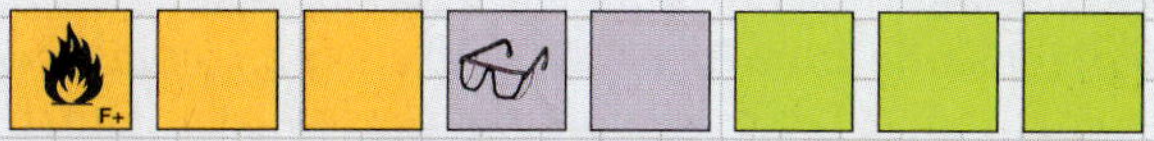

Materialien: 2 Einwegspritzen (20 ml), Kanüle, 3 PE-Gefrierbeutel (1 l), 3 Gefrierbeutelverschlüsse, Klebeband;
4 Bananen (möglichst grün), 1 Banane (möglichst reif), Ethen (F+).

Durchführung:

1. Stecke in die Gefrierbeutel jeweils eine unreife Banane und lasse die vierte offen liegen.
2. Lege in einen der Beutel zusätzlich die reife Banane hinein.
3. Verschließe die Gefrierbeutel gasdicht mit dem Verschluss.
4. Spritze 40 ml Ethen in einen Beutel mit einer unreifen Banane. Verschließe die Einstichstelle möglichst schnell mit Klebeband.
5. Lagere die Bananen unter gleichen Bedingungen, bis sich nach etwas drei Tagen ein deutlicher Unterschied im Reifungsgrad erkennen lässt.

Aufgaben:

a) Notiere deine Beobachtungen.

b) Erkläre, warum sich aus dieser Versuchsreihe schließen lässt, dass Bananen Ethen abgeben.

c) Bananen werden in den Herkunftsländern im grünen Zustand geerntet und in Kühlräumen gelagert. Erst bei Bedarf lässt man sie durch Begasung mit einem Gemisch aus 5 % Ethen und 95 % Stickstoff reifen und bringt sie in den Handel.
Erläutere, warum die Bananen nicht schon reif geerntet und dann zum Verbraucher gebracht werden.

A1 a) Ethin kann durch die Reaktion von Calciumcarbid (CaC_2) mit Wasser hergestellt werden. Formuliere die Gleichung für die Reaktion von Calciumcarbid mit Wasser.
Begründe, in welchem Bereich der pH-Wert der Lösung am Ende der Reaktion liegt.

b) Formuliere die Reaktionsgleichung für die Verbrennung von Ethin.
Erkläre, warum die Flamme stärker rußt als bei der Verbrennung von Ethen.

c) Calciumcarbid kann aus Calciumoxid und Kohlenstoff hergestellt werden. Stelle die Reaktionsgleichung auf.

d) Das Ethin-Molekül kann als Protonendonator wirken und zwei Protonen abgeben. Zeichne die LEWIS-Formel des gebildeten Anions.

e) Salze mit dem Säurerest-Ion C_2^{2-} bezeichnet man als Acetylide. Formuliere die Reaktionsgleichung für die Bildung von Silberacetylid durch die Reaktion von Ethin mit Silbernitrat-Lösung.

8.11 Ethanol – der bekannteste Alkohol

In Traubensaft und anderen Fruchtsäften steigen nach einigen Tagen Gasbläschen auf. Ursache dafür ist die Reaktion von Traubenzucker zu Alkohol und Kohlenstoffdioxid. Gesteuert wird diese *alkoholische Gärung* durch die Enzyme von Hefepilzen. Durch Gärung bildet sich aus Traubensaft Wein mit einem Alkoholgehalt von bis zu 14 %.

Um aus Wein hochprozentigen Alkohol zu gewinnen, muss der Alkohol herausdestilliert werden. Diesen Vorgang nennt man auch *Brennen*. Durch mehrfache Destillation erhält man schließlich 96%igen Alkohol. Der Rest ist Wasser. Das Destillat wird als *Weingeist* bezeichnet. Der chemische Name ist **Ethanol** oder **Ethylalkohol.**

Struktur des Ethanol-Moleküls. Ethanol brennt mit bläulicher Flamme; als Reaktionsprodukte bilden sich Wasser und Kohlenstoffdioxid. Ethanol-Moleküle enthalten also mit Sicherheit Wasserstoff-Atome und Kohlenstoff-Atome.
Bei der Reaktion von Magnesium mit Ethanol bilden sich Magnesiumoxid und Wasserstoff. Im Ethanol-Molekül ist demnach auch Sauerstoff gebunden. Andere Elemente sind nicht nachweisbar.

Durch eine quantitative Analyse ergibt sich für Ethanol die **Molekülformel C_2H_6O.** Für diese Molekülformel sind die folgenden Isomere denkbar:

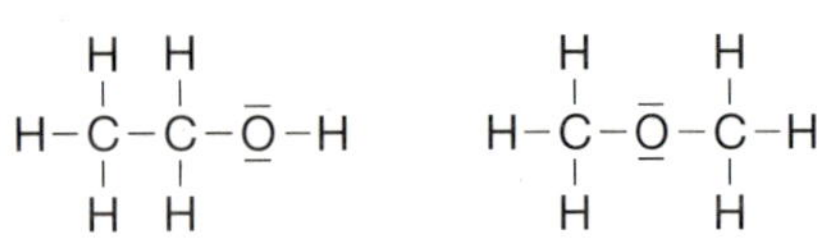

Mit einem einfachen Experiment lässt sich entscheiden, welche der beiden Strukturen richtig ist: Ähnlich wie Wasser reagiert Ethanol mit Natrium unter Bildung von Wasserstoff. Außerdem entsteht ein salzartiger Stoff mit einfach geladenen Anionen. Diese Reaktion weist darauf hin, dass im Ethanol-Molekül *ein* Wasserstoff-Atom besonders reaktiv ist. Nur die linke Struktur weist ein solches Wasserstoff-Atom auf. Bei der anderen Struktur sind alle sechs Wasserstoff-Atome gleichartig gebunden.
Moderne analytische Untersuchungen bestätigen, dass das Ethanol-Molekül eine **OH-Gruppe** oder **Hydroxy-Gruppe** enthält, die an einen Ethyl-Rest (C_2H_5-Rest) gebunden ist. Die Struktur kann vereinfacht durch die Formel **$CH_3–CH_2–OH$** wiedergegeben werden.

Ethanol ist das Produkt der alkoholischen Gärung. Das Ethanol-Molekül besteht aus einem Ethyl-Rest und einer Hydroxy-Gruppe (OH-Gruppe).

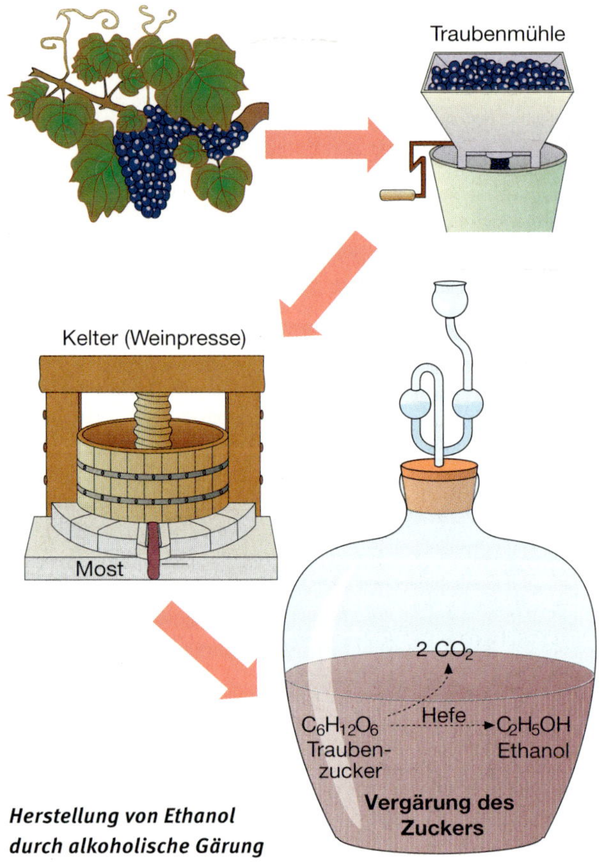

Herstellung von Ethanol durch alkoholische Gärung

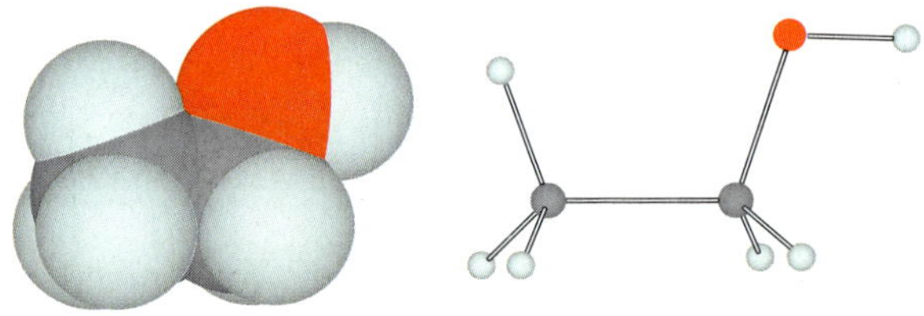

Molekülformel: C_2H_5OH

Strukturformeln: $CH_3 - CH_2 - OH$

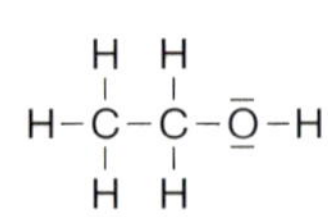

Das Ethanol-Molekül

1 Beschreibe den Ablauf der alkoholischen Gärung.
2 Berechne die molare Masse von Ethanol.
3 Formuliere die Reaktionsgleichung für die Reaktion zwischen Natrium und Ethanol (Formeln der Produkte: NaC_2H_5O; H_2).
4 Erläutere, warum man frisch gepressten Apfelsaft nicht in geschlossenen Flaschen aufbewahren darf.

Chemie-Recherche

Location:

Suche:

Alkohol – ein Genussmittel?

Ergebnisse:

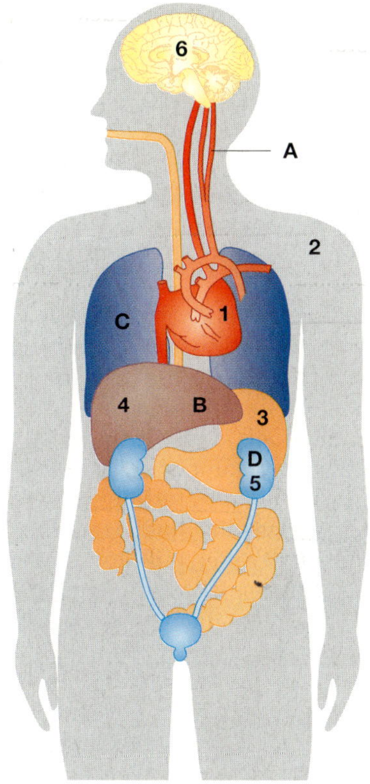

Wege des Alkohols im Körper

A) Alkohol wird über den Blutkreislauf im Körper verteilt.
B) Der Hauptanteil des Alkohols wird in der Leber abgebaut. Dabei entstehen Kohlenstoffdioxid und Wasser.
C) Bis zu 3 % werden unverändert über die Lunge ausgeschieden.
D) Etwa 2 % werden unverändert über die Niere ausgeschieden.

Folgen des Alkoholkonsums

1) Erhöhung des Blutdrucks
2) Erhöhung der Hauttemperatur und Auskühlung
3) Reizung der Magenschleimhaut, Magenschleimhautentzündung
4) Reizung der Leber, Bildung einer Fettleber, Leberzirrhose
5) Behinderung des Nierenstoffwechsels
6) Schädigung des Gehirns

Stadien der Alkoholvergiftung

0,5–1,5 ‰: Erregungszustand mit Wärmegefühl, Hautrötung, schwindende Selbstkritik
1–2 ‰: Schlafstadium mit Muskelerschlaffung, Sprachstörungen, Gehstörungen
2–3 ‰: Narkosestadium. Das Großhirn ist narkotisiert, Vollrausch
über 3 ‰: Atemlähmung. Der Tod tritt durch Lähmung des Atemzentrums im Gehirn ein.

Blutalkoholgehalt

Zur Berechnung des Blutalkoholgehalts kann man die folgende **Näherungsformel** verwenden:

$$w\text{ (Alkohol im Blut in ‰)} = \frac{m\text{ (Alkohol) (in g)}}{r \cdot m\text{ (Körper) (in kg)}}$$

Für Frauen gilt $r = 0{,}6$; für Männer gilt $r = 0{,}7$.
Pro Stunde sinkt der Blutalkoholgehalt bei Frauen um 0,1 ‰, bei Männern um etwa 0,15 ‰.

Alkoholische Getränke im Vergleich

	 2 Weinbrände (je 0,02l)	 1 Weißwein (0,125l)	 1 Bier (0,3l)
Volumenkonzentration $\sigma = \frac{V\text{ (Alkohol)}}{V\text{ (Getränk)}}$	40 % Vol	10 % Vol	5 % Vol
Masse der enthaltenen Alkoholportion	12,5 g	15,6 g	11,7 g

Aufgaben

1 Berechne mithilfe der Tabelle den Blutalkoholgehalt einer Frau (50 kg), die kurz hintereinander drei Schnäpse (je 0,02 l) getrunken hat.

2 **a)** Berechne, welches Volumen Bier ein Mann mit 70 kg Körpergewicht theoretisch innerhalb einer Stunde trinken kann, ohne die 0,5-Promille-Grenze zu überschreiten.
b) Warum ist es wichtig zu betonen, dass es sich hierbei um ein theoretisches Ergebnis handelt?

3 Nach einem Unfall wird ein Blutalkoholgehalt von 0,3 ‰ festgestellt. Erläutere die rechtlichen Folgen.

4 Stelle Informationen zusammen, welche Gefahren im Straßenverkehr durch Alkoholgenuss auftreten, auch wenn die gesetzliche Promille-Grenze nicht überschritten wird.

5 Erstelle einen Flyer oder ein Poster mit Hinweisen auf die Gefahren durch Alkohol.

6 Löse die folgenden Aufgaben mithilfe des Internet:
a) Vergleiche die Statistiken zur Entwicklung des Alkoholverbrauchs in verschiedenen Staaten. Unterscheide dabei auch die Art der konsumierten Alkoholika.
b) Suche nach der europäischen Charta zum Thema „Alkohol“.

8.12 Alkanole

In der organischen Chemie werden alle Verbindungen, die wie Ethanol eine Hydroxy-Gruppe enthalten, zur Stoffklasse der **Alkohole** zusammengefasst. Alkohole, die sich ähnlich wie Ethanol von einem Alkan ableiten, nennt man **Alkanole.** Sie bilden eine homologe Reihe mit der allgemeinen Molekülformel $C_nH_{2n+1}OH$.

Wie Ethanol reagieren alle Alkohole mit Natrium. Dabei bildet sich Wasserstoff:

$$2\ R{-}OH + 2\ Na \longrightarrow 2\ RO^-\ Na^+ + H_2$$

Das Reaktionsverhalten der Alkanole wird durch die Hydroxy-Gruppe bestimmt. Allgemein bezeichnet man einen Molekülteil, der für die Reaktionsweise eines Moleküls entscheidend ist, als **funktionelle Gruppe.** Die funktionelle Gruppe der Alkohole ist also die Hydroxy-Gruppe (OH-Gruppe).
Aufgrund der hohen Elektronegativität des Sauerstoff-Atoms sind die Bindungen zum Kohlenstoff-Atom und zum Wasserstoff-Atom stark polar.
Das Zusammenspiel von funktioneller Gruppe und Alkyl-Rest bestimmt die Löslichkeit und die Siedetemperatur der Alkohole.

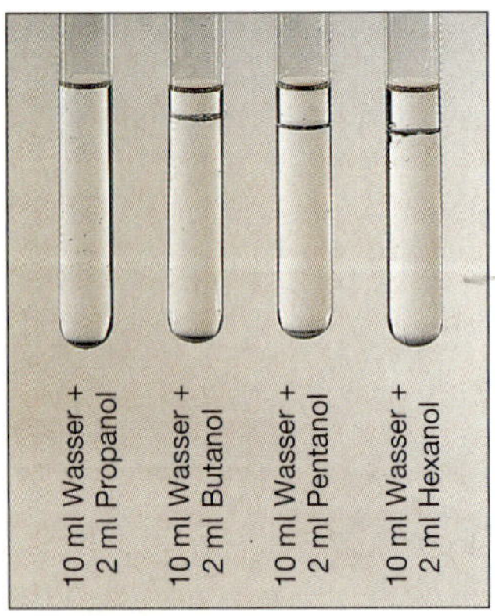

Löslichkeit. Die ersten Alkanole der homologen Reihe – *Methanol, Ethanol* und *Propanol* – mischen sich in jedem Verhältnis mit Wasser. Bei den darauf folgenden Alkanolen nimmt die Löslichkeit mit steigender Anzahl der Kohlenstoff-Atome stark ab. Schon *Hexanol* ist in Wasser nahezu unlöslich.

Zwischen den OH-Gruppen der Alkohol-Moleküle und den Wasser-Molekülen bilden sich Wasserstoffbrücken. Die Hydroxy-Gruppe vermittelt also die Löslichkeit der Alkohole in Wasser, man bezeichnet sie als *hydrophil* (wasseranziehend). Für die schlechte Löslichkeit von Hexanol in Wasser ist dagegen der *unpolare* Alkyl-Rest verantwortlich. Man sagt, der Alkyl-Rest ist *hydrophob* (wasserabstoßend).

Zwischen den Alkyl-Resten von Alkohol-Molekül und Alkan-Molekülen bilden sich dagegen VAN-DER-WAALS-Bindungen aus. Ethanol und die höheren Alkanole sind deshalb mit Hexan mischbar. Beim Methanol überwiegt der Einfluss der polaren OH-Gruppe, es löst sich daher nicht in Hexan.

Siedetemperaturen. Ethanol ist bei Raumtemperatur flüssig. Propan, ein Alkan ähnlicher molarer Masse, ist dagegen gasförmig. Zwischen den unpolaren Alkan-Molekülen wirken nur schwache VAN-DER-WAALS-Bindungen. Zwischen den polaren Hydroxyl-Gruppen der Alkanole bilden sich zusätzlich Wasserstoffbrückenbindungen aus. Alkanole sieden daher erst bei deutlich höheren Temperaturen als Alkane vergleichbarer Molekülgröße.

Die Hydroxy-Gruppe bestimmt als funktionelle Gruppe das Reaktionsverhalten der Alkohole.
Kurzkettige Alkanole lösen sich aufgrund der hydrophilen Hydroxyl-Gruppe in Wasser. Aufgrund ihres unpolaren Alkyl-Restes lösen sich alle Alkanole (außer Methanol) in Alkanen. Die Siedetemperatur von Alkanolen ist höher als die von Alkanen vergleichbarer Molekülgröße.

1 a) Definiere den Begriff *funktionelle Gruppe.*
b) Gib die funktionelle Gruppe der Alkohole an.
2 Gib die Molekülformel von Hexanol an.
3 Erkläre die unterschiedliche Löslichkeit von Methanol und Heptanol in Wasser.
4 Vergleiche die Siedetemperaturen von Ethan/Ethanol und Decan/Decanol. Erkläre, warum der Unterschied bei einem der Stoffpaare größer ist.

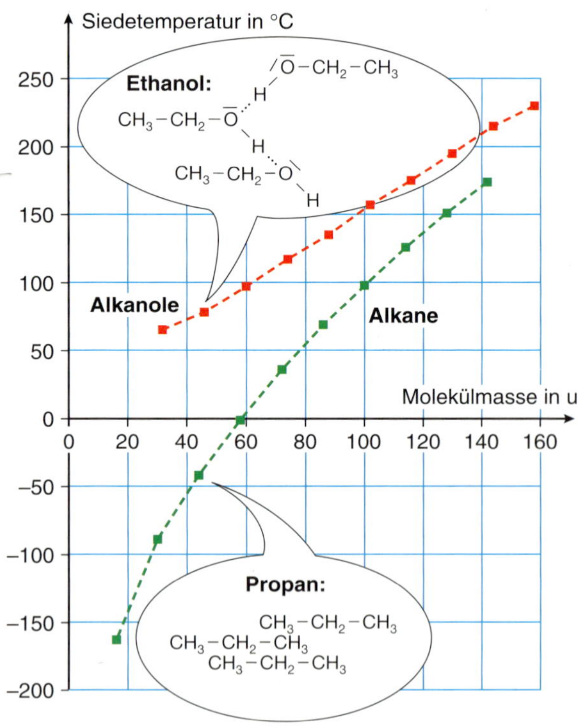

Siedetemperaturen der Alkane und Alkanole

Untersuchung von Alkoholen

V1: Bestimmung der molaren Masse von Ethanol

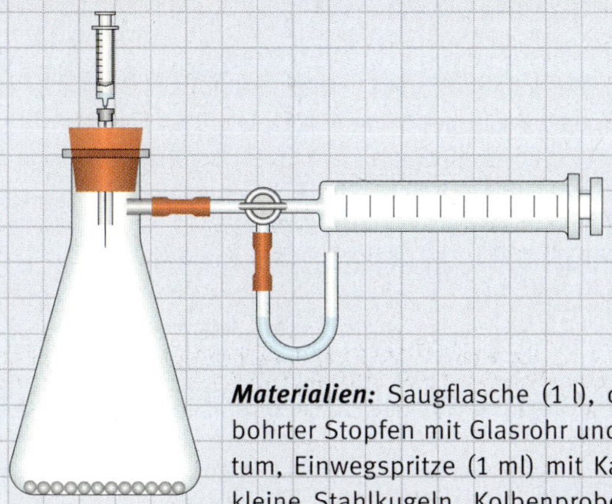

Materialien: Saugflasche (1 l), durchbohrter Stopfen mit Glasrohr und Septum, Einwegspritze (1 ml) mit Kanüle, kleine Stahlkugeln, Kolbenprober mit Dreiwegehahn (100 ml), Schlauchstücke, Manometerrohr, Waage; Ethanol (F).

Durchführung:

1. Baue die Apparatur nach der Abbildung auf.
2. Prüfe auf Dichtigkeit durch vorsichtiges Ziehen am Kolben.
3. Ziehe etwa 0,1 ml Ethanol in die Spritze auf. Wiege die Spritze und stecke sie durch das Septum.
4. Spritze das Ethanol auf die Stahlkugeln.
5. Verdampfe das Ethanol durch vorsichtiges Schwenken.
6. Sorge für Druckausgleich und lies die Volumenzunahme am Kolbenprober ab.
7. Wiege die Spritze erneut.

Aufgaben:

a) Beschreibe deine Beobachtungen.
b) Berechne die molare Masse von Ethanol.
c) Begründe, warum nur eine sehr kleine Portion Ethanol genommen werden darf.
d) Berechne, welche Volumenzunahme zu erwarten ist, wenn 0,1 g Ethanol verdampft werden.

Rechenbeispiel

Berechnung der molaren Masse von Ethanol

m (Ethanol) = 0,077 g; V (Ethanol-Dampf) = 40 ml

$$n\,(\text{Ethanol}) = \frac{V}{V_m} = \frac{40\ \text{ml}}{24\,000\,\frac{\text{ml}}{\text{mol}}} = 0{,}001\,67\ \text{mol}$$

$$M\,(\text{Ethanol}) = \frac{m\,(\text{Ethanol})}{n\,(\text{Ethanol})} = \frac{0{,}077\ \text{g}}{0{,}001\,67\ \text{mol}} = 46{,}1\,\frac{\text{g}}{\text{mol}}$$

Die molare Masse von Ethanol beträgt $46\,\frac{\text{g}}{\text{mol}}$.

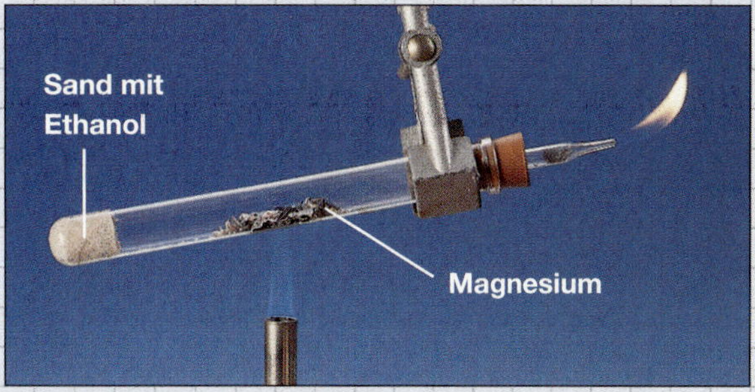

Nachweis von Sauerstoff in Ethanol. *Bei der Reaktion von Ethanoldampf mit Magnesium bildet sich weißes Magnesiumoxid.*

V2: Löslichkeit der Alkanole

Materialien: Tropfpipette;
Ethanol (F; B3), Propanol (F, Xn), Butanol (Xn), Hexadecan-1-ol (Cetylalkohol), Heptan (F, Xn, N; B3).

Durchführung:

1. Prüfe die Mischbarkeit der Alkohole mit Wasser, indem du einige Tropfen bzw. eine Spatelspitze der Alkohole zu einigen Millilitern Wasser gibst.
2. Wiederhole den Versuch mit Heptan statt Wasser.
3. Prüfe die Mischbarkeit von Butan mit Ethanol.

Aufgabe: Stelle deine Versuchsergebnisse in einer Tabelle dar. Begründe die Unterschiede.

V3: Alkoholische Gärung von Traubenzucker

Materialien: Erlenmeyerkolben (250 ml), Stopfen mit Gärrohr, Waage, Glasstab;
Wasser, Traubenzucker, Hefe, Kalkwasser.

Durchführung:

1. Löse 20 g Traubenzucker in 150 ml Wasser und verrühre die Lösung mit etwa 5 g Hefe.
2. Fülle das Gärrohr mit Kalkwasser und setze es mit dem Stopfen auf den Erlenmeyerkolben.
3. Stelle den Ansatz für einige Tage an einen warmen Platz.

Aufgaben:

a) Notiere deine Beobachtungen.
b) Erläutere die Bedeutung der Hefe.
c) Beschreibe ein Verfahren, mit dem sich reiner Alkohol (100 %, absoluter Alkohol) aus Wein gewinnen lässt.

Exkurs

Vom Malz zum Bier

Bier ist ein alkoholhaltiges Getränk, das durch Hefegärung aus Wasser und Malz unter Zusatz von Hopfen gewonnen wird.

Herstellung des Braumalzes. Zur Malzgewinnung wird hauptsächlich Gerste verwendet. Zunächst muss die Stärke aus der Braugerste gespalten und in Malzzucker umgewandelt werden. Zu diesem Zweck werden die Gerstenkörner eingeweicht und zum Keimen gebracht. Das entstehende *Grünmalz* wird bei langsam steigenden Temperaturen bis etwa 80 °C getrocknet und geröstet. Je nach Dauer entsteht helles oder dunkles Malz, das später die Farbe des Bieres bestimmt.

Herstellung der Bierwürze. Das geröstete Malz wird gemahlen und mit Wasser zu einer *Maische* angerührt. Beim anschließenden Erhitzen wird die noch verbliebene Stärke zu Malzzucker abgebaut. Unlösliche Stoffe werden abfiltriert und als Tierfutter verwendet. Das Filtrat wird mit Hopfenblüten aufgekocht. Dabei lösen sich die Bitterstoffe und Aromastoffe aus dem Hopfen heraus. Außerdem werden stärkespaltende Enzyme zerstört und Mikroorganismen abgetötet. Vor dem Gärprozess wird die *Bierwürze* erneut filtriert.

Gärung. Die abgekühlte Bierwürze wird mit Bierhefe versetzt. Bei der Gärung wandeln die Enzyme der Hefe den Malzzucker in Ethanol (C_2H_5OH) und Kohlenstoffdioxid um. Nach dieser Hauptgärung muss das Bier noch einige Wochen in Tanks nachgären, ehe es in Fässer, Flaschen oder Dosen abgefüllt wird.

Alkoholfreies Bier. Um aus Vollbier „alkoholfreies" Bier mit maximal 0,5 % Alkohol herzustellen, kann man den Alkohol nicht einfach abdestillieren; der Geschmack würde durch die hohen Temperaturen stark leiden. Man destilliert deshalb unter *Vakuum*. So sinken die Siedetemperaturen und der typische Biergeschmack bleibt fast vollständig erhalten.
Mit dem *Dialyse-Verfahren* gelingt es noch schonender, den Alkoholanteil zu senken: Durch halbdurchlässige Hohlfasern fließt alkoholhaltiges Bier; in entgegen gesetzter Richtung strömt außen Wasser entlang. Die Konzentration des Alkohols im Bier ist viel größer als im Wasser, sodass der Alkohol durch die für ihn durchlässige Membran aus dem Bier diffundiert und so entfernt wird.

Kleiner Biersteckbrief

Der **Stammwürzegehalt** eines Bieres gibt den Anteil der gelösten Stoffe wie Malzzucker, Bitterstoffe und Eiweiß *vor* der Gärung an. Er liegt zwischen 11 % und 16 %. Bei der Gärung wird die Stammwürze zu etwa einem Drittel in Alkohol umgewandelt.
Der Alkoholgehalt von Bier entspricht einer Volumenkonzentration von 4,5 % bis 5,5 %. Ein Liter Bier enthält also etwa 50 ml Ethanol. Der **Brennwert** („Kaloriengehalt") von Bier liegt bei etwa 1900 kJ pro Liter.
Leichtbier ist ein alkoholreduziertes Bier mit bis zu 2,5 % Alkohol.
Malzbier ist sehr süß, dunkel und enthält bis zu 1 % Alkohol. Bei seiner Herstellung wird der Malzwürze zusätzlich karamellisierter Zucker zugesetzt.

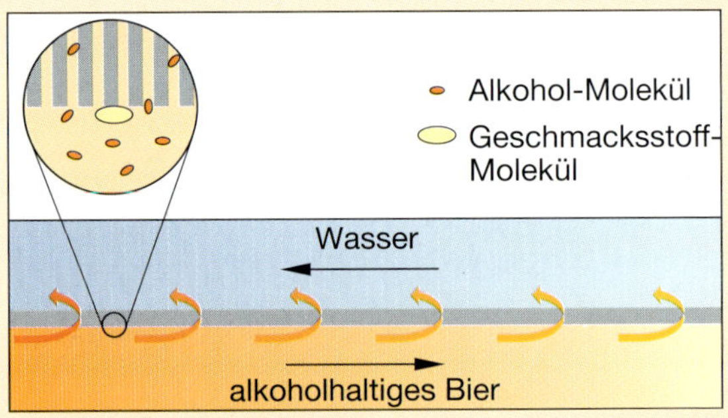

Prinzip des Dialyseverfahrens

1 Formuliere die Reaktionsgleichung für die Bildung von Alkohol aus Glucose.
2 Erkläre, warum die Hefe in dem ursprünglichen Reinheitsgebot für Bier nicht erwähnt wird.
3 Informiere dich, was das Jugendschutzgesetz zum Trinken von Bier aussagt.
4 Erläutere, warum „trockene Alkoholiker" kein alkoholfreies Bier trinken dürfen.

Einfache organische Stoffe – nicht nur Energieträger

Basiswissen

1. Einteilung und Merkmale

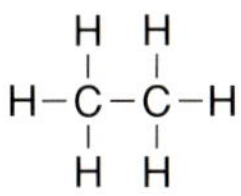 Ethan	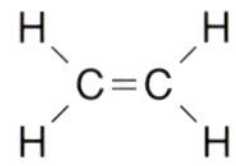 Ethen	H−C≡C−H Ethin	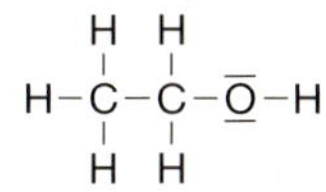 Ethanol
homologe Reihe der Alkane C_nH_{2n+2} gesättigt C–C-Einfachbindung	homologe Reihe der Alkene C_nH_{2n} ungesättigt C=C-Zweifachbindung	homologe Reihe der Alkine C_nH_{2n-2} ungesättigt C≡C-Dreifachbindung	homologe Reihe der Alkanole $C_nH_{2n+1}OH$ Alkylrest mit Hydroxyl-Gruppe

2. Isomerie und Nomenklatur

Isomere Verbindungen haben die gleiche Molekülformel, besitzen aber unterschiedliche Strukturformeln.
Die Benennung organischer Verbindungen erfolgt nach internationalen Nomenklaturregeln.

C_4H_{10}	C_4H_8		C_6H_{12}
$CH_3-CH_2-CH_2-CH_3$ Butan $CH_3-CH(CH_3)-CH_3$ 2-Methylpropan	$CH_2=CH-CH_2-CH_3$ But-1-en $CH_3-CH=CH-CH_3$ But-2-en	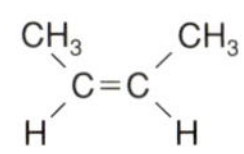 *cis*-But-2-en 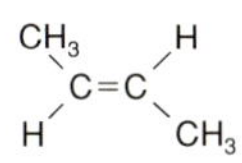 *trans*-But-2-en	$CH_2=CH-CH_2-CH_2-CH_2-CH_3$ Hex-1-en 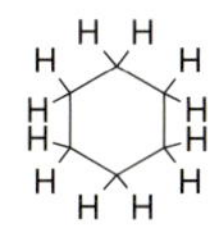 Cyclohexan
unterschiedliche Verzweigung	unterschiedliche Lage der C=C-Zweifachbindung	unterschiedliche Stellung der CH_3-Gruppen	Kette oder Ring

3. Eigenschaften

VAN-DER-WAALS-Bindungen. Zwischen den unpolaren Molekülen der Kohlenwasserstoffe wirken schwache Anziehungskräfte, die VAN-DER-WAALS-Bindungen. Sie nehmen mit der Molekülgröße zu. Verzweigte Moleküle bilden weniger starke VAN-DER-WAALS-Bindungen aus als vergleichbare lineare Moleküle.

Schmelz- und Siedetemperaturen. Kohlenwasserstoffe schmelzen und sieden bei niedrigen Temperaturen. Mit steigender Molekülgröße nehmen die Schmelz- und Siedetemperaturen wegen der stärker werdenden VAN-DER-WAALS-Bindungen zu.

Löslichkeit. Stoffe ähnlicher Polarität sind ineinander löslich. Kohlenwasserstoffe mischen sich mit anderen unpolaren Stoffen, lösen sich aber nicht in polaren Lösungsmitteln wie Wasser. Kohlenwasserstoffe sind **hydrophob.**

4. Die Hydroxy-Gruppe

Die Eigenschaften der Alkanole ($C_nH_{2n+1}OH$) werden entscheidend durch die Hydroxy-Gruppe (–OH) bestimmt. Aufgrund der stark polaren Bindungen bilden sich Wasserstoffbrücken zwischen den Hydroxy-Gruppen benachbarter Alkanol-Moleküle. Die Siedetemperatur von Alkanolen liegt deshalb wesentlich höher als bei vergleichbaren Alkanen.

Beispiel: Ethanol
$CH_3–CH_2–OH$

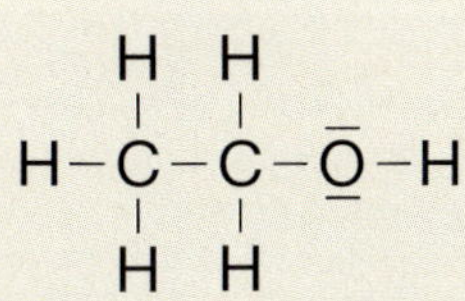

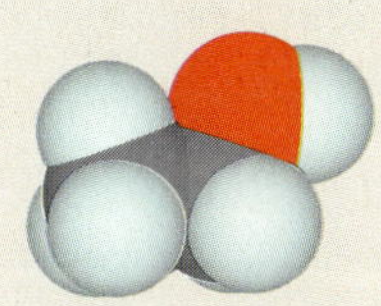

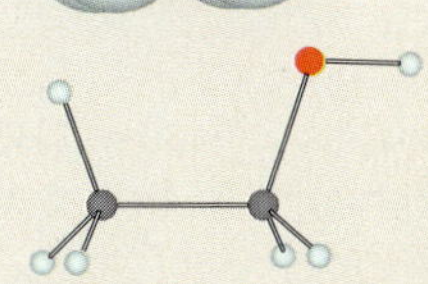

Prüfe dein Wissen

Quiz

A1 a) Erkläre die Begriffe des Fensters.
b) Notiere auf der Vorderseite von Karteikarten den Begriff, auf der Rückseite die Erklärung.

A2 Beschreibe, wie sich gesättigte von ungesättigten Kohlenwasserstoffen unterscheiden.

A3 Gib den Namen und die Formel von Kohlenstoff-Verbindungen an, die man nicht zu den organischen sondern zu den anorganischen Stoffen rechnet.

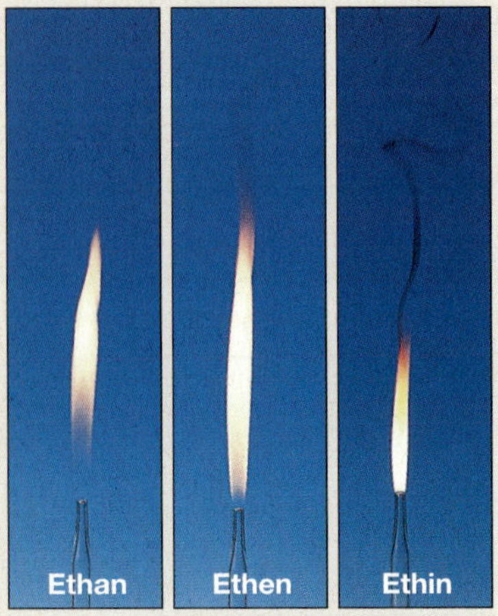

A4 a) Erkläre den Begriff „Ruß".
b) Erkläre, warum die Flammen von Ethan und Ethin unterschiedlich rußen.

A5 Gib das Octan-Isomer mit der kürzesten Hauptkette und den gleichzeitig meisten Methylgruppen als Seitenketten an.
Zeichne die Strukturformel und stelle den systematischen Namen der Verbindung auf.

A6 Benenne die folgenden Verbindungen:

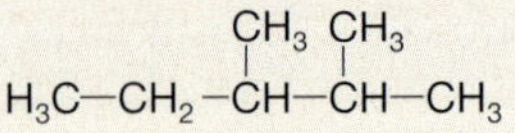

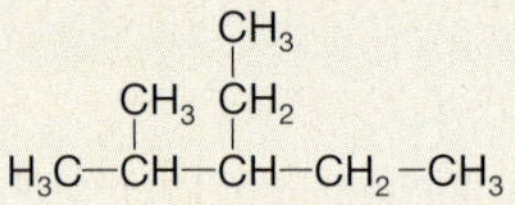

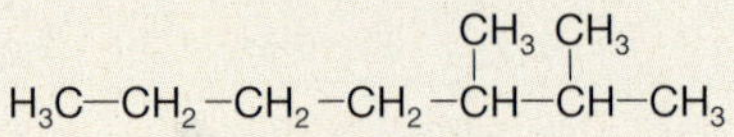

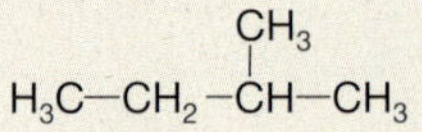

A7 Ordne die folgenden Stoffe nach ihren Siedetemperaturen: Butan, Butanol, 2-Methylpropanol.
Begründe deine Anordnung.

Die wichtigsten Begriffe

- organische Chemie
- Kohlenwasserstoffe
- Alkane, Alkene, Alkine
- homologe Reihe
- Isomerie, cis/trans-Isomerie
- ungesättigte Verbindung
- Additionsreaktion
- VAN-DER-WAALS-Bindung
- Alkanole
- hydrophil, hydrophob

Know-how

A8 Schon die Ägypter ließen in Wasser getränktes Brot vergären. Im ersten Schritt wird Stärke zu Glucose umgesetzt. Stelle die Reaktionsgleichung zur Vergärung des Zuckers auf.

A9 Alkohol wird in Krankenhäusern zur Reinigung der Hände benutzt, damit Mikroorganismen abgetötet werden.
a) Erläutere, was passieren kann, wenn die Desinfektion nicht lange genug durchgeführt wird.
b) Bei der alkoholischen Gärung erreicht der Alkoholgehalt höchstens eine Volumenkonzentration von 15 %.
Erläutere mögliche Gründe.

A10 Bei Dienen unterscheidet man *kumulierte* (benachbarte), *konjugierte* (durch eine Einfachbindung getrennte) und *isolierte* (durch mehrere Einfachbindungen getrennte) Zweifachbindungen. Gib als Beispiel jeweils ein Pentadien mit Strukturformel und Namen an.

A11 Octan und seine Isomere sieden im Bereich von 100 °C bis 125 °C. Zeichne die Strukturformeln von *n*-Octan, 2,2,3,3-Tetramethylbutan und 2,5-Dimethylhexan und ordne sie in der Reihenfolge der Siedetemperatur. Begründe.

Natur – Mensch – Technik

A12 Erläutere, welches Missgeschick in der Küche zeigt, dass Milch organische Verbindungen enthält.

A13 a) Erkläre das Vorkommen von Methan im Sumpfgas, im Faulgas und im Grubengas.
b) Erläutere den Begriff „schlagende Wetter".

A14 Ein Kleidungsstück ist mit Öl verschmiert. Beschreibe und erkläre, wie man den Ölfleck entfernen kann.

A1 Bioethanol

Der weltweite Bedarf an fossilen Brennstoffen wie Erdöl, Erdgas und Kohle steigt immer weiter an und führt zu einer Verknappung der Ressourcen. Da bei der Verbrennung von organischen Stoffen Kohlenstoffdioxid entsteht, erhöht sich der Anteil dieses Treibhausgases in der Atmosphäre. Um die Klimaerwärmung zu stoppen, wurde 1997 auf dem Weltklimagipfel in Japan das *Kyoto*-Protokoll beschlossen: Darin verpflichten sich die Länder, den jährlichen Kohlenstoffdioxid-Ausstoß um durchschnittlich 5 % gegenüber dem Niveau von 1990 zu senken.
Um diese Verpflichtungen einhalten zu können, ohne gleichzeitig die wirtschaftliche Entwicklung zu gefährden, setzen einige Länder vermehrt auf Pflanzen als nachwachsende Rohstoffe. Denn Pflanzen nehmen Kohlenstoffdioxid auf, um durch Photosynthese *Glucose* (Traubenzucker) und Sauerstoff zu bilden:

$$6\ CO_2 + 6\ H_2O \xrightarrow{\text{Licht}} \underset{\text{Glucose}}{C_6H_{12}O_6} + 6\ O_2$$

Der energiereiche Zucker wird zum Teil wieder abgebaut, um den Energiebedarf der Zellen zu decken. Ein großer Teil wird aber in Form von Stärke gespeichert oder in Cellulose umgewandelt.

Die energiereichen Inhaltsstoffe der Pflanzen werden in Bioethanol-Anlagen in Ethanol (C_2H_5OH) als problemlos einsetzbaren Brennstoff umgewandelt.

Die in der Biomasse enthaltene Stärke wird dabei zunächst durch Enzyme in Glucose gespalten. Die in Holz und Stroh enthaltene Cellulose muss dagegen mit Säuren und Enzymen behandelt werden, damit sich die für alkoholische Gärung verwertbare Glucose bildet.

$$C_6H_{12}O_6 \longrightarrow 2\ C_2H_5OH + 2\ CO_2$$

Das nach der Gärung aus dem Gemisch durch Destillation gewonnene Bioethanol hat bei der Verbrennung eine neutrale Kohlenstoffdioxid-Bilanz.

In Deutschland wird dem Benzin deshalb bis zu 5 % Bioethanol (E5) zugemischt. In anderen Ländern wie Schweden oder Brasilien sind es mindestens 25 %. Auch Fahrzeuge, die E85 tanken, ein Gemisch aus 85 % Bioethanol und 15 % Normalbenzin, sind dort keine Seltenheit.

a) Erläutere, was man unter einer neutralen Kohlenstoffdioxid-Bilanz versteht.
b) Stelle die Reaktionsgleichung für die Verbrennung von Ethanol auf. Erläutere zusammen mit den beiden anderen Reaktionsgleichungen die Gesetze der Massenerhaltung und der Energieerhaltung.

A2 Gefährliches Feuerzeuggas

> **15-Jähriger schnüffelt sich zu Tode**
> SSV. Innerhalb eines Jahres sind in Niedersachsen vier Jugendliche durch das Schnüffeln von Feuerzeuggas gestorben. Durch das Inhalieren von Butan aus Nachfülldosen für Feuerzeuge versuchten sie sich einen Kick zu holen. Das letzte Opfer wurde von seinen Eltern leblos in einem benachbarten Waldstück gefunden. Der herbeigerufene Notarzt konnte nur noch den Tod des Jungen feststellen.

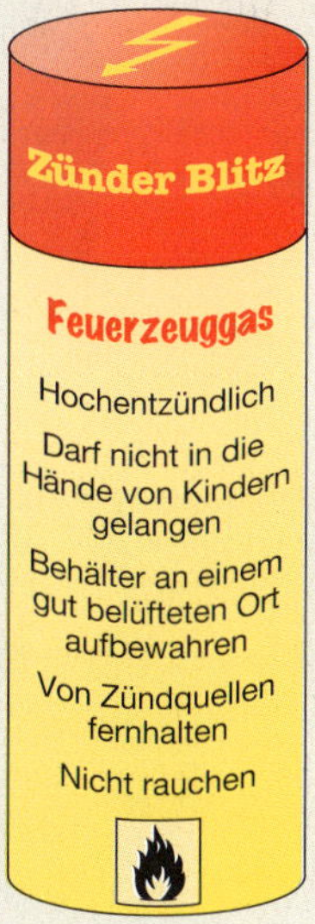

Butan wirkt auf das zentrale Nervensystem dämpfend; dabei verringert sich aber auch die Sauerstoffzufuhr zum Gehirn, sodass Atemstörungen, Herzstillstand, Koma und Bewusstlosigkeit mit Todesfolge eintreten können. Auf längere Zeit gesehen, können irreparable Schäden an Leber, Nieren, Gehirn und Herz auftreten.
Zur akuten Behandlung kann der Notarzt reinen Sauerstoff geben, damit die Sauerstoffzufuhr verbessert wird und das ins Blut aufgenommene Butan wieder abgegeben werden kann. War die Sauerstoffzufuhr zum Gehirn länger beeinträchtigt, können körperliche und geistige Behinderungen die Folge sein.

a) Erläutere, was man unter physischer und psychischer Abhängigkeit versteht. Gib Beispiele dafür an.
b) Erkläre die Gefahrenhinweise auf der Nachfüllflasche.
c) Sollte verstärkt auf das Gefahrenpotential hingewiesen werden? Argumentiere.
d) Besuche eine Drogen-/Suchtberatungsstelle.

9 Chemie in Umwelt und Technik

In der chemischen Industrie werden heute weltweit mehr als 100 000 verschiedene chemische Produkte hergestellt. Die dazu eingesetzten Ausgangsstoffe gehen letztlich auf eine erstaunlich kleine Anzahl an Rohstoffen zurück. Eine besondere Rolle spielen vor allem Erdöl, Erdgas, Kohle, einige Salze, Kalkstein und verschiedene Erze. Hinzu kommen die praktisch unerschöpflichen Rohstoffe Wasser und Luft.

Die ersten Umwandlungsschritte in der chemischen Industrie führen von den Rohstoffen zu einigen Reinstoffen, die in großen Mengen erforderlich sind. Für diese Grundchemikalien müssen neben möglichst günstigen Eigenschaften für unterschiedliche Einsatzbereiche auch wichtige wirtschaftliche und technische Voraussetzungen erfüllt sein:
- Die benötigten Rohstoffe sind auf dem Weltmarkt verfügbar und preisgünstig.
- Ein zuverlässiges Verfahren liefert – bei Einhaltung aller Sicherheitsbestimmungen – ein konkurrenzfähiges Produkt. Auch anfallende Nebenprodukte sollten verwertbar sein.

Typische Beispiele für solche Grundchemikalien sind Schwefelsäure, Natriumhydroxid, Chlor, Wasserstoff, Ammoniak, Salpetersäure, Phosphorsäure und verschiedene Erdölprodukte. Auch Schwefel ist heute eher als Grundchemikalie einzuordnen, denn der größte Teil wird bei der Entschwefelung von Erdgas und Erdöl gewonnen. Nur ein kleiner Teil kommt direkt aus dem Abbau natürlicher Lagerstätten in die Industrie.

Zentrale Fragen:
- Aus welchen Stoffen bestehen Erdöl und Erdgas?
- Wie lassen sich fossile Energieträger nutzbar machen?
- Welche Alternativen bietet die Solarenergie?
- Was versteht man unter einem Katalysator?
- Wie stellt man in der chemischen Industrie Schwefelsäure her?
- Nach welchen Verfahren werden die Stickstoffverbindungen Ammoniak und Salpetersäure erzeugt?
- Was versteht man unter dem Stickstoffkreislauf?
- Welche Bedeutung haben Düngemittel in der Landwirtschaft?

Die wichtigsten Energieträger

Übersicht

- noch für einige Jahrhunderte verfügbar
- hohe Energieausnutzung
- bei der Verbrennung Bildung von Kohlenstoffdioxid und Umweltbelastung durch Abgase

- zeitlich unbegrenzt verfügbar, aber standort- und witterungsabhängig
- keine Bildung von Abgasen
- großer Flächenbedarf
- teuer, da geringer Wirkungsgrad

- noch für einige Jahrzehnte verfügbar
- gut zu lagern und gut zu transportieren
- hohe Energieausnutzung
- bei der Verbrennung Bildung von Kohlenstoffdioxid und Umweltbelastung durch Abgase

- zeitlich unbegrenzt verfügbar, aber standortabhängig
- keine Bildung von Abgasen
- jahreszeitenabhängig
- Stauwerke können die Umwelt beeinträchtigen

- noch für einige Jahrzehnte verfügbar
- bei der Verbrennung Bildung von Kohlenstoffdioxid, weniger Umweltbelastung durch Abgase als bei Kohle und Erdöl

- zeitlich unbegrenzt verfügbar, aber standort- und witterungsabhängig
- keine Bildung von Abgasen
- geringe Kapazität
- großer Flächenbedarf
- Geräuschbelästigung in der näheren Umgebung

- noch für einige Jahrhunderte verfügbar
- hohe Kapazität
- keine Bildung von Abgasen
- Entsorgung von radioaktiven Abfällen ungeklärt
- Akzeptanzprobleme
- Sicherheitsprobleme

- zeitlich unbegrenzt verfügbar
- erneuert sich immer wieder im natürlichen Kreislauf
- bei der Verbrennung Bildung von Kohlenstoffdioxid und Umweltbelastung durch Abgase
- massive Nutzung kann die Umwelt schädigen

Anteil der Energieträger am Primärenergieverbrauch in Deutschland (2006)

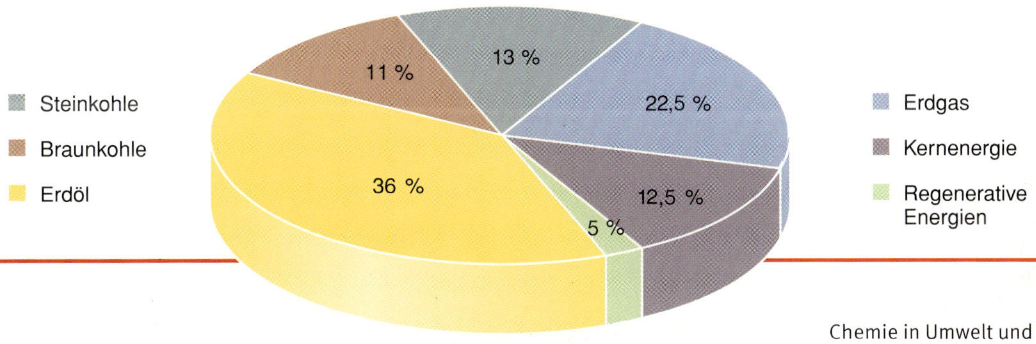

Exkurs

Fossile Brennstoffe

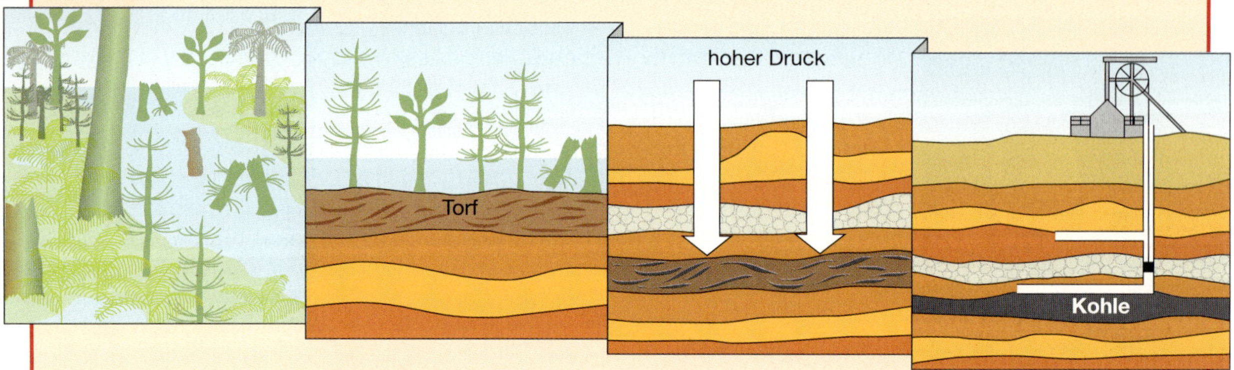

Die Brennstoffe *Kohle, Erdöl* und *Erdgas* sind aus abgestorbenen pflanzlichen und tierischen Organismen entstanden.

Kohle. Vor rund 300 Millionen Jahren bedeckten tropische Sumpfwälder große Landstriche unserer Erde. Abgestorbene Bäume versanken im sumpfigen Untergrund und wurden unter Luftabschluss zunächst zu *Torf.* Erdbewegungen verlagerten diese Schichten in die Tiefe, Wasser und Wind schichteten Sand und Ton darüber. Heute findet man das ehemalige Pflanzenmaterial bis zu 1000 m tief als *Steinkohle* oder weniger tief als *Braunkohle*.
Die Umwandlung von Holz in Kohle erfolgte unter hohem Druck und bei hohen Temperaturen. Dabei stieg der Kohlenstoffanteil von 55 % beim Torf auf über 70 % bei der Braunkohle und bis auf 85 % bei der Steinkohle.

Erdöl und Erdgas. Vor 200 Millionen Jahren bildeten sich in tropischen Meeren riesige Planktonmengen. Diese Kleinlebewesen sanken nach dem Absterben auf den Meeresgrund, wo sie unter Luftabschluss zersetzt wurden. Dadurch entstand eine Faulschlammschicht mit einem hohen Anteil an Kohlenwasserstoffen.
Durch Bewegungen der Erdkruste gelangte der mit Sand und Ton abgedeckte Faulschlamm in die Tiefe. Dort bildeten sich unter hohem Druck und bei hohen Temperaturen Erdöl und Erdgas. Sie verdrängten das Wasser aus den Poren des darüber liegenden Gesteins und stiegen bis unter gasdurchlässigen Schichten auf.

Erdölförderung. Zuerst werden Probebohrungen durchgeführt und Gesteinsproben aus großer Tiefe heraufgeholt. Wenn schließlich Öl aus einem dieser sogenannten Bohrkerne tropft, besteht Hoffnung auf ein ergiebiges Erdöllager. Bald wächst dann ein ganzer Wald von Bohrtürmen. Eines Tages ist es so weit, Erdöl sprudelt an die Oberfläche. Die Bohrtürme werden abgebaut, und Pumpen, die das „flüssige Gold“ Tag und Nacht heraufholen, nehmen ihren Platz ein.

Der Druck, der das Öl anfänglich wie von selbst heraufbringt, lässt mit der Zeit nach, und auch die Pumpen können schließlich kaum noch etwas nach oben befördern. Nun wird Wasser in das Gestein gepresst, um das Öl aus den Poren auszutreiben. Aber selbst mit den besten Methoden lassen sich meist nicht mehr als 30 % des tatsächlich vorhandenen Öls gewinnen. Über Pipelines gelangt das Erdöl zu Aufbereitungsanlagen oder zu Häfen, wo es in Tanker gepumpt und über die Meere transportiert wird.

1 Erkläre die Entstehung von Kohle, Erdöl und Erdgas.
2 Erläutere, warum der Kohlenstoffanteil steigt, wenn aus Holz Torf, Braunkohle und schließlich Steinkohle entsteht.
3 Recherchiere die neuesten Angaben über die Förderung von Erdgas und Erdöl. Stelle jeweils eine Liste mit den zehn wichtigsten Förderländern zusammen.

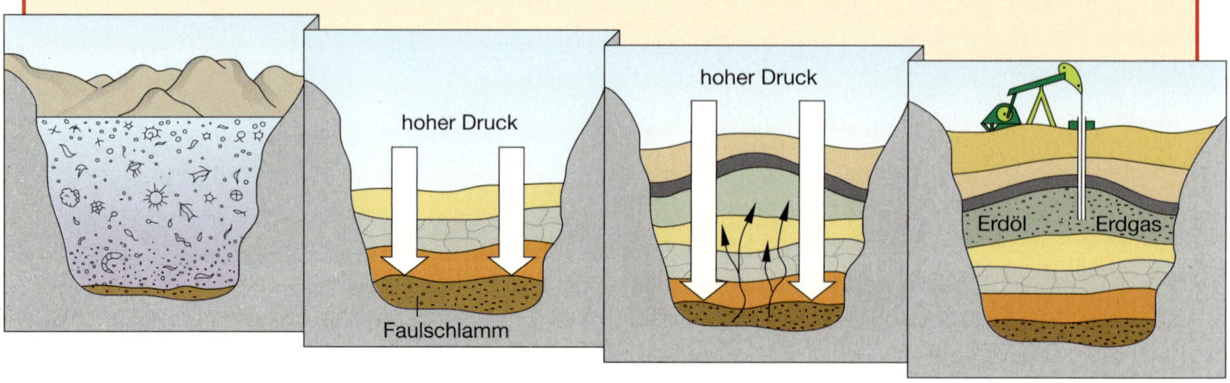

9.1 Erdölaufbereitung – eine raffinierte Sache

Erdöl kann nicht direkt weiterverarbeitet werden, weil es noch mit Salz, Sand, Wasser und verschiedenen Gasen vermischt ist. Diese Verunreinigungen werden entfernt und man erhält **Rohöl**.
Das Rohöl wird in einer **Erdölraffinerie** (franz. *raffiner:* verfeinern) destilliert. Dabei zerlegt man es in Stoffgemische mit bestimmten *Siedebereichen*. Solche Produkte bezeichnet man als *Erdöl-Fraktionen*. Sie bestehen aus Kohlenwasserstoffen unterschiedlicher Molekülgröße.

Fraktionierte Destillation. Im großtechnischen Raffinerie-Verfahren wird Rohöl auf 300 °C erhitzt, sodass ein großer Teil des Erdöls verdampft. Die Dämpfe strömen in eine *Destillationskolonne*. Diese turmartige Anlage enthält etwa 40 Etagen, die *Böden*. Der heiße Dampf strömt durch kurze Röhren, die die Böden miteinander verbinden, nach oben. Auf dem Wege von Boden zu Boden kühlt sich der Dampf nach und nach ab. In der Destillationskolonne kondensieren daher auf den unteren Böden höher siedende, langkettige und weiter oben niedriger siedende, kurzkettige Kohlenwasserstoffe. Am Kopf des Destillationsturms entweichen gasförmige Kohlenwasserstoffe. Die Kondensate mehrerer Böden werden zu Fraktionen zusammengefasst. So erhält man folgende Produkte: **Schweröl, leichtes Heizöl** (Dieselöl), **Petroleum, Kerosin** und **Benzin**.

Vakuumdestillation. Bei der Rohöl-Destillation bleibt eine schwarze, zähe Flüssigkeit zurück. Sie besteht überwiegend aus besonders langkettigen Kohlenwasserstoffen. Eine Destillation bei höherer Temperatur ist nicht möglich, weil die Moleküle dabei gespalten werden. Man arbeitet deshalb bei Unterdruck. **Schweres Heizöl** und die noch höher siedenden **Schmieröle** verdampfen dann unzersetzt. Nach dieser *Vakuumdestillation* bleibt **Bitumen** übrig, das im Straßenbau als Asphalt verwendet wird.

Rohöl wird durch fraktionierte Destillation in Fraktionen zerlegt, die aus Kohlenwasserstoffen unterschiedlicher Molekülgröße bestehen.

1 Erläutere den Begriff „fraktionierte Destillation“.

2 Erkläre den Begriff *Vakuumdestillation.*

3 **a)** Nenne die Kohlenwasserstoffe, die im Benzin enthalten sind.

b) Gib die Strukturformeln der gasförmigen Kohlenwasserstoffe an, die aus der Destillationskolonne entweichen.

4 Erläutere den Begriff „Petrochemie“.

5 Erläutere, warum man beim Hausbau Bitumenmasse an die äußeren Kellerwände streicht.

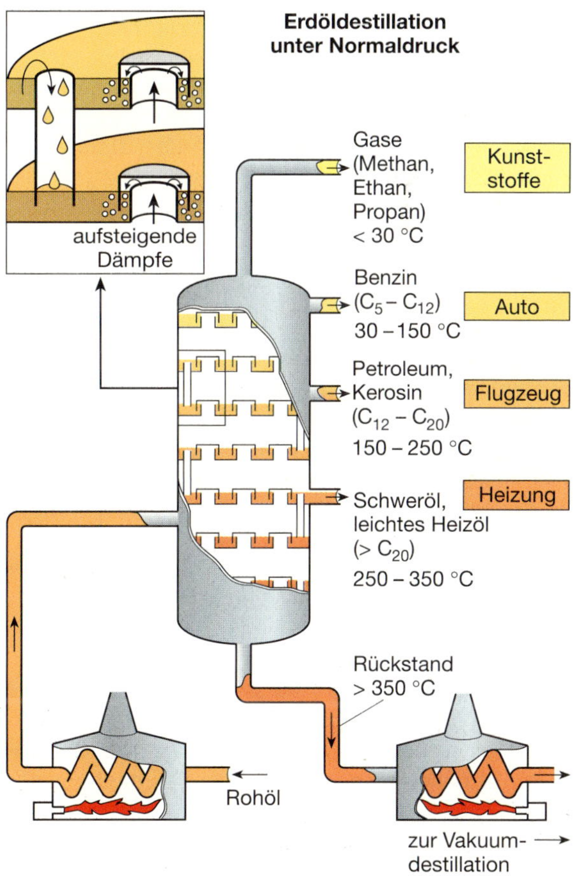

9.2 Katalysatoren

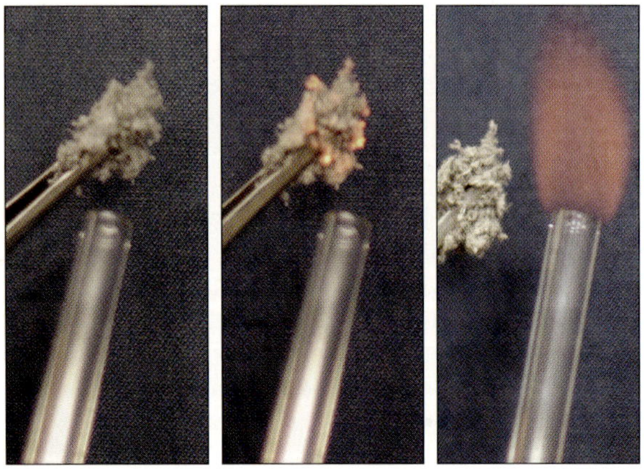

Wasserstoff entzündet sich am Platinkatalysator

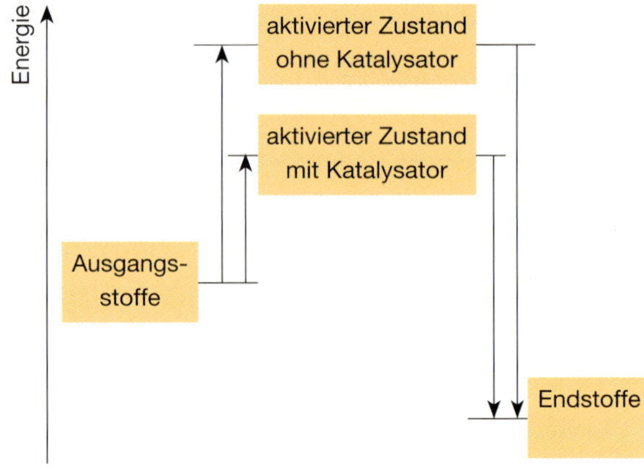

Energiediagramm mit und ohne Katalysator

Wasserstoff entzündet sich an der Luft normalerweise erst bei 585 °C. Leitet man Wasserstoff aber gegen Quarzwolle, auf deren Fasern sich fein verteiltes Platin befindet, so glüht die Quarzwolle auf und der Wasserstoff entflammt nach wenigen Sekunden. Der Versuch kann beliebig oft wiederholt werden, denn der Platinbelag bleibt unverändert.

Aktivierungsenergie. Damit Wasserstoff und Sauerstoff miteinander reagieren können, müssen die Moleküle in Atome gespalten werden. Bei *normaler* Temperatur sind die Atome in den Molekülen von Sauerstoff und Wasserstoff aber fest miteinander verbunden. Ihre Spaltung erfordert die Zufuhr von Energie. Man spricht von *Aktivierungsenergie*. Sie kann beispielsweise durch Erhitzen zugeführt werden.
Mit fein verteiltem Platin setzt die Reaktion jedoch ohne Energiezufuhr ein: Die Moleküle werden an der Oberfläche des Platins gebunden. Gleichzeitig wird die Bindung zwischen den Atomen des Moleküls gelockert. Die Aktivierungsenergie wird so verringert. Die Reaktion kann schon bei Raumtemperatur ablaufen. Die entstehenden Wasser-Moleküle verlassen die Oberfläche des Platins. Da bei der Reaktion Wärme frei, wird erhitzt sich das Platin immer weiter, bis schließlich die Zündtemperatur des Wasserstoffs erreicht wird.

Katalysator. Einen Stoff, der ähnlich wie Platin, eine chemische Reaktionen bei einer niedrigeren Temperatur möglich macht, bezeichnet man als *Katalysator*. Der Katalysator nimmt zwar an der Reaktion teil, er wird aber selbst nicht dauerhaft verändert und kann so erneut verwendet werden. Ein Katalysator vermindert die Aktivierungsenergie. Die Verringerung der Aktivierungsenergie kann schematisch durch ein Energiediagramm dargestellt werden.

Katalysatoren in Technik und Natur. Der Begriff Katalysator ist uns aus der Umgangssprache als „Auto-Kat" geläufig. Dieser wandelt umweltschädliche Stoffe des Abgases in umweltverträgliche Verbindungen um.
Auch bei vielen großtechnischen Herstellungsprozessen spielen Katalysatoren eine wichtige Rolle: Sie kommen überall dort zum Einsatz, wo Reaktionen von sich aus zu langsam oder erst bei höheren Temperaturen ablaufen. Die Erhöhung der Reaktionsgeschwindigkeit führt zu größeren Ausbeuten und steigert damit die Wirtschaftlichkeit; die Verringerung der Reaktionstemperatur vermindert den Energiebedarf und senkt so die Betriebskosten.

Auch im Körper aller Lebewesen läuft eine Vielzahl von chemischen Reaktionen ab. Ohne Katalysatoren wären diese lebensnotwendigen Stoffwechselprozesse aber viel zu langsam. Lebewesen nutzen daher bestimmte Eiweiße, die *Enzyme*, als Bio-Katalysatoren: Die Moleküle der der Ausgangsstoffe lagern sich jeweils an geeignete Enzyme an. Die Spaltung von Bindungen und die Bildung des Produkts werden dadurch begünstigt.

Ein Katalysator vermindert die Aktivierungsenergie und erhöht die Reaktionsgeschwindigkeit. Der Katalysator nimmt zwar an der Reaktion teil, wird aber selbst nicht dauerhaft verändert.

1 Erkläre, warum die Katalysatorperle zu glühen beginnt, wenn man Wasserstoff darüber leitet.
2 Begründe, warum ein Katalysator die bei einer Reaktion freiwerdende Wärme nicht verändert.
3 Ein Stück Würfelzucker schmilzt nur, wenn man es anzünden möchte. Taucht man es zuvor in Zigarettenasche lässt es sich entzünden. Erkläre diese Beobachtung.

9.3 Cracken

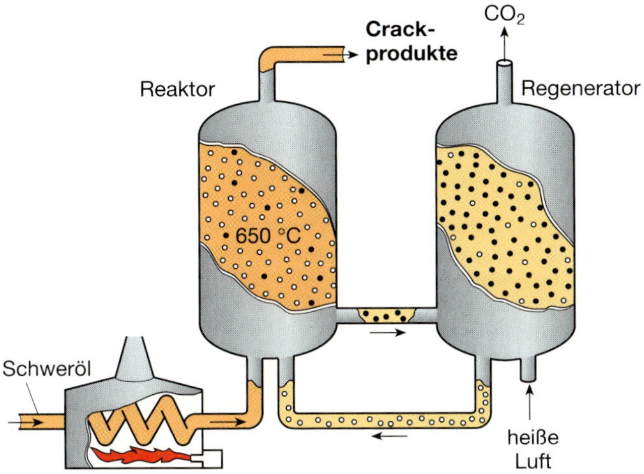

Zerbricht ein Molekül aber an zwei Stellen, so entsteht ein **Di-Radikal**. Diese Teilchen mit zwei ungepaarten Elektronen können ringförmige Moleküle bilden, indem sich die offenen Enden des Bruchstücks miteinander verbinden. Es entstehen *Cycloalkane*. Befinden sich die beiden ungepaarten Elektronen an benachbarten Kohlenstoff-Atomen, so kann sich eine *C=C-Zweifachbindung* ausbilden. Es entstehen somit ungesättigte Kohlenwasserstoffe (Alkene).

Beim Crack-Prozess werden höher siedende Rohöl-Fraktionen in Benzin umgewandelt. Dabei zerbrechen langkettige Kohlenwasserstoff-Moleküle in kurzkettige Moleküle. Die als Zwischenprodukte gebildeten Radikale sind reaktive Teilchen mit ungepaarten Elektronen.

Um die Nachfrage nach Benzin auf dem Weltmarkt befriedigen zu können, sollten 40 % des Rohöls aus Benzin bestehen. Diese Bedingung erfüllt Rohöl in der Regel aber nicht. So enthält Rohöl aus Niedersachsen nur 22 % dieser Benzin-Fraktion. Rohöl aus Venezuela liefert bei der Destillation fast gar kein Benzin. Um aus höher siedenden Fraktionen zusätzliches Benzin zu gewinnen, wurde die Technik des *Crackens* (engl. *crack*: spalten) entwickelt.

Cracken. Lässt man *Schweröl* auf eine heiße Eisenplatte tropfen, so entstehen Dämpfe von niedrig siedenden Kohlenwasserstoffen. Plötzliches Erhitzen lässt also langkettige Alkan-Moleküle in kürzere Moleküle zerbrechen. Diese Möglichkeit nutzt man großtechnisch beim *Crack-Prozess*. Dabei leitet man 650 °C heiße Schweröl-Dämpfe in einen Reaktor mit umherwirbelnden Katalysator-Perlen, an deren Oberfläche die Moleküle gecrackt werden. Gleichzeitig scheidet sich Ruß ab und macht den Katalysator nach und nach unwirksam. Darum bläst man stets einen bestimmten Anteil der Katalysator-Perlen zusammen mit Luft in einen Regenerator. Dort verbrennt der Ruß mit Luftsauerstoff.

Cracken, molekular betrachtet. Unter dem Einfluss hoher Temperaturen zerbrechen längere Kohlenwasserstoff-Moleküle an einer oder an mehreren Stellen. Die entstehenden Bruchstücke tragen *ungepaarte Elektronen*. Diese Teilchen sind sehr reaktiv. Man bezeichnet sie als **Alkyl-Radikale**.

Alkyl-Radikale entreißen anderen Molekülen Wasserstoff-Atome, sodass wieder vollständige Kohlenwasserstoff-Moleküle entstehen. Verliert ein Molekül auf diese Weise sämtliche Wasserstoff-Atome, so bleibt elementarer Kohlenstoff als *Ruß* zurück.

1 Beschreibe den technischen Ablauf des Crack-Prozesses.

2 Erkläre, was man unter einem Radikal versteht und welche Rolle Radikale beim Crack-Prozess spielen.

3 a) Die helle Oberfläche des Perlkatalysators wird beim Cracken schwarz. Begründe.

b) Stelle die Regeneration des Katalysators in einer Reaktionsgleichung dar.

4 Erkläre, warum beim Cracken auch verzweigte Kohlenwasserstoffe entstehen können.

5 Beschreibe, wie beim Crack-Prozess ein kontinuierlicher Betrieb erreicht wird.

6 Baue mit einem Molekülbaukasten Modelle einiger Kohlenwasserstoff-Moleküle auf, die beim Cracken entstehen können.

7 Beim *Hydrocracken* fügt man den Ausgangsstoffen Wasserstoff hinzu. Begründe das Vorgehen.

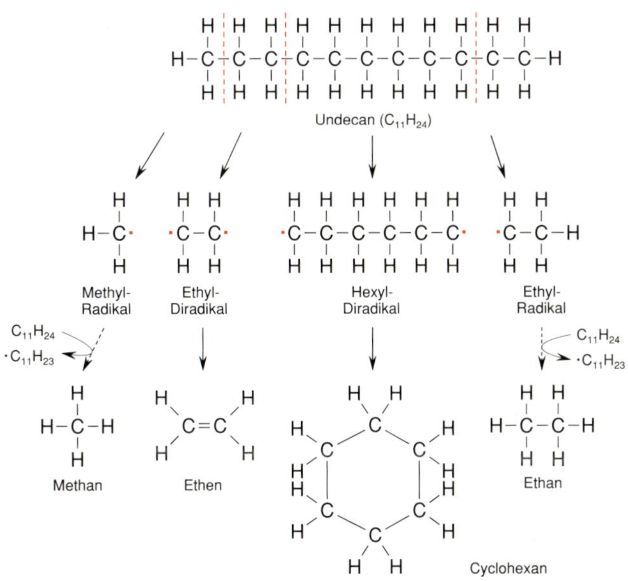

Cracken, molekular betrachtet

Exkurs

Der richtige Kraftstoff

Der Klopfvorgang im Motor?

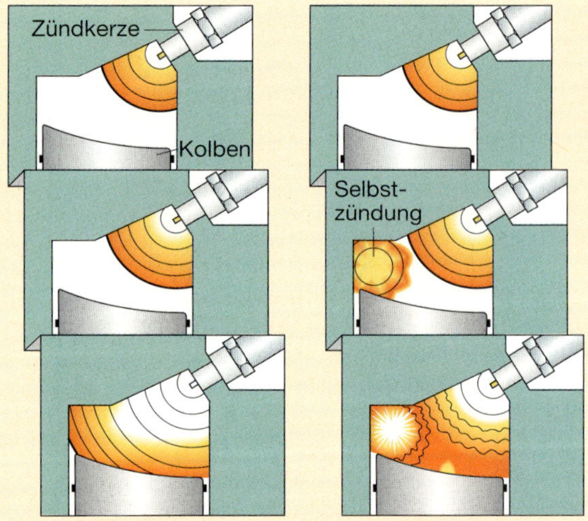

Normale und klopfende Verbrennung im Vergleich

Benzin oder Diesel? Nicht selten füllt man den falschen Treibstoff in den Tank, und dann gibt es Probleme, denn jeder Motortyp braucht einen besonderen Kraftstoff.

Benzin. Otto-Motoren benötigen *Benzin*. Darunter versteht man ein Gemisch aus Alkanen mit fünf bis zwölf Kohlenstoff-Atomen im Molekül. Doch Benzin wird erst durch bestimmte Zusätze zu einem Kraftstoff. Dabei entscheiden Art und Menge der Zusätze, ob *Normalbenzin* oder *Superbenzin* entsteht.
Normalbenzin und Superbenzin unterscheiden sich hauptsächlich in ihrer **Klopffestigkeit.** Ein Motor „klopft", wenn sich das Benzin/Luft-Gemisch in der Verdichtungsphase von selbst entzündet, bevor der Zündfunke ausgelöst wird. Durch diese Frühzündung erhält der Kolben in der Aufwärtsbewegung einen Schlag, der ein klopfendes Geräusch erzeugt.
Als Maß für die Klopffestigkeit eines Kraftstoffs gilt die **Oktanzahl:** Reines Isooctan (2,2,4-Trimethylpentan) besitzt eine hohe Klopffestigkeit. Ihm ordnet man die Oktanzahl 100 zu. Reines *n*-Heptan lässt den Motor dagegen besonders leicht klopfen. Es erhält die Oktanzahl 0. Normalbenzin hat in der Regel die Oktanzahl 92, das heißt, es verhält sich hinsichtlich seiner Klopffestigkeit wie ein Gemisch aus 92 % Isooctan und 8 % n-Heptan. Die Oktanzahl von Superbenzin liegt bei 95. Die höhere Klopffestigkeit ist erforderlich, da das Kraftstoff/Luft-Gemisch in Superbenzin-Motoren stärker verdichtet wird. Solche Motoren erzeugen also einen höheren Druck und sind deshalb empfindlicher für Frühzündungen.

Antiklopfmittel. Die erforderlichen Mengen klopffesten Benzins lassen sich nur gewinnen, wenn man *Antiklopfmittel* verwendet. Jahrzehnte lang wurde dem Benzin daher *Bleitetraethyl* ($Pb(C_2H_5)_4$) beigemischt. Die im Abgas enthaltenen Blei-Verbindungen belasteten jedoch die Umwelt und schädigen die Abgaskatalysatoren. Heute erreicht man die geforderte Klopffestigkeit durch den Zusatz von etwa 10 % **Ethyl-*tert*-butylether** (ETBE). Diese Verbindung ersetzt die zuvor verwendete Methyl-Verbindung (MTBE): Bei der Herstellung wird *Bio-Ethanol* verwendet. Man erfüllt auf diese Weise eine EU-Vorschrift zur Erhöhung des Anteils von Produkten aus nachwachsenden Rohstoffen in Kraftstoffen.

Diesel-Öl. Diesel-Motoren verdichten das Kraftstoff/Luft-Gemisch besonders stark. Dadurch steigt die Temperatur des Kraftstoff/Luft-Gemischs so stark an, dass es sich selbst entzündet. Bei diesen Bedingungen eignet sich Diesel-Öl als Kraftstoff, ein Gemisch aus Alkanen mit zehn bis zwanzig Kohlenstoff-Atomen im Molekül. Aber auch dieser Kraftstoff kommt nicht ohne Zusätze aus. So verhindert ein Additiv, dass an kalten Tagen ein Teil als Paraffin ausflockt und die Kraftstoffzufuhr behindert.

Bio-Kraftstoffe. An immer mehr Tankstellen gibt es *Bio-Diesel*, einen Kraftstoff, der aus Rapsöl gewonnen wird; er stammt damit aus *nachwachsenden Rohstoffen*. Im Jahre 2007 wurden in Deutschland mehr als vier Millionen Tonnen Bio-Diesel verbraucht. In Südamerika wird in großem Maße Bio-Alkohol aus der Vergärung von Zucker als Kraftstoff verwendet.

1 **a)** Informiere dich über Bau und Arbeitsweise eines Viertakt-Motors und eines Diesel-Motors.
b) Erkläre, was man unter einer Frühzündung versteht.
c) Erläutere, warum das Klopfen eines Motors schädlich ist.

2 **a)** Beschreibe, was man unter Bio-Kraftstoffen versteht.
b) Vergleiche die Preise von Bio-Diesel und normalem Dieselkraftstoff. Begründe den Unterschied.

Auto-Abgaskatalysator

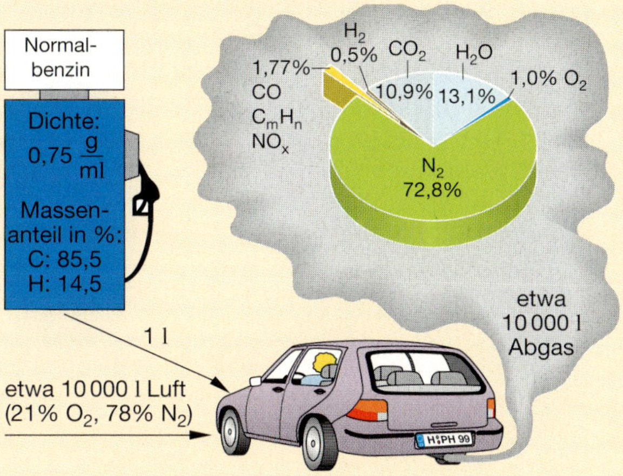

Abgase des Otto-Motors ohne Katalysator

Bei einer Geschwindigkeit von 130 $\frac{km}{h}$ benötigt ein 1,8-Liter-Motor in jeder Minute fast zwei Kubikmeter gasförmiges Kraftstoff/Luft-Gemisch. In dieser Zeit verlässt etwa dieselbe Menge Abgas den Auspuff. Das Abgas eines Pkw-Motors besteht zu 98 % aus Stickstoff, Wasserdampf und Kohlenstoffdioxid. Die restlichen 2 % sind umweltschädliche Stoffe wie unverbrannte *Kohlenwasserstoffe, Kohlenstoffmonooxid* und *Stickstoffoxide.* Bei Diesel-Motoren kommt noch die Emission von Rußpartikeln hinzu.

Auto-Katalysator. Der Abgaskatalysator (Auto-Kat) wandelt umweltschädliche Stoffe des Abgases in umweltverträgliche Verbindungen um. Der Auto-Kat befindet sich bei einem Pkw im mittleren Abschnitt des Auspuffrohrs. Er besteht aus einem länglichen Keramikkörper, der von zahlreichen Kanälen durchzogen ist. Deren Oberfläche wird durch eine Schicht aus porösem Aluminiumoxid auf das 6000fache vergrößert. Als chemisch wirksamer Katalysator dient eine Platin/Rhodium-Legierung. Zwei Gramm davon sind sehr fein auf dem Aluminiumoxid verteilt. An der Oberfläche dieser Edelmetall-Körnchen laufen verschiedene chemische Reaktionen ab.
Aus Kohlenwasserstoffen und Sauerstoff entstehen dabei Kohlenstoffdioxid und Wasser. Kohlenstoffmonooxid und Stickstoffmonooxid reagieren miteinander in einer Redoxreaktion. Zwei umweltschädliche Stoffe vernichten sich somit gegenseitig. Es bilden sich Kohlenstoffdioxid und Stickstoff:

$$2\,CO\,(g) + 2\,NO\,(g) \longrightarrow 2\,CO_2\,(g) + N_2\,(g)$$

Da die drei Schadstoffe Kohlenwasserstoffe, Kohlenstoffmonooxid und Stickstoffmonooxid in einem einzigen Schritt aus dem Abgas entfernt werden, spricht man von einem **Dreiwegekatalysator.**

Geregelter Katalysator. Für die Oxidation der Kohlenwasserstoffe und des Kohlenstoffmonooxids wird Sauerstoff benötigt. Der Sauerstoffgehalt darf jedoch nicht zu hoch sein, da Stickstoffmonooxid sonst nicht vollständig reduziert wird. Außerdem ändert sich der Sauerstoffbedarf bei den wechselnden Betriebsbedingungen einer Fahrt ständig. Bei einem geregelten Katalysator misst die sogenannte **λ-Sonde** („Lambda-Sonde“) die Konzentration des Sauerstoffs im Abgas, bevor es den Katalysator erreicht. Ein elektronisches Regelsystem wertet die Informationen der Sonde aus und stellt den Sauerstoffgehalt des Kraftstoff/Luft-Gemischs optimal ein.

Betriebsbedingungen. Da die Abgase den Katalysator sehr schnell durchströmen, müssen die chemischen Prozesse innerhalb eines Zeitraumes von nur 0,03 Sekunden ablaufen. Doch nur unter bestimmten Betriebsbedingungen kann der Katalysator das Abgas optimal reinigen: Die Temperatur des Katalysators muss etwa 500 °C betragen und man darf nicht viel schneller als 130 $\frac{km}{h}$ fahren, weil die Abgase sonst nicht lange genug im Katalysator verweilen. Werden die optimalen Betriebsbedingungen eingehalten, verlassen hauptsächlich umweltneutrale Stoffe den Auspuff. Allein das Kohlenstoffdioxid schafft dann noch Umweltprobleme, denn es verstärkt den *Treibhauseffekt.*

1 Formuliere die Reaktionsgleichung für die vollständige Oxidation von Kraftstoff zu Wasser und Kohlenstoffdioxid. Beschreibe den Kraftstoff dabei vereinfachend durch die Formel von Octan.
2 Erläutere die Arbeitsweise eines Abgaskatalysators.
3 Nenne die Aufgabe der λ-Sonde und die des elektronischen Regelsystems?
4 Erkläre, warum die Umsetzung von Kohlenstoffmonooxid mit Stickstoffmonooxid eine Redoxreaktion ist.
5 Überlege, welche Probleme sich ergeben, wenn der Sauerstoffgehalt im Kraftstoff/Luft-Gemisch zu hoch oder zu niedrig ist?

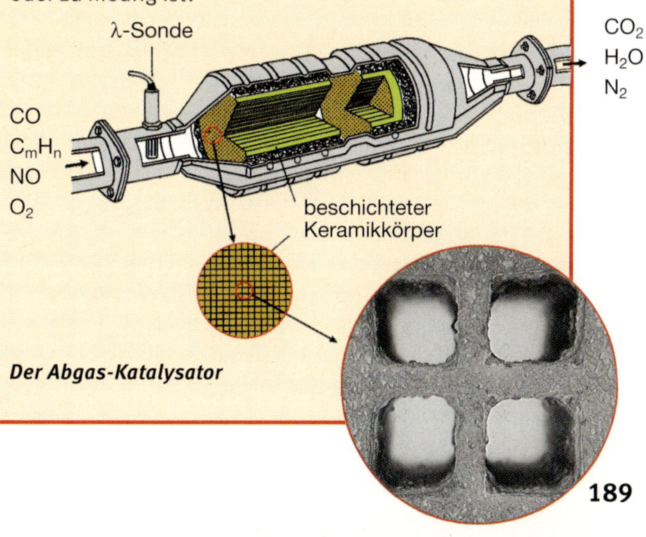

Der Abgas-Katalysator

9.4 Vom Schwefel zur Schwefelsäure

Weltweit werden jährlich etwa 140 Millionen Tonnen Schwefelsäure (H_2SO_4) hergestellt, davon rund drei Millionen Tonnen in Deutschland. Damit gehört Schwefelsäure zusammen mit Natriumhydroxid und Chlor zu den wichtigsten anorganischen Grundchemikalien.

Der größte Teil der Schwefelsäure wird zur Herstellung von Düngemitteln verbraucht. Beträchtliche Mengen werden auch für die Produktion des Weißpigments Titandioxid sowie für die Herstellung von waschaktiven Substanzen, Farbstoffen und Arzneimitteln benötigt. Die bekannte Verwendung als *Akkusäure* in Bleiakkumulatoren spielt mengenmäßig nur eine geringe Rolle.

Die Herstellung von Schwefelsäure verläuft über **Schwefeldioxid** (SO_2) als Zwischenprodukt. Es handelt sich dabei um ein farbloses, stechend riechendes, giftiges Gas.
Schwefeldioxid bildet sich bei der Verbrennung von Schwefel in einer stark exothermen Reaktion:

$S(s) + O_2\,(g) \longrightarrow SO_2\,(g)$; exotherm

Der eingesetzte Schwefel fällt heute überwiegend bei der Reinigung von Erdgas an. Das häufig im Erdgas enthaltene giftige Schwefelwasserstoff-Gas (H_2S) wird bei der **Entschwefelung** in elementaren Schwefel überführt.

Der wichtigste Schritt für die Synthese von Schwefelsäure ist die Oxidation von Schwefeldioxid zu Schwefeltrioxid:

$2\,SO_2\,(g) + O_2\,(g) \longrightarrow 2\,SO_3\,(g)$; exotherm

Diese Reaktion verläuft an einem Katalysator bei einer Temperatur von etwa 450 °C. Bei deutlich höheren Temperaturen zerfällt Schwefeltrioxid wieder unter Rückbildung von Schwefeldioxid und Sauerstoff. Aus diesem Grund kann sich in der heißen Schwefelflamme praktisch kein Schwefeltrioxid bilden. Erst der eingesetzte Katalysator sorgt für geeignete Reaktionsbedingungen: Auch wenn die Temperatur nicht so hoch ist, läuft die Reaktion trotzdem schnell genug ab.

Das gebildete Schwefeltrioxid reagiert nur langsam mit Wasser zu Schwefelsäure. Es wird deshalb zunächst in konzentrierter Schwefelsäure gelöst. Dabei bildet sich Oleum (rauchende Schwefelsäure), das hauptsächlich Dischwefelsäure enthält:

$SO_3\,(g) + H_2SO_4\,(l) \longrightarrow H_2S_2O_7\,(l)$

Durch kontinuierliche Zugabe von Wasser erhält man 98%ige Schwefelsäure:

$H_2S_2O_7\,(l) + H_2O\,(l) \longrightarrow 2\,H_2SO_4\,(l)$

Technische Herstellung von Schwefelsäure. Bei der großtechnischen Herstellung von Schwefelsäure verbrennt man meist geschmolzenen Schwefel in einem *Verbrennungsofen* mit einem Überschuss an Luft. Das Gemisch aus Schwefeldioxid und Luft wird dann in einem *Abhitzekessel* auf 450 °C abgekühlt. In einem sogenannten **Kontaktofen** strömt das Gasgemisch dann durch mehrere übereinander angeordnete Siebböden, auf denen jeweils eine Katalysatorschicht liegt. Der Katalysator besteht aus Vanadiumoxid (V_2O_5) auf poröser Kieselgur.
Da sich das Gasgemisch durch die exotherme Reaktion stark erwärmt, leitet man es vor dem Eintritt in die nächste Schicht durch einen Wärmetauscher. Auf diese Weise wird die Temperatur wieder auf den optimalen Wert von 450 °C eingestellt.

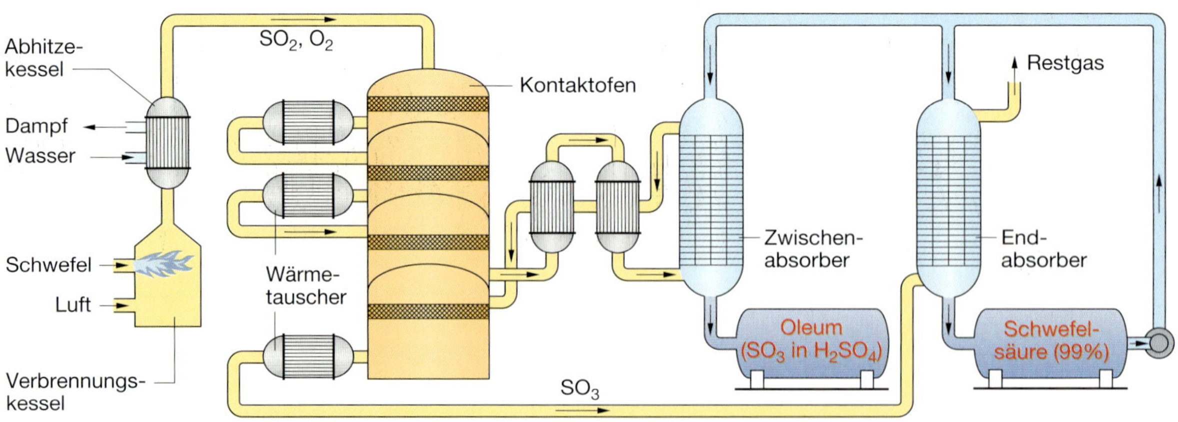

Technische Herstellung von Schwefelsäure

Anschließend kühlt man das Gas ab und leitet es in *Absorptionstürme*. Hier wird Schwefeltrioxid in konzentrierter Schwefelsäure gelöst. Durch Zugabe von Wasser zu dieser *rauchenden Schwefelsäure* erhält man hieraus die handelsübliche konzentrierte Schwefelsäure.
Das Restgas enthält noch etwa 5 % Schwefeldioxid. Da Schwefeldioxid giftig ist und zur Bildung des sauren Regens beiträgt, darf es nicht in die Luft gelangen.
Beim heute üblichen **Doppelkontaktverfahren** wird das Restgas daher noch einmal in Wärmetauschern erhitzt und durch eine weitere Katalysatorschicht geleitet. Dadurch erhöht sich der Umsatz des Schwefeldioxids auf insgesamt 99,8 %. Das Abgas ist damit weitgehend frei von diesem umweltschädlichen Stoff.

Schwefelsäure (H_2SO_4) entsteht bei der Reaktion von Schwefeltrioxid mit Wasser. Schwefeltrioxid erhält man durch Oxidation von Schwefeldioxid an einem Katalysator im Doppelkontaktverfahren.

1 Erkläre, warum bei der Verbrennung von Schwefel kaum Schwefeltrioxid entsteht, obwohl genügend Sauerstoff vorhanden ist.
2 Die Produktion von Chemikalien sollte kostengünstig sein und die Umwelt wenig belasten.
Erläutere, durch welche Verfahrensschritte dieses Ziel bei der Schwefelsäure-Synthese weitgehend erreicht wird.
3 Beim Erhitzen von Pyrit (FeS_2) an der Luft entsteht neben Schwefeldioxid Eisenoxid (Fe_2O_3).
Stelle die Reaktionsgleichung auf.
4 Nenne mögliche Gründe, warum in der Technik Vanadiumoxid statt Platin als Katalysator verwendet wird.
5 Das als Phosphat-Düngemittel eingesetzte sogenannte Superphosphat ist ein Gemisch aus Calciumsulfat und dem gut wasserlöslichen Calciumdihydrogenphosphat ($Ca(H_2PO_4)_2$). Dieses Gemisch wird durch die Reaktion von nahezu unlöslichem, natürlichem Calciumphosphat ($Ca_3(PO_4)_2$) mit Schwefelsäure hergestellt.
a) Formuliere die Reaktionsgleichung der Reaktion von Schwefelsäure mit Calciumphosphat.
b) Benenne die folgenden Hydrogenphosphate:
NaH_2PO_4, $Mg(H_2PO_4)_2$, K_2HPO_4.

Das SO_2/SO_3-Gleichgewicht

Theorie

Bildung von Schwefeltrioxid bei verschiedenen Temparaturen

Die Bildung von Schwefeltrioxid durch die Reaktion von Schwefeldioxid mit Sauerstoff verläuft nur unvollständig. Man erhält jeweils ein Gemisch, in dem neben dem gewünschtem Produkt noch ein Teil der Ausgangsstoffe enthalten ist. In der Reaktionsgleichung kann man durch einen Doppelpfeil ($\rightleftharpoons$) darauf hinweisen, dass sich bei der Reaktion ein solcher Zustand einstellt, den man allgemein als *chemisches Gleichgewicht* bezeichnet:

$$2\,SO_2\,(g) + O_2\,(g) \rightleftharpoons 2\,SO_3\,(g);\ \text{exotherm}$$

Zu welchem Anteil Schwefeldioxid in Schwefeltrioxid überführt werden kann, hängt entscheidend von der Temperatur ab. Wie bei exothermen Reaktionen allgemein würde eine niedrige Temperatur die Bildung des Produktes begünstigen.
Bei niedrigen Temperaturen verläuft die Reaktion – bis zur Einstellung des Gleichgewichts – jedoch viel zu langsam. Obwohl die Reaktion durch den eingesetzten Katalysator beschleunigt wird, muss das Gasgemisch auf mindestens 400 °C aufgeheizt werden, damit die Reaktion ausreichend schnell abläuft. Aufgrund der exothermen Reaktion steigt die Temperatur in der Katalysatorschicht weiter an. Man erreicht also nur den zu der höheren Temperatur gehörigen relativ ungünstigen SO_3-Anteil im Gleichgewichtszustand. Das so entstandene Gemisch wird deshalb in einem Wärmetauscher auf etwa 450 °C abgekühlt, damit beim Durchgang durch die nächste Katalysatorschicht weiteres Schwefeldioxid in Schwefeltrioxid überführt werden kann.

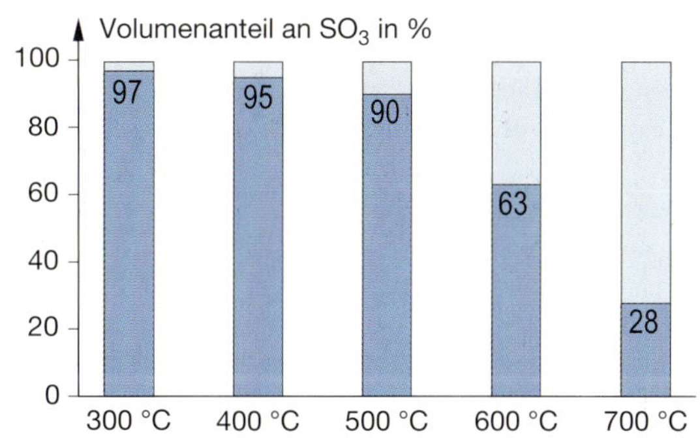

Einfluss der Temperatur auf das Schwefeltrioxid/ Schwefeldioxid-Gleichgewicht

Chemie-Recherche

Location: http://www.schroedel.de/chemie_heute.html

Suche:

Sulfate, Salze der Schwefelsäure

Ergebnisse:

→ **Hydrate enthalten Kristallwasser**

Viele Sulfate und andere Salze enthalten Wasser-Moleküle, die in das Kristallgitter eingebaut sind. Den Kristallwassergehalt solcher *Hydrate* gibt man in der Formel an. *Beispiel:* Kupfersulfat bildet ein Hydrat, das pro Kupfer-Ion fünf Wasser-Moleküle enthält. Dieses *Kupfersulfat-Pentahydrat* hat die Formel $CuSO_4 \cdot 5\ H_2O$.

→ **Gips** (Calciumsulfat)

Gips ($CaSO_4 \cdot 2\ H_2O$) bildet als Gestein ganze Gebirgsstöcke. In Gängen und Spalten findet man dort auch Gips-Kristalle, die prismenförmig oder tafelig (Marienglas) sein können.

Was im Baumarkt als Gips verkauft wird, ist ein technisches Produkt, das aus Gipsgestein gewonnen wird:

Beim Erhitzen auf etwa 150 °C entweicht das Kristallwasser teilweise. Dabei entsteht *gebrannter Gips* ($CaSO_4 \cdot \frac{1}{2}\ H_2O$). Zum Gebrauch verrührt man ihn mit Wasser zu einem dicken Brei. Nach kurzer Zeit erstarrt der Brei, da das Wasser als Kristallwasser gebunden wird. Es bilden sich feine Gipsnadeln, die zu einem harten Werkstoff verfilzen. Darauf beruht die Verwendung von gebranntem Gips in der Medizin und im Baugewerbe.

→ **Kupfersulfat** (Kupfervitriol)

$CuSO_4 \cdot 5\ H_2O$

Vorkommen: Verwitterungsprodukt von schwefelhaltigen Kupfererzen

Verwendung: Pflanzenschutzmittel im Wein- und Obstbau, Kunstseideherstellung

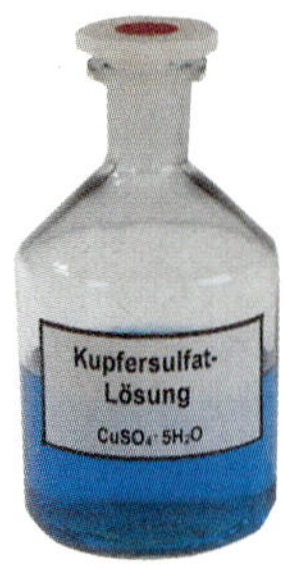

→ **Eisensulfat** (Eisenvitriol)

$FeSO_4 \cdot 7\ H_2O$

Vorkommen: Verwitterungsprodukt von schwefelhaltigen Eisenerzen

Verwendung: Beizmittel in der Textilfärberei, Gerben von Leder, Bekämpfung von Moos

→ **Natriumsulfat** (Glaubersalz)

$Na_2SO_4 \cdot 10\ H_2O$

Vorkommen: in Salzstöcken, Mineralquellen und Salzseen

Verwendung: Glasherstellung, Färberei, mildes Abführmittel

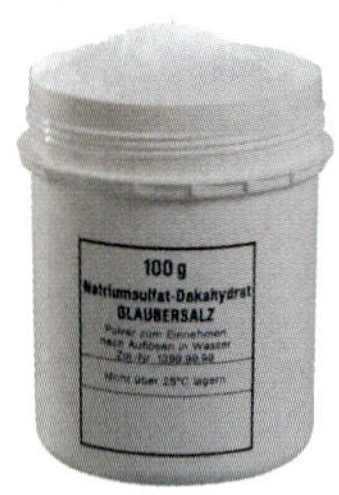

→ **Magnesiumsulfat** (Bittersalz)

$MgSO_4 \cdot 7\ H_2O$

Vorkommen: in Kalisalzlagern, Mineralquellen

Verwendung: Düngemittel für Nadelbäume, Abführmittel

→ **Bariumsulfat** (Schwerspat)

Wer sich den Magen röntgen lässt, muss zunächst einen weißen Brei aus Bariumsulfat ($BaSO_4$) schlucken. Der Brei füllt den Magenraum und überzieht die Magenschleimhaut gleichmäßig. Da Bariumsalze Röntgenstrahlen absorbieren, wird der Magen auf dem Röntgenbild abgebildet. Bariumsulfat ist sehr schwer löslich; es verlässt den Körper daher, ohne dass schädliche Barium-Ionen aufgenommen werden. Beide Eigenschaften machen Bariumsulfat zu einem idealen Kontrastmittel für Magen/Darm-Untersuchungen.

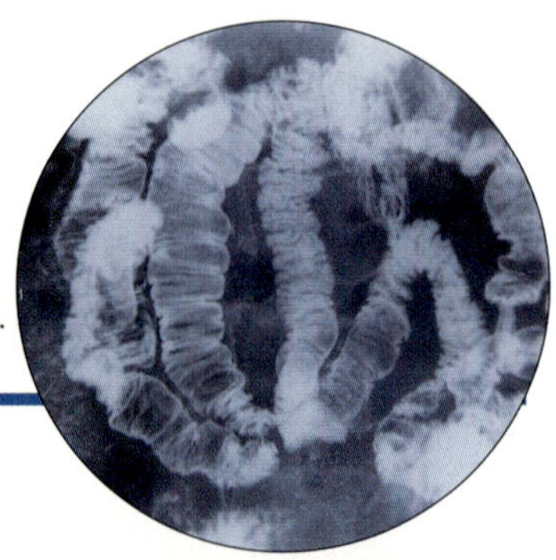

Aufgabe

1 Forsche nach, woher der Name *Marienglas* stammt.

Herstellung und Eigenschaften der Sulfate

V1: Reaktion von Metallen mit Schwefelsäure

Materialien: Tropfpipette, Gasbrenner;
Magnesiumband (F), grobes Zinkpulver (F), Kupferblech, Schwefelsäure (verd.; Xi).

Durchführung:
1. Gib ein Stückchen Magnesiumband in ein Reagenzglas.
2. Füge etwa 5 ml Schwefelsäure hinzu und beobachte. Prüfe, ob Wärme frei wird.
3. Fange das entstehende Gas mit einem Reagenzglas auf. Führe die Knallgasprobe durch.
4. Wiederhole den Versuch mit Zinkpulver und mit Kupferblech.

Aufgaben:
a) Beschreibe und deute deine Beobachtungen.
b) Gib jeweils die Reaktionsgleichung an.
c) Leite aus deinen Beobachtungen eine allgemeine Regel ab.

V2: Bildung von Kupfersulfat

B2

Materialien: Tropfpipette, Gasbrenner, Trichter, Filtrierpapier, Petrischale, Lupe;
Kupferoxid-Pulver (Xn), Schwefelsäure (verd.; Xi).

Durchführung:
1. Gib einen Spatel Kupferoxidpulver in ein Reagenzglas und füge etwa 5 ml Schwefelsäure zu.
2. Erwärme das Gemisch mit kleiner Brennerflamme vorsichtig zum schwachen Sieden. Bewege dabei das Reagenzglas in der Flamme, um einen Siedeverzug zu vermeiden.
3. Filtriere die noch heiße Lösung in die Petrischale und stelle das Filtrat für einige Tage zum Kristallisieren auf.
4. Untersuche die gebildeten Kristalle mit der Lupe.

Aufgaben:
a) Protokolliere und deute deine Beobachtungen.
b) Gib die Reaktionsgleichung für die Reaktion von Kupferoxid mit Schwefelsäure an.
c) Durch welche Teilchen ist die Blaufärbung der Lösung zu erklären?
d) Erkläre, warum man weißes Kupfersulfat zum Nachweis von Wasser nimmt.

V3: Erhitzen von Marienglas

Materialien: Gasbrenner;
Marienglas.

Durchführung:
1. Untersuche die Eigenschaften von Marienglas.
2. Gib einige Stücke Marienglas in ein trockenes Reagenzglas und erhitze sie mit der Brennerflamme.
3. Beobachte, wie sich das Marienglas verändert. Was erkennst du im oberen Bereich des Reagenzglases?
4. Beende das Erhitzen, wenn die Dampfentwicklung abnimmt, und lasse das Reagenzglas abkühlen.

Aufgabe: Beschreibe und deute deine Beobachtungen.

V4: Abbinden von Gips

Materialien: Kunststoffbecher, Glasstab, Thermometer; gebrannter Gips (Modellgips), Vaseline.

Durchführung:
1. Verrühre in dem Kunststoffbecher Gips mit wenig Wasser zu einem dicken Brei.
2. Fette die Spitze des Thermometers mit Vaseline ein. Forme eine Kugel aus dem Gipsbrei und stecke die Thermometer-Spitze hinein.
3. Beobachte den Temperaturverlauf während des Abbindevorgangs.

Aufgaben:
a) Beschreibe deine Beobachtungen.
b) Deute die Temperaturänderung.
c) Formuliere eine Reaktionsgleichung.

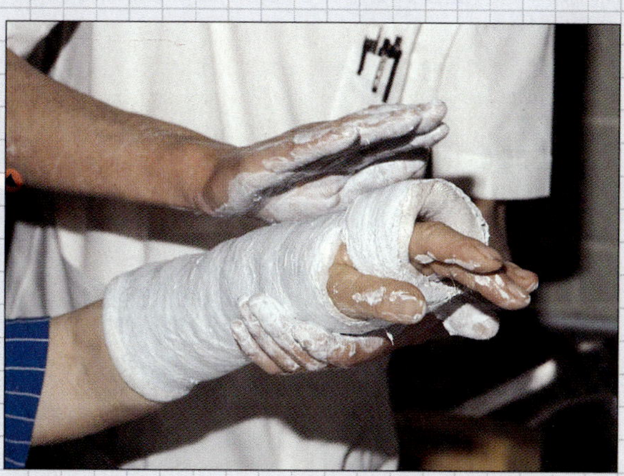

9.5 Vom Stickstoff zum Ammoniak

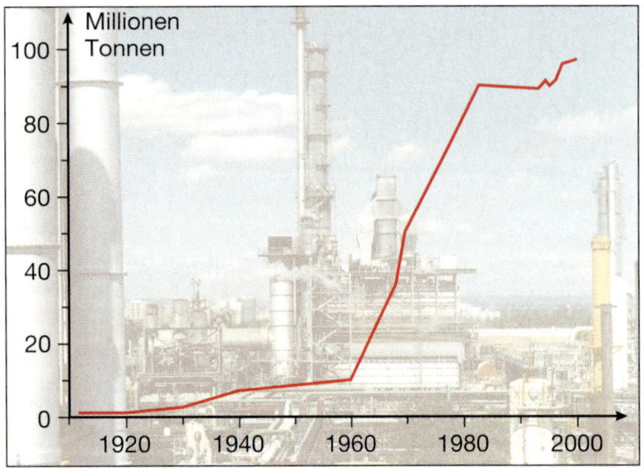

Weltproduktion von Ammoniak

Als Joseph PRIESTLEY 1774 erstmals Ammoniak (NH_3) synthetisierte, konnte er nicht ahnen, welche große Bedeutung dieses farblose, stechend riechende Gas einst haben würde. Heute ist Ammoniak eine der wichtigsten Grundchemikalien der chemischen Industrie. Für die Synthese der meisten Stickstoff-Verbindungen geht man von Ammoniak aus.
Man benötigt Ammoniak als Ausgangsstoff für die Herstellung von Kunststoffen, Farbstoffen und Sprengstoffen. 85 % der Ammoniak-Produktion gehen jedoch in die Produktion von Stickstoffdüngern, ohne die sich die wachsende Weltbevölkerung nicht ernähren ließe.

Anfang des 20. Jahrhunderts entwickelten der Chemiker Fritz HABER und der Ingenieur Carl BOSCH ein großtechnisches Verfahren, mit dem Ammoniak aus dem Stickstoff der Luft und Wasserstoff hergestellt wird. HABER und BOSCH erhielten für diesen „Griff in die Luft“ den Nobelpreis für Chemie.

Ausgangsstoffe. In der Technik gewinnt man Stickstoff und Wasserstoff, indem man das überwiegend aus Methan (CH_4) bestehende Erdgas zunächst mit Wasserdampf und dann mit Luft an Katalysatoren reagieren lässt:

$$CH_4\ (g) + H_2O\ (g) \xrightarrow{\text{Katalysator}} CO\ (g) + 3\ H_2\ (g);\ \text{endotherm}$$

$$2\ CH_4\ (g) + \underbrace{O_2\ (g) + 4\ N_2\ (g)}_{\text{Luft}} \xrightarrow{\text{Katalysator}}$$

$$2\ CO\ (g) + 4\ N_2\ (g) + 4\ H_2\ (g);\ \text{exotherm}$$

Das Nebenprodukt Kohlenstoffmonooxid wird mit Wasserdampf an einem Katalysator umgesetzt:

$$CO\ (g) + H_2O\ (g) \xrightarrow{\text{Katalysator}} CO_2\ (g) + H_2\ (g);\ \text{exotherm}$$

Das dabei gebildete Kohlenstoffdioxid muss anschließend ausgewaschen werden.

Synthese. Die Bereitstellung der Ausgangsstoffe wird so gesteuert, dass nur Stickstoff und Wasserstoff im Volumenverhältnis 1 : 3 für die eigentliche Ammoniak-Synthese übrig bleiben:

$$N_2\ (g) + 3\ H_2\ (g) \longrightarrow 2\ NH_3\ (g),\ \text{exotherm}$$

So einfach wie die Reaktionsgleichung auch ist, so groß sind die Probleme für eine technische Durchführung der Synthese: Stickstoff ist sehr reaktionsträge und reagiert daher nur bei hohen Temperaturen. Ammoniak zerfällt aber bei diesen Temperaturen wieder in die Elemente. Mithilfe eines Katalysators gelang es HABER, die Synthese bei etwa 450 °C hinreichend zu beschleunigen, doch die Ausbeute war immer noch äußerst gering. Erst durch eine drastische Erhöhung des Drucks auf über 10 MPa (100 bar) konnte er die Ausbeute auf mehr als 10 % steigern. Auf dieser Grundlage entwickelte BOSCH Anlagen, mit denen sich extrem hohe Drücke auch technisch bewältigen ließen.

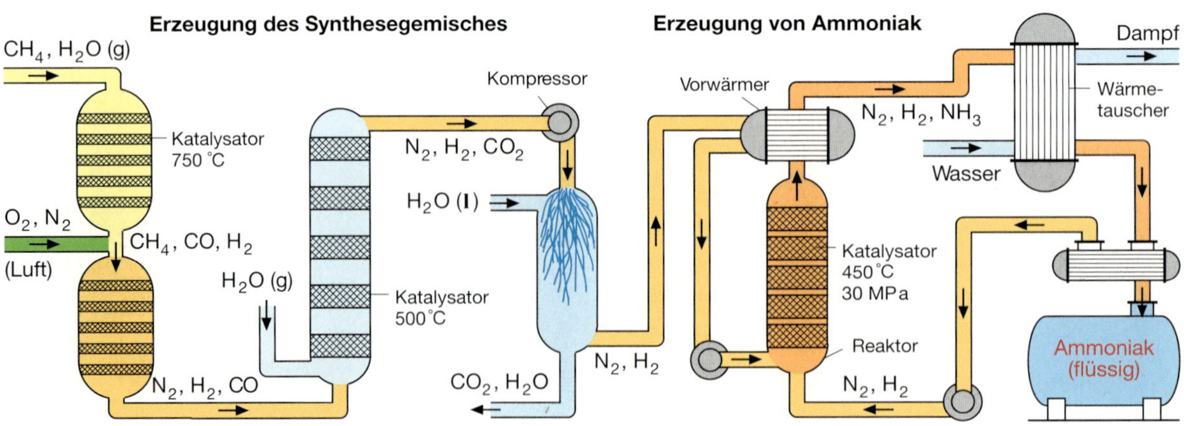

Technische Herstellung von Ammoniak

Nach der Reaktion, die heute bei etwa 30 MPa (300 bar) in 30 m bis 40 m hohen Synthesetürmen abläuft, wird das Gasgemisch so weit abgekühlt, dass sich das gebildete Ammoniak verflüssigt und abgetrennt werden kann. Das Restgas wird in den Syntheseturm zurückgeleitet.

Ammoniak (NH_3) wird im HABER-BOSCH-Verfahren aus Stickstoff und Wasserstoff bei sehr hohem Druck und etwa 450 °C mithilfe von Katalysatoren synthetisiert. Es wird vor allem für die Herstellung von Stickstoffdüngern benötigt.

1 Beschreibe die Probleme, die bei bei der Ammoniak-Synthese gelöst werden mussten.
2 Beschreibe die Bindung im Stickstoff-Molekül und erkläre dadurch die Reaktionsträgheit des Stickstoffs.
3 Erläutere die Herstellung des Synthesegemisches anhand der Abbildung auf der linken Seite.
4 Ammoniak reagiert mit Wasser zu einer alkalischen Lösung. Wie können die Hydroxid-Ionen entstanden sein?
5 Beschreibe die Entwicklung der Weltproduktion von Ammoniak und erkläre die Veränderung.

Steckbrief: Ammoniak (NH_3)

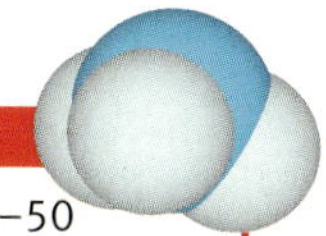

Giftig

Umwelt-gefährlich

R: 10–23–34–50
S: 1/2–9–16–26–36/37/39–45–61

Eigenschaften:
- farbloses, stechend riechendes, giftiges Gas
- Dichte: $0{,}71\frac{g}{l}$
- verflüssigt sich bei –33 °C
- reagiert mit Wasser alkalisch
- Löslichkeit in Wasser: Bei 20 °C sind in einem Liter der gesättigten Lösung 427 l Gas gelöst.

Verwendung:
- Herstellung von Düngemitteln und Salpetersäure
- Herstellung von Kunststoffen
- Kühlmittel in Großkühlanlagen

Ammoniak-Lösung:
Xi ($5\,\% \leq w < 10\,\%$)
C ($10\,\% \leq w < 25\,\%$)
C, N ($w \geq 25\,\%$)

Das Ammoniak-Gleichgewicht

Theorie

Bei der Reaktion von Stickstoff mit Wasserstoff werden die Ausgangsstoffe nicht vollständig zu Ammoniak umgesetzt. Es stellt sich vielmehr ein **chemisches Gleichgewicht** ein: Man erhält ein Gemisch, das neben Ammoniak auch noch Stickstoff und Wasserstoff enthält. In der Reaktionsgleichung weist man durch einen Doppelpfeil $\rightleftharpoons$ auf diese Tatsache hin:

$N_2\,(g) + H_2\,(g) \rightleftharpoons 2\,NH_3\,(g)$; exotherm

Welcher Anteil der Ausgangsstoffe reagiert hängt bei einer Gleichgewichtsreaktion von den Reaktionsbedingungen ab. Günstig sind in diesem Fall hohe Drücke und niedrige Temperaturen.

Da die Reaktion bei niedrigen Temperaturen viel zu langsam abläuft, arbeitet man in der Technik bei einer Temperatur von rund 450 °C. Dabei setzt man zusätzlich Katalysatoren ein, um die Reaktion zu beschleunigen. Das technisch verwendete Katalysatormaterial besteht überwiegend aus Eisen.

Bei Normaldruck ergibt sich bei 450 °C allerdings nur ein Ammoniak-Anteil von etwa 1 % im Gasgemisch. Beim industriellen Verfahren arbeitet man mit 300fach höherem Druck (30 MPa). Unter diesen Bedingungen ergäbe sich im Gleichgewichtszustand ein Ammoniak-Anteil von 38 %. Da das Gasgemisch aber mit großer Geschwindigkeit durch den Reaktor strömt, wird nach einmaligem Durchgang nur ein Anteil von 15 % Ammoniak erreicht.

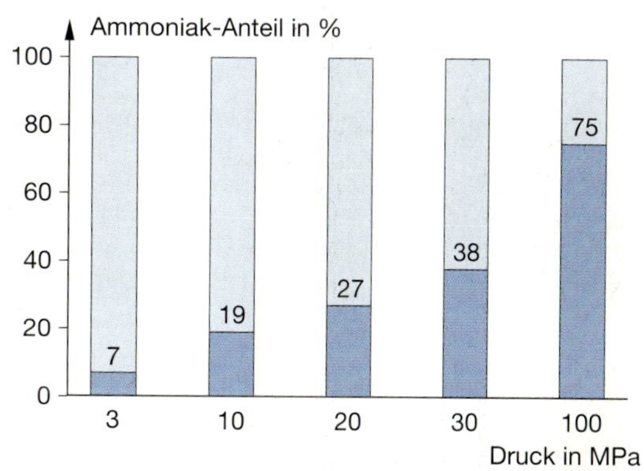

Einfluss des Druckes auf den Ammoniak-Anteil im Gleichgewicht bei 450 °C

9.6 Vom Ammoniak zur Salpetersäure

Salpetersäure (HNO_3) ist nach Schwefelsäure die wichtigste Säure in der chemischen Industrie. Der Name weist auf die alte Herstellungsmethode hin, bei der *Chilesalpeter* (Natriumnitrat, $NaNO_3$) mit konzentrierter Schwefelsäure erhitzt wurde.

Salpetersäure wurde schon zu Beginn des 20. Jahrhunderts in immer größeren Mengen zur Herstellung von Stickstoffdüngern, Sprengstoffen, Farbstoffen und Kunststoffen benötigt. Die natürlichen Vorkommen an Nitraten, die vor allem in der Atacama-Wüste in Chile abgebaut wurden, reichten bald nicht mehr aus, um den gestiegenen Bedarf zu decken. Man entwickelte daher Verfahren zur Herstellung von Salpetersäure aus Stickstoffoxiden.

Herstellung. Nachdem mit der Einführung des HABER-BOSCH-Verfahrens genügend Ammoniak zur Verfügung stand, wurde Ammoniak zum Ausgangsstoff für die Synthese von Salpetersäure.
Man wendet dazu das **OSTWALD-Verfahren** an. Dabei wird zunächst ein Gemisch aus Ammoniak und Luft bei Temperaturen über 800 °C zu Stickstoffmonooxid und Wasser umgesetzt. Als Katalysator wirkt ein feinmaschiges Netz aus einer Platin/Rhodium-Legierung.

$$4\,NH_3\,(g) + 5\,O_2\,(g) \xrightarrow{\text{Katalysator}} 4\,NO\,(g) + 6\,H_2O\,(g);\ \text{exotherm}$$

Stickstoffmonooxid, ein farbloses Gas, reagiert beim Abkühlen mit Sauerstoff weiter zu braunem Stickstoffdioxid:

$$4\,NO\,(g) + 2\,O_2\,(g) \longrightarrow 4\,NO_2\,(g);\ \text{exotherm}$$

Stickstoffdioxid wird dann zusammen mit überschüssiger Luft in Wasser eingeleitet. Dabei bildet sich Salpetersäure.

$$4\,NO_2\,(g) + 2\,H_2O\,(l) + O_2\,(g) \longrightarrow 4\,HNO_3\,(aq);\ \text{exotherm}$$

Die so erzeugte Salpetersäure kann direkt zur Herstellung von Düngemitteln wie *Ammoniumnitrat* (NH_4NO_3) eingesetzt werden.

Reaktion mit Metallen. *Konzentrierte Salpetersäure* reagiert mit fast allen Metallen. Dabei entstehen *Stickstoffdioxid* und die Lösungen der entsprechenden Nitrate, der Salze der Salpetersäure. Konzentrierte Salpetersäure reagiert sogar mit edlen Metallen wie Kupfer und Silber:

$$Cu\,(s) + 4\,HNO_3\,(aq) \longrightarrow 2\,NO_2\,(g) + Cu^{2+}\,(aq) + 2\,NO_3^-\,(aq) + 2\,H_2O\,(l);\ \text{exotherm}$$

Bei der Reaktion von Kupfer mit *halbkonzentrierter Salpetersäure* entsteht dagegen Stickstoffmonooxid.

Gold und Platin werden von konzentrierter Salpetersäure nicht angegriffen. Diese Metalle lassen sich nur durch *Königswasser*, ein Gemisch aus konzentrierter Salpetersäure und konzentrierter Salzsäure, in Lösung bringen.

Verdünnte Salpetersäure reagiert dagegen wie andere Säuren mit Metallen: Unedle Metalle lösen sich unter Wasserstoff-Entwicklung auf.

$$2\,H^+\,(aq) + 2\,NO_3^-\,(aq) + Zn\,(s) \longrightarrow H_2\,(g) + Zn^{2+}\,(aq) + 2\,NO_3^-\,(aq);\ \text{exotherm}$$

Salpetersäure (HNO_3) wird durch das OSTWALD-Verfahren über die katalytische Verbrennung von Ammoniak hergestellt. Sie dient vor allem zur Produktion von Düngemitteln. Konzentrierte Salpetersäure reagiert mit Metallen unter Bildung von Stickstoffdioxid.

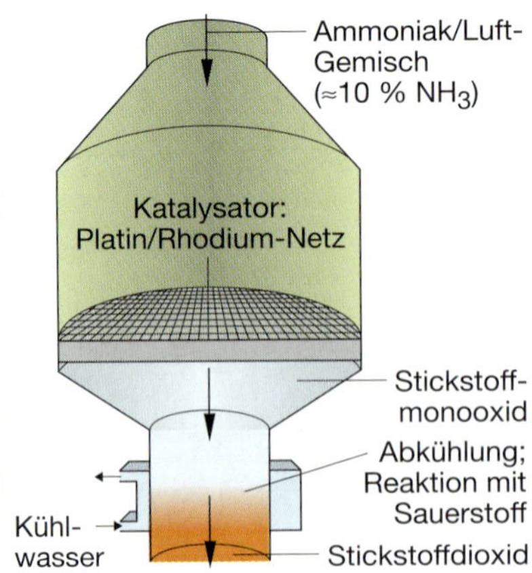

Ammoniak-Verbrennungsanlage zur Herstellung von Salpetersäure nach dem OSTWALD-Verfahren

1 Salpetersäure wurde früher aus Chilesalpeter hergestellt.
a) Gib die Reaktionsgleichung an.
b) Begründe, warum dieses Verfahren nicht mehr verwendet wird.

2 Erkläre, was man unter Königswasser versteht.

3 Erkläre, warum konzentrierte Salpetersäure auch als Scheidewasser bezeichnet wird.

4 Salpetersäure (konz.) reagiert mit Silber zu Silbernitrat ($AgNO_3$). Gib die Reaktionsgleichung an.

5 Zeichne die LEWIS-Formeln von **a)** Salpetersäure, **b)** Stickstoffmonooxid, **c)** Stickstoffdioxid.

Salpetersäure und Nitrate

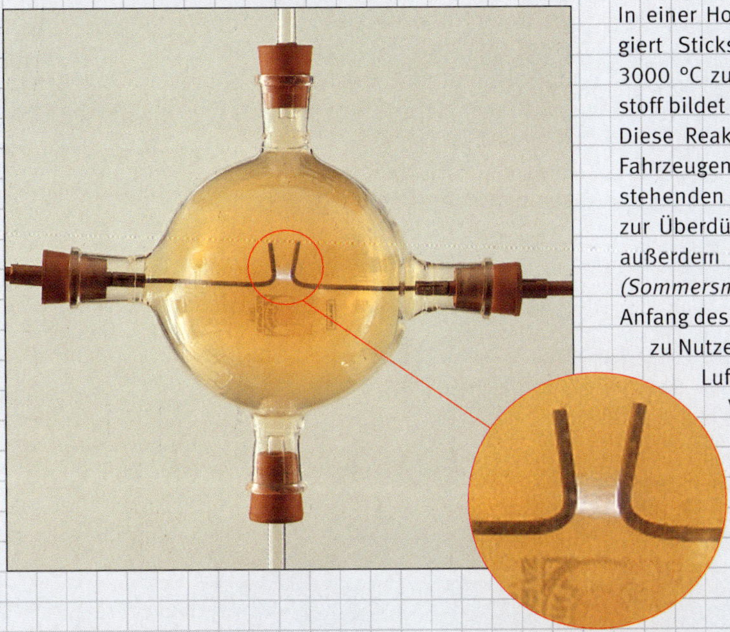

In einer Hochspannungsfunkenstrecke (10 000 Volt) reagiert Stickstoff mit Sauerstoff bei Temperaturen über 3000 °C zu Stickstoffmonooxid. Mit zusätzlichem Sauerstoff bildet sich dann braunes Stickstoffdioxid.

Diese Reaktion läuft auch in Verbrennungsmotoren von Fahrzeugen und in Wärmekraftwerken ab. Die dabei entstehenden Stickstoffoxide tragen zum sauren Regen und zur Überdüngung der Gewässer bei. Stickstoffoxide sind außerdem an der Entstehung des bodennahen Ozons *(Sommersmog)* beteiligt.

Anfang des 20. Jahrhunderts machte man sich die Reaktion zu Nutze, um mit elektrischem Strom Salpetersäure aus Luft herzustellen. Der Weg über das HABER-BOSCH-Verfahren und das OSTWALD-Verfahren ist jedoch wesentlich günstiger.

A1: Gib die Reaktionsgleichungen für die Oxidation von Stickstoff zu Stickstoffmonooxid und von Stickstoffmonooxid zu Stickstoffdioxid an.

V1: Eigenschaften von Kaliumnitrat

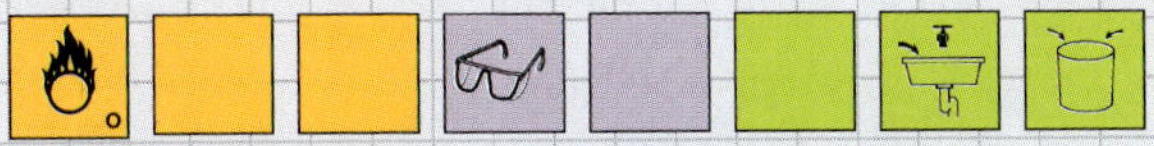

Materialien: Thermometer, Gasbrenner, Folienstift; Kaliumnitrat (O), Aktivkohle (gekörnt).

Löslichkeit von Kaliumnitrat:

Durchführung:

1. Gib etwa 2 cm Kaliumnitrat in ein Reagenzglas und markiere die Höhe der Salzschicht mit dem Folienstift.
2. Gib etwa das doppelte Volumen Wasser hinzu und miss die Temperatur.
3. Rühre mit dem Thermometer, bis sich die Temperatur nicht mehr ändert und vergleiche die Höhe der Salzschicht mit dem Anfangsstand.
4. Erhitze das Gemisch vorsichtig und langsam, bis das Salz vollständig gelöst ist. Miss die Temperatur erneut.
5. Lasse die Lösung abkühlen und beobachte.

Aufgaben:

a) Beschreibe und deute die Temperaturänderung beim Lösen.

b) Beschreibe wie sich die Löslichkeit des Kaliumnitrats ändert.

c) Erkläre, warum das Salz beim Abkühlen aus kristallisiert.

Erhitzen von Kaliumnitrat:

Durchführung:

1. Gib 1 cm hoch Kaliumnitrat in ein Reagenzglas.
2. Erhitze das Kaliumnitrat langsam, bis eine Gasentwicklung einsetzt.
3. Gib zwei bis drei Körner Aktivkohle in die Schmelze.
4. Falls keine Reaktion eintritt, erhitze weiter, bis ein deutlicher Effekt auftritt.

Aufgaben:

a) Beschreibe und deute deine Beobachtungen.

b) Bei der Reaktion bleibt Kaliumnitrit (KNO_2) zurück. Gib die Reaktionsgleichung an.

V2: Reaktion von Metallen mit Salpetersäure

Materialien: Gasbrenner, Tropfpipette; Salpetersäure (6 %; Xi), Eisenpulver, Magnesiumband (F).

Durchführung:

1. Gib eine Spatelspitze Eisenpulver in ein Reagenzglas.
2. Fülle etwa 5 ml Salpetersäure hinzu und beobachte. Prüfe, ob Wärme frei wird.
3. Gieße, nachdem die Gasentwicklung aufgehört hat, etwa 1 ml der Lösung in ein sauberes Reagenzglas.
4. Dampfe die Lösung bis zur Trockene ein.
5. Wiederhole den Versuch mit Magnesiumband.

Aufgaben:

a) Beschreibe und deute deine Beobachtungen.

b) Gib jeweils die Reaktionsgleichung an.

9.7 Der Stickstoffkreislauf

Zwischen dem Stickstoff der Luft, den Nitraten und Ammoniumsalzen im Boden und dem Stickstoff, der im Eiweiß von Bakterien, Pflanzen und Tieren gebunden ist, besteht ein ständiger *Kreislauf.* Der Luftstickstoff stellt eine unerschöpfliche Quelle dar. Er ist allerdings sehr reaktionsträge und kann deshalb nicht direkt von Pflanzen aufgenommen werden. Er kann aber auf folgenden Wegen in den Boden gelangen:

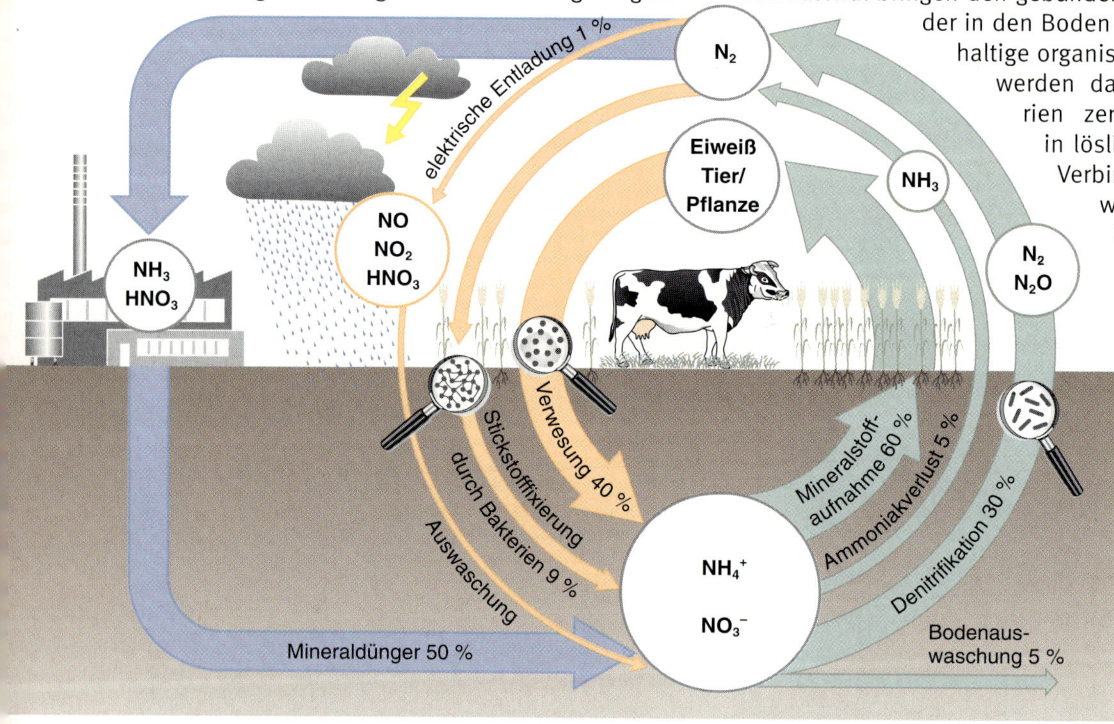

- In den Blitzen der Gewitter reagieren Stickstoff und Sauerstoff zu Stickstoffmonooxid (NO). Dieses Gas reagiert mit Sauerstoff und Wasser zu Salpetersäure (HNO_3). Durch Niederschläge gelangt so pro Hektar jährlich etwa ein Kilogramm chemisch gebundener Stickstoff in den Boden.
- Stickstoffbindende Bodenbakterien erhöhen den Stickstoffgehalt des Bodens jährlich um bis zu 25 Kilogramm pro Hektar.
- Die bekanntesten stickstofffixierenden Bakterien sind die *Knöllchenbakterien*, die in Symbiose mit Schmetterlingsblütlern wie Klee oder Lupinen leben. Sie nehmen elementaren Stickstoff aus der Bodenluft auf, bauen ihn in anorganische Stickstoff-Verbindungen ein und geben diese an ihre Wirtspflanzen weiter. Pro Hektar können auf diese Weise jährlich bis zu 400 Kilogramm Stickstoff gebunden werden. Schmetterlingsblütler werden daher häufig als Zwischenfrucht ausgesät und anschließend untergepflügt. So lassen sich ausgelaugte Äcker auf natürliche Weise mit Stickstoff-Verbindungen anreichern.

Pflanzen können Stickstoff nur in Form von Ammonium- oder Nitrat-Ionen aus dem Bodenwasser aufnehmen. Sie verwenden diese Ionen, um Eiweißstoffe und Erbmaterial aufzubauen. Tiere und Menschen erhalten ihr lebensnotwendiges Eiweiß über die Nahrung und bauen es in körpereigenes Eiweiß um.
Tierische Ausscheidungen und abgestorbenes Pflanzenmaterial bringen den gebundenen Stickstoff wieder in den Boden zurück. Stickstoffhaltige organische Verbindungen werden dabei durch Bakterien zersetzt und damit in lösliche anorganische Verbindungen umgewandelt. Diese können dann erneut von anderen Pflanzen aufgenommen werden.

Ein Teil der anorganischen Stickstoff-Verbindungen wird durch *denitrifizierende* Bakterien in elementaren Stickstoff zurück verwandelt. Dieser gelangt wieder in die Luft; der Kreislauf schließt sich damit.
Dieser Kreislauf ist aber nur in der freien Natur weitgehend geschlossen. Durch Ackerbau entzieht der Mensch dem Boden einen großen Teil der Stickstoff-Verbindungen. Diesen Teil ersetzt der Landwirt durch *Stickstoffdünger*. Er verwendet dazu Produkte, in denen Luftstickstoff durch die Ammoniak-Synthese chemisch gebunden wurde.

Stickstoff-Verbindungen befinden sich in der Natur in einem ständigen Kreislauf. Beim Ackerbau greift der Mensch durch Ernte und Düngung in diesen Kreislauf ein.

1 Beschreibe den Stickstoffkreislauf. Gehe dabei vom Wachstum der Pflanzen aus.

2 Erläutere die Bedeutung der Bodenbakterien für den Stickstoffkreislauf.

3 Weizen nimmt im Jahr etwa 120 kg Stickstoff pro Hektar auf. Berechne aus den Prozentzahlen in der Abbildung den Umsatz der verschiedenen Prozesse.

9.8 Chemie und Landwirtschaft – Düngemittel

Pflanzen benötigen zum Wachstum neben Licht und Wärme vor allem Wasser und *Kohlenstoffdioxid*. Daneben entnehmen sie dem Boden mit den Wurzeln *Mineralsalze*.

Die Mineralsalze liefern den Pflanzen alle weiteren benötigten Elemente. Besonders wichtig sind die im Bodenwasser gelösten Nitrat-Ionen und Phosphat-Ionen, sowie Kalium-Ionen, Calcium-Ionen und Magnesium-Ionen. Außerdem sind noch weitere Elemente in Spuren notwendig. Fehlt einer der Hauptnährstoffe oder auch nur eines der Spurenelemente, treten charakteristische Mangelkrankheiten auf.

In einer natürlichen Landschaft gelangen die Mineralsalze durch die Zersetzung von Pflanzenmaterial und von tierischen Ausscheidungen in den Boden zurück. Der Verlust durch Auswaschung ins Grundwasser wird durch die Verwitterung von Gesteinsmaterial ausgeglichen.

Der Chemiker Justus von LIEBIG entdeckte um 1840 den Zusammenhang zwischen Bodenfruchtbarkeit und Mineralsalzgehalt. Er fand heraus, dass man dem Boden die durch die Ernte entzogenen Mineralstoffe zurückgeben muss, um die Fruchtbarkeit zu erhalten.

Mineraldüngung. Seit 1840 werden daher Mineraldünger eingesetzt, die dem Boden die notwendigen Salze wieder zuführen. Für das Wachstum benötigen die Pflanzen vor allem Stickstoff-Verbindungen wie Nitrate und Ammoniumsalze. Bei Blütenbildung und Fruchtansatz spielen Phosphat-Ionen eine besonders große Rolle. Kaliumsalze und Calciumsalze regulieren den Wasserhaushalt. Die Düngemittelindustrie liefert heute eine Vielzahl von Düngemittelmischungen, die an den Bedarf der Pflanzen in den verschiedenen Wachstumsstadien angepasst sind. Man unterscheidet *Stickstoffdünger (N), Phosphatdünger (P), Kalidünger (K)* und *Volldünger (NPK)*. Da die Mineralsalze gut wasserlöslich sind, müssen sie zum richtigen Zeitpunkt eingesetzt werden, damit sie von den Pflanzen aufgenommen werden können. Anderenfalls werden sie ins Grundwasser ausgewaschen.

Gesetz vom Wachstumsminimum. Bereits LIEBIG hatte erkannt, dass es nutzlos ist *ein* Nährsalz in besonders großen Mengen einzusetzen. Das Wachstum der Pflanzen wird nämlich durch das Nährsalz bestimmt, das – bezogen auf den Bedarf – im geringsten Anteil vorliegt. Überschüssige Mineralsalze werden nicht aufgenommen.

Vor der Düngung muss daher zunächst eine Bodenanalyse durchgeführt werden, damit man den Nährstoffgehalt des Bodens in die Berechnung der optimalen Düngerzusammensetzung einbeziehen kann. Dadurch sparen die Landwirte nicht nur Geld, sie vermeiden auch eine Belastung des Grundwassers durch überschüssige Düngemittel.

Pflanzen benötigen Mineralsalze als Nährstoffe zum Wachstum. Der – bezogen auf den Bedarf – am wenigsten vorhandene Nährstoff begrenzt dabei das Wachstum. Nährstoffentzug durch Ernte muss durch Düngung ausgeglichen werden.

1 Benenne die in der Abbildung angegebenen Spurenelemente.
2 Erkläre, auf welche Weise man den Einsatz von Mineraldüngern möglichst gering halten kann.
3 Was verbirgt sich hinter der Abkürzung NPK-Dünger?
4 Benenne die Salze in der Tabelle.

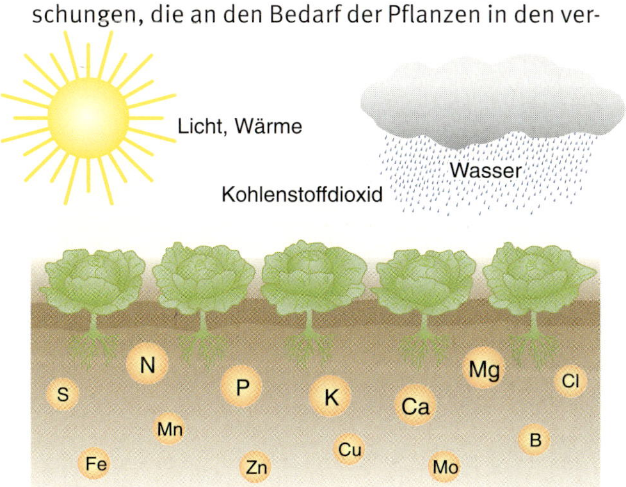

Was braucht die Pflanze zum Leben?

Mineraldünger	Salze
Stickstoffdünger *(N-Dünger)*	$(NH_4)_2SO_4$ NH_4NO_3
Phosphatdünger *(P-Dünger)*	$Ca(H_2PO_4)_2$ $(NH_4)_2HPO_4$
Kalidünger *(K-Dünger)*	KCl K_2SO_4
Volldünger *(NPK-Dünger)*	NH_4NO_3 $(NH_4)_2HPO_4$ $CaHPO_4$, $Ca(H_2PO_4)_2$ KCl $CaSO_4$

Zusammensetzung von Mineraldüngern

9.9 Energie aus Sonnenlicht

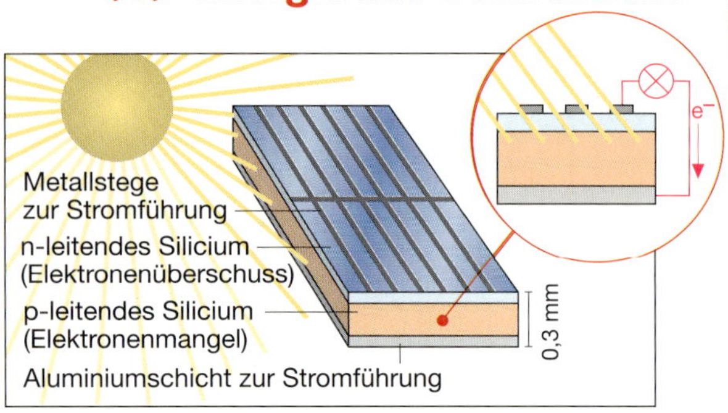

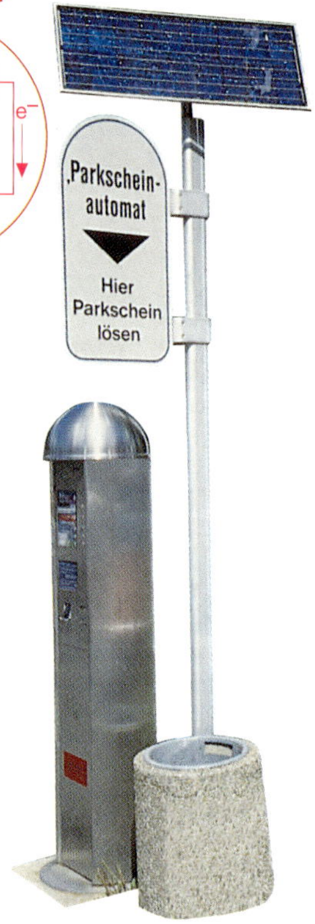

Immer häufiger sieht man elektronische Parkscheinautomaten mit Solarzellen (lat. *sol:* Sonne). Sobald die Zellen von der Sonne beschienen werden, liefern sie Strom. Um möglichst viel Licht aufzufangen, sind die Platten mit den Solarzellen nach Süden ausgerichtet.

Solarzellen. Die bläulich glänzenden Silicium-Schichten der Solarzellen wandeln Sonnenlicht direkt in elektrische Energie um: Wird das Material beleuchtet, so entsteht zwischen seiner Oberseite und der Unterseite eine elektrische Spannung. Um höhere Spannungen zu erzielen, bestehen Solaranlagen meist aus vielen Einzelzellen. Damit für die Nacht ein Energievorrat vorhanden ist, sammelt man tagsüber elektrische Energie in Akkumulatoren.

An der Solarzellen-Technik wird intensiv weitergearbeitet. Ein wichtiges Forschungsgebiet beschäftigt sich mit der Kopplung von Solarzellen-Technologie und Brennstoffzellen-Technologie. Dabei liefern Solarzellen die erforderliche Energie für die Erzeugung von Wasserstoff durch Elektrolyse von Wasser. In der Brennstoffzelle reagiert der Wasserstoff wiederum mit Sauerstoff. Dabei wird elektrische Energie frei, die zum Betrieb von Fahrzeugen oder technischen Anlagen genutzt werden kann.
Noch ist Solarstrom wegen der hohen Produktionskosten der Zellen jedoch relativ teuer. Weite Verbreitung wird diese Technik daher erst finden, wenn die Effektivität der Solarzellen steigt und die Preise durch eine anlaufende Massenproduktion sinken.

Sonnenkollektoren. Gelegentlich sieht man auf Dächern von Häusern und Hallen eine andere Form der Nutzung der Sonnenenergie: Sonnenkollektoren speichern *Wärme*. Sonnenkollektoren bestehen im einfachsten Fall aus einem mehrfach in einer Ebene gewundenen Kupferrohr, das auf einer schwarzen Platte liegt. Sobald die Sonne auf die Platte scheint, erwärmt sie sich und überträgt die Wärme auf eine im Kupferrohr zirkulierende Flüssigkeit. Ein Wärmetauscher gibt die Wärme an die Warmwasserversorgung des Hauses ab.

In südlichen Ländern wie Griechenland wird diese Technik schon intensiv genutzt. Auf den Dächern vieler Häuser stehen zur Sonne ausgerichtete Kollektoren und daneben Vorratsbehälter für das erwärmte Wasser. In nördlichen Ländern lässt sich diese Technik nur im Sommer effektiv einsetzen. Eine solche Investition macht sich in Mitteleuropa erst nach etwa 15 Jahren bezahlt.

Solarzellen bestehen aus dünnen Silicium-Schichten, die bei Belichtung eine elektrische Spannung erzeugen. Sonnenkollektoren sammeln Sonnenwärme und übertragen sie an eine Flüssigkeit.

1 Beschreibe den Bau einer Solarzelle und erläutere ihr Funktionsprinzip.

2 Erläutere den Unterschied zwischen einer Solarzelle und einem Sonnenkollektor.

3 Informiere dich über staatliche Förderungsmaßnahmen für Hauseigentümer, die Solarzellen oder Sonnenkollektoren auf ihren Dächern anbringen.

4 Die elektrische Energie aus Solarzellen wird in der Regel in das öffentliche Versorgungsnetz eingespeist.
a) Recherchiere, welchen Preis das Versorgungsunternehmen für eine Kilowattstunde Solarstrom derzeit zahlen muss.
b) Vergleiche diesen Preis mit der Preisangabe auf der Jahresabrechnung für die Stromversorgung.

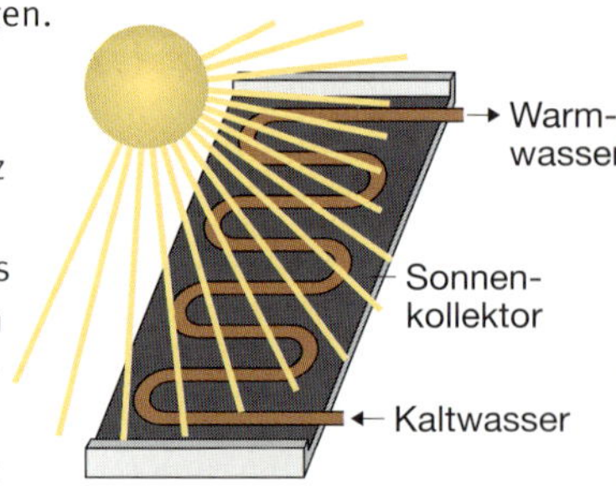

Haus mit Solarzellen und Sonnenkollektoren

Chemie in Umwelt und Technik

Basiswissen

1. Erdöl und Erdgas

Erdöl und Erdgas sind fossile Energieträger. Sie entstanden durch Umwandlungsprozesse aus organischem Material. Erdöl enthält hauptsächlich flüssige und feste Kohlenwasserstoffe, Erdgas besteht im Wesentlichen aus Methan.

2. Aufarbeitung von Rohöl

Rohöl entsteht durch Reinigung aus Erdöl. Es enthält Kohlenwasserstoff-Verbindungen mit unterschiedlicher Kettenlänge. Die Aufarbeitung des Rohöls erfolgt zunächst durch **fraktionierte Destillation** bei gewöhnlichem Luftdruck. Danach schließt sich eine **Vakuumdestillation** an, die unter vermindertem Druck abläuft.

Fraktionierte Destillation: Heiße Rohöldämpfe steigen in einem Destillationsturm auf, der durch Böden unterteilt ist. Da die Temperatur von unten nach oben abnimmt, kondensieren die Produkte mit den niedrigsten Siedetemperaturen auf den obersten Böden. Höhersiedende Anteile sammeln sich auf den unteren Böden. Am oberen Ende des Turms entweichen gasförmige Kohlenwasserstoffe.

Cracken: Die Destillation von Rohöl liefert zu wenig Benzin. Um mehr Benzin zu erhalten, werden langkettige Kohlenwasserstoffe an einem Katalysator auf über 600 °C erhitzt. Dabei zerbrechen längere Kohlenwasserstoff-Moleküle, es bilden sich kurzkettige Moleküle. Der Crack-Prozess verläuft über kurzlebige Radikale als Molekülbruchstücke mit ungepaarten Elektronen. Sie reagieren zu kurzkettigen gesättigten oder ungesättigten Kohlenwasserstoffen.

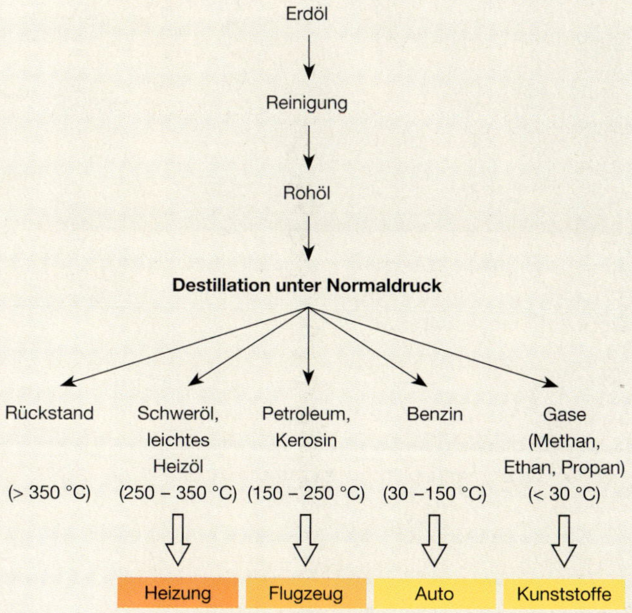

3. Schwefelsäure (H_2SO_4)

Herstellung: Doppelkontaktverfahren
Ausgangsstoffe: Schwefel, sulfidische Erze, schwefelwasserstoffhaltiges Erdgas, Dünnsäure

$$S\,(s) \xrightarrow{\text{Luft}} SO_2\,(g) \xrightarrow[\text{Kat.}]{\text{Luft}} SO_3\,(g) \xrightarrow{\text{Wasser}} H_2SO_4\,(l)$$

Verwendung: Herstellung von Düngemitteln, Farbstoffen, Waschmitteln, Elektrolyt in der Autobatterie

4. Ammoniak (NH_3)

Herstellung: HABER-BOSCH-Verfahren
Ausgangsstoffe: Luft, Wasser, Erdgas

$$N_2\,(g) + 3\,H_2\,(g) \xrightarrow{\text{Kat., 30 MPa, 450 °C}} 2\,NH_3\,(g)$$

Eigenschaften: farbloses, stechend riechendes Gas, bildet alkalische Lösungen (Ammoniakwasser)
Verwendung: Herstellung von Salpetersäure und Düngemitteln

5. Salpetersäure (HNO_3)

Herstellung: OSTWALD-Verfahren
Ausgangsstoffe: Ammoniak, Luft

$$NH_3\,(g) \xrightarrow[\text{Kat.}]{\text{Luft}} NO\,(g) \xrightarrow{\text{Luft}} NO_2\,(g) \xrightarrow[\text{Wasser}]{\text{Luft}} HNO_3\,(aq)$$

Eigenschaften: Konzentrierte Salpetersäure reagiert mit Kupfer und Silber unter Bildung von Stickstoffdioxid.
Verwendung: Düngemittel, Farbstoffe, Lacke, Sprengstoffe

6. Energie aus Sonnenlicht

Die Energie der Sonne lässt sich mithilfe von **Solarzellen** und **Sonnenkollektoren** nutzen. Solarzellen erzeugen eine elektrische Spannung, wenn sie mit Licht bestrahlt werden. Über Leitungen fließt Strom zu elektrischen Geräten. Sonnenkollektoren nehmen Wärme aus dem Sonnenlicht auf. Die gesammelte Wärme wird genutzt, um Wasser zu erhitzen.

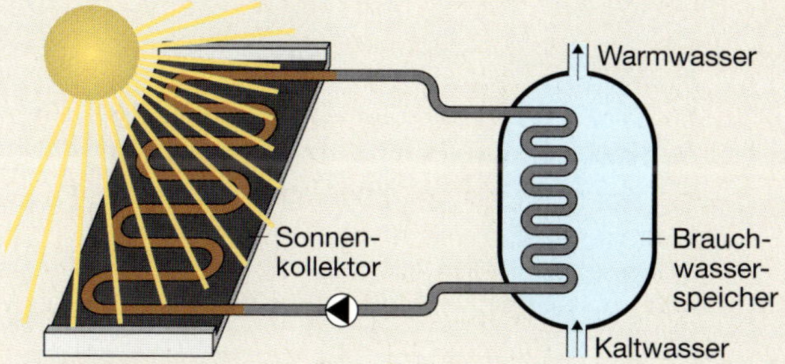

Prüfe dein Wissen

Quiz

A1 a) Erkläre die Begriffe des Fensters.
b) Notiere auf der Vorderseite von Karteikarten den Begriff, auf der Rückseite die Erklärung.

A2 Erkläre, wie Kohle, Erdöl und Erdgas entstanden sind.

A3 Nenne den Unterschied zwischen Braunkohle und Steinkohle.

A4 Erläutere, warum das Crack-Verfahren ohne Unterbrechung durchgeführt werden kann, obwohl der Perlkatalysator durch Rußablagerungen inaktiv wird.

A5 An die fraktionierte Destillation des Rohöls, die bei normalem Druck durchgeführt wird, schließt sich eine Vakuumdestillation an. Erläutere, warum man nicht einfach die Temperatur erhöhen kann, um weitere Rohölprodukte zu gewinnen.

A6 Gib die Formeln für folgende Stoffe an:
a) Schwefeldioxid, Schwefeltrioxid, Calciumsulfat;
b) Ammoniumnitrat, Stickstoffdioxid;
c) Distickstoffmonooxid, Stickstoffmonooxid.

A7 Erkläre den Unterschied zwischen Solarzellen und Sonnenkollektoren.

Know-how

A8 In den Medien wird häufig von *Energieerzeugern* und *Energieverbrauchern* gesprochen. Erläutere, warum diese Begriffe im Grunde nicht richtig sind.

A9 Beim Crack-Prozess entstehen kurzfristig sogenannte *Radikale*.

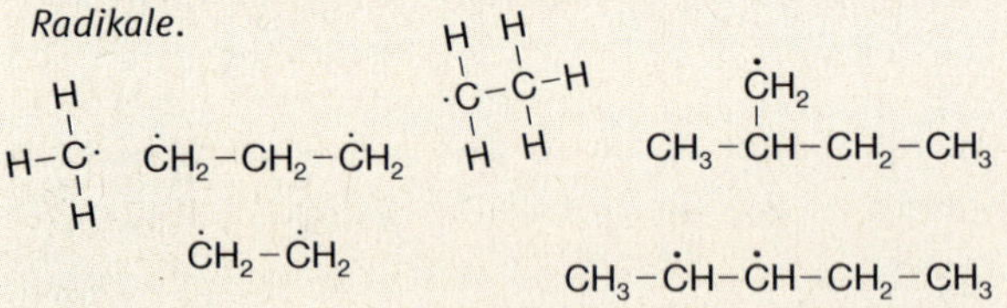

a) Erkläre, was man unter solchen Teilchen versteht.
b) Erläutere, welche Rolle Radikale beim Cracken spielen.
c) Das Di-Radikal $\dot{C}H_3$-$\dot{C}H$-CH-CH_2-CH_3 reagiert weiter. Benenne das mögliche Produkt.

A10 Viele Landwirte lassen vor dem Düngen eine Bodenuntersuchung durchführen. Nenne die Vorteile dieses Vorgehens.

Die wichtigsten Begriffe

- Kohle, Erdöl, Erdgas
- fraktionierte Destillation
- Cracken
- Radikale
- Energieträger
- Doppelkontaktverfahren
- HABER-BOSCH-Verfahren
- OSTWALD-Verfahren
- Schwefelsäure, Sulfate
- Ammoniak
- Salpetersäure, Nitrate
- Mineraldünger
- Stickstoffkreislauf
- Solarzellen, Sonnenkollektoren

A11 Ammoniak wird in einer Kolbenprober-Apparatur bei Anwesenheit eines Katalysators vollständig in seine Elemente zerlegt. Nach dem Abkühlen vergleicht man das Gasvolumen nach der Reaktion mit dem vor der Reaktion.
a) Beschreibe, was man beobachten kann.
b) Formuliere die Reaktionsgleichung

Natur – Mensch – Technik

A12 Ausgediente Autokatalysatoren werden aus Schrottautos entfernt und der Wiederverwertung zugeführt. Welcher Bestandteil ist in diesem Zusammenhang besonders gefragt?

A13 Bei Gewitter entsteht im Regen Salpetersäure.

a) Erkläre, weshalb es zur Salpetersäure-Bildung kommt.
b) Erläutere, welche Bedeutung diese Reaktion für den Stickstoffkreislauf hat.

A14 In Wärmekraftwerken entstehen stets auch Stickstoffoxide im Abgas. Um diese zu entfernen, leitet man die Abgase in Entstickungsanlagen. Hier reagieren die Stickstoffoxide mit Ammoniak an Katalysatoren zu Stickstoff und Wasser.
a) Wie werden Stickstoffoxide in Kraftwerken gebildet?
b) Formuliere die Reaktionsgleichung für die Umsetzung von Stickstoffmonooxid mit Ammoniak.

A1 Vom Zunderschwamm zum Feuerzeug

Beim Feuermachen spielte ein an Bäumen wachsender Pilz, der *Zunderschwamm*, eine wichtige Rolle. Dieser wurde mit einer Lösung von Salpeter (KNO_3) getränkt und getrocknet, sodass er sich schon durch einen Funken entzünden ließ. Den Funken erzeugte man durch Anschlagen eines Feuersteins an Stahl. Der Zunderpilz brannte jedoch nur glimmend. Um eine Flamme zu bekommen, entzündete man ein mit geschmolzenem Schwefel getränktes Holzstäbchen an dem glimmenden Zunder. Vorläufer der heutigen Zündhölzer wurden in Europa ab 1785 bekannt: Man steckte kleine Holzstäbchen in ein Fläschchen, das eine Mischung mit weißem Phosphor enthielt. Zog man das mit Phosphor benetzte Hölzchen aus der Flasche, entzündete es sich an der Luft.

Einen wichtigen Fortschritt erzielte dann Johann Wolfgang DÖBEREINER: Am 27. Juli 1823 beobachtete er zufällig, dass sich Wasserstoff „durch bloße Berührung" mit Platinschwamm (einer schwarzen, porösen Masse aus feinstverteiltem Platin) entzünden lässt. Dieses Experiment war die Grundlage für das DÖBEREINER-Feuerzeug, das er innerhalb weniger Tage entwickelte. Der benötigte Wasserstoff bildete sich im Inneren eines Behälters durch die Reaktion von Zink mit Schwefelsäure. Bei Bedarf wurde das Gas auf eine am Deckel befestigte Perle aus Platinschwamm geleitet, wo es sich bei Luftzutritt entzündet.

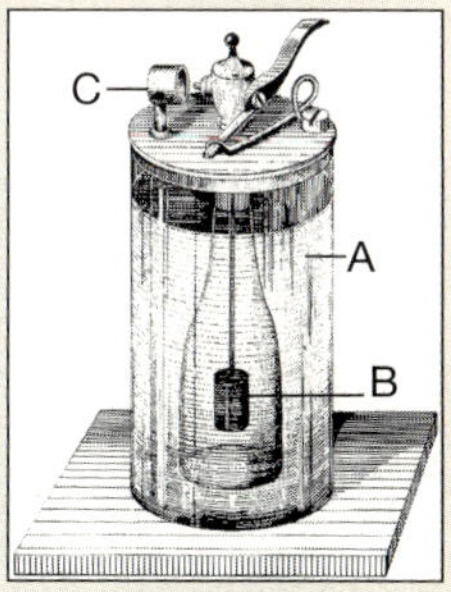

a) Erläutere die Funktionsweise des DÖBEREINER-Feuerzeugs. Gehe dabei auch auf die Rolle des Platinschwamms ein (A: Schwefelsäure, B: Zink, C: Perle aus Platinschwamm).
b) Erkläre, warum genau soviel Wasserstoff nachproduziert wird, wie zuvor verbraucht wurde.
c) Stelle die Reaktionsgleichungen für die beim *DÖBEREINER*-Feuerzeug ablaufenden Reaktionen auf.
d) Skizziere ein Energiediagramm der Verbrennungsreaktion mit/ohne Verwendung von Platinschwamm.
e) Gib die Nachteile der historischen Zündquellen an. Erläutere die Bedeutung von Zündhilfsmitteln für die gesellschaftliche und wirtschaftliche Entwicklung.

A2 Schwefel – ein wichtiger Rohstoff

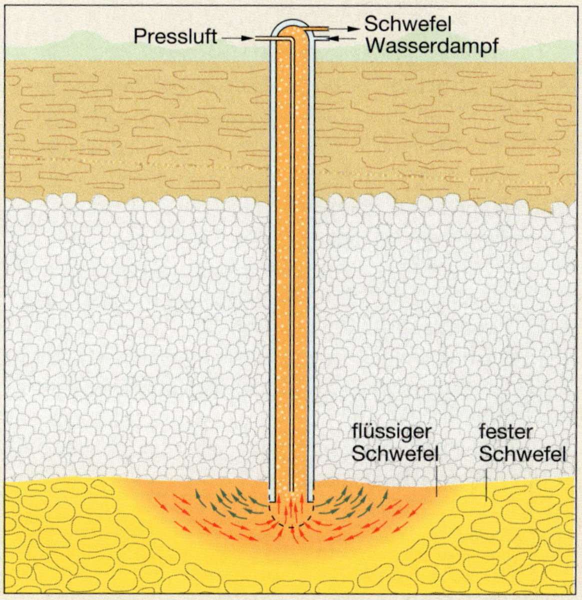

Schwefel wird hauptsächlich für die Synthese von Schwefelsäure eingesetzt. Wegen seiner leichten Brennbarkeit ist er ein Bestandteil von Feuerwerkskörpern. Außerdem wird er für die Herstellung von Gummi aus Kautschuk benötigt. Schwefel kann leicht aus schwefelhaltigem Gestein ausgeschmolzen werden. Im **FRASCH-Verfahren** wird dazu überhitzter Wasserdampf durch Rohre in die Lagerstätte geleitet. Der aus dem Gestein herausgeschmolzene Schwefel wird dann durch Pressluft nach oben befördert, wo er zu Schwefelklötzen erstarrt oder flüssig weiterverarbeitet wird.
Der größte Teil des in der Industrie verwendeten Schwefels fällt bei der Aufbereitung von Erdgas und Erdöl an. Erdgas enthält meist einen gewissen Anteil an Schwefelwasserstoff (H_2S). Dieses giftige, nach faulen Eiern riechende Gas entsteht auch bei der Entschwefelung von Erdölprodukten. Im **CLAUS-Verfahren** reagiert es in sogenannten CLAUS-Öfen bei 500 °C mit Luft zu Schwefel und Wasser; dabei dient Aluminiumoxid als Katalysator.

a) Beschreibe anhand der obenstehenden Abbildung, wie Schwefel im FRASCH-Verfahren gewonnen wird.
b) Gib die Reaktionsgleichung für die Bildung von Schwefel aus vulkanischen Gasen (H_2S, SO_2) an.
c) Gib die Reaktionsgleichung für die Gewinnung von Schwefel im CLAUS-Verfahren an.
d) Begründe, weshalb der größte Anteil an Schwefel mit dem CLAUS-Verfahren gewonnen wird.
e) Informiere dich, in welchen Ländern Schwefel gefördert wird.

Gefahrenhinweise und Sicherheitsratschläge für gefährliche Stoffe

Gefahrenhinweise (R-Sätze)

Diese Hinweise geben in einer ausführlicheren Weise als die Gefahrensymbole Auskunft über die Art der Gefahr.

R 1 In trockenem Zustand explosionsgefährlich
R 2 Durch Schlag, Reibung, Feuer oder andere Zündquellen explosionsgefährlich
R 3 Durch Schlag, Reibung, Feuer oder andere Zündquellen besonders explosionsgefährlich
R 4 Bildet hochempfindliche explosionsgefährliche Metallverbindungen
R 5 Beim Erwärmen explosionsfähig
R 6 Mit und ohne Luft explosionsfähig
R 7 Kann Brand verursachen
R 8 Feuergefahr bei Berührung mit brennbaren Stoffen
R 9 Explosionsgefahr bei Mischung mit brennbaren Stoffen
R 10 Entzündlich
R 11 Leichtentzündlich
R 12 Hochentzündlich
R 14 Reagiert heftig mit Wasser
R 15 Reagiert mit Wasser unter Bildung hochentzündlicher Gase
R 16 Explosionsgefährlich in Mischung mit brandfördernden Stoffen
R 17 Selbstentzündlich an der Luft
R 18 Bei Gebrauch Bildung explosionsfähiger / leichtentzündlicher Dampf-Luftgemische möglich
R 19 Kann explosionsfähige Peroxide bilden
R 20 Gesundheitsschädlich beim Einatmen
R 21 Gesundheitsschädlich bei Berührung mit der Haut
R 22 Gesundheitsschädlich beim Verschlucken
R 23 Giftig beim Einatmen
R 24 Giftig bei Berührung mit der Haut
R 25 Giftig beim Verschlucken
R 26 Sehr giftig beim Einatmen
R 27 Sehr giftig bei Berührung mit der Haut
R 28 Sehr giftig beim Verschlucken
R 29 Entwickelt bei Berührung mit Wasser giftige Gase
R 30 Kann bei Gebrauch leichtentzündlich werden
R 31 Entwickelt bei Berührung mit Säure giftige Gase
R 32 Entwickelt bei Berührung mit Säure sehr giftige Gase
R 33 Gefahr kumulativer Wirkung
R 34 Verursacht Verätzungen
R 35 Verursacht schwere Verätzungen
R 36 Reizt die Augen
R 37 Reizt die Atmungsorgane
R 38 Reizt die Haut
R 39 Ernste Gefahr irreversiblen Schadens
R 40 Irreversibler Schaden möglich
R 41 Gefahr ernster Augenschäden
R 42 Sensibilisierung durch Einatmen möglich
R 43 Sensibilisierung durch Hautkontakt möglich
R 44 Explosionsgefahr bei Erhitzen unter Einschluss
R 45 Kann Krebs erzeugen
R 46 Kann vererbbare Schäden verursachen
R 48 Gefahr ernster Gesundheitsschäden bei längerer Exposition
R 49 Kann Krebs erzeugen beim Einatmen
R 50 Sehr giftig für Wasserorganismen
R 51 Giftig für Wasserorganismen
R 52 Schädlich für Wasserorganismen
R 53 Kann in Gewässern längerfristig schädliche Wirkungen haben
R 54 Giftig für Pflanzen
R 55 Giftig für Tiere
R 56 Giftig für Bodenorganismen
R 57 Giftig für Bienen
R 58 Kann längerfristig schädliche Wirkungen auf die Umwelt haben
R 59 Gefährlich für die Ozonschicht
R 60 Kann die Fortpflanzungsfähigkeit beeinträchtigen
R 61 Kann das Kind im Mutterleib schädigen
R 62 Kann möglicherweise die Fortpflanzungsfähigkeit beeinträchtigen
R 63 Kann das Kind im Mutterleib möglicherweise schädigen
R 64 Kann Säuglinge über die Muttermilch schädigen
R 65 Gesundheitsschädlich: Kann beim Verschlucken Lungenschäden verursachen
R 66 Wiederholter Kontakt kann zu spröder oder rissiger Haut führen
R 67 Dämpfe können Schläfrigkeit oder Benommenheit verursachen

Sicherheitsratschläge (S-Sätze)

Hier werden Empfehlungen gegeben, wie Gesundheitsgefahren beim Umgang mit gefährlichen Stoffen abgewehrt werden können.

S 1 Unter Verschluss aufbewahren
S 2 Darf nicht in die Hände von Kindern gelangen
S 3 Kühl aufbewahren
S 4 Von Wohnplätzen fernhalten
S 5 Unter ... aufbewahren (geeignete Flüssigkeit vom Hersteller anzugeben)
S 6 Unter ... aufbewahren (inertes Gas vom Hersteller anzugeben)
S 7 Behälter dicht geschlossen halten
S 8 Behälter trocken halten
S 9 Behälter an einem gut gelüfteten Ort aufbewahren
S 12 Behälter nicht gasdicht verschließen
S 13 Von Nahrungsmitteln, Getränken und Futtermitteln fernhalten
S 14 Von ... fernhalten (inkompatible Substanzen sind vom Hersteller anzugeben)
S 15 Vor Hitze schützen
S 16 Von Zündquellen fernhalten – Nicht rauchen
S 17 Von brennbaren Stoffen fernhalten
S 18 Behälter mit Vorsicht öffnen und handhaben
S 20 Bei der Arbeit nicht essen und trinken
S 21 Bei der Arbeit nicht rauchen
S 22 Staub nicht einatmen
S 23 Gas/Rauch/Dampf/Aerosol nicht einatmen (geeignete Bezeichnung(en) vom Hersteller anzugeben)
S 24 Berührung mit der Haut vermeiden
S 25 Berührung mit den Augen vermeiden
S 26 Bei Berührung mit den Augen sofort gründlich mit Wasser abspülen und Arzt konsultieren
S 27 Beschmutzte, getränkte Kleidung sofort ausziehen
S 28 Bei Berührung mit der Haut sofort abwaschen mit viel ... (vom Hersteller anzugeben)
S 29 Nicht in die Kanalisation gelangen lassen
S 30 Niemals Wasser hinzugießen
S 33 Maßnahmen gegen elektrostatische Aufladung treffen
S 35 Abfälle und Behälter müssen in gesicherter Weise beseitigt werden
S 36 Bei der Arbeit geeignete Schutzkleidung tragen
S 37 Geeignete Schutzhandschuhe tragen
S 38 Bei unzureichender Belüftung Atemschutzgerät anlegen
S 39 Schutzbrille/Gesichtsschutz tragen
S 40 Fußboden und verunreinigte Gegenstände mit ... reinigen (Material vom Hersteller anzugeben)
S 41 Explosions- und Brandgase nicht einatmen
S 42 Bei Räuchern/Versprühen geeignetes Atemschutzgerät anlegen (geeignete Bezeichnung(en) vom Hersteller anzugeben)
S 43 Zum Löschen ... (vom Hersteller anzugeben) verwenden (wenn Wasser die Gefahr erhöht, anfügen: „Kein Wasser verwenden“)
S 45 Bei Unfall oder Unwohlsein sofort Arzt hinzuziehen (wenn möglich dieses Etikett vorzeigen)
S 46 Bei Verschlucken sofort ärztlichen Rat einholen und Verpackung oder Etikett vorzeigen
S 47 Nicht bei Temperaturen über ... °C aufbewahren (vom Hersteller anzugeben)
S 48 Feucht halten mit ... (geeignetes Mittel vom Hersteller anzugeben)
S 49 Nur im Originalbehälter aufbewahren
S 50 Nicht mischen mit ... (vom Hersteller anzugeben)
S 51 Nur in gut gelüfteten Bereichen verwenden
S 52 Nicht großflächig für Wohn- und Aufenthaltsräume verwenden
S 53 Exposition vermeiden – vor Gebrauch besondere Anweisungen einholen
S 56 Diesen Stoff und seinen Behälter der Problemfallentsorgung zuführen
S 57 Zur Vermeidung einer Kontamination der Umwelt geeigneten Behälter verwenden
S 59 Information zur Wiederverwendung beim Hersteller/Lieferanten erfragen
S 60 Dieser Stoff und sein Behälter sind als gefährlicher Abfall zu entsorgen
S 61 Freisetzung in die Umwelt vermeiden. Besondere Anweisungen einholen / Sicherheitsdatenblatt zu Rate ziehen
S 62 Bei Verschlucken kein Erbrechen herbeiführen. Sofort ärztlichen Rat einholen und Verpackung oder dieses Etikett vorzeigen
S 63 Bei Unfall durch Einatmen: Verunfallten an die frische Luft bringen und ruhig stellen
S 64 Bei Verschlucken Mund mit Wasser ausspülen (nur wenn Verunfallter bei Bewusstsein ist)

Stoffliste

Stoff	Gefahrensymbole, Sicherheitssymbole, Entsorgungssymbole	Ratschläge R/S-Sätze
Alkohol (Ethanol)	F, B3	R: 11 S: 7–16
Ammoniak-Lösung $w \geq 25\,\%$	C, N, B1	R: 34–50 S: 26–36/37/39–45–61
Ammoniak-Lösung $10\,\% \leq w < 25\,\%$	C, B1	R: 34 S: 26–36/37/39–45–61
Ammoniak-Lösung $5\,\% \leq w < 10\,\%$	Xi, B1	R: 36/37/38 S: 26
Ammoniumcarbonat (Hirschhornsalz)		R: 22 S:
Ammoniumchlorid	Xn	R: 22–36 S: 22
Ammoniummolybdat		R: S:
Ammoniumnitrat	O	R: 8–9 S: 15–16–41
Bariumchlorid	T+, B2	R: 20–25 S: 45
Bleiacetat-Papier		R: S:
Blutlaugensalz (rot oder gelb)		R: S:
Bromwasser (ges.)	T+, Xi, X	R: 23–24 – 36/38 S: 7/9–26–45
Bromthymolblau		R: S:
Butan-1-ol	Xn, B3	R: 10–22–37/38–41–67 S: 7/9–13–26 37/39–46
Calcium	F, X	R: 15 S: 8–24/25–43
Calciumcarbonat		R: S:
Calciumchlorid	Xi	R: 36 S: 22–24
Calciumoxid	Xi, B1	R: 41 S: 22–24–26–39
Cetylalkohol (Hexadecanol)	B3	R: S:
Chlorwasser (ges.)	Xn, X	R: 20–36/37/38–50 S: 7/9–45
Cyclohexan	Xn, F, N, B3	R: 20–36/37/38–50 S: 7/9–45
Cyclohexen	Xn, F, B3	R: 11–21/22 S: 16–23–33–36/37
Entwicklerbad	Xn, N, X	R: 11 S: 7–16
Eisenpulver, -wolle (Stahlwolle)		R: S:
Eisen(III)-chlorid	Xn	R: 22–38–41 S: 26–39
Ethanol	F, B3	R: 11 S: 7–16
Ethen	F+	R: 12 S: 9–16–33
Fixierbad	X	R: S:
Glycerin		R: S:
Heptan	Xn, F, N, B3	R: 11–38–50/53–65–67 S: 9–16–29–33–60–61–62
Iod	Xn, N, B1	R: 20/21–50 S: 23–25–61
Iod-Lösung (in Kaliumiodid-Lösung)		R: S:
Iod-Tinktur alkoholische Lösung)	Xn, F, B2	R: 20/21 S: 23–25
Kaliumaluminiumsulfat (Alaun)		R: S:
Kaliumhexacyanoferrat (III)		R: S:
Kaliumnatriumtartrat		R: S:
Kaliumnitrat	O	R: 8 S: 17–24/25
Kaliumpermanganat	F, O, N, B2	R: 8–22–50/53 S: 60–61
Kalkwasser		R: S:
Kohlenstoffdioxid		R: S:
Kupferoxid	Xn, N, B2	R: 22–50/53 S: 22–61
Kupfersulfat	Xn, N, B2	R: 22–36/38–50/53 S: 22–60–61
Kupferblech, -pulver		R: S:
Lithium	C, F, X	R: 14/15–34 S: 8–43–45
Lithiumcarbonat	Xn	R: 22–36/38 S:
Lithiumchlorid	Xn	R: 22–36/38 S:
Magnesium	F, X	R: 11–15–17 S: 7/8–43
Magnesiumchlorid		R: S:
Magnesiumoxid		R: S: 22
Methan	F	R: 12 S: 9–16–33
Natriumbromid		R: S:
Natriumcarbonat (Soda)	Xi	R: 36 S: 22–26
Natriumchlorid	B1	R: S:
Natriumhydrogencarbonat (Natron)		R: S:
Natriumhydroxid	C, B1	R: 35 S: 26–37/39–45
Natriumiodid		R: S:
Natriumphosphat		R: S:
Natriumsulfid	C, N, B1	R: 31–34–50 S: 26–45–61
Natriumthiosulfat		R: S:

Stoff	Gefahrensymbole, Sicherheitssymbole, Entsorgungssymbole	Ratschläge R/S-Sätze
Natronlauge $w < 2\,\%$	C, B1	R: 35 S: 26–27–37/39–45
Natronlauge $5\,\% \leq w < 2\%$	Xn, B1	R: 37/38 S:
Paraffin	B3	R: S:
Paraffinöl	B3	R: S:
Phenolphtalein-Lösung (alkohol.)	F, B3	R: 11 S: 7–16
Phosphorpentoxid	C, B1	R: 35 S: 22—26–45
Propan-1-ol Propan-2-ol	Xn, F, B3	R: 11–41–67 S: 7–16–24–26–39
PVC-Pulver		R: S:
Salpetersäure $w \leq 70\,\%$	C, O, B1	R: 8–35 S: 23–26–36–45
Salpetersäure $5\,\% \leq w < 70\,\%$	C, B1	R: 35 S: 23–26–36–45
Salpetersäure $1\,\% \leq w < 5\,\%$	Xi, B1	R: 34 S: 23–26–36–45
Salzsäure $w \geq 25\,\%$	C, B1	R: 34–37 S: 26–45
Salzsäure $10\,\% \leq w < 25\,\%$	Xi, B1	R: 36/37/38 S: 26–45
Schwefelsäure $5\,\% \leq w < 15\,\%$	Xi, B1	R: 36/38 S: 26–30–45
Seifenlösung (alkohol.)	F, B3	R: 11 S: 7–16
Silbernitrat-Lösung ($w = 1\,\%$)		R: S:
Stoppbad	X	R: S:
Strontiumchlorid		R: S:
Sudanrot-Lösung (ethanol.)	F, B3	R: S:
Universalindikator		R: S:
Zinkchlorid-Lösung	C, N, B2	R: 22–34–50/53 S: 1/2–26–36/37/38–45–60–61
Zinksulfat	Xn, N, B2	R: 36/38–50/53 S: 22–25–60–61
Zinkpulver	F	R: 15–17 S: 7/8–43

X: spezielle Entsorgungsreaktion

Die chemischen Elemente

Name	Symbol	Ordnungszahl	Atommasse[1] in u	Dichte[2] in $\frac{g}{cm^3}$ (Gase: $\frac{g}{l}$)	Schmelztemperatur[3] in °C	Siedetemperatur[3] in °C
Actinium	Ac	**89**	(227)	10,1	1050	3200
Aluminium	Al	**13**	26,98	2,7	660	2467
Americium *	Am	**95**	(241)	11,7	1176	–2067
Antimon (Stibium)	Sb	**51**	121,8	6,68	631	1635
Argon	Ar	**18**	39,95	*1,66*	–189	–186
Arsen (grau)	As	**33**	74,92	5,72	817p	613s
Astat	At	**85**	(210)	–	302	(335)
Barium	Ba	**56**	137,3	3,5	725	1640
Berkelium *	Bk	**97**	(249)	15	986	(2623)
Beryllium	Be	**4**	9,012	1,85	1278	2471
Bismut	Bi	**83**	209	9,8	271	1560
Blei (Plumbum)	Pb	**82**	207,2	11,3	327	1740
Bor	B	**5**	10,81	2,34	2300	3660
Brom	Br	**35**	79,9	3,12	–7	59
Cadmium	Cd	**48**	112,4	8,65	321	767
Caesium	Cs	**55**	132,9	1,87	28	669
Calcium	Ca	**20**	40,08	1,55	842	1484
Californium *	Cf	**98**	(252)	–	–	–
Cer	Ce	**58**	140,1	6,78	795	3433
Chlor	Cl	**17**	35,45	*2,99*	–101	–34
Chrom	Cr	**24**	52	7,19	1857	2672
Cobalt	Co	**27**	58,93	8,9	1495	2870
Curium *	Cm	**96**	(244)	13,5	1340	3110
Dysprosium	Dy	**66**	162,5	8,54	1410	2567
Einsteinium *	Es	**99**	(252)	–	(860)	–
Eisen (Ferrum)	Fe	**26**	55,85	7,86	1535	2750
Erbium	Er	**68**	167,3	9,05	1529	2900
Europium	Eu	**63**	152	5,24	826	1596
Fermium *	Fm	**100**	(257)	–	–	–
Fluor	F	**9**	19	*1,58*	–220	–188
Francium	Fr	**87**	(223)	–	(27)	(680)
Gadolinium	Gd	**64**	157,3	7,9	1313	3273
Gallium	Ga	**31**	69,72	5,91	30	2403
Germanium	Ge	**32**	72,61	5,32	937	2830
Gold (Aurum)	Au	**79**	197	19,3	1064	2808
Hafnium	Hf	**72**	178,5	13,3	2233	4450
Helium	He	**2**	4,003	*0,17*	–272p	–269
Holmium	Ho	**67**	164,9	8,8	1472	2694
Indium	In	**49**	114,8	7,31	157	2072
Iod	I	**53**	126,9	4,94	114	184
Iridium	Ir	**77**	192,2	22,69	2466	4428
Kalium	K	**19**	39,1	0,86	63	760
Kohlenstoff (Carboneum)	C	**6**	12,01	[4]	> 3550	> 3900
Krypton	Kr	**36**	83,8	*3,48*	–157	–152
Kupfer (Cuprum)	Cu	**29**	63,55	8,96	1085	2527
Lanthan	La	**57**	138,9	6,17	920	3470
Lawrencium *	Lr	**103**	(262)	–	–	–
Lithium	Li	**3**	6,941	0,53	180	1342
Lutetium	Lu	**71**	175	9,84	1663	3402
Magnesium	Mg	**12**	24,31	1,74	650	1110
Mangan	Mn	**25**	54,94	7,43	1244	2095
Mendelevium *	Md	**101**	(258)	–	(827)	–
Molybdän	Mo	**42**	95,94	10,2	2610	5560
Natrium	Na	**11**	22,99	0,97	98	883
Neodym	Nd	**60**	144,2	7	1024	3074
Neon	Ne	**10**	20,18	*0,84*	–249	–246
Neptunium *	Np	**93**	(237)	20,4	637	(3900)
Nickel	Ni	**28**	58,69	8,9	1455	2730
Niob	Nb	**41**	92,91	8,57	2468	4758
Nobelium *	No	**102**	(259)	–	–	–

Name	Symbol	Ordnungszahl	Atommasse[1] in u	Dichte[2] in $\frac{g}{cm^3}$ (Gase: $\frac{g}{l}$)	Schmelztemperatur[3] in °C	Siedetemperatur[3] in °C
Osmium	Os	**76**	190,2	22,6	(3045)	(5000)
Palladium	Pd	**46**	106,4	12	1554	2970
Phosphor	P	**15**	30,97	[5]	[6]	[7]
Platin	Pt	**78**	195,1	21,4	1772	3825
Plutonium *	Pu	**94**	(239)	19,8	640	3230
Polonium	Po	**84**	(210)	9,4	254	962
Praseodym	Pr	**59**	140,9	6,77	935	3510
Promethium *	Pm	**61**	(146)	7,22	1042	(2730)
Protactinium	Pa	**91**	(231)	15,4	1572	(4000)
Quecksilber (Hydrargyrum)	Hg	**80**	200,6	13,53	–39	357
Radium	Ra	**88**	(226)	5	700	1737
Radon	Rn	**86**	(222)	*9,73*	–71	–62
Rhenium	Re	**75**	186,2	21	3180	5630
Rhodium	Rh	**45**	102,9	12,4	1964	3695
Rubidium	Rb	**37**	85,47	1,53	39	686
Ruthenium	Ru	**44**	101,1	12,4	2310	4150
Samarium	Sm	**62**	150,4	7,54	1072	1791
Sauerstoff (Oxygenium)	O	**8**	16	*1,33*	–219	–183
Scandium	Sc	**21**	44,96	3	1538	2730
Schwefel (Sulfur)	S	**16**	32,07	[8]	113	445
Selen	Se	**34**	78,96	4,8	217	685
Silber (Argentum)	Ag	**47**	107,9	10,5	962	2212
Silicium	Si	**14**	28,09	2,33	1410	3267
Stickstoff (Nitrogenium)	N	**7**	14,01	*1,16*	–210	–196
Strontium	Sr	**38**	87,62	2,6	769	1384
Tantal	Ta	**73**	180,9	16,6	3000	5534
Technetium*	Tc	**43**	(98)	11,5	2157	4880
Tellur	Te	**52**	127,6	6,24	450	990
Terbium	Tb	**65**	158,9	8,25	1360	3230
Thallium	Tl	**81**	204,4	11,85	303	1457
Thorium	Th	**90**	(232)	11,7	1750	4788
Thulium	Tm	**69**	168,9	9,32	1545	1950
Titan	Ti	**22**	47,87	4,5	1660	3287
Uran *	U	**92**	(238)	19,1	1135	3818
Vanadium	V	**23**	50,94	6,1	1910	3407
Wasserstoff (Hydrogenium)	H	**1**	1,008	*0,084*	–259	–253
Wolfram	W	**74**	183,8	19,3	3410	5660
Xenon	Xe	**54**	131,3	*5,46*	–112	–108
Ytterbium	Yb	**70**	173	6,97	824	1194
Yttrium	Y	**39**	88,91	4,47	1522	3338
Zink	Zn	**30**	65,39	7,14	420	907
Zinn (Stannum)	Sn	**50**	118,7	7,3	232	2602
Zirconium	Zr	**40**	91,22	6,49	1852	4377

[1] Eine eingeklammerte Zahl gibt die Nukleonenzahl des häufigsten Isotops des Elements an.

[2] Die Dichteangaben gelten für 25 °C und 1013 hPa. Bei gasförmigen Elementen wird die Dichte kursiv angegeben. Sie gilt für 20 °C und 1013 hPa.

[3] Eine eingeklammerte Zahl gibt Schätzwerte an.

[4] Graphit: 2,26 $\frac{g}{cm^3}$; Diamant: 3,51 $\frac{g}{cm^3}$

[5] weißer Phosphor: 1,82 $\frac{g}{cm^3}$; roter Phosphor: 2,35 $\frac{g}{cm^3}$; schwarzer Phosphor: 2,7 $\frac{g}{cm^3}$

[6] weißer Phosphor: 44 °C; roter Phosphor: 590 °C (p); schwarzer Phosphor: –

[7] weißer Phosphor: 280 °C; roter Phosphor: 417 °C (s); schwarzer Phosphor: –

[8] rhombischer Schwefel: 2,07 $\frac{g}{cm^3}$; monokliner Schwefel: 1,96 $\frac{g}{cm^3}$

– Werte nicht bekannt

p unter Druck

s sublimiert

* radioaktives Element

Eigenschaften von Gasen

Name	Dichte bei 20 °C (1013 hPa) in $\frac{g}{l}$	Schmelztemperatur in °C bei 1013 hPa	Siedetemperatur in °C bei 1013 hPa	Löslichkeit bei 25 °C in 1 l Wasser in l
Wasserstoff (H_2)	0,084	–259	–253	0,019
Stickstoff (N_2)	1,17	–210	–196	0,015
Sauerstoff (O_2)	1,33	–219	–183	0,028
Fluor (F_2)	1,58	–220	–188	–
Chlor (Cl_2)	2,95	–101	–35	2,2
Helium (He)	0,17	–270	–269	0,09
Neon (Ne)	0,84	–249	–246	0,016
Argon (Ar)	1,66	–189	–186	0,032
Krypton (Kr)	3,48	–57	–152	0,071
Luft	1,20	–	–	0,0063* 0,012**
Ammoniak (NH_3)	0,71	–78	–33	680
Chlorwasserstoff (HCl)	1,52	–114	–85	466
Schwefelwasserstoff (H_2S)	1,42	–83	–62	2,41
Schwefeldioxid (SO_2)	2,67	–73	–10	35
Kohlenstoffmonooxid (CO)	1,17	–205	–190	0,023
Kohlenstoffdioxid (CO_2)	1,83	–78 (sublimiert)		0,80
Methan (CH_4)	0,67	–82	–162	0,032
Ethan (C_2H_6)	1,25	–183	–89	0,043
Propan (C_3H_8)	1,84	–188	–42	0,06
Butan (C_4H_{10})	2,47	–138	–1	0,14
Ethen (C_2H_4)	1,17	–169	–104	0,13
Ethin (C_2H_2)	1,06	–81	–84	0,95

* von Sauerstoff aus der Luft
** von Stickstoff aus der Luft

Gewinde und Farbkennzeichnung von Stahlflaschen für Gase

Gas	Gewinde	alte Farbkennzeichnung	neue Farbkennzeichnung („N")	
			Flaschenschulter	Flaschenmantel
Sauerstoff	rechts	blau	weiß	blau oder grau
Stickstoff	rechts	dunkelgrün	schwarz	grau, schwarz oder dunkelgrün
Druckluft	rechts	grau	leuchtend grün	grau
Argon	rechts	grau	dunkelgrün	grau oder dunkelgrün
Helium	rechts	grau	braun	grau
Kohlenstoffdioxid	rechts	grau	grau	grau
Wasserstoff	links	rot	rot	rot
Acetylen	Spezialgewinde	gelb	kastanienbraun	kastanienbraun, schwarz oder gelb

Reagenzlösungen

Chlorwasser (Xn): Destilliertes Wasser durch Einleiten von Chlor sättigen; in brauner Flasche aufbewahren.

Bromwasser (T, Xi): 10 Tropfen Brom in 250 ml destilliertem Wasser lösen.

Iodwasser: Einige Blättchen Iod in destilliertem Wasser kurz aufkochen.

Iod/Kaliumiodid-Lösung: 2 g Kaliumiodid in wenig Wasser vollständig lösen und 1 g Iod zugeben. Nach dem Lösen auf 300 ml auffüllen und in brauner Flasche aufbewahren.

FEHLING-Lösung I: 7 g Kupfersulfat ($CuSO_4 \cdot 5\,H_2O$) in 100 ml Wasser lösen.

FEHLING-Lösung II (C): 35 g Kaliumnatriumtartrat (Seignette-Salz) und 10 g Natriumhydroxid in 100 ml Wasser lösen.

Kalkwasser: 1 g Calciumoxid in 500 ml destilliertem Wasser schütteln und filtrieren (0,02 $\frac{mol}{l}$).

Silbernitrat-Lösung: 17 g Silbernitrat auf 1 Liter auffüllen (0,1 $\frac{mol}{l}$).

Bariumchlorid-Lösung (Xn): 24,4 g Bariumchlorid ($BaCl_2 \cdot 2\,H_2O$) auf 1 Liter auffüllen (0,1 $\frac{mol}{l}$).

Bleiacetat-Lösung (T): 9,5 g Bleiacetat ($Pb(CH_3COO)_2 \cdot 3\,H_2O$) auf 250 ml auffüllen (0,1 $\frac{mol}{l}$).

Indikatorlösungen:
Bromthymolblau: 0,1 g in 100 ml 20%igem Ethanol.
Methylrot (F): 0,2 g in 100 ml 90%igem Ethanol.
Phenolphthalein (F): 0,1 g in 100 ml 70%igem Ethanol.
Universalindikator für pH 2–10 (F): 300 mg Dimethylgelb, 200 mg Methylrot, 400 mg Bromthymolblau, 500 mg Thymolblau und 100 mg Phenolphthalein in 500 ml 90%igem Ethanol.
Farbstufen: pH ≤ 2: rot; pH 4: orange; pH 6: gelb; pH 8: grün; pH 10: blau

BAEYER-Reagenz: 10%ige Sodalösung mit einer verdünnten Kaliumpermanganat-Lösung versetzen, bis die Lösung kräftig violett gefärbt ist.

TOLLENS-Reagenz (ammoniakalische Silbernitrat-Lösung): Silbernitrat-Lösung (0,1 mol · l^{-1}) mit etwa einem Zehntel des Volumens verdünnter Natronlauge versetzen. Anschließend unter Schütteln Ammoniak-Lösung (25 %) zutropfen, bis sich der Silberoxid-Niederschlag gerade wieder löst. Die Reagenz-Lösung wird jeweils frisch zubereitet. Sie darf nicht aufbewahrt werden, da sich Silberazid bilden könnte (Explosionsgefahr). Reste der Reagenz-Lösung ansäuern und über den Behälter B2 entsorgen.

SCHIFF-Reagenz (fuchsinschweflige Säure): 0,25 g Fuchsin in 1 Liter Wasser lösen (Rotfärbung); unter ständigem Rühren schweflige Säure (oder angesäuerte Lösung von $Na_2S_2O_5$) zutropfen, bis Entfärbung eintritt.

Saure und alkalische Lösungen

Lösung	gelöster Stoff	*	verdünnt Massenanteil	verdünnt Dichte bei 20 °C	konzentriert Massenanteil	konzentriert Dichte bei 20 °C
Salzsäure	HCl (g)	2	7 %	1,033	36 %	1,179
Schwefelsäure	H_2SO_4 (l)	1	9 %	1,059	98 %	1,836
Salpetersäure	HNO_3 (l)	2	12 %	1,066	68 %	1,391
Phosphorsäure	H_3PO_4 (s)	1	10 %	1,05	85 %	1,71
Essigsäure	CH_3COOH (l)	2	12 %	1,015	99 %	1,052
Natronlauge	NaOH (s)	2	8 %	1,087	30 %	1,328
Kalilauge	KOH (s)	2	11 %	1,100	27 %	1,256
Kalkwasser	$Ca(OH)_2$ (s)		0,16 %**	1,001**	** Angaben für gesättigte Lösungen	
Barytwasser	$Ba(OH)_2$ (s)		3,4 %**	1,04**		
Ammoniak-Lösung	NH_3 (g)	2	3 %	0,981	25%	0,907

* Stoffmengenkonzentration in $\frac{mol}{l}$

Größen und ihre Einheiten

Größe		Einheit		
Name	Zeichen	Name	Zeichen	Beziehungen
Masse	m	Kilogramm	kg	1 kg = 1000 g 1 g = 1000 mg
Volumen	V	Kubikmeter	m^3	$1\ m^3 = 1000\ dm^3$ $1\ dm^3 = 1\ l$
		Liter	l	1 l = 1000 ml $1\ ml = 1\ cm^3$
Dichte	ϱ	$\frac{\text{Kilogramm}}{\text{Kubikmeter}}$	$\frac{kg}{m^3}$	$1\ \frac{g}{cm^3} = 1000\ \frac{kg}{m^3}$
		$\frac{\text{Gramm}}{\text{Liter}}$	$\frac{g}{l}$	$1\ \frac{g}{l} = 0{,}001\ \frac{g}{m^3}$
Druck	p	Pascal	Pa	$1\ Pa = 1\ \frac{N}{m^2}$ 100 Pa = 1 hPa
		Bar	bar	1 bar = 100 000 Pa 1 mbar = 100 Pa
Energie	E	Joule	J	$1\ J = 1\ N \cdot m = 1\ \frac{kg \cdot m^2}{s^2}$
Elektrizitätsmenge	Q	Coulomb	C	$1\ C = 1\ A \cdot s$
Anzahl	N			
Stoffmenge	n	Mol	mol	1 mol enthält $6{,}022 \cdot 10^{23}$ Teilchen
molare Masse	M	$\frac{\text{Gramm}}{\text{Mol}}$	$\frac{g}{mol}$	
Stoffmengenkonzentration	c	$\frac{\text{Mol}}{\text{Liter}}$	$\frac{mol}{l}$	
Temperatur	ϑ	Grad Celsius	°C	
	T	Kelvin	K	0 °C = 273,15 K

Umrechnungsfaktoren

Energie	J	cal	eV
1 J	1	0,2390	$6{,}242 \cdot 10^{18}$
1 cal	4,184	1	$2{,}612 \cdot 10^{19}$
1 eV	$1{,}602 \cdot 10^{-19}$	$3{,}829 \cdot 10^{-20}$	1

$1\ J = 1\ N \cdot m = 1\ W \cdot s = 1\ V \cdot A \cdot s$

Druck	Pa	atm	mm Hg	bar
1 Pa	1	$9{,}869 \cdot 10^{-6}$	$7{,}501 \cdot 10^{-3}$	10^{-5}
1 atm	$1{,}013 \cdot 10^5$	1	760,0	1,013
1 mm Hg (Torr)	133,3	$1{,}316 \cdot 10^{-3}$	1	$1{,}333 \cdot 10^{-3}$
1 bar	10^5	0,9869	750,1	1

100 Pa = 1 hPa; 1 mbar = 1 hPa; 1 mm Hg = 1 Torr; $1\ Pa = 1\ \frac{N}{m^2}$

Konstanten

Atomare Masseneinheit	u	$1{,}661 \cdot 10^{-27}$ kg
AVOGADRO-Konstante	N_A	$6{,}022 \cdot 10^{23}\ \frac{1}{mol}$
Molares Volumen eines idealen Gases (bei 1013 hPa und 20 °C)	V_m	$24{,}056\ \frac{l}{mol}$
Ladung eines Elektrons	e	$1{,}602 \cdot 10^{-19}$ C
Masse eines Elektrons	m_e	$9{,}109 \cdot 10^{-31}$ kg
Masse eines Protons	m_p	$1{,}673 \cdot 10^{-27}$ kg
Masse eines Neutrons	m_n	$1{,}675 \cdot 10^{-27}$ kg
FARADAY-Konstante	F	$96\,485\ \frac{C}{mol}$

Gehaltsangaben für Mischungen und Lösungen (nach DIN 1310)

Masse einer Stoffportion:	m_i	Massenkonzentration:	$\beta_i = \frac{m_i}{V}$
Volumen einer Stoffportion:	V_i	Volumenkonzentration:	$\sigma_i = \frac{V_i}{V}$
Stoffmenge einer Stoffportion:	n_i	Stoffmengenkonzentration:	$c_i = \frac{n_i}{V}$
Teilchenzahl einer Stoffportion:	N_i	Teilchenkonzentration:	$C_i = \frac{N_i}{V}$

(V: Gesamtvolumen **nach** dem Mischen)

Massenanteil (früher: Gewichtsprozent): $w_i = \frac{m_i}{m}$

Gesamtmasse $m = m_1 + m_2 + \ldots$

Volumenanteil (früher: Volumenprozent): $\phi_i = \frac{V_i}{V_0}$

Gesamtvolumen $V_0 = V_1 + V_2 + \ldots$ (**vor** dem Mischen)

Stoffmengenanteil: $x_i = \frac{n_i}{n}$

Gesamtstoffmenge $n = n_1 + n_2 + \ldots$

Teilchenzahlanteil: $X_i = \frac{N_i}{N}$

Gesamtteilchenanzahl $N = N_1 + N_2 + \ldots$

Das Wort Gehalt wird als Oberbegriff bei der qualitativen Beschreibung verwendet. *Beispiel:* der Wassergehalt einer Probe

Dezimale Teile/Vielfache

Potenz	Vorsilbe	Symbol	Potenz	Vorsilbe	Symbol
10^{-1}	Dezi	d	10	Deka	da
10^{-2}	Zenti	c	10^2	Hekto	h
10^{-3}	Milli	m	10^3	Kilo	k
10^{-6}	Mikro	μ	10^6	Mega	M
10^{-9}	Nano	n	10^9	Giga	G
10^{-12}	Piko	p	10^{12}	Tera	T
10^{-15}	Femto	f			
10^{-18}	Atto	a			

Griechisches Alphabet

Buchstabe klein	Buchstabe groß	Name	Buchstabe klein	Buchstabe groß	Name
α	Α	alpha	ν	Ν	nü
β	Β	beta	ξ	Ξ	xi
γ	Γ	gamma	ο	Ο	omikron
δ	Δ	delta	π	Π	pi
ε	Ε	epsilon	ϱ	Ρ	rho
ζ	Ζ	zeta	σ	Σ	sigma
η	Η	eta	τ	Τ	tau
ϑ	Θ	theta	φ	Φ	phi
ι	Ι	jota	υ	ϒ	ypsilon
κ	Κ	kappa	χ	Χ	chi
λ	Λ	lambda	ψ	Ψ	psi
μ	Μ	mü	ω	Ω	omega

Griechische Zahlwörter

1/2	hemi		
1	mono	11	undeca
2	di	12	dodeca
3	tri	13	trideca
4	tetra	14	tetradeca
5	penta	15	pentadeca
6	hexa	16	hexadeca
7	hepta	17	heptadeca
8	octa	18	octadeca
9	nona	19	enneadeca
10	deca	20	eicosa

Kleines Lexikon der Chemie

Absorption: Aufnahme von Energie aus elektromagnetischer Strahlung (Licht, Röntgenstrahlung, Mikrowellen).

Additionsreaktion: Reaktion, bei der aus zwei Molekülen ein neues Molekül gebildet wird.

Adsorption: Anlagerung von Teilchen an die Oberfläche eines porösen Feststoffs wie Aktivkohle.

Aggregatzustand: gibt an, ob ein Stoff fest, flüssig oder gasförmig vorliegt.
Symbole: s (fest), l (flüssig), g (gasförmig).

α-Strahlung: radioaktive Strahlung; sie besteht aus Helium-Atomkernen, also He^{2+}-Ionen.

Aktivierungsenergie: die Energie, die man benötigt, um eine Reaktion in Gang zu setzen.

Alkalimetalle: Elemente der I. Hauptgruppe des Periodensystems; bilden einfach geladene Kationen.

Alkane: gesättigte Kohlenwasserstoffe; allgemeine Molekülformel: C_nH_{2n+2}

Alkene: ungesättigte Kohlenwasserstoffe mit einer C=C-Zweifachbindung; allgemeine Molekülformel: C_nH_{2n}

Alkine: ungesättigte Kohlenwasserstoffe mit einer C≡C-Dreifachbindung; allgemeine Molekülformel: C_nH_{2n-2}

Alkohole: organische Verbindungen, deren Moleküle eine oder mehrere Hydroxyl-Gruppen (OH-Gruppen) besitzen. Ist die OH-Gruppe an einen Alkyl-Rest gebunden, liegt ein **Alkanol** vor.

Anion: negativ geladenes Ion.

Anode: positive *Elektrode.*

Anregungsenergie: siehe Aktivierungsenergie.

Atombindung: siehe Elektronenpaarbindung.

Atome: Grundbausteine der Materie; es gibt ebenso viele Atomarten, wie es Elemente gibt; eine Atomart ist gekennzeichnet durch die Anzahl der Protonen im Atomkern.

Atomhülle: Aufenthaltsbereich der Elektronen; sie bewegen sich in bestimmten Schalen um den Atomkern. (→ Kern/Hülle-Modell)

Atomkern: Massezentrum des Atoms; besteht aus positiv geladenen Protonen und elektrisch neutralen Neutronen.

Atommasse: Masse eines Atoms; sie wird in der atomaren Masseneinheit 1 u angegeben; $1\ u = 1{,}66 \cdot 10^{-24}\ g$

Außenelektronen: Elektronen der äußeren Schale eines Atoms; sie bestimmen die chemischen Eigenschaften des jeweiligen Elements.

AVOGADRO-Gesetz: Bei gleichem Druck und gleicher Temperatur enthalten gleiche Volumina von Gasen gleich viele Teilchen.

AVOGADRO-Konstante: Größe zur Umrechnung zwischen Stoffmenge und Teilchenanzahl; $N_A = 6 \cdot 10^{23}\ 1/mol$

β-Strahlung: radioaktive Strahlung; sie besteht aus Elektronen.

Basen: Teilchen, die Protonen aufnehmen können (Protonenakzeptoren).

Bindungsenergie: Energie, die man aufwenden muss, um eine Elektronenpaarbindung zu spalten.

Cycloalkane: gesättigte Kohlenwasserstoffe mit ringförmigen Molekülen; allgemeine Formel: C_nH_{2n}

Destillation: Trennverfahren für Flüssigkeitsgemische; die Trennung erfolgt aufgrund unterschiedlicher Siedetemperaturen.

Diffusion: auf der Teilchenbewegung beruhende selbstständige Durchmischung gasförmiger und gelöster Stoffe.

Dipol: Molekül mit polaren Elektronenpaarbindungen, bei dem die Ladungen nicht symmetrisch verteilt sind.

Edelgase: Elemente der VIII. Hauptgruppe des Periodensystems; Edelgase sind besonders reaktionsträge.

Edelgaskonfiguration: energetisch besonders stabile Elektronenverteilung: Die äußere Schale ist wie bei den Edelgasen mit 8 Elektronen besetzt (beim Helium 2 Elektronen). (→ Oktettregel)

Elektrolyse: Zerlegung einer chemischen Verbindung mithilfe elektrischer Energie.

Elektronegativität: Maß für die Fähigkeit eines Atoms Bindungselektronen anzuziehen.

Elektronen: Träger der kleinsten negativen elektrischen Ladung; nahezu masselose Bausteine der Atome, die sich in der Atomhülle aufhalten.

Elektronenpaarabstoßungs-Modell: Modellvorstellung über den Bau der Atomhülle; danach werden die Außenelektronen der zu Molekülen verbundenen Atome zu Elektronenpaaren zusammengefasst. Sie bilden Elektronenwolken, die sich gegenseitig abstoßen und so den räumlichen Bau der Moleküle bestimmen.

Elektronenpaarbindung (Atombindung): Bindungstyp in Molekülen; der Zusammenhalt der Atome wird durch gemeinsame Elektronenpaare bewirkt. (→ Oktettregel)

Eliminierungsreaktion: Reaktion, bei der von einem Molekül unter Ausbildung einer Mehrfachbindung ein anderes Molekül abgespalten wird.

Emulsion: heterogenes Gemisch aus nicht ineinander lölichen Flüssigkeiten

endotherme Reaktion: Reaktion, bei der aus der Umgebung Wärme aufgenommen wird.

Erdalkalimetalle: Elemente der II. Hauptgruppe des Periodensystems; bilden zweifach geladene Kationen.

exotherme Reaktion: Reaktion, bei der Wärme frei wird.
Extrahieren: Trennverfahren, bei dem lösliche Stoffe aus einem Gemisch herausgelöst werden.

Formeln: *Verhältnisformeln* geben das Atomanzahlverhältnis einer Verbindung an; *Molekülformeln* geben die zahlenmäßige Zusammensetzung eines Moleküls an; *Strukturformeln* geben die Anordnung der Atome in einem Molekül an.

funktionelle Gruppe: ein Molekülteil mit charakteristischem Reaktionsverhalten.

galvanische Zelle:

HABER-BOSCH-Verfahren: Verfahren zur Synthese von Ammoniak (NH_3) aus Wasserstoff und Stickstoff.

Halogene: Elemente der VII. Hauptgruppe des Periodensystems; bilden einfach geladene Anionen.

heterogene Gemische: uneinheitliche Gemische, bei denen man, manchmal auch nur mit dem Mikroskop, die einzelnen Bestandteile erkennen kann; einheitliche Gemische bezeichnet man als **homogene Gemische.**

homologe Reihe: Reihe von organischen Verbindungen, deren aufeinanderfolgende Glieder sich jeweils durch eine CH_2-Gruppe unterscheiden.

Hydratation: Bildung einer Hülle von Wasser-Molekülen *(Hydrathülle)* um ein Molekül oder Ion während des Lösungsvorgangs.

hydrophiler Stoff: wasserlöslicher Stoff mit polarem Molekülbau.

hydrophober Stoff: fettlöslicher Stoff mit unpolarem Molekülbau.

Hydroxyl-Gruppe: OH-Gruppe; funktionelle Gruppe der Alkanole (Alkohole).

hygroskopischer Stoff: ein Stoff, der begierig Wasserdampf aus der Luft aufnimmt.

Indikator: ein Farbstoff, der durch seine Farbe anzeigt, ob eine saure, eine neutrale oder eine alkalische Lösung vorliegt. (→ pH-Skala)

Ionen: geladene Atome oder positiv bzw. negativ geladene Teilchen.

Ionenbindung: Bindungstyp in Ionenverbindungen; der Zusammenhalt wird durch die elektrostatischen Kräfte der entgegengesetzt geladenen Ionen bedingt. Daraus ergibt sich die dreidimensionale Struktur eines **Ionengitters.**

Ionenverbindungen: salzartige Stoffe; besitzen eine relativ hohe Schmelz- und Siedetemperatur und leiten in Schmelze und Lösung den elektrischen Strom.

Isomere: Stoffe mit gleicher Molekülformel, aber unterschiedlicher Molekülstruktur.

Isotope: Atome eines Elements mit gleicher Protonen-Anzahl, aber unterschiedlicher Neutronen-Anzahl.

IUPAC-Nomenklatur: internationale Regeln zur Benennung von chemischen Verbindungen.

Katalysator: ein Stoff, der die Geschwindigkeit einer Reaktion erhöht und unverändert aus der Reaktion hervorgeht.

Kathode: negative *Elektrode*.

Kation: positiv geladenes Ion.

Kern/Hülle-Modell: Atommodell, das auf RUTHERFORD zurückgeht; danach bestehen Atome aus einem kleinen, positiv geladenen *Atomkern*, der praktisch die gesamte Masse des Atoms enthält, und der *Atomhülle*, in der sich die negativ geladenen Elektronen bewegen.

Kohlenwasserstoffe: Kohlenstoff/Wasserstoff-Verbindungen; man unterscheidet: *gesättigte* Kohlenwasserstoffe mit C/C-Einfachbindungen und *ungesättigte* Kohlenwasserstoffe mit einer oder mehreren C/C-Mehrfachbindungen.

Laugen: Lösungen, die Hydroxid-Ionen enthalten. (→ Säuren)

Legierung: ein homogenes Gemisch aus zwei oder mehreren Metallen, das in der Schmelze hergestellt wird.

LEWIS-Formel: Strukturformel, in der *bindende* und *freie* (nicht bindende) Elektronenpaare angegeben sind.

Lösung: ein homogenes flüssiges Gemisch aus zwei oder mehreren Stoffen.

Massenzahl: gibt die Anzahl der Nukleonen im Atomkern an.

Modifikationen: Erscheinungsformen eines Elements. Sie sind aus den gleichen Atomen aufgebaut, unterscheiden sich aber in der Anordnung der Atome.
Beispiel: Diamant und Graphit sind Modifikationen des Kohlenstoffs.

Mol: 1 mol ist die *Stoffmenge* einer Portion, die $6 \cdot 10^{23}$ Teilchen enthält.

molare Masse *M*: stoffspezifische Größe zur Umrechnung zwischen Masse und Stoffmenge; ihr Zahlenwert entspricht dem der Teilchenmasse in u, die Einheit ist g/mol.

molares Volumen V_m: Größe zur Umrechnung zwischen Volumen und Stoffmenge; bei normalem Druck und Raumtemperatur gilt für alle Gase $V_m = 24$ l/mol.

Moleküle: Atomverbände mit definierter Zusammensetzung.

Molekülformel: siehe Formel.

Molekülmasse: ergibt sich durch Addition der jeweiligen Atommassen.

Nebel: heterogenes Gemisch, bei dem eine Flüssigkeit in einem Gas verteilt wird.

Neutralisation: Reaktion von H^+-Ionen aus einer *sauren* Lösung mit OH^--Ionen aus einer *alkalischen* Lösung zu Wasser-Molekülen.

Neutron: elektrisch neutraler Baustein des Atomkerns ($m \approx 1$ u).

Normbedingungen: häufig gewählte Bedingungen für die Angabe von Gasvolumina: $\vartheta = 0$ °C, $p = 1013$ hPa.

Nukleonen: Bausteine des Atomkerns: *Protonen* und *Neutronen*.

Oktettregel: Regel, nach der die Ausbildung von Elektronenpaarbindungen so erfolgt, dass die beteiligten Atome auf der äußeren Schale die Edelgaskonfiguration von 8 Elektronen erreichen.

Ordnungszahl: entspricht der *Kernladungszahl*, gibt die Anzahl der Protonen im Atomkern an.

organische Chemie: Chemie der Kohlenstoff-Verbindungen; Gegenteil: *anorganische Chemie*.

OSTWALD-Verfahren: Verfahren zur Synthese von Salpetersäure (HNO_3) über die katalytische Oxidation von Ammoniak (NH_3).

Oxidation: Reaktion, bei der ein Stoff Sauerstoff aufnimmt; im erweiterten Sinn Abgabe von Elektronen; die Umkehrung der Oxidation ist die **Reduktion.**

Oxidationsmittel: ein Stoff, der einen anderen Stoff oxidiert; Gegenteil: **Reduktionsmittel.**

Ozonschicht: Teil der Stratosphäre; liegt etwa in 30 km Höhe; dort absorbieren Ozon-Moleküle den größten Teil der UV-Strahlung der Sonne.

Paraffine: veraltete Bezeichnung für gesättigte Kohlenwasserstoffe (Alkane).

Periodensystem: tabellarische Anordnung der einzelnen Elemente; untereinander stehende Elemente bilden eine *Gruppe*, nebeneinander stehende eine *Periode*. Die Elemente sind nach ähnlichen Eigenschaften und dem Bau der Atome angeordnet.

pH-Skala: umfasst die Werte von 0 bis 14; der *pH-Wert* ist ein Maß für den Gehalt einer Lösung an H^+- oder OH^--Ionen. Bei pH 7 liegt eine *neutrale* Lösung vor, bei pH-Werten unterhalb von 7 ist die Lösung *sauer*, oberhalb von 7 *alkalisch*.

polare Elektronenpaarbindung: durch unterschiedliche Elektronegativität der Bindungspartner verursachte ungleichmäßige Ladungsverteilung entlang der Bindungsachse.

Proton: positiv geladenes Teilchen im Atomkern ($m \approx 1$ u).

Radikal: reaktives Teilchen mit einem ungepaarten Elektron.

Radioaktivität: Eigenschaft bestimmter Stoffe in andere Elemente zu zerfallen und dabei α-, β- oder γ-Strahlung auszusenden.

Rauch: heterogenes Gemisch, bei dem ein Feststoff in einem Gas verteilt ist.

Redoxreaktion: Reaktion, bei der Sauerstoff ausgetauscht wird; im erweiterten Sinn eine Reaktion, bei der Elektronen ausgetauscht werden.

Redoxreihe: Auflistung von Stoffen nach ihrer Oxidierbarkeit; im erweiterten Sinn nach ihrer Fähigkeit, Elektronen abzugeben.

Reduktion: Reaktion, bei der einem Stoff Sauerstoff entzogen wird.

Reduktionsmittel: ein Stoff, der einen anderen Stoff reduziert.

saurer Regen: Regen, der durch aus Luftschadstoffen (SO_2, NO_2) gebildete Säuren sauer reagiert (pH-Wert ≤ 4,5).

Säuren: Molekülverbindungen, die beim Lösen in Wasser in H^+-Ionen und Säurerest-Ionen zerfallen; *Protonendonatoren*.
(→ Laugen)

Säure/Base-Reaktion: Reaktion, bei der Protonen übertragen werden.

Schalenmodell: Modellvorstellung über den Aufbau der Atomhülle; die Elektronen bewegen sich in definierten Schalen, denen jeweils ein bestimmtes Energieniveau zugeordnet werden kann.

Sedimentieren: Trennverfahren für *Suspensionen*; der Feststoff setzt sich aufgrund der höheren Dichte ab.

Stoffmenge: Zählgröße für die Teilchenanzahl in einer Stoffportion. Einheit: 1 mol (1 mol = $6 \cdot 10^{23}$ Teilchen)

Stoffmengenkonzentration: gibt an, wie viel Mol eines Stoffs in einem Liter Lösung enthalten sind. Einheit: mol/l

Substitutionsreaktion: Reaktion, bei der in einem Molekül ein Atom oder eine Atomgruppe durch ein anderes Atom oder eine Atomgruppe ersetzt wird.

Suspension: heterogenes Gemisch eines Feststoffs in einer Flüssigkeit.

Tetraederstruktur: Molekülstruktur, die sich ergibt, wenn vier Elektronenpaare um ein zentrales Atom angeordnet sind.
Beispiel: Methan (CH_4).

Titration: Verfahren zur Bestimmung des Gehalts einer Lösung durch allmähliche Zugabe einer anderen Lösung mit bekannter Konzentration.

VAN-DER-WAALS-Bindung: Anziehung zwischen unpolaren oder schwach polaren Molekülen.

Verbindung: Reinstoff, der durch chemische Reaktionen in Elemente zerlegt werden kann.

Wasserstoffbrückenbindungen: zwischenmolekulare Bindungen, die zwischen stark polar gebundenen Wasserstoff-Atomen des einen und freien Elektronenpaaren von Sauerstoff-Atomen oder Stickstoff-Atomen eines anderen Teilchens wirksam werden.

Stichwortverzeichnis